中国菰和茭白

基因组学研究

闫 宁 张忠锋 郭得平 等 著

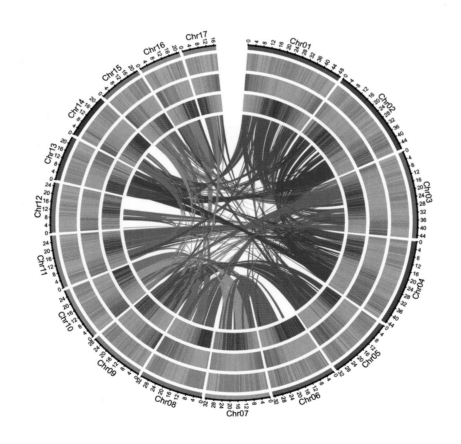

中国农业出版社

北 京

内容简介

以恢复中国菰米产业为目标，中国农业科学院烟草研究所（暨青岛特种作物研究中心）首次构建了中国菰染色体水平基因组，开展了中国菰落粒性相关基因分析，阐明了中国菰米发芽过程中酚类化合物的积累机制。同时，与国内同行一起开展了中国菰和茭白抗性相关基因、氮素利用基因以及茭白黑粉菌诱导茭白茎膨大机制等方面的研究。

《中国菰和茭白基因组学研究》是一部系统阐述中国菰和茭白基因组学研究进展的专著。内容涉及菰属植物种类分布、起源进化与中国菰遗传多样性研究，中国菰染色体水平基因组构建与落粒性相关基因分析，中国菰米发芽过程中酚类化合物积累机制的研究，中国菰抗病基因*ZlBBR1*的克隆及功能分析，逆境胁迫对茭白几丁质酶基因*ZlChis*表达特性及生理活性的影响，茭白铵转运蛋白基因*ZlAMTs*的鉴定及在低氮条件下的表达分析，茭白的起源与驯化，茭白黑粉菌诱导茭白茎发育重编程的转录组研究，茭白黑粉菌基因表达导致茭白膨大茎表型的变化，lncRNA在依赖于温度的茭白茎膨大过程中的作用，转录组分析揭示茭白黑粉菌诱导茭白膨大茎形成的共生机制，促进茭白肉质茎起始膨大的生长素来源研究，茭白细胞分裂素双元信号系统基因鉴定及其调控茭白茎膨大机制研究。

该书是近年来在中国菰和茭白基因组、转录组和蛋白质组学等方面最新科研成果的系统总结，对从事生物化学与分子生物学、作物学和园艺学等领域研究的科研人员和广大师生具有重要的参考价值。

该书既是一部研究性专著，也可作为相关专业高年级本科生和研究生的教学参考用书。

中国菰和茭白基因组学研究
著者名单

主　著　闫　宁　张忠锋　郭得平

副主著　于秀婷　王征鸿　王惠梅　甘德芳　朱世东　刘新民
　　　　　江绍玫　杨　婷　赵　耀　温　波　褚　程　缪旻珉

著　者（按姓氏笔画排序）

丁安明　王志丹　申民翀　申国明　田　田　宁国强
付秋娟　戎　俊　任　杰　刘彦承　刘艳华　祁倩倩
许立峰　苏晓娜　杜咏梅　李　杰　李亚丽　李宛鸿
吴传银　吴建利　邱　杰　何丽丽　邹　平　宋思晓
张　玉　张　宇　张　鹏　张广雨　张申申　张怀宝
张述乾　张金亮　张治平　张洪博　罗　西　周念念
周惠敏　郑丽文　孟　霖　荆常亮　钦　鹏　侯小东
袁　源　袁晓龙　徐方正　徐宗昌　徐建华　高　林
高丽伟　黄渊博　商连光　隋　毅　童红宁　楚美俊
解颜宁　窦玉青　谭家能　黎　大　Walter Dewitte

2000年双子叶十字花科植物拟南芥基因组测序工作完成，标志着植物学研究正式进入基因组学时代。2002年单子叶禾本科植物水稻基因组序列公布，加快了水稻功能基因组学和分子遗传育种的研究进程。随着高通量测序技术的不断完善，越来越多的植物基因组序列相继公布。植物基因组测序完成以前，对植物的遗传、生长发育以及生理生态等方面的认识主要是基于实验观察和描述；植物基因组测序完成后，人们得以基于基因组数据，系统深入地解析植物复杂生命现象的内在规律。基因组学是在基因组水平上研究基因组结构和功能的一门学科，植物基因组学的快速发展极大地推动了植物科学的研究进程。

中国菰（*Zizania latifolia*，2n = 34）属于禾本科稻亚科稻族菰属，原产于中国。中国菰的颖果称为菰米，菰米在我国古代是重要的"六谷"（稻、黍、稷、粱、麦和菰）之一。中国人食用菰米的历史可以追溯到3 000年前的周代。中国菰感染菰白黑粉菌（*Ustilago esculenta*）后形成膨大肉质茎——茭白。茭白在我国是仅次于莲藕的第二大水生蔬菜。据史料记载，大约在汉代末期，中国菰在生长过程中出现被茭白黑粉菌侵染形成的膨大肉质茎，这对中国菰而言是一种病态器官，导致其不能开花结籽。原本这属于农业病害，但人们发现茭白黑粉菌侵染形成的中国菰膨大肉质茎口感鲜嫩甜滑，于是逐渐开始将其作为蔬菜食用。自唐代起，茭白开始作为蔬菜种植，从此菰米被茭白取代而逐渐消失。因此，中国菰的开发利用经历了一个由谷物到蔬菜的演变过程。作为水稻近缘属的一个禾本科作物物种，中国菰具有栽培稻所缺乏的很多优良性状，如高蛋白、高生物量、耐深水、耐稻瘟病和灌浆速度异常快等，为克服水稻育种遗传资源狭窄瓶颈提供了重要的优异性状基因供体材料。

2015年采用二代测序技术首次完成了中国菰基因组测序。由于技术限制和缺乏遗传连锁图谱，彼时的中国菰基因组仅在支架水平组装，且相对分散。以恢复中国菰米产业为目标，中国农业科学院烟草研究所（暨青岛特种作物研究中心）首次构建了中国菰染色体水平基因组，开展了中国菰落粒性相关基因分析，阐明了中国菰米发芽过程中酚类化合物的积累机制。同时，与国内同行一起开展了中国菰和茭白抗性相关基因、氮素利用基因以及茭白黑粉菌诱导茭白茎膨大机制等方面的研究。

　　该书是一部系统阐述中国菰和茭白基因组学研究进展的专著。全书内容共分13章，第1～7章主要介绍中国菰遗传多样性、功能基因组以及茭白的起源与驯化等方面的研究成果，第8～13章主要介绍茭白茎膨大的基因调控网络及有关代谢途径。该书是近年来在中国菰和茭白基因组、转录组和蛋白质组学等方面最新科研成果的系统总结，对从事生物化学与分子生物学、作物学和园艺学等领域研究的科研人员和广大师生具有重要的参考价值。该书既是一部研究性专著，也可作为相关专业高年级本科生和研究生的教学参考用书。

钱前

中国科学院院士

中国农业科学院作物科学研究所所长

2021年10月12日

FOREWORD ▋▋ 前 言

　　中国菰（*Zizania latifolia*，2*n* = 34）为禾本科稻亚科稻族菰属多年生水生植物，原产于中国，在我国已有 3 000 多年的历史。中国菰的颖果称为菰米，菰米在我国古代是重要的"六谷"之一。中国菰感染茭白黑粉菌（*Ustilago esculenta*）后形成可食用的膨大肉质茎——茭白。茭白在我国是仅次于莲藕的第二大水生蔬菜。自唐代起，茭白逐渐开始作为蔬菜进行人工栽培，而以收获菰米为主的中国菰则主要以野生状态存在。为了更好满足人民群众日益多元化的食物消费需求，要向江河湖海要食物，要向植物动物微生物要热量、要蛋白，这是习近平总书记提出的"大食物观"的内涵之一。中国菰和茭白资源在我国分布广泛，除西藏外，全国各地的湖泊、沟塘、河溪、湿地和水田中都有生长。悠久的食用历史、广泛的资源分布及其营养保健价值使得中国菰和茭白具有重要的开发利用价值。

　　近年来，中国农业科学院烟草研究所（暨青岛特种作物研究中心）以服务农业供给侧结构性改革和乡村振兴战略实施为主线，以解决烟草和特种作物产业发展中的关键问题为引领，认真提炼研究方向，做大做强优势学科，挖掘拓展新兴学科；以推进实施科技创新工程为抓手，以"一主体两拓展"发展定位为导向，稳步向农业关键共性技术和功能农业领域拓展，在实践中落实好"四个面向"重要指示精神。为此，以恢复中国菰米产业为目标，我们首次构建了中国菰染色体水平基因组，开展了中国菰落粒性相关基因分析；阐明了中国菰米发芽过程中酚类化合物的积累机制。同时，与国内同行一起开展了中国菰和茭白抗性相关基因、氮素利用基因以及茭白黑粉菌诱导茭白茎膨大机制等方面的研究，为提高茭白产量和品质提供了理论依据。

　　本书第1、4章是江绍玫教授主持的国家自然科学基金地区科学基金项目"转菰*ZR1*基因水稻的抗病性及其抗性分子机理分析（31160271）"和"基于SSR和ISSR标记的中国菰野生种质资源遗传多样性和遗传结构研究（31460378）"的相关研究成果。第2、3章是张忠锋研究员主持的中国农业科学院科技创新工程（ASTIP-TRIC05）和闫宁副研究员主持的中央级公益性科研院所基本科研业务费专项（1610232018003、1610232020008、1610232021006和1610232022004）的相关研究成果。第7章是赵耀主持的国家自然科学基金青年科学基金项目"基于菰与菰黑粉菌的遗传变异式样的关联分析探讨茭白的驯化（31600293）"的相关研究成果。第8～10章是郭得平教授主持的国家自然科学基金面上项目"黑粉菌－茭白植株互作及其对产品器官形成的调控机制（31372055）"和国家公益性行业（农业）科研专项"水生蔬菜产业技术体系研究与示范（200903017-03）"课题的相关研究成果。第13章是温波教授主持的国家自然科学基金面上项目"细胞分裂素双元信号转导系统调控茭白孕茭的分子机理（31672167）"的相关研究成果。其他章节研究成果也得到了相关科研项目的资助，在此不一一列举。

《中国菰和茭白基因组学研究》是近年来对中国菰和茭白基因组、转录组和蛋白质组学等方面最新科研成果的系统总结。全书内容共分13章，第1～7章主要介绍中国菰遗传多样性、功能基因组以及茭白的起源与驯化等方面的研究，第8～13章主要介绍茭白茎膨大的基因调控网络及有关代谢途径。全书由闫宁统稿，由张忠锋和郭得平审稿。

由于著者水平有限，不足之处在所难免，望广大读者批评、指正。

著　者

2022年4月27日

CONTENTS ▮▮▮ 目 录

序

前言

| 第1章 | 菰属植物种类分布、起源进化与中国菰遗传多样性研究 |

1.1 菰属植物种类分布与起源进化 / 2

1.2 中国菰的生态与经济价值 / 4

1.3 中国菰遗传多样性研究 / 5

1.4 中国菰与水稻间的性状转移 / 16

1.5 总结 / 18

参考文献 / 18

| 第2章 | 中国菰染色体水平基因组构建与落粒性相关基因分析 |

2.1 前言 / 23

2.2 基因组组装、锚定和质量评估 / 23

2.3 基因组注释 / 27

2.4 中国菰基因组的进化 / 28

2.5 中国菰和水稻的基因组与落粒性相关基因共线性分析 / 32

2.6 中国菰离层形成和降解的组织学、转录组和激素分析 / 40

2.7 中国菰和水稻植物卡生生物合成基因簇的共线性分析 / 44

2.8 结论 / 47

参考文献 / 47

| 第3章 | 中国菰米发芽过程中酚类化合物积累机制的研究 |

3.1 前言 / 53

3.2 中国菰米发芽过程 / 54

3.3　中国菰米发芽过程中酚含量的变化规律　/ 54
3.4　中国菰米发芽过程中游离氨基酸含量的变化规律　/ 55
3.5　中国菰米发芽过程中蛋白质功能注释分析　/ 57
3.6　中国菰米发芽过程中蛋白质表达分析　/ 59
3.7　中国菰米发芽过程中差异表达蛋白质的GO富集分析　/ 60
3.8　中国菰米发芽过程中差异表达蛋白质的KEGG富集分析　/ 61
3.9　中国菰米发芽过程中酚类化合物生物合成关键蛋白质表达分析　/ 63
3.10　中国菰米发芽过程中酚类化合物生物合成关键酶基因表达分析　/ 64
3.11　中国菰米发芽过程中酚类化合物生物合成关键酶活性的变化规律　/ 64
3.12　结论　/ 65
参考文献　/ 66

第4章　中国菰抗病基因*ZlBBR1*的克隆及功能分析

4.1　前言　/ 70
4.2　植物材料　/ 71
4.3　*ZlBBR1*基因全序列的克隆　/ 75
4.4　*ZlBBR1*基因的生物信息学分析　/ 76
4.5　*ZlBBR1*基因表达模式分析　/ 78
4.6　转*ZlBBR1*基因水稻的白叶枯病菌PXO71抗性分析　/ 79
4.7　ZlBBR1互作蛋白的筛选　/ 84
4.8　*ZlBBR1*基因的多样性分析　/ 84
4.9　常规水稻品种中*OsBBR1*同源基因的鉴定及进化分析　/ 86
4.10　结论　/ 89
参考文献　/ 89

第5章　逆境胁迫对茭白几丁质酶基因*ZlChis*表达特性及生理活性的影响

5.1　前言　/ 93
5.2　茭白几丁质酶基因*ZlChis*的鉴定　/ 94
5.3　茭白黑粉菌的分离与验证　/ 95
5.4　非生物胁迫对茭白叶片几丁质酶基因*ZlChis*表达的影响　/ 95
5.5　茭白黑粉菌侵染对雄茭叶片几丁质酶基因*ZlChis*表达的影响　/ 101
5.6　茭白黑粉菌侵染对雄茭生理活性的影响　/ 102
5.7　接种植株的茭白黑粉菌检测　/ 105
5.8　结论　/ 107
参考文献　/ 107

第 6 章 茭白铵转运蛋白基因*ZlAMTs*的鉴定及在低氮条件下的表达分析

6.1 前言 / 113
6.2 茭白*ZlAMTs*基因的鉴定与理化性质分析 / 114
6.3 茭白*ZlAMTs*基因的系统发育分析与基因结构特征 / 115
6.4 茭白ZlAMTs蛋白的保守结构域和保守基序分析 / 118
6.5 茭白*ZlAMTs*基因染色体定位和共线性分析 / 118
6.6 茭白*ZlAMTs*基因启动子区域假定的顺式作用调控元件分析 / 120
6.7 茭白*ZlAMTs*基因在低氮条件下的表达分析 / 120
6.8 结论 / 121
参考文献 / 121

第 7 章 茭白的起源与驯化

7.1 前言 / 125
7.2 中国菰和茭白的利用历史 / 126
7.3 中国菰和茭白的遗传结构 / 127
7.4 茭白的起源与驯化 / 132
7.5 茭白黑粉菌与茭白栽培品种的多样性 / 134
7.6 结论 / 136
参考文献 / 136

第 8 章 茭白黑粉菌诱导茭白茎发育重编程的转录组研究

8.1 前言 / 140
8.2 植物材料 / 141
8.3 茭白黑粉菌侵染和对照茎的转录组组装、功能富集和差异表达基因 / 142
8.4 茭白茎中差异表达基因的表达谱分析 / 146
8.5 茭白黑粉菌基因表达谱分析 / 146
8.6 茭白茎膨大相关候选基因的鉴定 / 148
8.7 细胞分裂素和生长素在茭白膨大茎形成过程中的作用 / 151
8.8 茭白膨大茎的表型和茭白黑粉菌的菌株类型有关 / 153
8.9 结论 / 154
参考文献 / 155

第 9 章	茭白黑粉菌基因表达导致茭白膨大茎表型的变化	
9.1	前言	/ 160
9.2	正常茭白和灰茭膨大茎表型差异	/ 161
9.3	正常茭白和灰茭膨大茎转录组及表达谱分析	/ 162
9.4	茭白黑粉菌基因组基因功能分类	/ 164
9.5	茭白黑粉菌效应子相关差异表达基因	/ 167
9.6	茭白黑粉菌冬孢子形成相关差异表达基因	/ 168
9.7	茭白黑粉菌参与黑色素形成的差异表达基因	/ 174
9.8	差异表达基因的 qRT-PCR 验证	/ 175
9.9	胁迫处理对茭白黑粉菌 *UePKS*、*UeSPR5* 和 *UeLAC1* 基因表达的影响	/ 176
9.10	结论	/ 179
参考文献		/ 179

第10章	lncRNA在依赖于温度的茭白茎膨大过程中的作用	/ 183
10.1	前言	/ 184
10.2	茭白茎形态	/ 185
10.3	茭白植物组织和茭白黑粉菌中的 lncRNA 鉴定及特征	/ 185
10.4	茭白植物组织和茭白黑粉菌中 lncRNA 及 mRNA 的表达特性	/ 185
10.5	lncRNA 的功能分析	/ 187
10.6	植物防御反应及其相关 lncRNA	/ 190
10.7	植物激素相关 lncRNA	/ 193
10.8	氨基酸代谢及其相关 lncRNA	/ 195
10.9	结论	/ 197
参考文献		/ 198

第11章	转录组分析揭示茭白黑粉菌诱导茭白膨大茎形成的共生机制	/ 202
11.1	前言	/ 203
11.2	植物材料及处理	/ 204
11.3	茭白孕茭前后表型分析	/ 206
11.4	植物激素对茭白茎部膨大的响应	/ 206
11.5	转录组测序及差异表达基因分析	/ 208
11.6	差异表达基因分析	/ 209
11.7	差异表达基因的 GO 和 KEGG 分析	/ 211

11.8　差异表达基因的调控概述、非生物胁迫和转录因子分析 / 215

11.9　植物激素信号转导通路相关基因表达及富集分析 / 217

11.10　植物激素合成基因的表达及 qRT-PCR 定量分析 / 221

11.11　转录组中关键基因挖掘和注释 / 225

11.12　植物激素和细胞壁松弛因子相关基因的挖掘 / 226

11.13　结论 / 230

参考文献 / 231

第12章　促进茭白肉质茎起始膨大的生长素来源研究 / 235

12.1　前言 / 236

12.2　试验材料采集 / 237

12.3　茭白肉质茎起始膨大期茭白黑粉菌分布观察 / 238

12.4　茭白和茭白黑粉菌转录组的综合分析 / 239

12.5　茭白肉质茎膨大起始期茭白黑粉菌差异表达基因分析 / 240

12.6　茭白肉质茎形成起始期茭白差异表达基因分析 / 246

12.7　茭白肉质茎起始膨大期茭白黑粉菌致病基因和茭白抗病相关基因分析 / 255

12.8　生长素调控茭白肉质茎形成 / 258

12.9　结论 / 263

参考文献 / 263

第13章　茭白细胞分裂素双元信号系统基因鉴定及其调控茭白茎膨大机制研究 / 267

13.1　前言 / 268

13.2　植物材料采集 / 268

13.3　外源喷施细胞分裂素对茭白孕茭和茎膨大的影响 / 269

13.4　茭白细胞分裂素双元信号系统家族基因的全基因组鉴定 / 270

13.5　茭白细胞分裂素双元信号系统家族系统进化树分析 / 280

13.6　茭白细胞分裂素双元信号系统基因在进化中的选择压力分析 / 282

13.7　茭白茎不同膨大时期细胞分裂素双元信号系统基因的表达 / 284

13.8　结论 / 286

参考文献 / 287

第1章 菰属植物种类分布、起源进化与中国菰遗传多样性研究

王惠梅[1]　苏晓娜[2]　闫宁[3]　吴建利[1]　江绍玫[4]

（1.中国水稻研究所；2.江西农业大学南昌商学院；3.中国农业科学院烟草研究所；4.江西财经大学统计学院）

◎本章提要

中国菰（*Zizania latifolia*）是多年生水生植物，分类学上属于禾本科稻亚科稻族菰属，广泛分布于东北、华北、华中、华东、华南、西南的池塘、沼泽、水田边及湖泊浅水区域。中国菰的颖果称为中国菰米，其在我国古代属"六谷"之一，食用历史可追溯到3 000年前的周代。浙江省湖州市在2 500年前的春秋时期就有"菰城"之名，可能与到处生长着中国菰野生资源有关。中国菰作为我国湿地和湖泊植被中重要的构成部分，对湖泊和湿地生态有着重要作用。中国菰的经济价值主要体现在水生蔬菜茭白的种植和中国菰米的开发利用两个方面。中国菰感染茭白黑粉菌（*Ustilago esculenta*）之后形成的膨大肉质茎——茭白，是我国南方地区广泛食用的水生蔬菜。此外，中国菰茎叶可以作为家畜的饲料以及鱼类的饵料。现今，中国菰米因其较高的营养价值和保健功效而受到越来越多的关注。闫宁和张忠锋（2021）所著的《中国菰米功能成分研究》，系统阐述了菰米的营养及功能成分，为中国菰育种以及菰米的开发利用奠定了坚实的理论基础。近年来，菰属植物相关研究正逐步深入，从传统分类学及形态学等描述性研究逐渐深入到基于DNA分子标记的遗传结构和多样性分析，蛋白质组、转录组、代谢组以及功能基因发掘及利用，取得了较好的进展。

作为由野生向驯化过渡的一个物种，中国菰保留了众多驯化作物丢失的优异性状，是扩大和丰富育种基因来源的理想野生资源。但菰属植物研究同时也面临诸多挑战，中国菰基因组大小约为水稻的两倍，且尚未完成完整的基因组拼接和组装。中国菰种子易落粒且不耐存储，中国菰遗传转化体系未建立，研究经费投入少、关注度不高等都是菰属植物研究发展的制约因素。本章将从菰属植物种类分布及起源进化、中国菰的生态与经济价值、中国菰遗传多样性研究、中国菰与水稻间的性状转移等方面进行综述，以期为中国菰的保护、研究和开发利用提供参考。

1.1 菰属植物种类分布与起源进化

中国菰属于禾本科（Gramineae）稻亚科（Oryzoideae Care）稻族（Oryzeae Dum）菰亚族（Zizaniinae Honda）菰属（*Zizania* L.）植物。菰属共包括4个种，分别是中国菰（*Z. latifolia*）、水生菰（*Z. aquatica*）、沼生菰（*Z. palustris*）和得克萨斯菰（*Z. texana*）。因不同的地理分布以及不同的生态环境使得分布于东亚的中国菰和北美的3种菰（水生菰、沼生菰和得克萨斯菰）在形态学上有较大差异（陈守良和徐克学，1994）。分布于北美的3种菰因生境有交叉或生境较为相似，而在形态学上差别较小。沼生菰籽粒较大且具有可观的菰米产量，据统计，1987年从北美五大湖区采集收获的沼生菰米总量逾千万吨。但水生菰和得克萨斯菰籽粒纤细、产量低，并未被广泛采集食用。

水生菰又称南部野生稻，从墨西哥湾到北美五大湖区均有分布，其中的一个变种 *Z. aquatica* var. *aquatica* L.分布最广。沼生菰又称北部野生稻，有2个变种 *Z. palustris* var. *palustris* 和 *Z. palustris* var. *interior*（Fassett）Dore。沼生菰具有重要的经济价值，分布于加拿大沿海省份以及北美五大湖区周边与大草原交叉地带。沼生菰米在当地作为传统食物已经有几个世纪的历史，近年来已被作为特种经济作物栽培而得到广泛食用。目前，沼生菰米主要栽培于美国明尼苏达州和加利福尼亚州，与水稻栽培一样管理。由于沼生菰具有较高的经济效益，因此其在北美的3种菰中是研究最多的一种。得克萨斯菰分布于美国得克萨斯州的圣马克斯河岸长约10km的范围，已被美国联邦政府列为濒危物种。

中国菰原产于中国，在中国、日本、韩国以及东南亚均有分布，有时又称东亚菰。中国菰的生境主要为池塘、河流及湖泊的浅水区。在唐代以前，中国菰就已被当作粮食作物栽培，它的种子称为菰米或雕胡，是重要的"六谷"之一，供帝王食用（阮元，1997）。中国菰在我国古代主要分布于长江流域，从上游的四川到下游的江浙地区。唐宋以后，随着南方人口激增以及农业大开发，围湖垦田和水稻的推广使得中国菰的分布急剧减少。据翟成凯等（2000）的报道，中国菰在微山湖、骆马湖、洪泽湖、宝应湖和太湖水域及华中地区的广大水域仍有广泛的分布。但根据江西财经大学江绍玫教授团队对我国境内中国菰野生资源的生境踏查情况来看，中国菰野生资源近年来面临严峻的生境丢失形势，许多原先认为具有较大生物量的湖区现在已经难觅其踪迹（江绍玫，2019）。

北美的3种菰和中国菰在生境、植株形态、染色体数目等方面都有较大差异，4种菰的基础信息比较见表1-1。菰属植物在世界范围内的分布概况及中国菰的形态见图1-1。

表1-1　4种菰的基础信息比较

种　　类	分布	生长类型	染色体数目	是否经济物种
水生菰（*Z. aquatica*）	北美洲圣劳伦斯河流域、东南部沿海，美国路易斯安那州	一年生	$2n = 30$	否
沼生菰（*Z. palustris*）	北美洲五大湖区	一年生	$2n = 30$	是
得克萨斯菰（*Z. texana*）	美国得克萨斯州	多年生（濒危）	$2n = 30$	否
中国菰（*Z. latifolia*）	中国、日本和韩国等	多年生	$2n = 34$	是

根据TIMETREE（http://www.timetree.org/）的预测，水稻和中国菰有着共同的祖先，2 300万年前在进化上产生分歧各自进化。作为稻族中唯一同时分布在东亚和北美大陆的属，菰属植物被认为是联系东亚和北美植物区系的纽带。但对于中国菰的起源问题学者们的观点存在分歧，陈守良和徐克学（1994）利用分支分类学中的最大同步法分析了30多个性状的原始数据，认为菰属4个种之间的演化关

系中，中国菰是最原始的，由它分别演化出得克萨斯菰和水生菰，再由水生菰演化出沼生菰。然而分子遗传方面的研究给出不同的观点，Xu 等（2010）根据来自中国菰叶绿体、线粒体和核基因组的 7 个 DNA 片段（*atpB-rbcL*、*matK*、*rps16*、*trnL-F*、*trnH-psbA*、*nad1* 和 *Adh1a*）序列，利用贝叶斯法则研究并构建了菰属 4 个种的种系发生关系，结果表明来自北美的 3 种菰属于一个单系，在进化上形成独立的一支；而来自东亚的中国菰在进化上分属北美菰的姊妹进化支。利用最大似然法分析北美菰与中国菰的生物地理关系，表明菰属植物起源于北美，并经由白令海峡大陆桥传播进入东亚（Xu et al., 2015）。

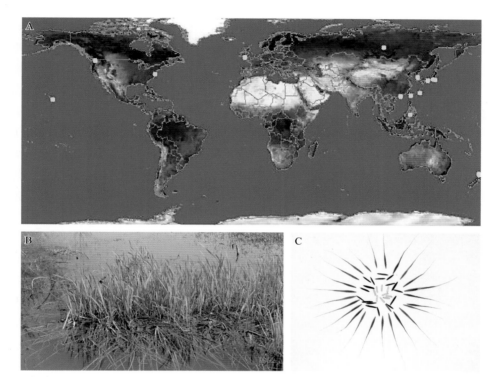

图 1-1　世界范围内菰属植物的分布及中国菰的形态

A. 菰属在世界范围内的分布（http://eol.org/）　B. 梁子湖区 2015 年 4 月中国菰的生长状态

C. 2014 年秋季采自鄱阳湖的中国菰米与水稻品种 IR64 糙米的对比（带长芒者为中国菰颖果，色白者为 IR64 糙米，色棕者为中国菰米）

早期北美原住民尤其是 Ojibway、Menomini 和 Cree 族以菰米为传统食物。17 世纪欧洲人陆续进入北美五大湖区，一个名叫享尼平（Hnnepin）的神父第一次看到印第安人收获菰米的情景，将其描述为不经过任何耕种、五大湖区生长着丰富的水生燕麦。后来觉得水生燕麦不够贴切又改称为野生稻（wild-rice），因而沿袭传播开来，菰便被误称为 wild-rice。后来我国的一些学者看到这些文献的时候，没有仔细考究就将 wild-rice 直译为野生稻，从而导致了误传（游修龄，2001）。虽然早在几个世纪以前就有印第安人手工采集菰米食用，但是直到 18 世纪中叶才有研究人员首次提出将菰作为栽培作物来驯化，而直到一个世纪以后的 1950 年，才首次真正实现北美菰的种植和收割。北美菰的系统选育是从 20 世纪 60 年代才真正开始的。虽然沼生菰在美国北部的明尼苏达州已经有 60 余年的人工种植历史，但是离驯化作物还相去甚远，因为仍然无法克服熟期不一致和种子易落粒等问题（Oelke et al., 1978）。

中国先民采集食用菰米的历史可以追溯到 3 000 年前的周代，在此后的 3 000 年里古籍中有不少相关的历史记录。《礼记》载："饭之品有黄黍、稷稻、白粱、白黍、黄粱，此诸侯之饭，天子又有麦与菰。"菰米在古代也称雕胡，李白《宿五松山下荀媪家》中有"跪进雕胡饭，月光照素盘"，杜甫《秋兴

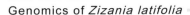
八首》有"波漂菰米沉云黑"之句。不难看出菰米在我国古代是一种供奉帝王的珍贵食材,菰米的采集和食用在漫长的历史沉淀中已经形成了一种独特魅力的饮食文化。我国南方地区,尤其是浙江、江苏两省初秋季节很受欢迎的蔬菜茭白,就是驯化菰感染茭白黑粉菌之后膨大而形成的肉质茎(闫宁等,2013;Guo et al., 2007)。

1.2 中国菰的生态与经济价值

中国菰在我国曾有着广泛的分布,从东北、华北、华中、华东、华南到西南地区的池塘、沼泽、湖泊浅水区以及水田边都可以找到它们的存在。官少飞等(1987)对鄱阳湖流域水生植被进行生物量测算时就发现,中国菰是该流域14种优势水生植被之一,在整个鄱阳湖流域的分布面积约有13万亩①之多,生物量占比约为0.91%。翟成凯等(2000)对我国南四湖、洪湖、洪泽湖、太湖、巢湖、白马湖、高邮湖、骆马湖、石臼湖和宝应湖的中国菰野生资源进行了调查,认为这些湖区中国菰总面积大约为488 km^2,菰草总生物量约为55万t。彭晓赟等(2009)采集南洞庭湖生长的优势种中国菰野生资源及其根系土壤样品,分析了中国菰对土壤中Cu、Sb、Cd和Pb等重金属的吸收与富集,结果表明中国菰对南洞庭湖湿地土壤中Cd和Cu的富集能力与普通植物相比要强得多。付硕章等(2013)研究洪湖湿地中国菰野生资源的现存生物量和初级生产力,测算其碳储量与固碳能力,结果表明湿地中国菰野生资源群落的储碳和固碳能力高于全国陆地植被平均固碳能力和全球植被平均固碳能力。

水体氮、磷富营养化是现代农业和现代工业带来的一个负面影响,微生物降解和植物吸收是安全有效的治理水体氮、磷富营养化的措施。研究表明,菰属植物在氮、磷富营养化情况下可以表现出较其他植被更为卓越的吸收能力。Liu等(2007)研究了19种湿地植被对Cd、Pb和Zn的积累,发现中国菰在这19种植被中可以更为高效地富集这些金属离子。因此,在水体富营养及重金属污染区种植中国菰,并按季节收割清理,保持适度的植被量可能是污染治理的有效措施(Tang et al., 2013)。

驯化菰在与茭白黑粉菌长期共生互作的过程中失去开花结实有性繁殖的能力,只能以其地下的根状茎为营养体进行无性繁殖。茭白黑粉菌主要寄生在茭白植株的根部及地下根状茎上,在寄主体内完成其整个生命周期(Jose et al., 2016)。茭白的驯化历史已有2 000多年,我国目前有100多个茭白地方栽培种,按照采收次数分为两类,一类为一年只能采收一次的单季茭,另一类为可以在夏、秋季节分别采收一次的双季茭。茭白已成为种植面积仅次于莲藕的第二大水生蔬菜,是我国南方地区很多农户家庭的重要经济来源(Guo et al., 2007)。

东南大学翟成凯教授团队对中国菰米及籼稻品种Nagina 22的营养成分进行了较系统的分析测定,发现中国菰米膳食纤维的含量约为籼米的7.6倍,蛋白质含量及矿物质含量是籼米的2倍,其中K、Ca、Mg、Fe和Zn的含量远超过籼米(翟成凯等,2000)。除具有较高营养价值以外,中国菰米中还含有大量的生物活性物质,如膳食纤维、抗性淀粉、黄酮、皂苷和植物甾醇等。明代《本草纲目》中记载,菰米可用于胃肠疾患和消渴症的辅助治疗。目前,菰米具有调节血糖和血脂等功效,在国内外也得到广泛的认可和应用。近年来,中国农业科学院烟草研究所烟草功能成分与综合利用创新团队进行了中国菰米抗氧化酚类化合物的富集纯化、结构鉴定、含量测定及绿色提取技术研究,发现中国菰米具有抗氧化和降糖、降脂活性;阐明了中国菰米和北美菰米次生代谢产物组成类型与含量,以及中国菰米酚类化合物含量及活性高于稻米的机制,揭示了中国菰米发芽过程中生物活性物质变化的规律与机制;通过饲喂试验发现,中国菰米具有调节高脂膳食小鼠肠道菌群,以及改善其脂肪肝变性、炎症反应和

---

① 亩为非法定计量单位,1亩 = 1/15hm²。——编者注

胰岛素抵抗等方面的保健作用。相关研究已汇编成《中国菰米功能成分研究》一书出版发行，为中国菰米的开发利用鉴定了坚实基础。

1.3 中国菰遗传多样性研究

1.3.1 所使用的遗传标记

遗传标记是群体遗传学的基本研究手段。根据其检测水平，遗传标记可以分为形态学标记、细胞标记、蛋白质标记和DNA分子标记，前3种标记以基因的表达结果为基础，间接反映基因型，而DNA分子标记是遗传变异的直接反映。同工酶标记是菰属植物的遗传多样性及遗传结构研究中最早报道使用的标记。Xu等（2008）利用 *Adh1a* 基因测序对来自国内16个省份的21个居群进行研究，首次对中国菰野生资源群体进行遗传多样性及遗传结构方面的解析。Richards等（2004，2007）在对得克萨斯菰的研究中鉴定了8个SSR座位。Quan等（2009）通过构建SSR富集文库，开发了16对菰自身的SSR标记（表1-2），并验证了这些标记用于遗传多样性及遗传结构分析的可行性，由此而打开了利用自身SSR标记开展菰属植物遗传研究的大门。Chen等（2012）首次用SSR标记解析中国菰野生资源的遗传多样性及遗传结构。Xu等（2010）采用来自叶绿体、线粒体和细胞核基因的三类共7个DNA片段 *atpB-rbcL*、*matK*、*rps16*、*trnL-F*、*trnH-psbA*、*nad1* 和 *Adh1a* 作为标记开展了中国菰与北美菰的种系发生和生物地理学研究。Xu等（2015）利用3个叶绿体DNA片段 *rps16*、*rpl32-trnL*、*rps16-trnK* 和3个核微卫星位点（ZM4、ZM26、ZT26）作为标记又进一步开展了中国菰和北美菰的比较系统地理学研究。吴国林等（2014）建立了中国菰的ISSR反应体系。王惠梅等（2015）首次将水稻SSR标记应用于鄱阳湖流域中国菰野生资源的遗传多样性分析。SSR标记的开发很大程度上促进了菰属植物分类与遗传研究，但目前中国菰自身SSR标记数量偏少、基因组覆盖面窄，相关研究结果可能存在一定局限性。

表1-2 基于中国菰基因组的SSR标记信息

引物	序列（5′→3′）	退火温度（℃）	扩增长度（bp）
ZM4	AGCAGGAAGCAACTGACTTA GCATCTCAGGGTGAAAGAAC	60	220～222
ZM5	GAGCATTCTCCTCAGATAGT CCCTCTGTTTTCGAGATGG	60	146～158
ZM11	GGAAGCAAAAAAGTGTAATTTG CAAATGCCTGCACGTGGGA	60	168～406
ZM13	GCACTGTGTACATGTCAAAC GTGAACCTGTCCTTCAGCAA	60	200～204
ZM14	CTCACCGTGTCAAGGCTAAG CCAGCCATCACTTCTCAACA	58	110～300
ZM16	CTCCTACACATCAAGGATCA AAGTGATGACATTGGCACGT	60	228～238
ZM24	CTCCGCATACCACCGCATT GGAACCTTGCAGAAGATGGA	60	172～176

（续）

引物	序列（5′→3′）	退火温度（℃）	扩增长度（bp）
ZM25	GTTCTGAGTTGCAACCTGGT CCCATATGTCAGCGAGACAT	60	118～148
ZM26	CGAACCCTGCATCAAACACT GATTCGGGAGTCTCCTAGTT	60	162～170
ZM28	CCCTTGCTCATGCATAGATG CACCTTGCACATCAGCTCAT	60	170～174
ZM30	GCAAGTGGCTGAAGCAAAC CATGACAATCAATGGTACGT	60	152～260
ZM35	GACTGATGACAACTGATGGA GCACATGCTTGTGTACTTGT	60	190～230
ZM36	CACGGTCTGTATCGCTTCT GAGAATGTCTAGACGAGAGT	60	210～240
ZM39	CAGTCAAGCTCAGCTTGCT GCCTGTTCTCACCACTTGA	60	188～192
ZM40	CAAGCAGCAAATAGCTAGCT GCCTTCATCATCTACTATAC	60	190～230
ZM44	TGCGTGATCTTCAATTCCAA GCTACCGAAGATGTCGTTG	60	132～154
Zt1	GCAAATCTCCTGTCTTTTTCT GTTTAGCCAGCTCCCAATGTA	54	259～267
Zt13	GATGAGCAAGCATCTCTGTG GGATGGATGGATGAACTAGG	54	206～250
Zt16	CACCATGTCCTGCAATTC TGCACTAGCTCCCTGAAA	54	141～145
Zt18	CTAGCTTGTTCAGACAAATGTT GACTCTGCTGCATCATATCA	54	98～114
Zt21	AGTTCTGCACTGCACTGTGA AGCACCTTTTGCTGATCTTG	54	170～198
Zt22	ACGTCGTCGTCTTCCTCC GCATATAATTCCGCGTGAAC	54	200～230
Zt23	CAACCCCAGAAAAACTAAATC TCCAATCTCTCCACCTACAA	54	250～284
Zt26	GGACGTTGACATTTTCACA GGATCAGTAAATCCAAATCTGT	54	185～233

1.3.2　常用分析软件

计算机科学的发展催生了大量有关群体遗传学的软件包，根据不同的数据类型选择不同的软件可得到不同的解析结果。生物统计分析软件是生物信息学研究的重要工具，在科学问题的发现、分析和科学数据的处理方面具有不可替代的作用。常用的遗传多样性及遗传结构分析软件有POPGENE、STRUCTURE、ARLEQUIN、MEGA和MVSP等。POPGENE软件可以根据输入的数据输出遗传多样性参数，包括观测等位基因数（A_o）和有效等位基因数（A_e）、Nei's基因多样性指数（He）、Shannon's多样性信息指数（I）、多态位点百分率（PPB）、遗传分化系数（G_{st}）、基因流（Nm）、遗传相似系数和遗传距离等，是遗传多样性分析使用最普遍的软件。STRUCTURE软件基于由不连锁标记组成的基因型数据实施基于模型的聚类，从而推断群体的遗传结构。STRUCTURE软件显示群体结构，可将不同的个体分配到相应的群体中，发现一些特殊的个体，比如迁移或混合进群体的少数个体。STRUCTURE软件在后续使用过程中不断得到完善扩展。MVSP可快速地进行各种聚类和相关性分析以及多种等级特征分析，包括主成分分析（PCA）、主坐标分析（PCO）、对应分析（CA）、去趋势对应分析（DCA）和典型对应分析（CCA）等。ARLEQUIN可进行分子方差分析（AMOVA），MEGA可用于构建居群间遗传距离聚类图。以上软件的详细操作使用流程参见苏晓娜（2017）的相关描述。

1.3.3　中国菰遗传多样性研究现状

有关菰属植物的遗传多样性研究最早是利用同工酶标记进行的。利用13个同工酶标记分析了美国威斯康星州的17个沼生菰居群，解析了栖息环境、种群大小、繁殖方式等因素和遗传变异度的关系（Lu et al., 2005）。另外，这17个居群遗传变异度差异大，平均基因多样性指数为0.15，仅相当于风媒异交作物的平均水平，遗传多样性水平低于禾本科植物平均遗传多样性水平（0.2）。中国菰遗传多样性及遗传结构方面的分析，最先见于利用核$Adh1a$基因测序对来自国内16个省份的21个居群进行的研究，发现各个居群存在低至中等水平的核苷酸差异，来自东北地区的居群序列变异最为丰富，认为中国菰野生资源是由东北地区发源，再缓慢向南方地区传播开来（Xuet et al., 2008）。Chen等（2012）首次用SSR标记解析中国菰野生资源的遗传多样性及遗传结构，10对SSR标记对长江中下游的7个中国菰野生资源居群的分析显示，在该流域所采集的中国菰野生资源具有高水平的遗传多样性，He平均值为0.61。2015年起，中国水稻研究所吴建利研究团队和江西财经大学江绍玫教授团队合作，陆续发表了一系列中国菰遗传多样性相关研究。本章依据采样地理范围由小到大选取代表性的3篇研究介绍，分别是鄱阳湖流域中国菰野生资源遗传多样性分析、华中和华东地区中国菰野生资源遗传多样性分析以及中国菰野生资源遗传多样性分析。由于研究手段及研究水平所限，疏漏难免，但仍希望读者能在此基础上对中国菰的遗传现状有一个基本了解，并创新研究方法和研究手段，取得更有意义的理论研究成果。

1.3.3.1　鄱阳湖流域中国菰野生资源遗传多样性与遗传结构分析

王惠梅等（2015）从水稻1 113对SSR标记（http://www.gramene.org/）中筛选出19对可稳定扩增且多态性好的SSR标记（表1-3），结合筛选自不列颠哥伦比亚大学（http://www.msl.ubc.ca）开发的14对ISSR标记（表1-4），对鄱阳湖流域30个中国菰野生资源居群的遗传多样性与遗传结构进行了分析。

筛选出的19对水稻SSR标记共扩增出多态性条带253条，平均多态率（PPB）为91.67%，Nei's基因多样性指数（He）和Shannon's多样性信息指数（I）分别为0.271 2和0.414 4，遗传相似系数（GS）为0.559 0～0.836 8，遗传距离（GD）为0.163 2～0.441 0；筛选出的14对ISSR标记共扩增产生83条条带，平均多态率（*PPB*）为78.29%，Nei's基因多样性指数（*He*）和Shannon's多样性信息指数（*I*）分别为0.238 6和0.417 4，遗传相似系数（*GS*）为0.513 2～0.934 2，遗传距离（*GD*）为0.065 8～0.486 8。根据SSR和ISSR基因型数据，采用UPGMA法分别在阈值为0.698和0.728时可将30个中国菰野生资源居群聚类为3组。推测可能受人为、水流、动物活动和风等多种因素的影响，抑或取样地理范围相对狭小，居群间的亲缘关系与地理分布无明显相关性。

表1-3　19对水稻SSR标记及对应扩增信息

标记	水稻染色体	重复模序	总条带数（条）	多态性条带数（条）	多态率（*PPB*，%）
RM11674	1	$(AGG)_9$	17	16	94.12
RM14233	3	$(AC)_{10}$	24	24	100.00
RM175	3	$(CCG)_8$	10	6	60.00
RM546	3	$(AGG)_7$	15	11	73.33
RM6881	3	$(ACC)_1$	18	16	88.89
RM15830	3	$(AT)_{22}$	12	10	83.33
RM6876	3	$(CCG)_8$	12	11	91.67
RM16797	4	$(AT)_{26}$	11	10	90.91
RM179	5	$(ACC)_1$	24	21	87.50
RM18774	5	$(AGG)_7$	11	11	100.00
RM20118	6	$(CCG)_8$	14	14	100.00
RM 20236	6	$(AG)_{10}$	10	10	100.00
RM125	7	$(AT)_{36}$	11	10	90.91
RM22189	8	$(AGG)_9$	15	14	93.33
RM22832	8	$(AGG)_8$	13	11	84.62
RM22885	8	$(AAC)_8$	13	13	100.00
RM195	8	—	17	16	94.12
RM350	8	—	10	10	100.00
RM28090	12	$(AGC)_7$	19	19	100.00
平均值			14.53	13.32	91.67
合计			276	253	

表1-4　14对ISSR标记及对应扩增信息

标记	序列（5'→3'）	退火温度（℃）	总条带数（条）	多态性条带数（条）	多态率（*PPB*，%）
Z9	$(AG)_8G$	55.0	9	9	100.00
Z25	$(AC)_8T$	52.0	3	3	100.00
Z26	$(AC)_8T$	53.3	7	5	71.43
Z35	$(AG)_8YC$	47.0	5	4	80.00
Z40	$(GA)_8YT$	50.7	5	5	100.00
Z41	$(GA)_8YC$	53.3	8	2	25.00

（续）

标记	序列（5′→3′）	退火温度（℃）	总条带数（条）	多态性条带数（条）	多态率（*PPB*，%）
Z42	(GA)$_8$YG	52.0	7	3	42.86
Z44	(CT)$_8$RC	47.6	6	5	83.33
Z53	(TC)$_8$RT	50.0	4	4	100.00
Z57	(AC)$_8$YG	53.3	5	3	60.00
Z68	(GAA)$_6$	50.7	5	5	100.00
Z73	(GACA)$_4$	45.6	5	5	100.00
Z89	DBD(AC)$_7$	54.0	7	5	71.43
Z88	BDB(CA)$_7$	54.0	7	7	100.00
平均值			5.93	4.64	78.29
合计			83	65	

1.3.3.2 华中和华东地区中国菰野生资源遗传多样性与遗传结构分析

王惠梅等（2018）利用7对中国菰SSR分子标记（ZM5、ZM13、ZM26、ZM28、ZM30、ZM44和Zt23，详细序列见表1-2），对来自华中地区（梁子湖）、华东地区（微山湖、鄱阳湖、洪泽湖、太湖）的26个中国菰野生资源居群（表1-5）的遗传多样性和遗传结构进行了分析。POPGENE软件分析结果表明，在物种水平上，华中和华东地区中国菰野生资源具有较丰富的遗传多样性（*PPB* = 92.19%，A_o = 1.922，A_e = 1.454，*He* = 0.274，*I* = 0.422）；各中国菰野生资源居群间的遗传相似系数和遗传距离分别为0.556 9～0.998 1和0.001 9～0.585 4，居群间的遗传分化较显著（G_{st} = 0.673）。26个中国菰野生资源居群的遗传结构可以大致分为3组，聚类分析显示26个居群不存在明显的亲缘地理关系，进化分析结果显示26个中国菰野生资源居群具有共同的祖先，在进化上分属两支。

表1-5 华中和华东地区26个中国菰野生资源居群的地理分布信息

居群编号	湖泊	采集地点	经度（E）	纬度（N）	海拔（m）
WSH1	微山湖	山东省枣庄市张桥村	117° 14′ 49″	34° 48′13″	12.05
WSH2		山东省枣庄市水寨村	117° 11′ 42″	34° 49′ 34″	13.65
LZH1		湖北省鄂州市长岭码头	114° 39′ 28″	30° 14′ 43″	24.73
LZH2		湖北省鄂州市周胡谈	114° 36′ 19″	30° 12′ 24″	29.67
LZH3	梁子湖	湖北省武汉市下屋李	114° 27′ 23″	30° 10′ 02″	8.16
LZH4		湖北省武汉市杨树咀	114° 22′ 53″	30° 11′ 59″	23.95
LZH5		湖北省武汉市下土库咀	114° 25′ 43″	30° 16′ 15″	5.74
HZH1		江苏省淮安市小姚庄	118° 35′ 34″	33° 01′ 10″	23.43
HZH2	洪泽湖	江苏省淮安市新胡庄	118° 36′ 21″	33° 01′ 08″	15.35
HZH3		江苏省淮安市周家洼	118° 41′ 40″	33° 02′ 05″	23.90

（续）

居群编号	湖泊	采集地点	经度（E）	纬度（N）	海拔（m）
HZH4		江苏省淮安市三河村	118°47′14″	33°10′39″	27.60
HZH5		江苏省淮安市四坝	118°46′49″	33°09′12″	26.41
HZH6		江苏省淮安市大堤信坝	118°47′04″	33°10′39″	17.97
HZH7		江苏省淮安市贾庄	118°48′45″	33°12′57″	16.00
HZH8	洪泽湖	江苏省淮安市山堆西	118°50′07″	33°14′59″	16.65
HZH9		江苏省淮安市街南一组	118°53′21″	33°22′14″	26.01
HZH10		江苏省宿迁市张房村	118°38′25″	33°37′34″	20.19
HZH11		江苏省宿迁市庄胡村	118°33′08″	33°39′42″	63.10
HZH12		江苏省宿迁市香城十一组	118°30′04″	33°27′23″	37.01
TAIH1		江苏省无锡市中央公园	120°14′33″	31°31′09″	12.81
TAIH2	太湖	江苏省宜兴市陈墅村	120°01′08″	31°28′36″	−2.20
TAIH3		江苏省苏州市苑北村	120°36′08″	31°05′38″	27.04
PYH1		江西省上饶市余干县驻地	116°14′37″	28°26′40″	16.00
PYH2	鄱阳湖	江西省上饶市车门村	116°22′30″	29°05′38″	23.00
PYH3		江西省上饶市牛头山	115°30′50″	29°04′48″	18.00
PYH4		江西省九江市湖口乡政府	116°02′38″	29°20′36″	36.00

  POPGENE1.32软件分析结果显示（表1-6），在物种水平上五大湖区中国菰野生资源多态率为92.19%；观测等位基因数（A_o）和有效等位基因数（A_e）分别为1.922和1.454；Nei's基因多样性指数与Shannon's多样性信息指数相对较高，分别为0.274和0.422，表明五大湖区中国菰野生资源具有丰富的遗传多样性。在居群水平上五大湖区中国菰野生资源各居群遗传多样性差异较大，平均多态率为19.66%；平均观测等位基因数（A_o）和有效等位基因数（A_e）分别为1.242和1.108；Nei's基因多样性指数与Shannon's多样性信息指数的平均值分别为0.107和0.165。遗传多样性最高的是江苏宿迁香城十一组（HZH12）居群（PPB = 56.25%、A_o = 1.563、A_e = 1.398、He = 0.233、I = 0.340），最低的有3个居群，为LZH1、TAIH2和PYH4（PPB = 1.56%、A_o = 1.016、A_e = 1.007、He = 0.005、I = 0.007）。样本量小是导致居群水平与物种水平上指标存在差异的一个重要原因。

表1-6 华中和华东地区中国菰野生资源遗传多样性分析

居群编号	观测等位基因数（A_o）	有效等位基因数（A_e）	Nei's基因多样性指数（He）	Shannon's多样性信息指数（I）	多态性位点（个）	多态率（PPB，%）
WSH1	1.141	1.077	0.048	0.073	9	14.06
WSH2	1.031	1.030	0.015	0.021	2	3.12
LZH1	1.016	1.007	0.005	0.007	1	1.56
LZH2	1.109	1.080	0.045	0.065	7	10.94
LZH3	1.203	1.177	0.093	0.132	13	20.31
LZH4	1.156	1.133	0.070	0.100	10	15.62
LZH5	1.094	1.089	0.046	0.064	6	9.38

（续）

居群编号	观测等位基因数 (A_o)	有效等位基因数 (A_e)	Nei's基因多样性指数 (He)	Shannon's多样性信息指数 (I)	多态性位点 （个）	多态率 （PPB，%）
HZH1	1.266	1.188	0.110	0.161	17	26.56
HZH2	1.266	1.204	0.112	0.162	17	26.56
HZH3	1.016	1.011	0.007	0.009	1	1.56
HZH4	1.359	1.254	0.149	0.217	23	35.94
HZH5	1.422	1.299	0.175	0.255	27	42.19
HZH6	1.172	1.122	0.071	0.104	11	17.19
HZH7	1.156	1.111	0.065	0.095	10	15.62
HZH8	1.250	1.177	0.104	0.151	16	25.00
HZH9	1.234	1.166	0.097	0.142	15	23.44
HZH10	1.453	1.320	0.188	0.274	29	45.31
HZH11	1.141	1.099	0.058	0.085	9	14.06
HZH12	1.563	1.398	0.233	0.340	36	56.25
TAIH1	1.500	1.296	0.179	0.270	32	50.00
TAIH2	1.016	1.007	0.005	0.007	1	1.56
TAIH3	1.531	1.376	0.220	0.321	34	53.12
PYH1	1.141	1.109	0.060	0.086	9	14.06
PYH2	1.375	1.226	0.136	0.204	24	37.50
PYH3	1.016	1.011	0.007	0.009	1	1.56
PYH4	1.016	1.007	0.005	0.007	1	1.56
居群平均值	1.242	1.108	0.107	0.165	14	19.66
物种总计	1.922	1.454	0.274	0.422	59	92.19

1.3.3.3　中国菰野生资源遗传多样性与遗传结构分析

为全面深入了解中国菰资源的遗传现状、生存状况和演进历程，苏晓娜等（2017）利用同样的7对中国菰自身SSR分子标记，对来自我国华北、东北、华东、中南、西南地区的25个中国菰野生资源居群（表1-7）的遗传多样性和遗传结构进行了研究。

表1-7　25个中国菰野生资源居群地理分布信息

地区	居群编号	采集地点	经度（E）	纬度（N）	海拔（m）
华北	BJ	北京市亮马河	116° 27′ 52″	39° 57′ 09″	14
	DL	辽宁省大连市	121° 32′ 27″	38° 55′ 59″	25
	SY	辽宁省沈阳市	123° 08′ 02″	41° 49′ 58″	28
东北	QQHE	黑龙江省齐齐哈尔市	124° 15′ 30″	47° 12′ 26″	112
	JMS	黑龙江省佳木斯市	130° 02′ 07″	46° 46′ 54″	121
	TH	吉林省通化市	125° 52′ 07″	41° 39′ 56″	36
华东	ZZ	山东省枣庄市	117° 14′ 15″	34° 49′ 21″	14
	SH	上海市后滩湿地公园	121° 27′ 57″	31° 11′ 02″	9

（续）

地区	居群编号	采集地点	经度（E）	纬度（N）	海拔（m）
华东	CX	浙江省宁波市慈溪市	121°15′16″	30°31′31″	23
	HZ	浙江省杭州市西溪湿地	120°04′26″	30°16′07″	19
	HZH	江苏省洪泽湖	118°40′51″	33°19′42″	26
	TAIH	江苏省太湖	120°11′12″	31°19′44″	13
	CHH	安徽省巢湖	117°14′25″	31°41′56″	10
	ZHZ	福建省漳州市	117°42′28″	24°29′39″	26
	PYH	江西省鄱阳湖	116°02′38″	28°59′25″	23
中南	LZH	湖北省梁子湖	114°30′53″	30°13′12″	17
	HH	湖北省洪湖	113°26′40″	29°52′05″	30
	DTH	湖南省洞庭湖	112°38′35″	29°2′49″	28
	SG	广东省韶关市	113°32′13″	24°39′57″	18
	GL	广西壮族自治区桂林市	110°20′58″	25°13′07″	164
西南	CH	贵州省草海	106°08′58″	26°39′09″	2 175
	CD	四川省成都市	104°18′51″	30°31′41″	517
	CQ	重庆市	106°33′56″	29°30′13″	338
	KM	云南省昆明市	102°41′29″	24°53′26″	1 886
	EH	云南省大理市洱海	100°11′27″	25°48′45″	1 968

POPGENE软件分析结果表明，在物种水平上，中国菰野生资源具有较丰富的遗传多样性（PPB = 92.19%、A_o = 1.922、A_e = 1.448、He = 0.256、I = 0.388）（表1-8）；各居群间的遗传相似系数和遗传距离分别为0.538 8 ~ 1.000 0和0.000 0 ~ 0.618 3，居群间的遗传分化较显著（G_{st} = 0.6092，Φ_{st} = 0.5187）。

表1-8　中国菰野生资源遗传多样性分析

地区	居群编号	观测等位基因数（A_o）	有效等位基因数（A_e）	Nei's基因多样性指数（H）	Shannon's多样性信息指数（I）	多态性位点（个）	多态率（%）
华北	BJ	1.219	1.118	0.070	0.107	14	21.88
	地区平均值	1.219	1.118	0.070	0.107	14	21.88
	地区总计	1.219	1.118	0.070	0.107	14	21.88
东北	DL	1.125	1.104	0.055	0.078	8	12.50
	SY	1.375	1.248	0.143	0.212	24	37.50
	QQHE	1.156	1.080	0.049	0.076	10	15.62
	JMS	1.422	1.252	0.147	0.220	27	42.19
	TH	1.438	1.197	0.117	0.180	28	43.75
	地区平均值	1.303	1.176	0.102	0.153	19	30.31
	地区总计	1.719	1.332	0.201	0.313	46	71.88

（续）

地区	居群编号	观测等位基因数 (A_o)	有效等位基因数 (A_e)	Nei's基因多样性指数 (H)	Shannon's多样性信息指数 (I)	多态性位点（个）	多态率（%）
华东	ZZ	1.422	1.276	0.157	0.232	27	42.19
	SH	1.000	1.000	0.000	0.000	0	0.00
	CX	1.000	1.000	0.000	0.000	0	0.00
	HZ	1.047	1.024	0.014	0.0215	3	0.69
	HZH	1.881	1.376	0.238	0.372	53	82.81
	TAIH	1.719	1.432	0.254	0.377	46	71.88
	CHH	1.000	1.000	0.000	0.000	0	0.00
	ZHZ	1.000	1.000	0.000	0.000	0	0.00
	PYH	1.516	1.334	0.197	0.292	33	51.56
	地区平均值	1.287	1.160	0.096	0.144	18	27.68
	地区总计	1.891	1.418	0.245	0.376	57	89.06
中南	LZH	1.344	1.232	0.128	0.187	22	34.38
	HH	1.078	1.041	0.024	0.037	5	7.81
	DTH	1.766	1.406	0.244	0.370	49	76.56
	SG	1.313	1.193	0.108	0.160	20	31.25
	GL	1.250	1.126	0.081	0.125	16	25.00
	地区平均值	1.350	1.199	0.117	0.176	22	35.00
	地区总计	1.844	1.373	0.231	0.357	54	84.38
西南	CH	1.078	1.033	0.021	0.032	5	7.81
	CD	1.000	1.000	0.000	0.000	0	0.00
	CQ	1.000	1.000	0.000	0.000	0	0.00
	KM	1.266	1.202	0.108	0.155	17	25.56
	EH	1.531	1.368	0.205	0.299	34	53.12
	地区平均值	1.175	1.120	0.067	0.097	11	17.30
	地区总计	1.563	1.272	0.160	0.244	36	56.25
	平均值	1.322	1.178	0.105	0.158	21	31.87
	物种总计	1.922	1.448	0.256	0.388	59	92.19

STRUCTURE软件分析结果（图1-2）显示，ΔK峰值出现在$K=2$，表明25个中国菰野生资源居群的遗传结构可以大致分为两组，一组以南方居群为主，而绝大多数北方居群分属另一组。从图1-2可以看出，华北BJ居群，东北SY、QQHE、JMS、TH居群以及华东ZZ、HZH、LZH居群同属一组；东北DL居群，华东SH、CX、HZ、CHH、ZHZ居群，中南HH、SG居群以及西南各居群归属另一组。

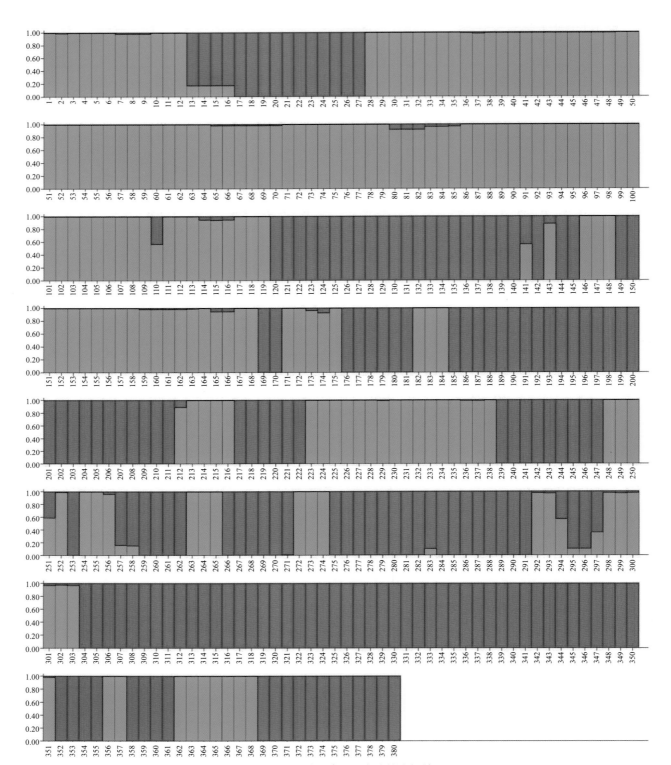

图1-2　*K* = 2时贝叶斯聚类法的分析结果

注：1 ～ 12为BJ，13 ～ 27为DL，28 ～ 48为SY，49 ～ 64为QQHE，65 ～ 87为JMS，88 ～ 110为TH，111 ～ 119为ZZ，120 ～ 122为SH，123 ～ 131为CX，132 ～ 140为HZ，141 ～ 172为HZH，173 ～ 184为TAIH，185 ～ 199为CHH，200 ～ 211为ZHZ，212 ～ 222为PYH，223 ～ 238为LZH，239 ～ 247为HH，248 ～ 274为DTH，275 ～ 294为SG，295 ～ 303为GL，304 ～ 317为CH，318 ～ 326为CD，327 ～ 350为CQ，351 ～ 355为KM，356 ～ 380为EH。

MEGA软件的UPGMA聚类分析结果（图1-3）表明，野生菰的25个居群，可明显分为两大类。其中一类由1个北方居群（DL）和11个南方居群（ZHZ、SG、KM、HZ、HH、CH、SH、CX、CHH、CD和CQ）组成；另一类由6个北方居群（BJ、QQHE、SY、ZZ、JMS、TH）和7个南方居群（HZH、TAIH、EH、PYH、DTH、GL和LZH）组成。

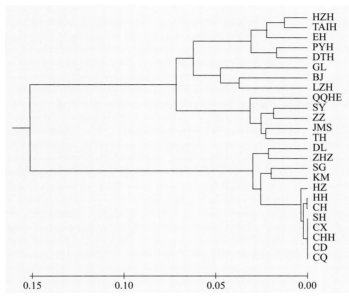

图1-3　基于SSR分子标记的25个中国菰野生资源居群的UPGMA聚类分析

MEGA软件的进化分析结果（图1-4）显示，25个中国菰野生资源居群由共同祖先通过太湖和洪泽湖分化出2支。其中，太湖支系先后分化出桂林、洞庭湖、鄱阳湖、洱海、昆明和韶关居群，之后分化出草海、洪湖、上海、慈溪、巢湖、重庆、成都和杭州居群，再由杭州居群分化出漳州和大连居群；而洪泽湖支系逐渐分化出梁子湖、北京、佳木斯、枣庄、通化、沈阳和齐齐哈尔居群。

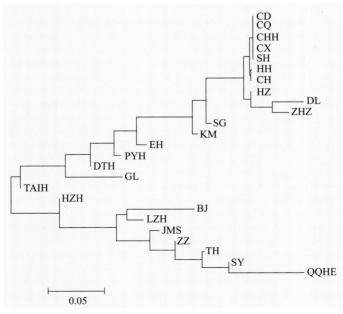

图1-4　基于遗传距离的25个中国菰野生资源居群系统树状图

在进化关系上，25个居群分属2个支系由共同祖先演化而来，其中一个为太湖支系（含1个北方居群和17个南方居群），另一个为洪泽湖支系（含5个北方居群和2个南方居群）。相关研究结果进一步深化了对我国的中国菰野生资源遗传演化的认识，为该物种资源的开发利用及保护提供了重要的理论依据。

综合国内和国际研究结果来看，首先分子标记的选择会影响遗传多样性分析的结果，同工酶标记可能会低估物种的遗传多样性；其次有效居群的采样大小会影响遗传多样性分析的结果；第三物种的繁衍方式以及演进历程会影响遗传多样性。当然，中国菰的多年生特性有利于保持其遗传多样性。亲缘地理学方面的研究表明中国菰的遗传结构和地理分布位置没有明显相关性，地理距离相近的居群甚至个体不一定具有相似的遗传结构，地理距离相距很远的居群可以具有相同或相似的遗传结构。作为一种历史悠久的作物，中国菰在漫长的演化传播过程中，可能由于自然及人为的因素消亡了不少古老的种群，使得遗传演化的进程片段化保存。和所有水生植物一样，中国菰的生长繁殖及遗传演化受制于其所生活的水体的水文条件变化。在人类活动频繁干扰自然生态环境之前，各水系的湖泊河流相互连通，水流包括洪水的作用可以促使不同湖区及各水系分支间中国菰野生资源居群之间的交流，包括种子的飘散和具有繁殖能力的根状茎的漂移。但过去几十年中人类的活动，比如修建水坝、填湖造田和围湖养殖等将各个水系的连通破坏，无疑也就阻碍了各个湖区中国菰野生资源之间的基因交流。另外，由山脉阻隔与河流淤塞等自然因素导致的生境片段化和菰属植物的特殊繁殖交配系统使得中国菰野生资源各自然居群之间的基因流动减少趋势加剧。因此，各分散湖区河流的中国菰野生资源很大程度上保持着原先的遗传状态。

1.4　中国菰与水稻间的性状转移

1.4.1　中国菰与水稻基因组的比较

水稻（*Oryza sativa* L.）基因组由24条染色体（2*n*）组成，总长度为4.3亿bp，包含38 000个基因。2015年之前，人们对于水稻的近缘属植物中国菰的基因组一直是不了解的。由国内多个研究团队（中国水稻研究所和浙江大学等）完成的中国菰及其栽培种茭白基因组测序及转录组分析报告于2015年发表。这项开创性的工作从中国菰基因组中预测到43 000多个基因，这些基因中包含大量核苷酸结合位点（nucleotide-binding site，NBS）类抗性基因；通过比较发现中国菰基因组与水稻基因组具有高度同线性，鉴定出的同线性模块共计1 498个，涵盖了50.9%的中国菰基因组。相关数据可在DDBJ/EMBL/GenBank中找到，登录号为ASSH00000000.1。研究团队还通过比较基因组学分析，发现与茭白黑粉菌长期互作的宿主茭白基因组中出现大量植物抗性免疫受体因子相关基因的缺失和抑制，推测这可能是内生真菌和植物可以长期共生的关键。真菌与植物互作共生的分子机制的探究，对植物保护和农业生产实践具有重要的理论意义和应用前景。

1.4.2　中国菰与水稻育种

20世纪50年代开始，世界水稻育种领域发生过3次重大突破事件，第一次是50年代末至60年代初的矮秆育种，第二次是70年代中期开始的杂交稻育种，第三次是90年代中后期启动的超级稻育种计划。经过这三轮的技术进步，世界水稻产量得以大幅度提高。但在经历了数千年的人工选择和栽培驯化之后，各水稻品种遗传背景在不断趋同，水稻中大量有利基因资源还未来得及开发利用就被淘汰了。再加之每种作物的遗传基础都是有限的，如果没有新的高产、优质、抗病虫和抗逆境胁迫等基因资源，水稻的高产、优质和多抗育种将徘徊不前。著名植物遗传学家M. Feldman和E. Sears曾指出："未来谷物改良的最大希望寄予植物野生近缘种的丰富基因库的开发。"近年来越来越多的育种科技人员认识到，开发利用水稻近缘属植物及野生稻中的基因资源是有望克服水稻育种中遗传资源瓶颈的重要选择和途径。在水稻中，首先想到的是利用野生稻中的有利基因资源来改良水稻新品种，例如来源于非洲长雄野生稻的广谱白叶枯病抗性基因 *Xa21*、来源于马来西亚野生稻的水稻高产控制基因 *yld1.1* 和 *yld2.1* 以及来源于中国东乡野生稻的高产控制基因 *qGY2-1* 和 *qGY11-2* 等。水稻育种中的这些尝试同样适用于中国菰基因资源的发掘和利用，包括有性杂交和转基因手段。

1.4.2.1　杂交手段的尝试

自20世纪60年代起，国内便有学者尝试对中国菰和水稻进行有性杂交，期望通过杂交手段可以选育出适合种植于低洼地带、耐淹灌性强的水稻新品种。由于中国菰与水稻同族不同属，亲缘关系较远，有性杂交不亲和，使得这些努力未取得成功。通化地区农业科学研究所朴亨茂等利用"复态授粉法"获得一株"水稻-菰"可能的杂交种，不过细胞学观察表明，该植株的染色体数目与母本水稻完全相同。尽管如此，该"杂交种"自交后代性状变异度大、类型丰富，多数数量性状改良效果明显，得到了部分形态、生育及经济性状方面有价值的材料。到目前为止，他们从这株"杂交种"中经多年自交选育，获得了一批优良品系，并培育出通31、通35和通36等系列新品种。同样利用"复态授粉法"，Liu等（1999a）将中国菰的花粉授予水稻品种松前，得到一株具有中国菰特征的 F_1 代杂交种，虽然该杂交种经过多代严格的自交最后得到了可以稳定遗传的渐渗系，但是细胞学检测发现，该植株的染色体数目和母本相比并没有变化。Liu等（1999b）还通过体细胞融合的方法获得了菰-水稻的后代SH6，但是该植株的染色体数目和母本中华8号相比也没有变化。另外，Yi等（2015）通过对水稻-菰体细胞融合苗进行秋水仙素处理，获得了异源六倍体的水稻-菰体细胞杂交后代，该植株表现为植株高度变矮、茎秆粗壮、叶片肥厚宽大、叶色深绿、小花数目减少以及籽粒变大等性状。

1.4.2.2　转基因手段的尝试

利用花粉管通道法，湖南省农业科学院成功地将中国菰核DNA片段导入水稻中，获得一个对立枯丝核菌（*Rhizoctonia solani*）具有很强抗性的水稻转基因品种4011，但后续未见报道。李岩等（2012）利用花粉管通道法将中国菰基因组DNA片段导入受体粳稻品种松前，经过两个世代的种植和观察，在 T_2 世代中发现了类型丰富的表型变异，如生育期延长、植株高大、分蘖增多和长穗等。这些材料的获得对中国菰重要性状控制基因的挖掘及水稻品种改良具有重要意义。沈玮玮等（2010）以中国菰抗病基因同源序列（RGA）为模板设计特异性引物FZ14P1/ FZ14P2，从中国菰基因组TAC（可转化人工染色体）文库中筛选到1个阳性克隆 *ZR1*，经过序列比对证实了该阳性克隆中含有NBS类抗病基因专属序列。将该阳性克隆通过农杆菌介导转化法转化水稻品种日本晴，得到对白叶枯病菌小种PXO71抗性明显增强的独立转化子，这说明该阳性克隆中至少包含一个抗病基因。上述这些转基因品系不仅为水稻育种提供了新的种质资源，还具有基础理论研究价值。作为具备许多优良性状的野生品种，菰属植物有可能成为今后水稻分子育种的理想基因资源之一。

1.4.2.3　中国菰优异性状控制基因挖掘的实践

Chen等（2006）根据NBS结构域保守序列设计简并引物从中国菰基因组中分离得到8条RGA，GenBank登录号为DQ239429至DQ239436。文库构建和文库筛选是基因克隆的基本环节。为了加速中国菰基因在水稻育种中的利用，Kong等（2006）首次成功构建了中国菰基因组TAC文库，丰度覆盖中国菰基因组约5倍，用于中国菰重要功能基因的筛选及其对水稻品种的改良研究。利用反向遗传学手段，Kong等（2009）首次报道从中国菰中克隆了一个赖氨酸合成途径中的关键基因 *DHDPS*，该基因ORF（开放阅读框）全长954 bp，包括两个外显子和一个内含子，编码317个氨基酸。东北师范大学刘宝教授课题组多年来致力于水稻－菰远缘杂交及其渐渗系的表观遗传学研究，在水稻－菰性状转移的机制研究方面做了很多开创性的工作。中国菰重要功能基因发掘工作的滞后很大原因是中国菰基因组的解析工作相对滞后，而中国菰野生资源和茭白基因组测序以及转录组分析数据将大大加速中国菰优异性状控制基因发掘及利用的进程。

1.5 总结

菰属植物的4个种有3个分布在北美，1个分布在东亚和东南亚。菰米在我国有3 000年以上的采集、收获和食用历史。虽然Xu等（2015）利用最大似然法分析北美菰与中国菰的生物地理关系，表明菰属植物起源自北美，并推测是经由白令海峡大陆桥传播进入东亚，但是该篇文章没有提及在哪一个时间段如何传入东亚，为什么传入东亚的这一个种在北美却没有了分布。3 000年前的美洲大陆还是前哥伦布时期的一片荒芜，印第安人到达美洲的确切时间也难以确定，倒是越来越多的考古和遗传研究表明，作为黄种人的印第安人具有亚洲蒙古人的特征。因此对于中国菰的起源到目前为止笔者认为还存在争议，或许不久的将来遗传学和考古学的新发现能够为我们释疑。目前研究认为，东亚仅有中国菰一个种，其有较丰富的遗传多样性，各居群的亲缘关系与地理分布无明显关联。中国菰遗传多样性研究的局限性，笔者认为其一是分子标记的数目少，其二是所用分子标记在全基因组的分布情况未知。众所周知，水稻新品种的审定需要指纹图谱来证明自身的新品种属性，48对标记差异清晰可辨，中国菰遗传分析同样需要一套行之有效的分子标记。借鉴水稻研究开发菰属植物自身指纹标记，无疑是中国菰遗传多样性和遗传结构分析的关键所在。

中国菰的经济价值主要体现在两个方面，一方面是中国菰米的营养价值及保健功效得到越来越多人的认可，国内已有单位开始中国菰的驯化育种，这可能在不久的将来成为一个亮点；另一方面是中国菰的驯化栽培种——茭白，作为一种重要的水生蔬菜，是我国南方地区不少家庭的重要经济来源。作为水稻的近缘属植物，中国菰和水稻在生长习性上相似，又具有栽培稻丢失的许多优良性状。另外，中国菰在富营养化水体及重金属离子污染土壤的治理方面表现出应用潜力，这些无一不是中国菰研究价值的体现。为了更好地开展中国菰的研究和应用，中国菰的基础信息资料，如中国菰野生资源种群生长分布情况、遗传多样性高低以及遗传结构现状需要明确。值得关注的是，中国菰野生资源及其驯化栽培种茭白基因组测序拼接组装和转录组分析工作，无疑会加速中国菰优异性状控制基因的发掘及中国菰在水稻育种领域的应用。

参 考 文 献

陈守良, 1991. 菰属系统与演化研究——外部形态[J]. 植物研究, 11(2): 59-73.

陈守良, 徐克学, 1994. 菰属*Zizania* L.植物的分支分类研究[J]. 植物研究, 14(4): 385-393.

付硕章, 柯文山, 陈世俭, 2013. 洪湖湿地野菰群落储碳、固碳功能研究[J]. 湖北大学学报(自然科学版), 35(3): 393-396.

富威力, 王晓丽, 顾德峰, 等, 1992. 菰 (*Zizania*) DNA 导入水稻引起的性状变异初报[J]. 吉林农业大学学报, 14(1): 15-18.

官少飞, 郎青, 张本, 1987. 鄱阳湖水生植被[J]. 水生生物学报, 11(1): 9-21.

江绍玫, 2019. 中国野生菰种质资源调查与分析[M].北京: 经济管理出版社.

李岩, 侯文平, 董本春, 等, 2012. 水稻/菰远缘杂交低世代材料遗传变异情况分析[J]. 北方水稻, 42(6): 7-11.

彭晓赟, 赵运林, 雷存喜, 等, 2009. 菰对南洞庭湖湿地土壤中Cu、Sb、Cd、Pb的吸收与富集[J]. 中国农学通报, 25(13): 206-210.

朴享茂, 赵粉善, 赵基洪,等, 2000. 对2个源自"水稻×菰"非常规远缘杂种的优良品系的分子分析[J]. 植物研究, 20(3): 260-263.

阮元, 1997. 十三经注疏[M]. 上海: 上海古籍出版社.

沈玮玮, 宋成丽, 陈洁, 等, 2010. 转菰候选基因克隆获得抗白叶枯病水稻植株[J].中国水稻科学, 24(5): 447-452.

苏晓娜, 2017. 基于SSR的中国野生菰种质资源遗传多样性和遗传结构分析[D]. 南昌: 江西财经大学.

王惠梅, 吴国林, 江绍琳, 等, 2015. 基于SSR和ISSR鄱阳湖流域野生菰(Zizania latifolia)资源的遗传多样性分析[J]. 植物遗传资源学报, 16(1): 133-141.

王惠梅, 苏晓娜, 黄雪雯,等, 2018. 利用SSR分析华中、华东五大湖区野生菰的遗传结构与多样性[J]. 核农学报, 32(4): 654-646.

吴国林, 王惠梅, 黄奇娜, 等, 2014. 菰(Zizania latifolia)ISSR反应体系的建立及优化[J]. 植物遗传资源学报, 15(6): 1395-1400.

徐刚标, 2009. 植物群体遗传学[M]. 北京:科学出版社.

闫宁, 王晓清, 王志丹, 等, 2013. 食用黑粉菌侵染对茭白植株抗氧化系统和叶绿素荧光的影响[J]. 生态学报, 33(5): 1584-1593.

闫宁, 张忠锋, 2021. 中国菰米功能成分研究[M]. 北京: 中国农业科学技术出版社.

游修龄, 2001. 野菰的误称与雕胡的失落[J]. 植物杂志(6): 43-44.

翟成凯, 孙桂菊, 陆琮明, 等, 2000. 中国菰资源及其应用价值的研究[J]. 资源科学, 22(6): 22-26.

赵军红, 翟成凯, 2013. 中国菰米及其营养保健价值[J]. 扬州大学烹饪学报, 30(1): 34-38.

Brar S, Khush G S, 1997. Alien introgression in rice[J]. Plant Molecular Biology, 35(1-2): 35-47.

Chen Y Y, Chu H J, Liu H, et al., 2012. Abundant genetic diversity of the wild rice Zizania latifolia in central China revealed by microsatellites[J]. Annals of Applied Biology,161(2): 192-201.

Chen Y Y, Liu Y, Fan X R, et al., 2017. Landscape-scale genetic structure of wild rice Zizania latifolia: the roles of rivers, mountains and fragmentation[J]. Frontiers in Ecology and Evolution (5): 17.

Chen Y, Long L, Lin X, et al., 2006. Isolation and characterization of a set of disease resistance-gene analogs (RGAs) from wild rice, Zizania latifolia Griseb.I. Introgression, copy number lability, sequence change, and DNA methylation alteration in several rice-Zizania introgression lines[J]. Genome, 49(2): 150-158.

Dong Z Y, Wang H Y, Dong Y Z, et al., 2013. Extensive microsatellite variation in rice induced by introgression from wild rice (Zizania latifolia Griseb.)[J]. PLoS ONE, 8(4): e62317.

Falush D, Stephens M, Pritchard J K, 2003. Inference of population structure using multilocus genotype data: linked loci and correlated allele frequencies[J]. Genetics, 164(4): 1567-1587.

Falush D, Stephens M, Pritchard J K, 2007. Inference of population structure using multilocus genotype data: dominant markers and null alleles[J]. Molecular Ecology Notes, 7(4): 574-578.

Guadagnuolo R, Bianchi D S, Felber F, 2001. Specific genetic markers for wheat, spelt, and four wild relatives: comparison of isozymes, RAPDs, and wheat microsatellites[J]. Genome, 44(4): 610-621.

Guo H B, Li S M, Peng J, et al., 2007. Zizania latifolia Turcz. cultivated in China[J]. Genetic Resources and Crop Evolution, 54(6): 1211-1217.

Guo L B, Qiu J, Han Z J, et al., 2015. A host plant genome (Zizania latifolia) after a century-long endophyte infection[J]. Plant Journal, 83(4): 600-609.

Hamrick J L, Godt M J W, 1996. Effects of life history traits on genetic diversity in plant species[J]. Philosophical Transactions of the Royal Society B-Biological Sciences, 351(1345): 1291-1298.

Han S F, Zhang H, Qin L Q, et al., 2013. Effects of dietary carbohydrate replaced with wild rice (Zizania latifolia (Griseb.) Turcz) on insulin resistance in rats fed with a high-fat/cholesterol diet[J]. Nutrients, 5(2): 552-564.

Han S F, Zhang H, Zhai C K, 2012. Protective potentials of wild rice (*Zizania latifolia* (Griseb.) Turcz) against obesity and lipotoxicity induced by a high-fat/cholesterol diet in rats[J]. Food and Chemical Toxicology, 50(7): 2263-2269.

Harlan J R, 1973. Comparative evolution of cereals[J]. Evolution, 27(2): 311-325.

Hayes P M, Stucker R E, Wandrey G G, 1989. The domestication of American wildrice[J]. Economic Botany, 43(2): 203-214.

Inamori R, Wang Y H, Yamamoto T, et al., 2008. Seasonal effect on N_2O formation in nitrification in constructed wetlands[J]. Chemosphere, 73(7): 1071-1077.

Jiang C, Fan X, Zhang Y, 2005. Accumulation of non-point source pollutants in ditch wetland and their uptake and purification by plants[J]. Chinese Journal of Applied Ecology, 16(7): 1351-1354.

Jiang M X, Zhai L J, Yang H, et al., 2016. Analysis of active components and proteomics of Chinese wild rice (*Zizania latifolia* (Griseb.) Turcz) and indica rice (Nagina 22)[J]. Journal of Medicinal Food, 19(8): 798-804.

Jose R C, Goyari S, Louis B, et al., 2016. Investigation on the biotrophic interaction of *Ustilago esculenta* on *Zizania latifolia* found in the Indo-Burma biodiversity hotspot[J]. Microbial Pathogenesis, 98: 6-15.

Kahler A L, 2010. Genome organization and genetic diversity of wildrice (*Zizania palustris* L.)[D]. Minnesota: University of Minnesota.

Ke W D, Zhou G L, Peng J, et al., 2000. Hierarchical cluster analysis and comprehensive evaluation of *Zizania caduciflora* germplasm[J]. China Vegetables(6): 18-21.

Kennard W C, Phillips R L, Porter R A, et al., 2000. A comparative map of wild rice (*Zizania palustris* L. $2n = 2x = 30$)[J]. Theoretical and Applied Genetics, 101(5-6): 677-684.

Kennard W, Phillips R, Porter R, et al., 1999. A comparative map of wild rice (*Zizania palustris* L. $2n = 2x = 30$)[J]. Theoretical and Applied Genetics, 99(5): 793-799.

Kong F N, Jiang S M, Meng X, et al., 2009. Cloning and characterization of the DHDPS gene encoding the lysine biosynthetic enzyme dihydrodipocolinate synthase from *Zizania latifolia* (Griseb.) [J]. Plant Molecular Biology Reporter, 27(2): 199-208.

Kong F N, Jiang S M, Shi L X, et al., 2006. Construction and characterization of a transformation-competent artificial chromosome (TAC) library of *Zizania latifolia* (Griseb.)[J]. Plant Molecular Biology Reporter, 24(2): 219-227.

Lee S S, Baek Y S, Eun C S, et al., 2015. Tricin derivatives as anti-inflammatory and anti-allergic constituents from the aerial part of *Zizania latifolia*[J]. Bioscience Biotechnology and Biochemistry, 79(5): 700-706.

Li D J, Sun C Q, Fu Y C, et al., 2002. Identification and mapping of genes for improving yield from Chinese common wild rice (*O. rufipogon* Griff.) using advanced backcross QTL analysis[J]. Chinese Science Bulletin, 47(18): 1533-1537.

Liu B, Liu Z L, Li X W, 1999a.Production of a highly asymmetric somatic hybrid between rice and *Zizania latifolia* (Griseb.): evidence for inter-genomic exchange[J]. Theoretical and Applied Genetics, 98(6): 1099-1103.

Liu B, Piao H M, Zhao F S, et al., 1999b.Production and molecular characterization of rice lines with introgressed traits from a wild species *Zizania latifolia* (Griseb.)[J]. Journal of Genetics & Breeding, 53(4): 279-284.

Liu J, Dong Y, Xu H, et al., 2007. Accumulation of Cd, Pb and Zn by 19 wetland plant species in constructed wetland[J]. Journal of Hazardous Materials, 147(3): 947-953.

Lu Y, Waller D, 2005. Genetic variability is correlated with population size and reproduction in American wild-rice (*Zizania palustris* var. *palustris*, Poaceae) populations[J]. American Journal of Botany, 92(6): 990-997.

Oelke E A, Wet J M J D, 1978. Domestication of American wild rice (*Zizania aquatica* L. Gramineae)[J]. Journal Dagriculture Traditionnelle Et De Botanique Appliquée, 25(2): 67-84.

Pritchard J K, Stephens M, Donnelly P, 2000. Inference of population structure using multilocus genotype data[J]. Genetics, 155(2): 574-578.

Przybylski R, Klensporfpawlik D, Anwar F, et al., 2009. Lipid components of North American wild rice (*Zizania palustris*)[J]. Journal of the American Oil Chemists' Society, 86(6): 553-559.

Quan Z, Pan L, Ke W, et al., 2009. Sixteen polymorphic microsatellite markers from *Zizania latifolia* Turcz. (Poaceae)[J]. Molecular Ecology Resources, 9(3): 887-889.

Richards C M, Antolin M F, Reilley A, et al., 2007. Capturing genetic diversity of wild populations for ex situ, conservation: Texas wild rice (*Zizania texana*) as a model[J]. Genetic Resources and Crop Evolution, 54(4): 837-848.

Richards C M, Reilley A, Touchell D, et al., 2004. Microsatellite primers for Texas wild rice (*Zizania texana*), and a preliminary test of the impact of cryogenic storage on allele frequency at these loci[J]. Conservation Genetics, 5(6): 853-859.

Shan X H, Ou X F, Liu Z L, et al., 2009. Transpositional activation of *mPing* in an asymmetric nuclear somatic cell hybrid of rice and *Zizania latifolia* was accompanied by massive element loss.[J]. Theoretical and Applied Genetics, 119(7): 1325-1333.

Song W Y, Wang G L, Chen L L, et al., 1995. A receptor kinase-like protein encoded by the rice disease resistance gene, *Xa21* [J]. Science, 270 (5243): 1804-1806.

Tang J Y, Cao P P, Xu C, et al., 2013. Effects of aquatic plants during their decay and decomposition on water quality[J]. Journal of Applied Ecology, 24(1): 83-89.

Torroni A, Schurr T G, Cabell M F, et al., 1993. Asian affinities and continental radiation of the four founding native American mtDNAs [J]. American Journal of Human Genetics, 53(3): 563-590.

Wang N N, Wang H Y, Hui W, et al., 2010. Transpositional reactivation of the *Dart* transposon family in rice lines derived from introgressive hybridization with *Zizania latifolia*[J]. BMC Plant Biology, 10: 190.

Xiao J H, Grandllo S, Ahn S N, et al., 1996. Genes from wild rice improve yield [J]. Nature, 384(6606): 223-224.

Xu X W, Ke W D, Yu X P, et al., 2008. A preliminary study on population genetic structure and phylogeography of the wild and cultivated *Zizania latifolia* (Poaceae) based on *Adh1a* sequences[J]. Theoretical and Applied Genetics,116(6): 35-43.

Xu X W, Wu J W, Qi M X, et al., 2015. Comparative phylogeography of the wild-rice genus *Zizania* (Poaceae) in eastern Asia and North America[J]. American Journal of Botany,102(2): 239-247.

Xu X, Walters C, Antolin M F, et al., 2010. Phylogeny and biogeography of the eastern Asian-North American disjunct wild-rice genus (*Zizania* L. Poaceae) [J]. Molecular Phylogenetics and Evolution, 55(3): 1008-1017.

Yi C D, Wang M S, Jiang W, et al., 2015. Development and characterization of synthetic amphiploids of *Oryza sativa*, and *Oryza latifolia*[J]. Science Bulletin, 60(23): 2059-2062.

Yu X, König T, Zhang Q, et al., 2012. Nitrogen and phosphorus removal of locally adapted plant species used in constructed wetlands in China[J]. Water Science and Technology, 66(4): 695-703.

Zhai C K, Lu C M, Zhang X Q, et al., 2001. Comparative study on nutritional value of Chinese and North American wild rice[J]. Journal of Food Composition & Analysis, 14(4): 371-382.

Zhang X, Wan A, Wang H, et al., 2016. The overgrowth of *Zizania latifolia*, in a subtropical floodplain lake: changes in its distribution and possible water level control measures[J]. Ecological Engineering, 89: 114-120.

第2章 中国菰染色体水平基因组构建与落粒性相关基因分析

杨婷[1]　于秀婷[1]　商连光[2]　张宇[1]　孟霖[1]　祁倩倩[1]　李亚丽[1]　杜咏梅[1]　刘新民[1]
袁晓龙[1]　邱杰[3]　闫宁[1]　张忠锋[1]

（1.中国农业科学院烟草研究所；2.中国农业科学院深圳农业基因组研究所；3.上海师范大学生命科学学院）

◎本章提要

中国菰在东亚和东南亚是一种有价值的药食同源谷物。本章利用Nanopore三代测序和Hi-C组装拼接得到中国菰基因组序列547.38Mb，其中含有38 852个基因以及52.89%的重复序列。系统发育分析表明，中国菰与*Leersia perrieri*和稻属（*Oryza*）亲缘关系更近，其分化时间在3 100万年前。共线性和转录组分析揭示了与中国菰种子落粒性相关的候选基因，为进一步研究中国菰离层的形成和降解奠定了基础。此外，笔者还观察到中国菰基因组中的两个基因组片段与水稻植物卡生（phytocassane）生物合成基因簇具有良好的同源性。因此，更新后的基因组将为中国菰的基因功能研究、农艺性状改良及与其他植物的比较基因组学研究提供依据。

2.1　前言

中国菰为二倍体（$2n = 34$）、多年生挺水植物，属禾本科稻亚科稻族菰属。中国菰起源于中国，分布于中国、韩国、日本等东亚地区以及东南亚地区。中国菰广泛分布于中国大部分地区的池塘、沼泽、水田和浅水湖泊中。中国菰是中国最早的重要作物之一，其作为谷物食用已有 3 000 多年的历史。自唐代以来，中国菰作为中药利用，在各种草药著作中均有记载。明代医书《本草纲目》记载了用中国菰米治疗糖尿病和胃肠疾病。中国菰米的保健作用包括预防动脉粥样硬化、减轻脂毒性和胰岛素抵抗以及抗过敏、抗炎、降压和免疫调节作用。在中国，受茭白黑粉菌侵染的中国菰已被驯化为第二大水生蔬菜茭白。因此，中国菰是一种重要的经济作物，具有很高的营养价值和药用价值，值得进一步研究。

除中国菰分布在亚洲外，沼生菰、水生菰和得克萨斯菰主要分布在北美洲。多年生中国菰和一年生沼生菰分别用于生产中国菰米和北美菰米。在进化过程中，由于对环境变化的长期适应以及对生物和非生物胁迫的不断抵御，水稻野生近缘种（如中国菰）形成并积累了丰富的遗传变异和有益基因资源。值得注意的是，中国菰具有水稻中没有的一些优良性状，包括蛋白质含量高、生物量大、耐深水性、抗稻瘟病和灌浆速度异常快等。例如，中国菰米的蛋白质、膳食纤维和总酚含量分别约为稻米的 2 倍、5 倍和 6 倍。因此，中国菰是克服水稻育种中遗传资源瓶颈的潜在基因供体。

落粒性是野生稻适应自然环境和维持种群繁殖的重要性状（Doebley et al., 2006）。落粒性的缺失是水稻驯化过程中的一个关键事件（Chen et al., 2021）。低落粒品种的成功选育（Kennard et al., 2002），实现了北美菰米的商业化生产。目前，美国和加拿大已经形成了成熟的菰米种植、收获、收购、加工、批发和零售等产业体系。作为一种风味独特、营养价值高、价格昂贵的保健食品，北美菰米已进入人们的食物链，并已出口到中国和欧洲。

生物合成基因簇是植物快速适应环境的关键遗传因子（Guo et al., 2018；Kitaoka et al., 2021）。水稻基因组中有两个生物合成基因簇：2 号染色体上的植物卡生生物合成基因簇（Swaminathan et al., 2009）和 4 号染色体上的稻壳素生物合成基因簇（Shimura et al., 2007）。这两个生物合成基因簇的潜在功能包括防御水稻中的病原体和杂草。此外，稻壳素生物合成基因簇还参与化感物质的生物合成。然而，目前尚不清楚植物卡生和稻壳素的生物合成基因在中国菰基因组上是否成簇存在。

在菰属植物中，Guo 等（2015）采用二代测序技术首次完成了中国菰的基因组测序，并对由茭白黑粉菌侵染中国菰形成茭白膨大茎的分子机制进行了转录组分析。由于技术限制和缺乏遗传连锁图谱，以前的中国菰基因组仅在支架水平组装，仍然相对分散，Contig N50 仅为 14 kb。本文采用 Nanopore 测序技术和 Illumina 高通量测序平台对中国菰基因组进行了组装，获得了约 547.38Mb 的基因组序列，Contig N50 为 4.48 Mb，并在 Hi-C 的辅助下将其组装到 17 条假染色体中。更新和改进的中国菰基因组有助于蛋白质编码基因和非编码 RNA 的注释。同时，通过共线性和转录组分析，鉴定到了中国菰离层形成和降解的候选基因。此外，在中国菰基因组中还鉴定出植物卡生生物合成基因簇，互补的亚基因簇分布于两条染色体上。最新的中国菰基因组序列可为其与其他植物间的比较基因组研究提供重要的资源，有助于加速中国菰的驯化。

2.2　基因组组装、锚定和质量评估

笔者对生长在水田中的中国菰进行了取样（图 2-1A）。中国菰的花序是一个多分枝的圆锥花序（图 2-1B），其雄花和雌花在同一分枝上，雌花位于雄花之上。中国菰种子呈黑褐色，圆柱形，两端渐尖。

对江苏省淮安市金湖县前锋镇白马湖村的中国菰进行全基因组测序，构建了双端Illumina文库并进行了序列测定。过滤后，获得了68.50Gb的高质量测序数据。基于K-mer深度分布的基因组特征分析表明，淮安的中国菰基因组大小为606.13Mb，重复序列含量为49.00%，杂合度为0.18%，（G＋C）含量为42.88%。随后，使用中国菰的基因组DNA构建文库，在Nanopore测序平台测序得到约61.56 Gb的有效数据，Reads N50为20.43kb，相当于中国菰基因组的112.46倍。Nanopore三代数据进行纠错后得到高准确性的数据，借助Canu软件对有效数据进行纠错，基于纠错后的数据使用Smartdenovo软件进行组装，然后利用三代测序数据通过Racon软件进行三轮校正，再利用二代数据通过Pilon软件进行了三轮校正。Nanopore测序和Illumina测序的详细汇总统计数据见表2-1。经Illumina测序和Hi-C组装校正后，获得了547.38Mb的组装物，包括332个Contigs和164个Scaffolds，其中Contig N50为4.48 Mb，Scaffold N50为32.79Mb（表2-2）。经Hi-C组装和人工调整后，共有545.36Mb的基因组序列被定位到17条染色体上，占比99.63%，而对应的序列数目为300条（图2-2），最长的为49.61Mb，最短的为

图2-1　中国菰植株、花序和种子
A.生长在水田里的中国菰植株　B.中国菰的花序和种子形态

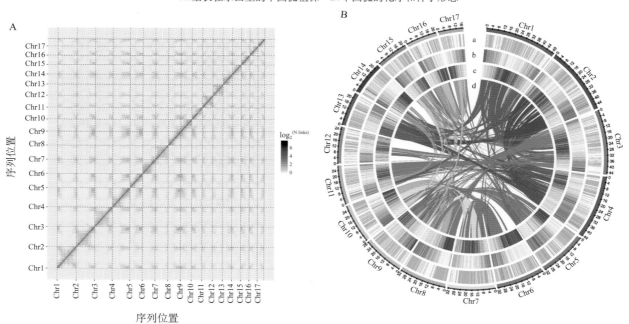

图2-2　中国菰基因组信息
　A.Hi-C组装染色体交互热图　B.基因组概况 [a环为（G＋C）含量分布（绿色）；b环为基因密度（蓝色）；c环为重复序列密度（紫色）；d环为基因组内的共线性块]

17.01Mb（表2-2至表2-4）。在这里，构建了中国菰的高质量基因组，99.63%的序列锚定在17条假染色体上。此外，本研究中国菰基因组的组装（Contig N50 = 4.48Mb）显示出比Guo等（2015）完成的中国菰HSD2基因组（Contig N50 = 13kb）长343.62倍。染色体水平的菰属植物基因组将有助于菰属植物的分子遗传育种和基因组进化研究。

表2-1　利用Nanopore和Illumina测序技术对中国菰进行测序的数据统计

	Nanopore测序		Illumina测序
	原始读序	干净读序	干净读序
文库大小（bp）	20	20	350
读序数量（个）	5 009 027	3 970 614	228 677 035
平均读序长度（bp）	13 067	15 503	150
总碱基（bp）	65 456 644 980	61 559 056 417	68 499 340 900

表2-2　中国菰基因组的测序和组装

测序和组装	数量（个）	大小	N50长度
纳米孔读序	3 970 614	61.56Gb	20.43kb
最终组装(Contig)	332	547.38Mb	4.48Mb
最终组装(Scaffold)	164	547.40Mb	32.79Mb
染色体锚定（Contig）	300	545.36Mb	—

表2-3　中国菰基因组注释

基因组注释	数量（个）	大小	占比（%）
假基因	1 368	4.55Mb	0.83
miRNA	149	—	—
rRNA	397	—	—
tRNA	723	—	—
总蛋白编码基因	38 852	136.02Mb	24.85

表2-4　中国菰17条组装染色体的统计

染色体	Cluster数量（个）	Cluster长度（bp）	Order数量（个）	Order长度（bp）
Chr1	18	50 101 234	13	49 612 983
Chr2	29	48 046 012	19	47 112 129
Chr3	21	46 583 488	10	45 588 614
Chr4	12	45 369 969	8	44 977 458
Chr5	18	33 710 764	10	32 992 499

（续）

染色体	Cluster数量（个）	Cluster长度（bp）	Order数量（个）	Order长度（bp）
Chr6	12	33 104 032	9	32 889 764
Chr7	21	33 547 554	15	32 783 925
Chr8	12	32 655 998	8	32 287 380
Chr9	17	28 790 088	9	28 249 098
Chr10	25	29 018 640	14	27 421 652
Chr11	11	27 637 196	7	27 423 664
Chr12	22	26 660 827	14	25 649 991
Chr13	12	23 914 037	7	23 650 067
Chr14	31	24 459 573	21	23 072 643
Chr15	10	22 050 986	4	21 753 664
Chr16	16	22 318 559	10	21 397 443
Chr17	13	17 392 854	7	17 007 237
汇总	300（90.36%）	545 361 811（99.63%）	185（61.67%）	533 870 211（97.89%）

利用Burrows-Wheeler Alignment（BWA）软件将Illumina测序平台得到的短序列与参考基因组进行比对，通过统计比对率，可评估组装基因组的完整性。CEGMA v2.5数据库包含了真核生物458个保守的核心基因（CEG）和248个高度保守的CEG。使用CEGMA v2.5来评估最终基因组组装的完整性，结果表明，中国菰基因组序列中分别存在98.25%的CEG和94.76%的高度保守的CEG。通过通用单拷贝同源基因基准（benchmarking universal single copy orthologs, BUSCO）进一步评估，中国菰基因组中97.71%（1 577个）的核心基因是完整的，包括单拷贝（77.39%，1 249个）和重复拷贝（20.32%，328个）（表2-5）。此外，有0.56%（9个）的核心基因片段化，只有1.73%（28个）的核心基因缺失。基于BUSCO的基因组组装完整性评估方法表明，淮安的中国菰基因组组装比先前组装的HSD2基因组显示出更好的组装完整性（表2-6）。根据基于长末端重复序列组装指数（long terminal repeat assembly index, LAI）的基因组组装评估方法（表2-7），与先前组装的HSD2基因组（$LAI = 6.88$）相比，淮安的中国菰基因组组装质量（$LAI = 13.57$）得到了较大的提高。这些结果支持了中国菰基因组的高质量组装。

表2-5　基于BUSCO的基因组组装完整性评估

类　型	基因组	
	数量（个）	百分比（%）
完整BUSCO	1 577	97.71
单拷贝BUSCO	1 249	77.39
重复拷贝BUSCO	328	20.32
预测不完整BUSCO	9	0.56
没有预测出来的BUSCO	28	1.73
总BUSCO	1 614	100

表2-6　Illumina和Nanopore测序技术在中国菰基因组中的BUSCO比较

类型	完整BUSCO（个）	单拷贝BUSCO（个）	重复拷贝BUSCO（个）	预测不完整BUSCO（个）	没有预测出来的BUSCO（个）	总BUSCO（个）
Illumina	4 426（90.40%）	3 208（65.52%）	1 218（24.88%）	96（1.96%）	374（7.64%）	4 896
Nanopore	4 634（94.65%）	3 130（63.93%）	1 504（30.72%）	37（0.76%）	225（4.60%）	4 896

表2-7　Illumina和Nanopore测序对中国菰基因组长末端重复序列（LTR）组装指数（LAI）的比较

类型	起始（bp）	结束（bp）	完整的LTR-RT占比（%）	总LTR-RT占比（%）	原始LAI	LAI
Illumina	1	603 989 347	0.22	17.82	1.25	6.88
Nanopore	1	547 397 560	2.99	37.73	7.94	13.57

2.3　基因组注释

通过基因组注释，在组装后的基因组中鉴定出了289.5Mb（52.89%）的重复序列，显著高于先前已组装版本的227.50Mb（37.70%）。重复序列主要为长末端重复（LTR）反转录转座子，占中国菰基因组的37.58%（表2-8）。在所研究的中国菰转座子亚家族中，Copia（22.78%）和Gypsy（12.50%）在中国菰基因组中占比较高；Polinton亚家族是中国菰特有的转座子，尽管其占比很小（表2-8）。淮安的中国菰基因组重复率（52.89%）高于粳稻（40.43%）和籼稻（42.05%）。这些结果可能证明中国菰基因组比水稻大。值得关注的是，北美沼生菰基因组重复率（76.40%）高于中国菰（52.89%）。这些结果可能证明北美沼生菰基因组比中国菰大。然后，使用3种策略预测（从头预测、同源预测和转录组预测）中国菰基因组中的蛋白质编码基因（图2-3），最终获得38 852个蛋白质编码基因（136.02Mb）（表2-3），并进行了注释。北美沼生菰基因组中的蛋白质编码基因有46 491个，高于中国菰（38 852个）。在这些预测的基因中，有36 473个（93.88%）基因被8个功能数据库注释。此外，笔者还鉴定了149个miRNA、397个rRNA、723个tRNA和1 368个假基因（表2-3）。

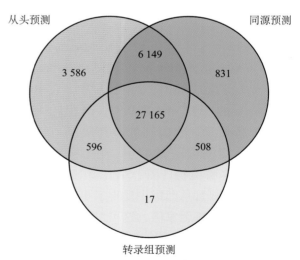

图2-3　整合后基因注释来源于3种预测方式的分布

表2-8　中国菰基因组重复序列的统计

类型	数量（个）	长度（bp）	占比（%）
Class I	244 890	206 264 154	37.68
Class I /LTR/Copia	120 603	124 698 688	22.78
Class I /LTR/Gypsy	89 814	68 441 219	12.50
Class I /LTR/TRIM	2 276	416 227	0.08

（续）

类型	数量（个）	长度（bp）	占比（%）
Class I/LTR/unknown	30 558	12 172 708	2.22
Class I/LINE	1 354	490 060	0.09
Class I/SINE	284	44 904	0.01
Class I/unknown	1	348	0
Class II	263 498	83 298 065	15.21
Class II/TIR/CACTA	41 332	19 593 368	3.58
Class II/TIR/Mutator	35 375	10 591 002	1.93
Class II/TIR/PIF_Harbinger	14 615	3 554 936	0.65
Class II/TIR/Tc1_Mariner	19 714	4 591 368	0.84
Class II/TIR/hAT	31 088	9 096 346	1.66
Class II/TIR/Polinton	13	6 986	0
Class II/TIR/unknown	2 208	857 661	0.16
Class II/helitron	102 073	29 475 694	5.38
Class II/repeat_region	17 080	5 530 704	1.01
总计	508 388	289 562 219	52.89

2.4 中国菰基因组的进化

利用8种禾本科植物（*Brachypodium distachyon*、*Hordeum vulgare*、*Leersia perrieri*、*Oryza brachyantha*、*Oryza sativa*、*Sorghum bicolor*、*Setaria italica*和*Zea mays*）和1种双子叶植物拟南芥（*Arabidopsis thaliana*）聚集成38 169个基因家族，在中国菰基因组中共鉴定出33 924个基因家族，其中310个是中国菰特有的（图2-4，表2-9）。基因家族分析显示，中国菰的单拷贝基因，占预测基因的25.82%，明显低于其他禾本科植物（图2-5A）。相比之下，在中国菰基因组中发现了更高比例的双拷贝基因家族，这可以用最近的全基因组复制（WGD）来解释。通过对中国菰和其他4种禾本科植物（*B. distachyon*、*L. perrieri*、*O. brachyantha*和*O. sativa*）的基因家族聚类表明，这5种禾本科植物共有13 171个基因家族，它们可能是核心基因家族（图2-5B）。共有709个基因家族是中国菰所特有的，与短花药野生稻（*O. brachyantha*）相似。

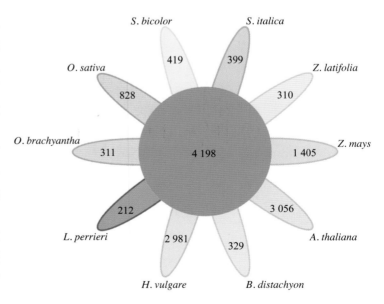

图2-4 中国菰与其他9种植物基因家族聚类花瓣图

注：中间圆圈是所有物种共有的基因家族数目，边上是每个物种特有的基因家族数目。

表2-9 10种植物的基因家族聚类统计

植物物种	物种基因数（个）	参与聚类的基因数（个）	参与聚类的基因占比（%）	未参与聚类的基因占比（%）	物种基因家族数（个）	物种基因家族数占全部基因家族数的百分比（%）	物种特有的基因家族数（个）	物种特有的基因家族包含的基因数（个）	物种特有的基因家族包含的基因占比（%）
Arabidopsis thaliana	27 379	15 356	56.1	43.9	9 637	25.2	3 056	7 926	28.9
Brachypodium distachyon	32 439	26 402	81.4	18.6	20 713	54.3	329	957	3.0
Hordeum vulgare	63 658	50 307	79.0	21.0	23 472	61.5	2 981	17 345	27.2
Leersia perrieri	29 017	24 065	82.9	17.1	19 855	52.0	212	586	2.0
Oryza brachyantha	32 010	22 966	71.7	28.3	19 528	51.2	311	733	2.3
Oryza sativa	42 189	31 919	75.7	24.3	22 797	59.7	828	3 278	7.8
Sorghum bicolor	34 129	28 190	82.6	17.4	21 634	56.7	419	1 206	3.5
Setaria italica	34 584	29 831	86.3	13.7	21 966	57.5	399	1 363	3.9
Zizania latifolia	38 852	33 924	87.3	12.7	20 342	53.3	310	788	2.0
Zea mays	39 422	33 356	84.6	15.4	21 092	55.3	1 405	4 661	11.8

注：所有植物物种含有移码突变的基因均排在统计之外。

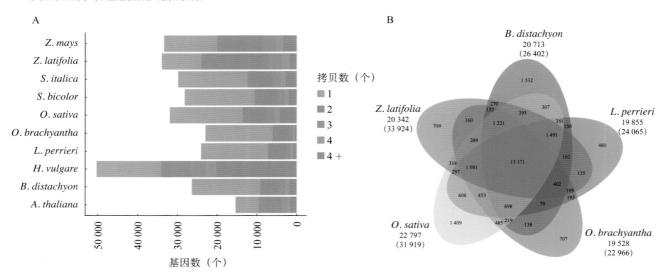

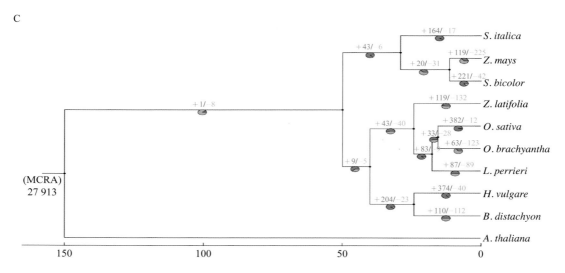

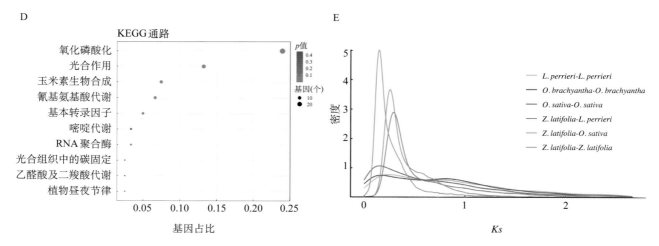

图2-5　中国菰基因组比较分析

A.中国菰及其他9种植物的基因拷贝数分布　B.中国菰和其他4种相关禾本科植物共有同源基因家族的维恩图　C.中国菰等10种植物的系统发育树（"＋"表示节点上扩张的基因家族数，"－"表示节点上收缩的基因家族数，饼状图显示了相应分支扩张与收缩基因家族的比例）　D.中国菰基因组扩展基因的KEGG富集分析　E.中国菰及其他代表种的*Ks*分布基于中国菰和其他9种植物中的1 371个单拷贝基因，构建了一个系统发育树（图2-6），表明中国菰与 *L. perrieri*、*O. sativa* 和 *O. branchyantha* 的亲缘关系相对较近。在约3 100万年前，中国菰从 *L. perrieri* 分化而来，这是在水稻和短花药野生稻分化之前（约1 600万年前）（图2-6）。在中国菰中，119个基因家族表现出扩张，而132个基因家族表现出收缩（图2-5C）。KEGG通路分析表明，中国菰基因家族中富集了氧化磷酸化、光合作用、玉米素生物合成和氰基氨基酸代谢相关基因（图2-5D）。当基因被强正选择时，对新功能的产生具有重要意义。此外，KEGG通路分析表明，正选择基因主要与碳代谢、氨基酸生物合成、过氧化物酶体相关（图2-7）。WGD（全基因组复制）事件与早于谷物分化的古代多倍体化事件有关，对理解基因新功能和基因组进化具有重要意义。本研究表明，最近的WGD事件发生在中国菰从水稻分化后的基因组中（图2-5E），这与之前Guo等（2015）的研究结果一致。与水稻（390.30 Mb）和中国野生稻（547.38 Mb）相比，*Zizania-Oryza* 物种形成事件导致了北美沼生菰（1.29 Gb）基因组的增加。此外，在水稻和中国菰之间有一个以0.25 *Ks* 为中心的峰。

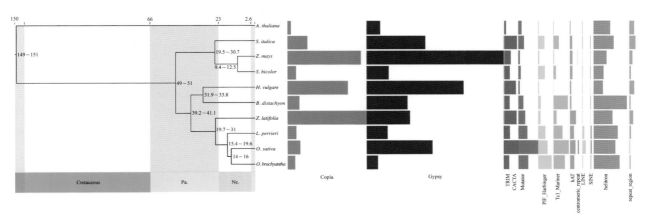

图2-6　中国菰及其他代表性植物物种随分化时间的进化树和转座子（TE）分析

注：进化树上时间表示95%的HPD（highest posterior density，最高后验密度）支持的分歧时间。树的底部是地质时间（英文前缀），树的顶部是绝对年龄，以百万年为单位，阴影为界定每个地质时期。常见的地质时期包括：Cretaceous（白垩纪），Pa.（古近纪），Ne.（新近纪）。每个彩色条代表每个TE亚家族的比例。

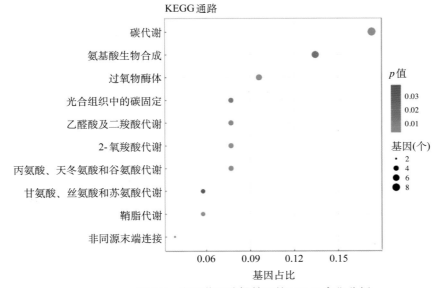

图2-7　中国菰正选择基因的KEGG富集分析

2.5 中国菰和水稻的基因组与落粒性相关基因共线性分析

北美沼生菰和水稻基因组之间存在显著的共线性。在本研究中，中国菰和水稻基因组之间也存在显著的共线性（图2-8A）。据报道，在水稻中已鉴定出10个落粒性相关基因，即*qSH1*、*OsGRF4/PT2*、*OsSh1*、*OsNPC1*、*sh4/SHA1*、*SHAT*、*OsLG1*、*SH5*、*sh-h/OsCPL1*和*SSH1*（表2-10）。通过北美沼生菰和水稻落粒性相关基因的共线性分析，在北美沼生菰中鉴定到17个落粒性相关基因。通过对中国菰和水稻基因组共线性和基因同源性分析，鉴定出29个可能与中国菰落粒性相关的候选基因（图2-8B，表2-11）。在中国菰基因组中，2个（*ZlqSH1a*和*ZlqSH1b*）、7个（*ZlGRF4/PT2a*、*ZlGRF4/PT2b*、*ZlGRF4/PT2c*、*ZlGRF4/PT2d*、*ZlGRF4/PT2e*、*ZlGRF4/PT2f*和*ZlGRF4/PT2g*）、2个（*ZlSh1a*和*ZlSh1b*）、2个（*ZlNPC1a*和*ZlNPC1b*）、4个（*ZlLG1a*、*ZlLG1b*、*ZlLG1c*和*ZlLG1d*）、2个（*Zlsh4/SHA1a*和*Zlsh4/SHA1b*）、2个（*ZlSH5a*和*ZlSH5b*）、2个（*Zlsh-h/ZlCPL1a*和*Zlsh-h/ZlCPL1b*）和4个（*ZlSSH1a*、*ZlSSH1b*、*ZlSSH1c*和*ZlSSH1d*）基因分别与水稻基因组中*qSH1*、*OsGRF4/PT2*、*OsSh1*、*OsNPC1*、*SHAT*、*OsLG1*、*sh4/SHA1*、*SH5*、*sh-h/OsCPL1*和*SSH1*具有共线性（图2-8B，表2-11）。根据其在系统进化树中的位置，将中国菰落粒性候选基因分为4组（图2-9）。此外，这些蛋白质的基序在同一组中相似，在不同组中不同，这证实了分组的可靠性（图2-10）。中国菰和水稻的落粒性相关基因氨基酸序列比对结果见图2-11。值得注意的是，中国菰落粒性相关基因和水稻落粒性相关基因的序列比对有助于确定中国菰中潜在的功能多态性和特定的基因组编辑候选位点。

削弱种子落粒性是水稻对自然环境和后代繁衍的一种适应，也是植物选择和驯化过程中的首要目标。最近，Yu等（2021）通过从头驯化、重新组装异源四倍体高秆野生稻（*Oryza alta*）基因组、编辑决定作物驯化成功与否的重要性状（如种子落粒性）的基因，成功地驯化了异源四倍体高秆野生稻。据报道，*qSH1*、*OsSh1*和*sh4/SHA1*是与水稻种子落粒性相关的主效基因（Chen et al., 2021）。在中国菰中，2个（*ZlqSH1a*和*ZlqSH1b*）、2个（*ZlSh1a*和*ZlSh1b*）和2个（*Zlsh4/SHA1a*和*Zlsh4/SHA1b*）基因分别与水稻中的*qSH1*、*OsSh1*和*sh4/SHA1*表现出共线性，并且在离层形成期（ALF）和离层降解期（ALD）之间也表现出差异表达模式。因此，中国菰种子落粒性相关基因的研究为进一步改善其种子落粒率和重新驯化提供了新靶点。值得注意的是，利用CRISPR/Cas9系统进行基因组编辑，可以实现对野生作物的定向遗传操作，并加速作物驯化。此外，利用CRISPR/Cas9系统对关键落粒性相关基因进行基因组编辑，可以获得落粒性降低的中国菰材料。

表2-10　水稻中落粒性相关基因

基因名称	染色体	基因ID	编码蛋白
qSH1	Chr1	*LOC_Os01g62920.1*	BEL1型同源异形盒
OsGRF4/PT2	Chr2	*LOC_Os02g47280.1*	生长调节因子
OsSh1	Chr3	*LOC_Os03g44710.1*	YABBY转录因子
OsNPC1	Chr3	*LOC_Os03g61130.1*	Ⅰ型磷酸酯酶
sh4/SHA1	Chr4	*LOC_Os04g57530.1*	Myb3转录因子
SHAT	Chr4	*LOC_Os04g55560.2*	AP2转录因子
OsLG1	Chr4	*LOC_Os04g56170.1*	SQUAMOSA启动子结合蛋白
SH5	Chr5	*LOC_Os05g38120.1*	BEL1型同源异形盒
sh-h/OsCPL1	Chr7	*LOC_Os07g10690.1*	CTD磷酸酶
SSH1	Chr7	*LOC_Os07g13170.1*	AP2转录因子

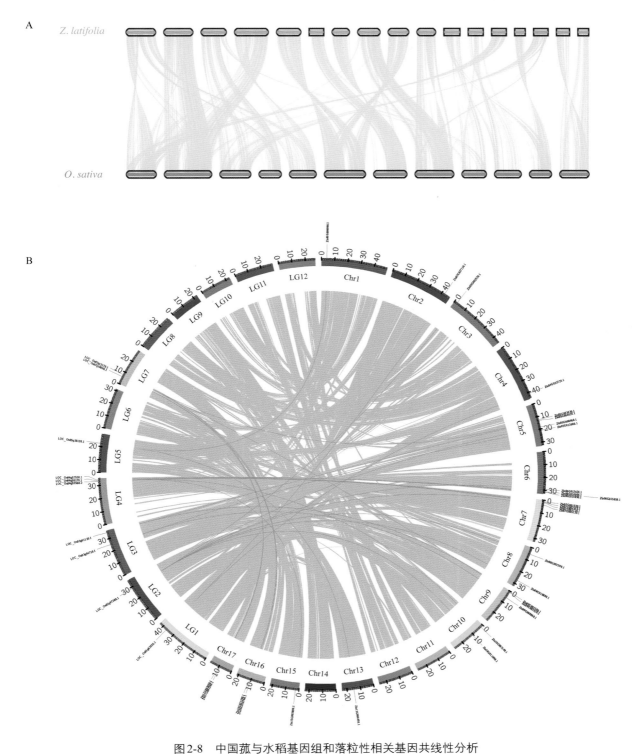

图 2-8　中国菰与水稻基因组和落粒性相关基因共线性分析

A. 基因组共线性分析　B. 落粒性相关基因共线性分析

注：Chr1 至 Chr17 为中国菰 1 ～ 17 号染色体；LG1 至 LG12 为水稻 1 ～ 12 号染色体。

灰线表示中国菰和水稻基因组之间的共线性，红线表示中国菰和水稻落粒性相关基因的共线性。

表2-11 水稻和中国菰落粒性相关的候选基因

水稻基因	基因ID	中国菰基因	基因ID	相似度(%)	长度(bp)	错配(bp)	缺口(个)	Querypos1	Querypos2	Dbpos1	Dbpos2	E值	分数
qSH1	LOC_Os01g62920.1	ZlqSH1a	Zla04G033720.1	86.193	1702	181	29	156	1839	123	1788	0	1792
		ZlqSH1b	Zla02G027130.1	84.591	1869	201	35	1	1839	1	1812	0	1775
OsGRF4/PT2	LOC_Os02g47280.1	ZlGRF4/PT2a	Zla08G018880.1	89.289	1027	99	8	249	1269	149	1170	0	1277
		ZlGRF4/PT2b	Zla10G013890.1	88.241	1080	102	13	195	1269	108	1167	0	1267
		ZlGRF4/PT2c	Zla07G005130.1	91.129	372	28	3	237	604	126	496	2.12×10^{-140}	499
		ZlGRF4/PT2d	Zla06G012620.1	89.577	355	32	5	252	604	124	475	2.80×10^{-124}	446
		ZlGRF4/PT2e	Zla03G002520.1	90.728	151	12	2	439	588	265	414	2.41×10^{-50}	200
		ZlGRF4/PT2f	Zla08G001240.1	88.742	151	15	2	439	588	283	432	2.42×10^{-45}	183
		ZlGRF4/PT2g	Zla05G008960.1	84.672	137	18	3	453	588	646	780	2.48×10^{-30}	134
OsSh1	LOC_Os03g44710.1	ZlSh1a	Zla09G008860.1	91.979	561	45	0	1	561	1	561	0	787
		ZlSh1b	Zla05G012000.1	89.127	561	54	2	1	561	1	554	0	691
OsNPC1	LOC_Os03g61130.1	ZlNPC1a	Zla05G004020.1	92.369	1638	119	5	1	1638	1	1632	0	2327
		ZlNPC1b	Zla09G001500.1	90.869	1139	97	6	8	1145	7	1139	0	1520
SHAT	LOC_Os04g55560.2	ZlSHATa	Zla07G002730.1	88.393	1413	108	30	1	1382	1	1388	0	1650
		ZlSHATb	Zla06G014800.1	87.439	1433	115	39	1	1382	1	1419	0	1589
OsLG1	LOC_Os04g56170.1	ZlLG1a	Zla07G002370.1	87.681	1104	79	27	154	1251	139	1191	0	1232
		ZlLG1b	Zla06G015090.1	85.507	1104	85	24	154	1251	148	1182	0	1083
		ZlLG1c	Zla15G003800.1	83.525	261	37	6	537	796	489	744	5.03×10^{-62}	239
		ZlLG1d	Zla10G003140.1	83.402	241	37	1	537	777	576	813	1.82×10^{-56}	220
sh4/SHA1	LOC_Os04g57530.1	ZlSh4/SHA1a	Zla06G015850.1	84.670	1122	99	34	57	1164	45	1107	0	1051
		ZlSh4/SHA1b	Zla07G001530.1	83.486	1199	101	61	1	1164	1	1137	0	1027
SH5	LOC_Os05g38120.1	ZlSH5a	Zla01G006060.1	88.033	1688	166	13	65	1743	50	1710	0	1965
		ZlSH5b	Zla13G006450.1	86.640	1744	182	22	6	1743	3	1701	0	1882
sh-h/OsCPL1	LOC_Os07g10690.1	Zlsh-h/ZlCPL1a	Zla17G003240.1	86.605	1411	160	13	1	1386	1	1407	0	1531
		Zlsh-h/ZlCPL1b	Zla16G011390.1	87.037	1134	121	13	278	1389	248	1377	0	1256
SSH1	LOC_Os07g13170.1	ZlSSH1a	Zla16G010760.1	89.116	1323	102	19	1	1311	1	1293	0	1607
		ZlSSH1b	Zla17G003690.1	88.266	1338	109	30	1	1311	1	1317	0	1557
		ZlSSH1c	Zla09G002020.1	78.984	1004	170	27	327	1311	258	1239	0	647
		ZlSSH1d	Zla05G003430.1	78.235	997	178	24	270	1245	237	1215	1.62×10^{-171}	603

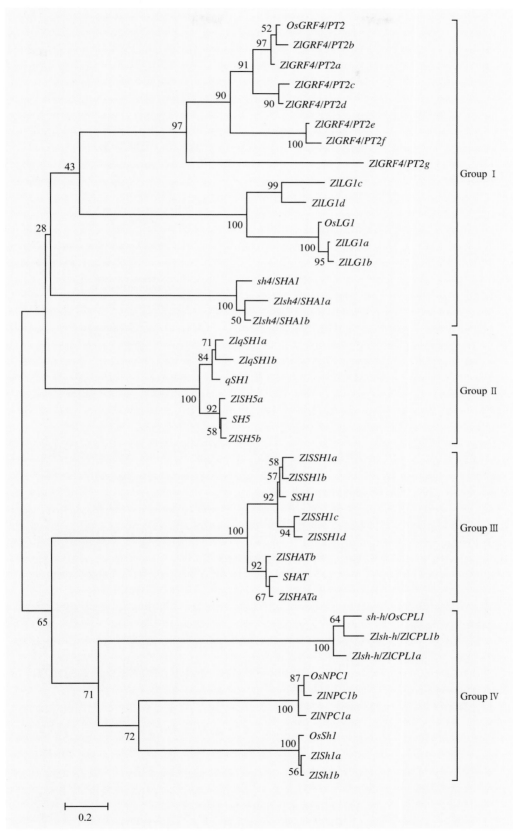

图2-9　中国菰和水稻落粒性相关基因的系统发育树

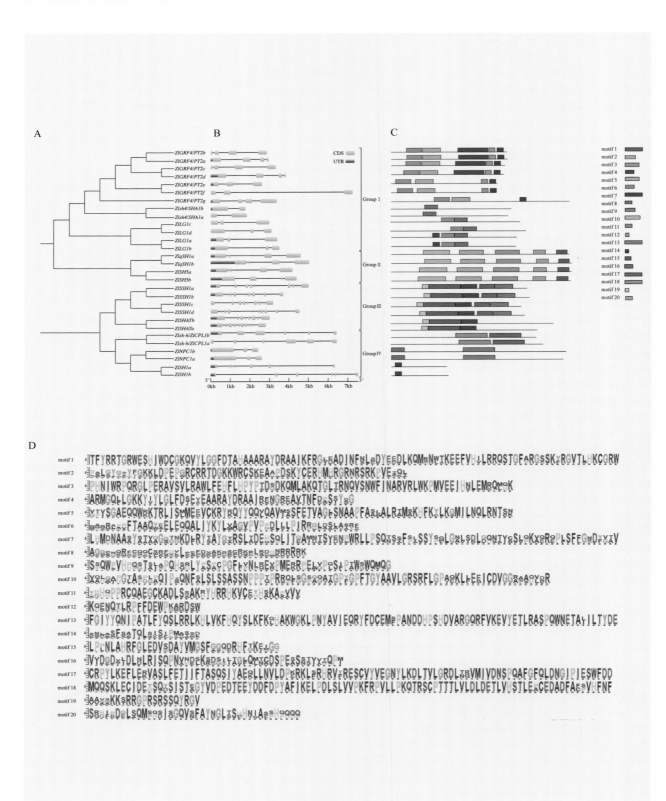

图2-10　中国菰落粒性相关基因的基序分析
A.系统发育树　B.基因结构分析　C.基序分布分析　D.基序序列分析

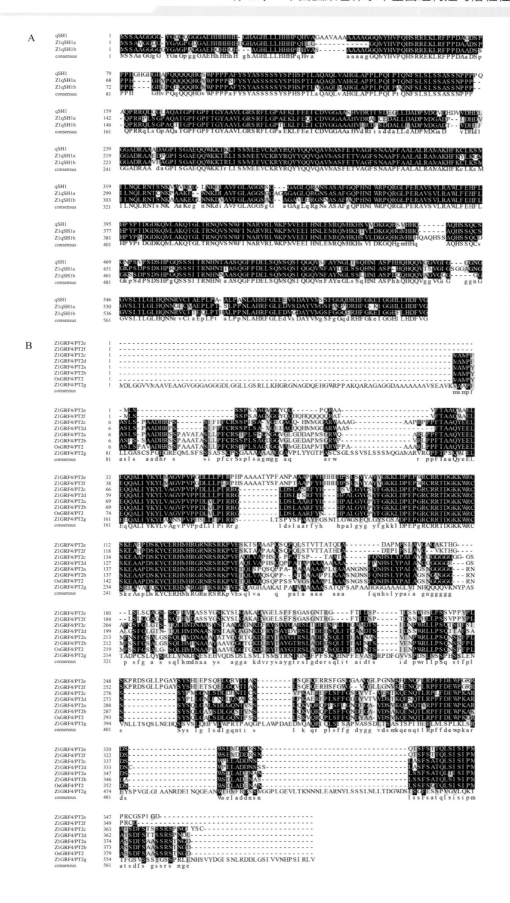

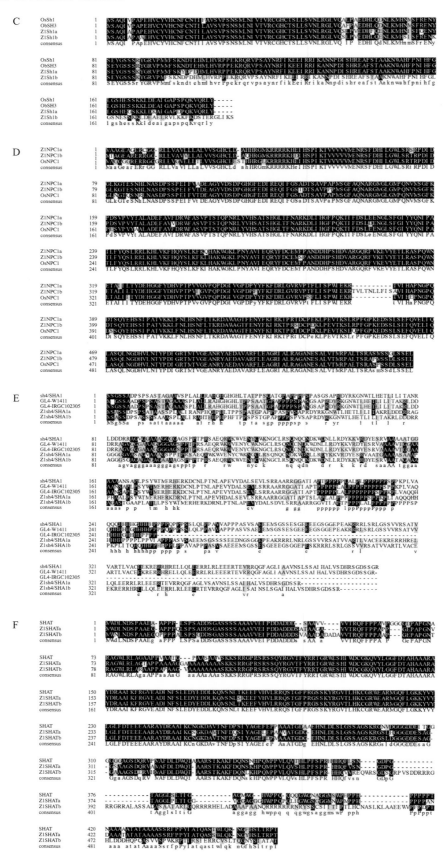

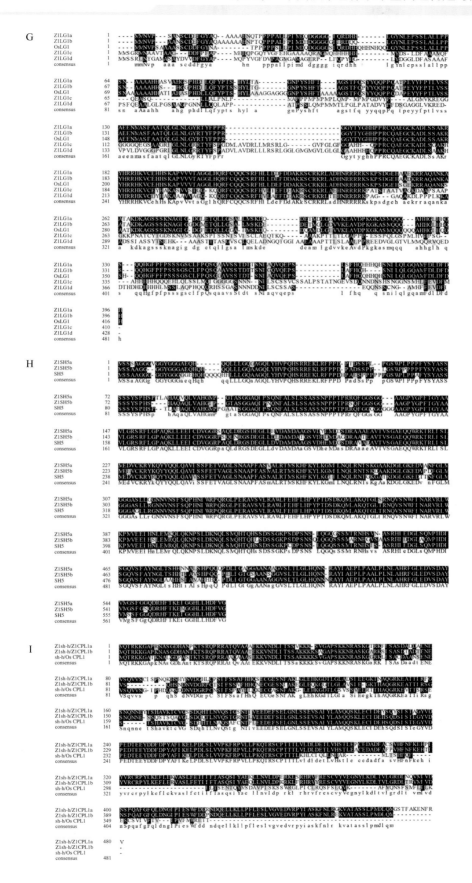

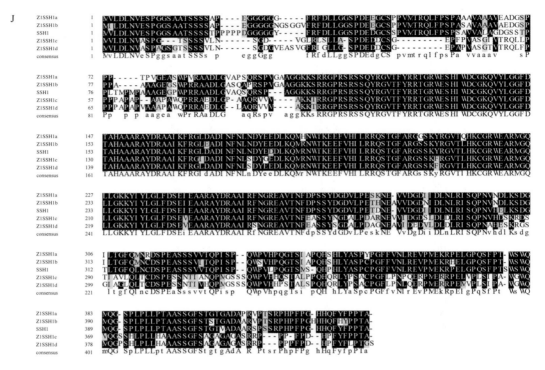

图 2-11　中国菰和水稻落粒性相关基因的蛋白序列比对

A. qSH1 及其同源序列　B. OsGRF4/PT2 及其同源序列　C. OsSh1 及其同源序列　D. OsNPC1 及其同源序列　E. sh4/SHA1 及其同源序列
F. SHAT 及其同源序列　G. OsLG1 及其同源序列　H. SH5 及其同源序列　I. sh-h/OsCPL1 及其同源序列　J. SSH1 及其同源序列

2.6　中国菰离层形成和降解的组织学、转录组和激素分析

在种子脱落过程中，一层或几层薄壁细胞从离区分化形成离层。相邻细胞层中的细胞具有厚的木质化细胞壁，这有助于提供脱落所需的机械力。组织学分析结果表明，中国菰的离层由 6 ～ 8 层细胞组成，细胞呈放射状分布在周围，单个细胞呈椭圆形，排列紧密，有规则，可被吖啶橙染红（图 2-12A、B）。此外，中国菰的离层是完整的，离层的降解导致了种子的落粒（图 2-12A、B）。为了阐明中国菰落粒的潜在分子机制，对离层形成期（ALF）和离层降解期（ALD）的离层组织进行了转录组测序分析。与 ALF 相比，ALD 涉及 2 827 个表达量上升基因和 3 938 个表达量下降基因，包括 9 个与种子落粒性相关的基因（图 2-12C）。其中，*ZlGRF4/PT2a*（Zla08G018880）和 *ZlGRF4/PT2g*（Zla05G008960）在 ALD 中表达量上升，而 *ZlqSH1b*（Zla02G07130）、*ZlSHATa*（Zla07G002730）、*ZlSHATb*（Zla06G014800）、*ZlLG1a*（Zla07G002370）、*ZlLG1b*（Zla06G015090）、*ZlSH5a*（Zla01G0006060）和 *ZlSH5b*（Zla13G006450）表达量下降（图 2-12D，表 2-12）。为了验证转录组结果的可靠性，进一步利用 qRT-PCR 检测了其中 8 个关键基因的表达水平。检测到 ALD 离层组织中 *ZlqSH1b*、*ZlSHATa*、*ZlSHATb*、*ZlLG1a*、*ZlLG1b*、*ZlSH5a* 和 *ZlSH5b* 表达量均显著下降（$p < 0.05$）（图 2-13），这与转录组测序结果一致。

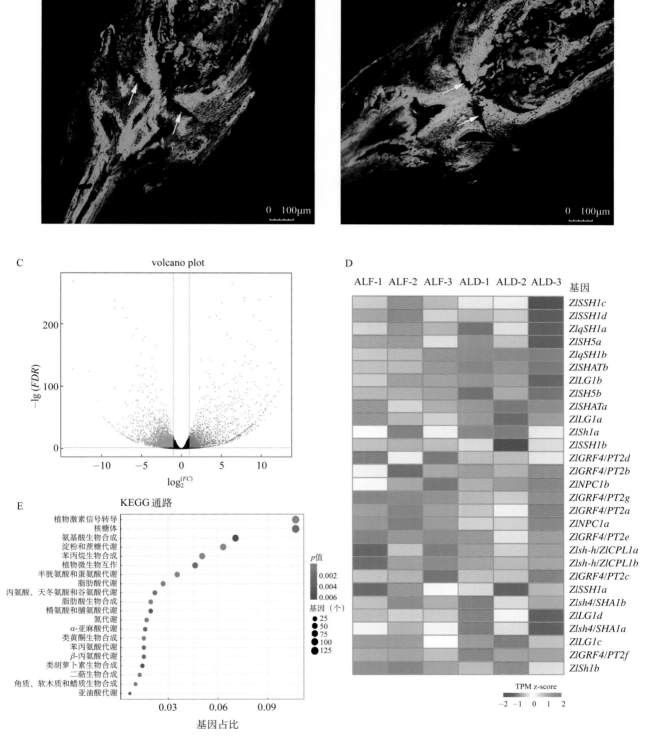

图2-12　中国菰离层形成期（ALF）和离层降解期（ALD）的组织学和转录组学分析

A. ALF吖啶橙染色（绿色荧光：染料结合dsDNA。红色荧光：染料结合ssDNA或RNA。白色箭头表示离层。B图同此）
B. ALD吖啶橙染色　C. ALF和ALD差异表达基因的火山图［绿色、红色和黑色圆点分别表示表达量上升、表达量下降和非差异表达的基因，*FDR*（false discovery rate）为错误发现率，*FC*（差异倍数，fold change）的值为基因在ALD的表达量与基因在ALF的表达量的比值］　D. ALF与ALD落粒性相关基因的表达水平　E. ALF与ALD差异表达基因的KEGG富集气泡图

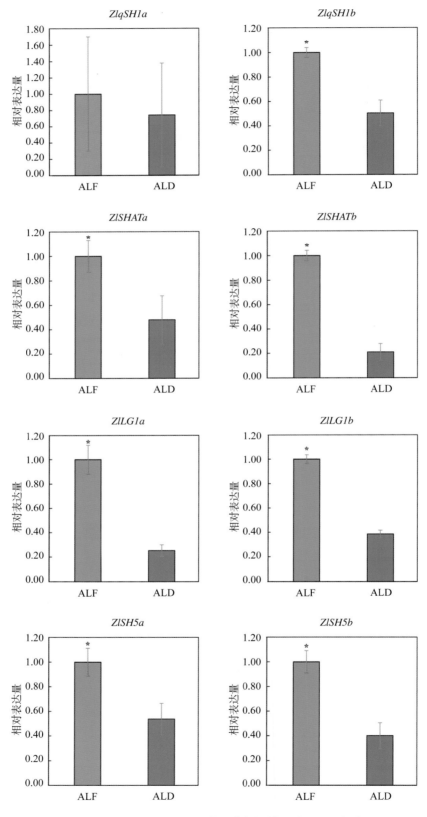

图 2-13　利用 qRT-PCR 对中国菰的落粒性基因进行差异表达分析

注：＊表示经 t 检验差异显著（$p < 0.05$）。

KEGG通路分析表明，在中国菰ALF和ALD离层组织的差异表达基因中，富集了植物激素信号转导、核糖体、氨基酸生物合成、淀粉和蔗糖代谢以及苯丙烷生物合成相关的基因（图2-12E）。为了阐明植物激素在中国菰落粒过程中的作用，比较了ALF和ALD离层组织中植物激素的浓度（表2-12）。其中，脱落酸、ABA-葡萄糖基酯、1-氨基环丙烷羧酸、顺式玉米素、反式玉米素核苷、N6-异戊烯基腺嘌呤、吲哚-3-乙酸、1-O-吲哚-3-乙酰基葡萄糖、吲哚-3-羧酸、吲哚-3-乙酸甲酯、水杨酸和水杨酸-2-O-β-葡萄糖苷在ALD离层组织中表达量均显著上升，而赤霉素A_9、赤霉素A_{19}、茉莉酸和茉莉酸甲酯表达量显著下降（$p < 0.05$）（表2-12）。因此，这些激素的浓度在中国菰离层形成和降解过程中发生了显著的变化，可能参与了中国菰离层的形成和降解。

表2-12 中国菰离层形成期（ALF）与离层降解期（ALD）组织中的激素含量（ng/g）

植物激素	ALF	ALD
脱落酸	$79.566\ 7 \pm 17.864\ 6$	$906.666\ 7 \pm 169.909\ 8*$
ABA-葡萄糖基酯	$17.666\ 7 \pm 1.457\ 2$	$139 \pm 29.051\ 7*$
1-氨基环丙烷羧酸	$109 \pm 5.291\ 5$	$152 \pm 13.114\ 9*$
顺式玉米素	0.182 ± 0.033	$0.275\ 7 \pm 0.028\ 2*$
双氢玉米素-7-糖苷	$0.489 \pm 0.103\ 7$	$4.2 \pm 2.524\ 7$
双氢玉米素	0 ± 0	$0.217\ 7 \pm 0.377$
反式玉米素	$0.642\ 7 \pm 0.063\ 6$	$1.679\ 3 \pm 0.631\ 1$
反式玉米素核苷	0.52 ± 0.164	$1.561\ 3 \pm 0.531\ 3*$
N6-异戊烯基腺嘌呤	$0.180\ 7 \pm 0.043\ 1$	$0.392\ 3 \pm 0.033\ 5*$
N6-异戊烯基腺嘌呤核苷	$0.273\ 7 \pm 0.049\ 6$	$0.358\ 3 \pm 0.133\ 4$
赤霉素A_3	$0.441\ 3 \pm 0.382\ 3$	$0.56 \pm 0.969\ 9$
赤霉素A_4	$1.213\ 3 \pm 1.314\ 6$	0 ± 0
赤霉素A_7	$0.273 \pm 0.149\ 5$	$0.119\ 6 \pm 0.070\ 9$
赤霉素A_9	$2.083\ 3 \pm 0.309\ 9*$	0 ± 0
赤霉素A_{15}	$0.266\ 7 \pm 0.133\ 4$	$0.343\ 3 \pm 0.586\ 1$
赤霉素A_{19}	$5.063\ 3 \pm 0.657\ 3*$	$0.98 \pm 1.697\ 4$
赤霉素A_{24}	$1.336\ 7 \pm 1.185\ 3$	0.28 ± 0.485

（续）

植物激素	ALF	ALD
赤霉素 A_{53}	$3.093\ 3 \pm 1.640\ 7$	$2.13 \pm 0.370\ 4$
吲哚-3-乙酸	$3.94 \pm 1.055\ 3$	$121.033\ 3 \pm 36.370\ 4*$
1-*O*-吲哚-3-乙酰基葡萄糖	0 ± 0	$33.033\ 3 \pm 4.923\ 8*$
吲哚-3-羧酸	$3.133\ 3 \pm 0.582\ 9$	$12.276\ 7 \pm 3.638\ 2*$
吲哚-3-甲醛	$9.723\ 3 \pm 0.906\ 3$	$12.5 \pm 5.566\ 9$
吲哚-3-乙酸甲酯	$2.27 \pm 0.652\ 8$	$6.9 \pm 2.021\ 9*$
3-吲哚丙酸	$2.333\ 3 \pm 0.585\ 3$	$1.646\ 7 \pm 0.582\ 9$
二氢茉莉酸	$2.133\ 3 \pm 0.271\ 5$	$2.946\ 7 \pm 1.022\ 8$
茉莉酸	$267 \pm 67.579\ 6*$	$93.6 \pm 16.403\ 7$
茉莉酸-L-异亮氨酸	134 ± 4	$129.9 \pm 37.523\ 7$
茉莉酸甲酯	$0.722 \pm 0.241\ 3*$	$0.185\ 7 \pm 0.042\ 7$
顺式-12-*O*-植物二烯酸	$136 \pm 17.058\ 7$	$141 \pm 44.305\ 8$
水杨酸	$131.666\ 7 \pm 23.860\ 7$	$311 \pm 14.730\ 9*$
水杨酸-2-*O*-*β*-葡萄糖苷	$2\ 633.333\ 3 \pm 303.534\ 7$	$5\ 656.666\ 7 \pm 190.087\ 7*$

* 表示经 *t* 检验差异显著（$p < 0.05$）。

2.7 中国菰和水稻植物卡生生物合成基因簇的共线性分析

在组装的中国菰基因组中，发现了与水稻稻壳素生物合成基因簇 *MAS*、*CYP99A*、*CPS* 和 *KSL* 同源基因，但是与 *MAS*、*CYP99A*、*CPS* 和 *KSL* 高度同源的基因并不定位于相邻的位置，而是分别定位于6、9、8和7号染色体上。对于植物卡生生物合成基因簇，在中国菰基因组中观察到两个基因组区（Chr 8: 22.53～22.62Mb 和 Chr10: 53.27～53.61Mb），与水稻植物卡生生物合成基因簇具有较高的同源性（图2-14A、B）。中国菰8号和10号染色体与水稻2号染色体具有高度共线性，这可能是由于中国菰从水稻分化后发生了WGD（全基因组复制）事件。通过对同源基因的检测，发现中国菰8号和10号染色体上的候选基因簇不像水稻染色体上的那么完整，反而更像是两者之间相互补充（图2-14B，表2-13）。中国菰8号和10号染色体上的每个基因亚群与水稻染色体上的基因具有较好的共线性关系，但也存在一定的基因重排（如 *CPS*）（图2-14B）。不同亚群的基因表现出高度正向共表达模式（图2-14C）。这表明，虽然它们分别定位于两条染色体上，但它们仍然可以共同协调，并共同在植物抗毒素的生物合成中发挥作用。

Miyamoto 等（2016）提出了水稻两个生物合成基因簇的进化史，他们比较了不同水稻品种的稻壳素和植物卡生生物合成基因簇中的基因。笔者在中国菰基因组中发现了稻壳素生物合成基因簇，这与Miyamoto 等（2016）的假设一致，即该基因簇在稻属植物分支内进化，并且进化发生在水稻AA和BB基因组分化之前。至于植物卡生生物合成基因簇的起源，推测该基因簇存在于水稻和假稻属（*Leersia*）的共同祖先中，在 *L. perrieri* 中存在一些基因重排，在一些稻属物种中存在基因缺失（图2-14D）。根据研究结果，在中国菰基因组中，水稻和菰属物种的共同祖先中存在核心的植物卡生生物合成基因簇。这两个位于不同染色体上的亚基因簇很可能是最近WGD事件的结果。另外，这两个亚基因簇的互补模式可能与WGD后的全基因组复制有关。综上所述，研究结果为深入了解植物卡生生物合成基因簇基因组进化过程提供了依据。总之，笔者组装的中国菰基因组将为中国菰的基础研究、农艺性状改良以及禾本科与其他植物间的比较基因组学研究提供科学依据。

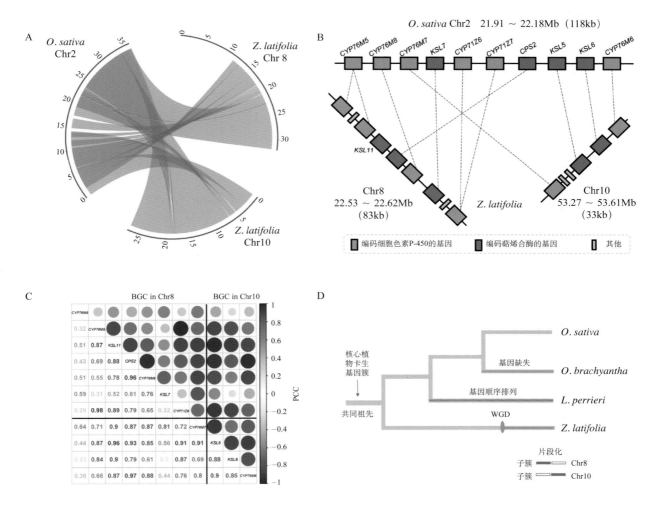

图2-14　中国菰基因组中植物卡生生物合成基因簇的特征

A.水稻2号染色体与中国菰8号和10号染色体的基因组同源性（同线性基因组块用灰色线表示，以红色突出显示水稻和中国菰之间的植物卡生生物合成基因簇的同源基因组区域）　B.水稻和中国菰植物卡生生物合成基因簇的基因水平同源性（编码细胞色素P-450的基因为深黄色，编码萜烯合酶的基因为深蓝色，与聚类无关的基因是灰色的）　C.中国菰8号和10号染色体上两个亚基因簇的基因共表达模式　D. *Z. latifolia*、*L. perrieri* 和稻属（*O. brachyantha* 和 *O. sativa*）植物卡生生物合成基因簇的进化史

表2-13 中国菰中植物卡生基因的表达水平

基因名称	基因ID	染色体	开始位置	结束位置	ALD-1	ALD-2	ALD-3	ALF-1	ALF-2	ALF-3	叶-1	叶-2	叶-3	茎-1	茎-2	茎-3
CYP76M5	Zla08G012880.1	Chr8	22 538 924	22 540 429	0.121 0	0.069 6	0.459 2	0.249 7	0.190 3	0.126 1	0.054 7	0.133 6	0.052 9	0.000 0	0.000 0	0.000 0
CYP76M5	Zla08G012900.1	Chr8	22 548 633	22 550 144	0.578 4	0.371 5	0.676 5	2.328 6	3.215 8	4.843 5	0.175 1	0.000 0	0.048 8	0.000 0	0.000 0	0.000 0
KSL11	Zla08G012910.1	Chr8	22 551 904	22 554 144	0.157 6	0.236 2	0.421 1	0.958 2	1.338 0	0.859 8	0.000 0	0.000 0	0.118 6	0.000 0	0.000 0	0.000 0
CPS2	Zla08G012920.1	Chr8	22 581 285	22 585 982	0.471 5	1.293 4	0.604 0	4.956 8	3.370 5	1.853 0	0.192 1	0.244 2	0.437 5	0.000 0	0.000 0	0.000 0
CYP76M8	Zla08G012930.1	Chr8	22 592 610	22 594 109	2.033 1	5.938 6	3.657 3	13.164 4	7.839 6	3.743 4	2.625 5	1.504 9	2.120 5	0.000 0	0.000 0	0.000 0
KSL7	Zla08G012940.1	Chr8	22 603 752	22 609 836	5.095 7	8.215 1	5.754 2	6.815 0	5.072 4	3.092 0	2.393 2	1.850 5	3.296 6	0.048 0	0.000 0	0.274 2
CYP71Z6	Zla08G012960.1	Chr8	22 619 982	22 621 864	2.655 0	3.399 0	2.070 0	33.562 3	33.540 2	48.415 1	2.243 1	1.454 7	0.793 2	0.000 0	0.000 0	0.000 0
CYP76M7	Zla10G007850.1	Chr10	5 327 515	5 329 086	5.935 4	7.166 7	7.055 3	11.564 8	11.802 3	7.157 0	0.987 0	0.629 7	0.980 4	0.000 0	0.198 3	0.000 0
KSL5	Zla10G007880.1	Chr10	5 341 528	5 346 056	0.601 5	0.774 3	0.662 3	2.180 0	2.104 7	1.730 5	0.280 2	0.086 5	0.221 2	0.406 9	0.248 2	0.035 2
KSL6	Zla10G007890.1	Chr10	5 347 570	5 352 229	4.289 6	3.941 9	4.358 9	7.736 8	9.107 3	7.673 1	3.251 5	3.901 1	4.615 9	5.570 5	4.267 8	5.059 5
CYP76M6	Zla10G007900.1	Chr10	5 359 473	5 360 972	0.084 0	0.000 0	0.035 8	2.172 4	1.743 2	0.550 3	0.000 0	0.000 0	0.000 0	0.000 0	0.000 0	0.000 0

注：ALF，离层形成期；ALD，离层降解期。基因表达水平用FPKM（fragments per kilobase of transcript per million fragment mapped reads）来衡量。

2.8　结论

本章利用Nanopore三代测序和Hi-C组装拼接得到中国菰基因组序列547.38Mb和38 852个基因，其中52.89%的基因含有重复序列。系统发育分析表明，中国菰与*L. perrieri*和稻属（*Oryza*）亲缘关系更近，其分化时间在3 100万年前。共线性和转录组分析揭示了与中国菰种子落粒性相关候选基因，为进一步研究中国菰离层的形成和降解奠定了基础。此外，还观察到中国菰基因组中的两个基因组片段与水稻植物卡生生物合成基因簇具有良好的同源性。更新后的基因组将为中国菰的基因功能研究、农艺性状改良及与其他植物的比较基因组学研究提供依据。

参 考 文 献

Altschul S F, Gish W, Miller W, et al., 1990. Basic local alignment search tool[J]. Journal of Molecular Biology, 215(3): 403-410.

Birney E, Clamp M, Durbin R, et al., 2004. GeneWise and genomewise[J]. Genome Research, 14(5): 988-995.

Boeckmann B, Bairoch A, Apweiler R, et al., 2003. The SWISS-PROT protein knowledgebase and its supplement TrEMBL in 2003[J]. Nucleic Acids Research, 31(1): 365-370.

Bruce J, Thomas A, Terrance S, et al., 2014. Pilon: an integrated tool for comprehensive microbial variant detection and genome assembly improvement[J]. PLoS ONE, 9(11): e112963.

Buchfink B, Xie C, Huson D H, 2015. Fast and sensitive protein alignment using DIAMOND[J]. Nature Methods, 12(1): 59-60.

Burge C, Karlin S, 1997. Prediction of complete gene structures in human genomic DNA[J]. Journal of Molecular Biology, 268(1): 78-94.

Burton J N, Adey A, Patwardhan R P, et al., 2013. Chromosome-scale scaffolding of *de novo* genome assemblies based on chromatin interactions[J]. Nature Biotechnology, 31(12): 1119-1125.

Campbell M A, Haas B J, Hamilton J P, et al., 2006. Comprehensive analysis of alternative splicing in rice and comparative analyses with *Arabidopsis*[J]. BMC Genomics, 7(1): 327.

Chen Q, Li W, Tan L, et al., 2021. Harnessing knowledge from maize and rice domestication for new crop breeding[J]. Molecular Plant, 14(1): 9-26.

Chu M J, Du Y M, Liu X M, et al., 2019. Extraction of proanthocyanidins from Chinese wild rice (*Zizania latifolia*) and analyses of structural composition and potential bioactivities of different fractions[J]. Molecules, 24(9): 1681.

Chu M J, Liu X M, Yan N, et al., 2018. Partial purification, identification, and quantitation of antioxidants from wild rice (*Zizania latifolia*)[J]. Molecules, 23(11): 2782.

Dimmer E C, Huntley R P, Alam-Faruque Y, et al., 2012. The UniProt-GO annotation database in 2011[J]. Nucleic Acids Research, 40(D1): D565-D570.

Doebley J F, Gaut B S, Smith B D, 2006. The molecular genetics of crop domestication[J]. Cell, 127(7): 1309-1321.

Dong Z Y, Wang Y M, Zhang Z J, et al., 2006. Extent and pattern of DNA methylation alteration in rice lines derived from introgressive hybridization of rice and *Zizania latifolia* Griseb.[J]. Theoretical and Applied Genetics, 113(2): 196-205.

Du H, Yu Y, Ma Y, et al., 2017. Sequencing and *de novo* assembly of a near complete *indica* rice genome[J]. Nature Communications, 8(1): 15324.

Emms D M, Kelly S, 2019. OrthoFinder: phylogenetic orthology inference for comparative genomics[J]. Genome Biology, 20(1): 238.

Estornell L H, Agustí J, Merelo P, et al., 2013. Elucidating mechanisms underlying organ abscission[J]. Plant Science, 199-200: 48-60.

Fernie A R, Yan J, 2019. *De novo* domestication: an alternative route toward new crops for the future[J]. Molecular Plant, 12(5): 615-631.

Grabherr M G, Haas B J, Yassour M, et al., 2011. Trinity: reconstructing a full-length transcriptome without a genome from RNA-Seq data[J]. Nature Biotechnology, 29(7): 644-652.

Griffiths-Jones S, Moxon S, Marshall M, et al., 2005. Rfam: annotating non-coding RNAs in complete genomes[J]. Nucleic Acids Research, 33(suppl_1): D121-D124.

Guo L, Qiu J, Han Z, et al., 2015. A host plant genome (*Zizania latifolia*) after a century-long endophyte infection[J]. The Plant Journal, 83(4): 600-609.

Guo L, Qiu J, Li L F, et al., 2018. Genomic clues for crop - weed interactions and evolution[J]. Trends in Plant Science, 23(12): 1102-1115.

Haas B J, Salzberg S L, Zhu W, et al., 2008. Automated eukaryotic gene structure annotation using EVidenceModeler and the program to assemble spliced alignments[J]. Genome Biology, 9: R7.

Haas M W, Kono T J Y, Macchietto M, et al., 2021. Whole genome assembly and annotation of Northern wild rice, *Zizania palustris* L., supports a whole genome duplication in the *Zizania* genus[J]. The Plant Journal, 107: 1802-1818.

Han M V, Thomas G W, Lugo-Martinez J, et al., 2013. Estimating gene gain and loss rates in the presence of error in genome assembly and annotation using CAFE 3[J]. Molecular Biology and Evolution, 30(8): 1987-1997.

Hasegawa M, Mitsuhara I, Seo S, et al., 2010. Phytoalexin accumulation in the interaction between rice and the blast fungus[J]. Molecular Plant-Microbe Interactions, 23(8): 1000-1011.

Hass B L, Pires J C, Porter R, et al., 2003. Comparative genetics at the gene and chromosome levels between rice (*Oryza sativa*) and wildrice (*Zizania palustris*)[J]. Theoretical and Applied Genetics, 107(5): 773-782.

Hoede C, Arnoux S, Moisset M, et al., 2014. PASTEC: an automatic transposable element classification tool[J]. PLoS ONE, 9(5): e91929.

Jurka J, Kapitonov V V, Pavlicek A, et al., 2005. Repbase Update, a database of eukaryotic repetitive elements[J]. Cytogenetic and Genome Research, 110(1-4): 462-467.

Kalyaanamoorthy S, Minh B Q, Wong T K, et al., 2017. ModelFinder: fast model selection for accurate phylogenetic estimates[J]. Nature Methods, 14(6): 587-589.

Kanehisa M, Goto S, 2000. KEGG: kyoto encyclopedia of genes and genomes[J]. Nucleic Acids Research, 28(1): 27-30.

Kato-noguchi H, Peters R J, 2013. The role of momilactones in rice allelopathy[J]. Journal of Chemical Ecology, 39(2): 175-185.

Keilwagen J, Wenk M, Erickson J L, et al., 2016. Using intron position conservation for homology-based gene prediction[J]. Nucleic Acids Research, 44(9): e89-e89.

Keilwagen J, Hartung F, Paulini M, et al., 2018. Combining RNA-Seq data and homology-based gene prediction for plants, animals and fungi[J]. BMC Bioinformatics, 19: 189.

Kennard W C, Phillips R L, Porter R A, et al., 2000. A comparative map of wild rice (*Zizania palustris* L. $2n = 2x = 30$)[J]. Theoretical and Applied Genetics, 101(5): 677-684.

Kennard W, Phillips R, Porter R, 2002. Genetic dissection of seed shattering, agronomic, and color traits in American wildrice (*Zizania palustris* var. *interior* L.) with a comparative map[J]. Theoretical and Applied Genetics, 105: 1075-1086.

Kim D, Langmead B, Salzberg S L, 2015. HISAT: a fast spliced aligner with low memory requirements[J]. Nature Methods, 12(4): 357-360.

Kitaoka N, Zhang J, Oyagbenro R K, et al., 2021. Interdependent evolution of biosynthetic gene clusters for momilactone production in rice[J]. The Plant Cell, 33(2): 290-305.

Koonin E V, Fedorova N D, Jackson J D, et al., 2004. A comprehensive evolutionary classification of proteins encoded in complete eukaryotic genomes[J]. Genome Biology, 5(2): R7.

Koren S, Walenz B P, Berlin K, et al., 2017. Canu: scalable and accurate long-read assembly via adaptive k-mer weighting and repeat separation[J]. Genome Research, 27(5): 722-736.

Korf I, 2004. Gene finding in novel genomes[J]. BMC Bioinformatics, 5: 59.

Krzywinski M, Schein J, Birol I, et al. 2009. Circos: an information aesthetic for comparative genomics[J]. Genome Research, 19(9): 1639-1645.

Li H, Durbin R, 2009. Fast and accurate short read alignment with Burrows-Wheeler transform[J]. Bioinformatics, 25(14): 1754-1760.

Li J, Lu Z, Yang Y, et al., 2021. Transcriptome analysis reveals the symbiotic mechanism of *Ustilago esculenta*-induced gall formation of *Zizania latifolia*[J]. Molecular Plant-Microbe Interactions, 34(2): 168-185.

Lowe T M, Eddy S R, 1997. tRNAscan-SE: a program for improved detection of transfer RNA genes in genomic sequence[J]. Nucleic Acids Research, 25(5): 955-964.

Majoros W H, Pertea M, Salzberg S L, 2004. TigrScan and GlimmerHMM: two open source ab initio eukaryotic gene-finders[J]. Bioinformatics, 20(16): 2878-2879.

Mao L, Chen M, Chu Q, et al., 2019. RiceRelativesGD: a genomic database of rice relatives for rice research[J]. Database, 2019: baz110.

Mao X, Cai T, Olyarchuk J G, et al., 2005. Automated genome annotation and pathway identification using the KEGG Orthology (KO) as a controlled vocabulary[J]. Bioinformatics, 21(19): 3787-3793.

Marchler-Bauer A, Lu S, Anderson J B, et al., 2010. CDD: a Conserved Domain Database for the functional annotation of proteins[J]. Nucleic Acids Research, 39(suppl_1): D225-D229.

Mennan H, Ngouajio M, Sahin M, et al., 2012. Quantification of momilactone B in rice hulls and the phytotoxic potential of rice extracts on the seed germination of *Alisma plantago-aquatica* [J]. Weed Biology and Management, 12(1): 29-39.

Mi H, Muruganujan A, Ebert D, et al., 2019. PANTHER version 14: more genomes, a new PANTHER GO-slim and improvements in enrichment analysis tools[J]. Nucleic Acids Research, 47(D1): D419-D426.

Miyamoto K, Fujita M, Shenton M R, et al., 2016. Evolutionary trajectory of phytoalexin biosynthetic gene clusters in rice[J]. The Plant Journal, 87: 293-304.

Nguyen L T, Schmidt H A, Von Haeseler A, et al., 2015. IQ-TREE: a fast and effective stochastic algorithm for estimating maximum-likelihood phylogenies[J]. Molecular Biology and Evolution, 32(1): 268-274.

Ou S, Chen J, Jiang N, 2018. Assessing genome assembly quality using the LTR assembly index (LAI)[J]. Nucleic Acids Research, 46(21): e126.

Ou S, Su W, Liao Y, et al., 2019. Benchmarking transposable element annotation methods for creation of a streamlined, comprehensive pipeline[J]. Genome Biology, 20(1): 275.

Parra G, Bradnam K, Korf I, 2007. CEGMA: a pipeline to accurately annotate core genes in eukaryotic genomes[J]. Bioinformatics, 23(9): 1061-1067.

Paterson A H, Bowers J E, Chapman B A, 2004. Ancient polyploidization predating divergence of the cereals, and its consequences for comparative genomics[J]. Proceedings of the National Academy of Science of the United States of America, 101(26): 9903-9908.

Pertea M, Pertea G M, Antonescu C M, et al., 2015. StringTie enables improved reconstruction of a transcriptome from RNA-Seq reads[J]. Nature Biotechnology, 33(3): 290-295.

Price A L, Jones N C, Pevzner P A, 2005. *De novo* identification of repeat families in large genomes[J]. Bioinformatics, 21(suppl_1): i351-i358.

Puttick M N, 2019. MCMCtreeR: functions to prepare MCMCtree analyses and visualize posterior ages on trees[J]. Bioinformatics, 35(24): 5321-5322.

Servant N, Varoquaux N, Lajoie B R, et al., 2015. HiC-Pro: an optimized and flexible pipeline for Hi-C data processing[J]. Genome Biology, 16: 259.

Shan X, Liu Z, Dong Z, et al., 2005. Mobilization of the active MITE transposons *mPing* and *Pong* in rice by introgression from wild rice (*Zizania latifolia* Griseb.)[J]. Molecular Biology and Evolution, 22(4): 976-990.

She R, Chu J S C, Wang K, et al., 2009. GenBlastA: enabling BLAST to identify homologous gene sequences[J]. Genome Research, 19: 143-149.

Shimura K, Okada A, Okada K, et al., 2007. Identification of a biosynthetic gene cluster in rice for momilactones[J]. Journal of Biological Chemistry, 282(47): 34013-34018.

Simão F A, Waterhouse R M, Ioannidis P, et al., 2015. BUSCO: assessing genome assembly and annotation completeness with single-copy orthologs[J]. Bioinformatics, 31(19): 3210-3212.

Stanke M, Waack S, 2003. Gene prediction with a hidden Markov model and a new intron submodel[J]. Bioinformatics, 19(suppl_2): ii215-ii225.

Suyama M, Torrents D, Bork P, 2006. PAL2NAL: robust conversion of protein sequence alignments into the corresponding codon alignments[J]. Nucleic Acids Research, 34(suppl_2): W609-W612.

Swaminathan S, Morrone, D, Wang Q, et al., 2009. CYP76M7 is an ent-cassadiene C11α-hydroxylase defining a second multifunctional diterpenoid biosynthetic gene cluster in rice[J]. The Plant Cell, 21(10): 3315-3325.

Talavera G, Castresana J, 2007. Improvement of phylogenies after removing divergent and ambiguously aligned blocks from protein sequence alignments[J]. Systematic Biology, 56(4): 564-577.

Tang S, Lomsadze A, Borodovsky M, 2015. Identification of protein coding regions in RNA transcripts[J]. Nucleic Acids Research, 43(12): e78.

Van de Peer Y, Maere S, Meyer A, 2009. The evolutionary significance of ancient genome duplications[J]. Nature Reviews Genetics, 10: 725-732.

Vaser R, Sović I, Nagarajan N, et al., 2017. Fast and accurate *de novo* genome assembly from long uncorrected reads[J]. Genome Research, 27(5): 737-746.

Wang M, Zhao S, Zhu P, et al., 2018. Purification, characterization and immunomodulatory activity of water extractable polysaccharides from the swollen culms of *Zizania latifolia*[J]. International Journal of Biological Macromolecules, 107(Part A): 882-890.

Wang N, Wang H, Wang H, et al., 2010. Transpositional reactivation of the Dart transposon family in rice lines derived from introgressive hybridization with *Zizania latifolia*[J]. BMC Plant Biology, 10: 190.

Wang Y, Tang H, DeBarry J D, et al., 2012. MCScanX: a toolkit for detection and evolutionary analysis of gene synteny and collinearity[J]. Nucleic Acids Research, 40(7): e49.

Wang Z D, Yan N, Wang Z H, et al., 2017. RNA-Seq analysis provides insight into reprogramming of culm development in *Zizania latifolia* induced by *Ustilago esculenta*[J]. Plant Molecular Biology, 95(6): 533-547.

Wang Z H, Yan N, Luo X, et al., 2020. Gene expression in the smut fungus *Ustilago esculenta* governs swollen gall metamorphosis in *Zizania latifolia*[J]. Microbial Pathogenesis, 143: 104107.

Xu X W, Wu J W, Qi M X, et al., 2015. Comparative phylogeography of the wild-rice genus *Zizania* (Poaceae) in eastern Asia and North America[J]. American Journal of Botany, 102(2): 239-247.

Xu X, Walters C, Antolin M F, et al., 2010. Phylogeny and biogeography of the eastern Asian-North American disjunct wild-rice genus (*Zizania* L., Poaceae)[J]. Molecular Phylogenetics and Evolution, 55(3): 1008-1017.

Xu Z, Wang H, 2007. LTR_FINDER: an efficient tool for the prediction of full-length LTR retrotransposons[J]. Nucleic Acids Research, 35(suppl_2): W265-W268.

Yan N, Du Y, Liu X, et al., 2019. A comparative UHPLC-QqQ-MS-based metabolomics approach for evaluating Chinese and North American wild rice[J]. Food Chemistry, 275: 618-627.

Yan N, Du Y, Liu X, et al., 2018. Morphological characteristics, nutrients, and bioactive compounds of *Zizania latifolia*, and health benefits of its seeds[J]. Molecules, 23(7): 1561.

Yan N, Du Y, Zhang H, et al., 2018. RNA sequencing provides insights into the regulation of solanesol biosynthesis in *Nicotiana tabacum* induced by moderately high temperature[J]. Biomolecules, 8(4): 165.

Yang Z, 1997. PAML: a program package for phylogenetic analysis by maximum likelihood[J]. Computer Applications in The Biosciences, 13(5): 555-556.

Yang Z, Davy A J, Liu X, et al., 2020. Responses of an emergent macrophyte, *Zizania latifolia*, to water-level changes in lakes with contrasting hydrological management[J]. Ecological Engineering, 151: 105814.

Ye C Y, Fan L, 2021. Orphan crops and their wild relatives in the genomic era[J]. Molecular Plant, 14(1): 27-39.

Yu H, Lin T, Meng X, et al., 2021. A route to *de novo* domestication of wild allotetraploid rice[J]. Cell, 184(5): 1156-1170.

Yu X, Yang T, Qi Q, et al., 2021. Comparison of the contents of phenolic compounds including flavonoids and antioxidant activity of rice (*Oryza sativa*) and Chinese wild rice (*Zizania latifolia*) [J]. Food Chemistry, 344: 128600.

Yu X, Chu M, Chu C et al., 2020. Wild rice (*Zizania* spp.): a review of its nutritional constituents, phytochemicals, antioxidant activities, and health-promoting effects[J]. Food Chemistry, 331: 127293.

Zhai C K, Tang W L, Jang X L, et al., 1996. Studies of the safety of Chinese wild rice[J]. Food and Chemical Toxicology, 34(4): 347-352.

Zhang Y, Pribil M, Palmgren M, et al., 2020. A CRISPR way for accelerating improvement of food crops[J]. Nature Food, 1(4): 200-205.

Zwaenepoel A, Van de Peer Y, 2019. wgd-simple command line tools for the analysis of ancient whole-genome duplications[J]. Bioinformatics, 35(12): 2153-2155.

第3章　中国菰米发芽过程中酚类化合物积累机制的研究

褚程[1]　于秀婷[1]　杜咏梅[1]　刘新民[1]　张忠锋[1]　闫宁[1]

（1.中国农业科学院烟草研究所）

◎本章提要

中国菰米作为一种全谷物食品，因其自身所富含的营养成分和生物活性物质而备受人们的关注。在食品加工过程中，常采用发芽处理来改善谷物或豆类的营养品质。多数研究表明，种子在发芽过程中会积累较多的生物活性物质，如酚类化合物和γ-氨基丁酸（GABA）等，但是关于中国菰米发芽过程中酚类化合物的变化规律与机制还不清楚。本章选取中国菰米发芽过程中的11个时间点，进行中国菰米发芽过程中酚类化合物的变化规律研究。结果发现，中国菰米在发芽过程中游离态酚、结合态酚以及总酚含量均呈现先下降后上升的变化趋势，而且发芽36h（G36）与发芽120h（G120）的游离态酚、总酚含量差异最大，同时在发芽过程中，包括GABA在内的18种游离氨基酸含量也呈现不同程度的增加，并于发芽120h时含量达到最大值。

根据中国菰米发芽过程中酚类化合物的变化规律，选择具有代表性的G36与G120时期，应用同位素标记相对和绝对定量（iTRAQ）技术进行中国菰米发芽过程中酚类化合物积累机制的蛋白质组学分析。结果显示，在发芽的中国菰米中共检测到7 031个蛋白质，并且在G120和G36时期之间有1 144个显著差异蛋白（956个表达量上升、188个表达量下降），而差异表达蛋白主要与代谢途径、次级代谢产物生物合成和苯丙烷类生物合成有关。本研究筛选出10个差异显著的酚类化合物合成的关键酶，包括4个苯丙氨酸解氨酶（PAL）、1个4-香豆酸：辅酶A连接酶（4CL）、1个肉桂酰辅酶A还原酶（CCR）、2个肉桂醇脱氢酶（CAD）、1个查耳酮合酶（CHS）和1个查耳酮异构酶（CHI），其基因表达量在G120时期均显著升高。关键酶PAL、CHS、CHI活性也均随发芽时间呈现先下降后升高的趋势。说明在发芽后期，苯丙氨酸和酪氨酸等酚类化合物生物合成底物的逐渐积累与合成关键酶表达（蛋白质、基因）及其活性的上升共同促进了中国菰米发芽过程中酚类化合物的积累。本章阐明了中国菰米在发芽过程中酚类化合物的变化规律及其积累机制，这一结果也为中国菰米功能性食品的研究与开发奠定了理论基础。

3.1　前言

我国常采用发芽处理来改善谷物或豆类的营养品质，并且已经得到非常广泛的应用。一方面，发芽促进了碳水化合物、蛋白质和脂肪等多种营养物质的水解和降解，诱导单糖、游离氨基酸（FAA）和有机酸等的积累。另一方面，发芽减少了非营养性和不易消化的物质，如蛋白酶抑制剂和凝集素，并提高了豆科植物酚类化合物（酚酸和黄酮等）含量和抗氧化活性水平，这些生物活性物质通过在发芽过程中的重新合成与转化发挥自身潜在的功能效应。

酚类化合物是一类小分子，其结构特征是含有一个或多个酚单元。根据其含有的酚单元结构与数量，将其分为单体多酚和多体多酚两大类，单体多酚主要由酚酸类、黄酮类组成，多体多酚又称为单宁类物质。在植物中，酚类化合物主要以游离态和结合态两种方式存在，大多数游离态酚类化合物在植物细胞的内质网中合成，并储存于植物细胞的液泡中，伴随着游离态酚类化合物向细胞壁运输进而形成结合态酚类化合物，通过与纤维素和蛋白质等细胞壁大分子结合，形成酯和糖苷键，促进细胞壁形成。近年来的研究表明，发芽可以改变食用种子中的总酚含量，同时对其游离态和结合态酚含量有显著影响。如在发芽的豆类研究中发现，发芽可以增加鹰嘴豆、黑豆、紫扁豆、红豆、绿豆、芸豆、黑眼豌豆、豇豆和刀豆等种子的总酚含量。Gan 等（2016，2017）研究发现，绿豆在发芽过程中游离态酚和结合态酚含量逐渐升高，但结合态酚含量明显低于游离态酚含量，而黑小麦在发芽过程中的结合态酚含量明显高于游离态酚含量。Hung 等（2011，2012）发现不同类型的小麦在发芽过程中总酚和游离态酚类化合物含量均明显上升，但其结合态酚类化合物含量则呈现先降低后升高的趋势。多数的谷物和豆类在发芽结束后其总酚含量和游离态酚含量均有不同程度的增加，而结合态酚含量则呈现不同的变化，其变化原因可能是在发芽的初期蛋白质大分子和碳水化合物逐渐被降解，而游离氨基酸和单糖含量逐渐增加；结合在细胞壁上的酚类化合物即结合态酚被释放，游离态酚含量不断增加，而随着发芽时间的延长，增殖的植物细胞逐渐形成了新的细胞壁，合成的游离态酚类化合物又逐渐被分泌到细胞壁，从而参与新细胞壁中结合态酚的合成，由于种子品种、发芽条件不同，其结合态酚类的释放与结合速率也各不相同，故其结合态酚含量变化有所不同。

在植物体内，酚类化合物生物合成的前体物质主要来源于两个代谢途径，分别是糖酵解途径和磷酸戊糖途径，在一系列酶的催化作用下再经由莽草酸途径和苯丙烷类代谢途径，最终形成植物体内的各种酚类化合物。由于苯丙烷类代谢是合成酚类化合物的重要途径，而苯丙烷类代谢途径中第一个关键酶就是苯丙氨酸解氨酶（PAL），苯丙氨酸在PAL的催化作用下，脱氨降解后生成肉桂酸，之后在相关酶的作用下合成羟基肉桂酸，合成的羟基肉桂酸在肉桂酸-4-羟化酶（C4H）的催化下生成4-香豆酸，经由4-香豆酸：辅酶A连接酶（4CL）催化合成对香豆酰辅酶A，之后在查耳酮合酶（CHS）和查耳酮异构酶（CHI）的催化作用下，逐渐合成黄酮类化合物及其衍生物。同时，4-香豆酸在4CL催化下进行酚酸类生物合成，其催化生成的羟基肉桂酰基辅酶A酯经肉桂酰辅酶A还原酶（CCR）催化生成羟基肉桂醛，再经由肉桂醇脱氢酶（CAD）催化生成羟基肉桂醇，最终参与木质素的合成。

蛋白质组学是以蛋白质组为研究对象，研究细胞、组织或生物体蛋白质组成及其变化规律的科学。蛋白质化学主要识别少量蛋白质的完整序列，不能用于综合研究；而定量蛋白质组学可以精确地识别和测量在基因组或复杂系统中表达的所有蛋白质，并从各种样品中选择差异表达蛋白质（DEP）。iTRAQ技术是近年来应用于定量蛋白质组学的高通量筛选技术，并能显示出较好的定量结果，且具有令人满意的重现性。iTRAQ技术已被用于鉴定豆芽应对UV-B处理的变化（Jiao and Gu，2019）、稻壳发育的变化（Wang et al., 2015）、冰点储藏期间蛏子冷胁迫适应的生化机制（Wang et al., 2018）以及与冻泥虾的品质相关的蛋白质特性（Shi et al., 2018）。近年来，对发芽食用种子和芽苗菜的酚类化合物含量已有了一定的研究（Gan et al., 2017）。然而，利用蛋白质组学来阐明酚类化合物在发芽种子和芽苗菜中积累机制的研究很少。基于二代测序的中国菰基因组序列的公布推动了其蛋白质组学研究的进展（Guo et al., 2015）。

中国菰米属于全谷物，不仅含有蛋白质、维生素、矿物质和膳食纤维等多种营养成分，还富含酚类化合物等多种生物活性物质。本章研究了中国菰米发芽过程中酚类化合物和游离氨基酸含量的动态变化规律，发现中国菰米发芽后36h（G36）和120h（G120）的总酚含量差异最大。利用iTRAQ技术在G36和G120时期对发芽中国菰米酚类化合物的积累机制进行蛋白质组学研究，对G36和G120时期DEP进行基因本体（GO）和京都基因与基因组百科全书（KEGG）富集分析，通过对差异蛋白质的筛选，结合基因的相对表达量分析以及酶活性的测定，阐明中国菰米发芽过程中酚类化合物的积累机制。本研究结果可为中国菰米功能性食品的研究与开发奠定理论基础。

3.2 中国菰米发芽过程

本研究所用的中国菰米产于江苏省淮安市金湖县前锋镇白马湖村（东经119°9′37″、北纬33°11′9″），其详细采集方法参照Yan等（2019）中的描述。中国菰米经过晾干、过筛、挑选和纯化后，用0.5%次氯酸钠溶液（使用6mol/L盐酸调节pH至5.5）浸泡消毒，消毒后用无菌去离子水冲洗至洗出水的pH达到7.0。此时，选取适量中国菰米进行取样，记为发芽0h（G0）中国菰米。将其余消毒后的中国菰米放入装有去离子水（中国菰米与水比为1：4）的锥形瓶中，于30℃恒温水浴锅中浸泡5h，浸泡完成后，将中国菰米放入光照培养箱中在30℃黑暗条件下培养。每12h取一次样，分别制得发芽12h（G12）、24h（G24）、36h（G36）、48h（G48）、60h（G60）、72h（G72）、84h（G84）、96h（G96）、108h（G108）和120h（G120）样品，共11个处理，每个处理3次重复。各阶段发芽中国菰米经液氮浸泡后，储存在−80℃的超低温冷冻柜中。待全部时间点样品取样完毕，将全部中国菰米样品（G0至G120）在冷冻干燥机中干燥至恒重，粉碎机研磨过100目筛，4℃黑暗条件下储存，所得到的中国菰米粉末用于随后的试验。

3.3 中国菰米发芽过程中酚含量的变化规律

为探究中国菰米在发芽过程中不同状态酚类化合物的含量变化情况，在检测之前先对样品进行了不同状态的酚类化合物的提取。中国菰米粉在经过甲醇超声波提取、离心、过滤等一系列步骤后，制得游离态酚类化合物样品液。其处理后所得滤渣，经过NaOH溶液震荡水解后离心取得上清液，用6mol/L盐酸调节pH到1.5～2.0，采用乙酸乙酯萃取，最后35℃旋蒸至干并定容于甲醇溶液中，由此制得结合态酚类化合物提取液，具体提取步骤参照Chu等（2019）中的描述。发芽中国菰米中酚含量的测定采用福林酚比色法，以没食子酸（GA）为标准品，结果以每千克发芽中国菰米中没食子酸当量（GAE）毫克数（mg/kg）表示。具体检测步骤参照Chu等（2019）中的描述，结果如图3-1所示。

由图3-1可知，对于游离态酚而言，从G0到G36时期，其含量由1 012.17mg/kg（以GAE计，下同）逐渐下降至792.43mg/kg；而从G36到G120时期，游离态酚含量从792.43mg/kg逐渐增加到1 483.81mg/kg，并于G120时期含量达到最大值。其中，G120时期的游离态酚含量是G36时期的1.87倍，是G0时期的1.47倍。对于结合态酚，从G0到G48时期，其含量从318.79mg/kg逐渐下降到201.10mg/kg；而从G48

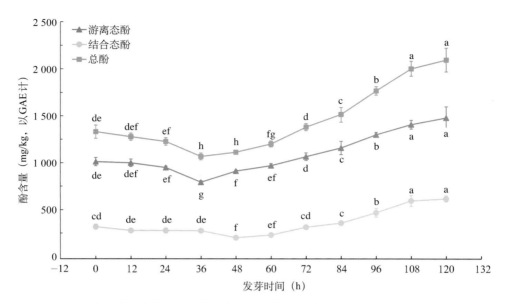

图 3-1　中国菰米发芽过程中的游离态酚、结合态酚以及总酚含量的变化规律
注：结果以平均数 ± 标准差表示（$n = 3$）。图中不同小写字母表示差异显著（$p < 0.05$）。

到 G120 时期，结合态酚含量从 201.10mg/kg 逐渐增加到 617.11mg/kg，并于 G120 时期达到最大值。从总酚含量变化来看，从 G0 到 G36 时期，总酚含量从 1 330.96mg/kg 逐渐下降到 1 068.25mg/kg；而从 G36 到 G120 时期，总酚含量由 1 068.25mg/kg 逐渐上升至 2 100.92mg/kg，并于 G120 时期达到最大值。其中，G120 时期的总酚含量是 G36 时期的 1.97 倍，是 G0 时期的 1.58 倍。因此，可以得出，中国菰米发芽过程中的游离态酚、结合态酚以及总酚含量均呈现先下降后上升的变化趋势，并且 G36 和 G120 时期的游离态酚、总酚含量差异最大，G48 和 G120 时期的结合态酚含量差异最大。

从变化趋势来看，G0 到 G36 时期游离酚含量逐渐降低，究其原因，可能是中国菰米在发芽前期的浸泡和吸胀过程失去了部分水溶性的酚类化合物，导致前期酚类化合物的降低。G48 至 G120 时期，其游离态酚、结合态酚和总酚含量逐渐增加，并于 G120 时期达到最大值，究其原因，一方面，是发芽过程中苯丙烷类生物合成途径和其他代谢途径的合成与转化；另一方面，是随着发芽时间的延长，新生成的植物细胞形成了新的细胞壁，合成的游离态酚分泌到细胞壁中，从而形成了新的结合态酚，导致其各部分酚含量的增加。这一变化趋势在发芽的有色米、糙米、小麦、豆类中也有类似的结果。

3.4　中国菰米发芽过程中游离氨基酸含量的变化规律

为探究中国菰米在发芽过程中游离氨基酸（FAA）含量的变化情况，将发芽中国菰米粉与 0.1mol/L 盐酸溶液混合，经过超声波提取、离心取上清液、过滤等一系列操作步骤后制成样品检测液，在 Biochrom 30 氨基酸分析仪上进行 18 种游离氨基酸含量的测定，其中脯氨酸在 440nm 处测定，其余 17 种游离氨基酸在 570nm 处测定，含量以每克中国菰米粉中所含游离氨基酸的量（μg/g）表示，具体检测步骤参照 Chu 等（2019）中的描述，结果如表 3-1 所示。

表3-1 中国菰米发芽过程中游离氨基酸（FAA）含量的变化规律

发芽阶段	FAA(μg/g)					
	天冬氨酸	苏氨酸	丝氨酸	谷氨酸	甘氨酸	丙氨酸
G0	55.44±6.44h	26.81±2.02h	100.58±3.47g	604.50±26.98e	14.24±0.54g	85.58±1.95ij
G12	64.19±3.92h	39.57±4.27gh	98.07±2.45g	341.09±7.99g	14.95±0.65g	50.80±1.91j
G24	113.97±2.26g	45.00±1.50gh	106.77±10.12g	479.33±47.62f	19.07±1.17g	131.60±5.87hi
G36	164.90±8.08f	59.12±6.31gh	162.14±7.69g	581.90±11.34e	22.64±0.45g	205.70±3.64gh
G48	194.67±11.97f	78.55±5.31g	232.38±15.21f	655.72±42.05e	33.63±2.18g	261.04±21.69g
G60	331.64±19.88e	176.44±7.36f	468.37±28.25e	818.22±42.62d	82.57±9.10f	398.91±19.44f
G72	449.89±9.88d	301.87±1.18e	733.50±5.35d	1 007.69±41.19c	159.84±2.92e	615.74±43.76e
G84	522.58±16.56c	426.16±7.60d	963.28±37.11c	1 088.65±38.92c	244.55±15.68d	836.87±55.20d
G96	611.96±1.15b	601.21±34.05c	1 259.74±18.39b	1 260.75±40.47b	365.61±32.05c	1 220.79±79.11c
G108	627.87±66.22b	658.66±59.76b	1 319.49±102.81b	1 333.78±104.84b	408.07±25.82b	1 347.11±17.90b
G120	681.15±22.46a	922.84±44.80a	1 624.97±35.66a	1 703.43±134.50a	539.18±68.10a	2 127.57±106.76a

发芽阶段	FAA(μg/g)					
	缬氨酸	半胱氨酸	蛋氨酸	异亮氨酸	亮氨酸	酪氨酸
G0	88.69±2.20h	16.06±0.26h	10.65±0.32g	9.45±0.58h	32.49±0.90h	48.80±3.22h
G12	90.44±2.31h	28.44±0.70g	11.84±0.28g	13.34±0.26h	36.38±1.27h	49.84±3.78h
G24	92.25±4.47h	51.61±0.37f	16.08±0.51g	24.26±0.75h	50.86±1.84h	50.41±0.86h
G36	142.01±6.32gh	52.18±0.74f	22.49±0.53g	46.39±2.18gh	119.65±3.55gh	86.59±2.83gh
G48	211.04±13.98g	54.06±5.13f	42.53±5.47g	101.11±10.01g	197.40±16.87g	144.44±18.33g
G60	442.87±35.36f	60.68±1.65ef	95.87±7.92f	274.88±8.30f	520.68±26.17f	345.82±28.35f
G72	779.33±10.28e	70.64±6.29e	184.25±6.67e	476.32±3.04e	854.73±12.48e	591.72±10.63e
G84	1 101.86±31.06d	97.55±5.49d	270.77±2.79d	664.19±20.17d	1 139.71±30.84d	807.64±21.91d
G96	1 514.85±55.27c	131.20±6.24c	389.67±11.12c	927.53±33.96c	1 561.79±37.58c	1 152.76±47.91c
G108	1 657.37±143.34b	151.14±17.53b	437.59±40.12b	1 009.50±80.53b	1 690.87±110.24b	1 229.94±100.18b
G120	2 227.74±80.03a	210.54±9.01a	598.56±37.40a	1 372.13±49.83a	2 101.20±123.57a	1 617.93±19.98a

发芽阶段	FAA(μg/g)					
	苯丙氨酸	γ-氨基丁酸	赖氨酸	组氨酸	精氨酸	脯氨酸
G0	21.38±0.32g	75.82±1.14h	73.35±4.40h	113.70±13.68h	320.21±17.24g	5.04±0.35i
G12	32.11±0.70fg	80.37±2.71h	81.71±3.16h	99.47±7.76h	270.43±2.13g	14.59±0.33i
G24	35.55±1.41fg	88.10±3.23h	88.21±1.14h	112.71±10.96h	287.61±11.21g	48.85±0.91h
G36	50.76±4.16fg	176.67±4.85g	117.68±17.94gh	151.74±12.49h	291.07±2.19g	68.96±4.13h
G48	127.66±19.94f	228.92±16.83g	151.36±14.03g	211.09±7.27g	341.44±4.81g	132.19±10.16g
G60	294.17±24.00e	399.16±15.86f	319.64±23.08f	367.59±29.87f	591.12±49.86f	211.48±18.00f
G72	601.55±10.70d	524.54±28.83e	542.76±8.29e	566.54±15.73e	1 002.12±3.49e	330.85±8.33e
G84	743.36±22.84c	706.43±10.50d	811.45±10.23d	779.71±10.46d	1 422.67±42.49d	436.96±11.41d
G96	1 031.56±16.63b	930.50±85.22c	1 138.09±10.39c	1 038.35±31.50c	1 989.42±97.52c	586.73±40.91c
G108	1 126.82±75.33b	1 172.25±10.47b	1 251.98±98.90b	1 132.43±97.94b	2 166.56±148.54b	645.68±34.18b
G120	1 470.15±166.12a	1 465.21±81.00a	1 654.34±47.86a	1 495.53±24.34a	2 899.51±134.45a	894.65±28.92a

注：结果以平均数±标准差表示（*n*=3）。表中不同小写字母表示差异显著（*p*<0.05）。

由表3-1可知，随着发芽时间的延长，大部分游离氨基酸的含量均稳定增加，且在G120时期达到最大值。作为人体直接吸收的含氮营养素，游离氨基酸的含量和组成比也反映了食品的质量。

人体必需氨基酸苏氨酸、缬氨酸、蛋氨酸、异亮氨酸、亮氨酸、苯丙氨酸和赖氨酸的含量均随发芽时间的延长而持续增加，并于发芽G120时期达到最大值，其含量分别是G0时期的34.42倍、25.12倍、56.20倍、145.20倍、64.67倍、68.76倍和22.55倍，分别是G36时期的15.61倍、15.69倍、26.62倍、29.58倍、17.56倍、28.96倍和14.06倍。同时，作为婴儿必需的另外两种氨基酸组氨酸和精氨酸，也随着发芽时间的延长，含量发生了显著的变化。组氨酸在G0到G12时期，含量先短暂降低，之后再持续增加；而精氨酸在G0至G24时期含量先略微降低，之后快速增加，并且成为G120时期含量最高的游离氨基酸，达到2 899.51μg/g。

对于非必需氨基酸，包括甘氨酸、丙氨酸、脯氨酸、酪氨酸、丝氨酸、半胱氨酸、天冬氨酸和谷氨酸，其G120时期含量分别是G0时期的37.86倍、24.86倍、177.51倍、33.15倍、16.16倍、13.11倍、12.29倍和2.82倍，分别是G36时期的23.82倍、10.34倍、12.97倍、18.68倍、10.02倍、4.03倍、4.13倍和2.93倍。其中，丝氨酸、谷氨酸和丙氨酸含量在G0至G12时期出现短暂降低，并于G12时期后持续增加，在G120时期含量达到最大值；甘氨酸、脯氨酸、酪氨酸、天冬氨酸和半胱氨酸，在发芽过程中含量持续增加，并于G120时期含量达到最大值。

对于γ-氨基丁酸（GABA），其作为一种非蛋白质氨基酸，主要通过谷氨酸的脱羧反应生成。多数研究已发现，发芽可使许多食用种子中积累GABA，如发芽的扁豆、豌豆、芸豆、羽扇豆和大豆等，又如发芽的荞麦、糙米、黑米、白米、红米、小麦、芝麻、藜麦等。在中国菰米发芽过程中，GABA含量也持续增加，并于G120时期达到峰值，G120时期GABA含量是G0时期的19.32倍，是G36时期的8.29倍。

中国菰米发芽过程中的游离氨基酸积累是由于发芽过程促进了碳水化合物、蛋白质、脂肪等多种营养物质的水解和降解。其中，蛋白质被酶解成低分子质量的肽和氨基酸，产生了新的小分子，同时也促进了单糖和游离氨基酸等的积累。据翟成凯等（2000）研究发现，中国菰米蛋白质的第一限制性氨基酸是赖氨酸，第二限制性氨基酸是异亮氨酸；而随着发芽时间的延长，赖氨酸与异亮氨酸含量有显著的增加趋势，说明发芽过程能明显改善中国菰米限制性氨基酸的组成。GABA作为非蛋白质氨基酸，是中枢神经系统中一种很重要的抑制性神经递质，不仅能延缓脑部衰老，促进脑部细胞活化，还具有降血压、活化肝功能、促进肾机能的改善、抑制脂肪肝的发生以及减肥等功效，故其在发芽过程中的含量变化及其机制研究需要重点关注。而苯丙氨酸和酪氨酸作为酚类化合物的合成底物，其含量随发芽时间的延长逐渐增加，这也为发芽后期酚类化合物的合成提供了充足的底物。

3.5　中国菰米发芽过程中蛋白质功能注释分析

为探究中国菰米在发芽过程中酚类化合物的积累机制，根据中国菰米发芽过程中酚含量的变化规律，利用iTRAQ技术选取G36和G120时期对发芽的中国菰米进行蛋白质组学研究，通过利用GO、COG、KEGG和IPR数据库对鉴定到的蛋白质进行功能注释。发芽中国菰米取样时期的形态如图3-2所示。

InterProScan软件是由欧洲生物信息学研究所开发，通常用于结构域和功能注释。它是一个非冗余数据库，收集了蛋白质家族、结构域和功能位点的信息。基因本体（GO）是一种国际标准化的基因功能描述分类系统。GO注释将鉴定到的蛋白质利用InterProScan软件进行分析，该软件涉及Pfam、PRINTS、ProDom、SMART、ProSite和PANTHER等6个数据库的搜索。通过研究，GO注释了4 850个蛋白质。KEGG是主要的公开获取通路数据库，用于确定主要的代谢和信号转导途径。通过研究，

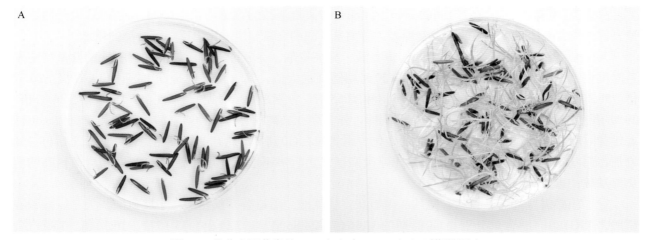

图3-2 发芽中国菰米的G36（A）与G120（B）时期的形态

7 013个蛋白质被注释到KEGG数据库。COG数据库是利用细菌、藻类和真核细胞基因组编码的蛋白质之间的系统发育关系分类建立的。某个蛋白质的序列可以注释到一个特定的COG。每个COG聚类建立在直接同源序列上，从而推断序列功能。通过研究，有4 044个蛋白质注释到COG数据库。KEGG、COG注释是将鉴定到的蛋白质进行BLAST比对（E值$\leqslant 1 \times 10^{-4}$），对每一条序列的BLAST结果，选取分数最高的比对结果进行注释。结构域注释（IPR）需用InterProScan软件进行，包括Pfam、ProDom和SMART等结构域的数据库，利用模式结构或特征进行功能未知蛋白质的IPR。通过研究，IPR注释了6 418个蛋白质。

图3-3中展示了GO、COG、KEGG和IPR的注释结果，其详细注释结果可以参见Chu等（2019）的补充资料。本研究是首次将iTRAQ技术应用于揭示中国菰米发芽过程中生物活性物质的积累机制。在先前的报道中，二维凝胶电泳曾被用于分析中国菰米与籼米之间的差异表达蛋白（DEP），也被用于中国菰与茭白黑粉菌互作过程中膨大茎形成相关的DEP研究，但是以往的研究仅从中国菰中鉴定出少数几种蛋白质。通过本次研究，发芽中国菰米鉴定获得的7 031个蛋白质中，68.98%（4 850/7 031）、57.52%（4 044/7 031）、99.74%（7 013/7 031）和91.28%（6 418/7 031）的蛋白质分别注释到GO、COG、KEGG和IPR中。因此，KEGG注释的蛋白质数量最多，其次是IPR和GO，COG注释的最少。此外，发芽中国菰米鉴定获得的蛋白质中，只有46.17%（3 246/7 031）的蛋白质在所有4个数据库中均得到注释。

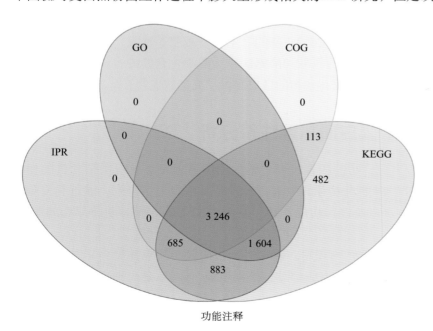

功能注释

图3-3 中国菰米发芽过程中的蛋白质功能注释（GO、COG、KEGG和IPR）结果

3.6　中国菰米发芽过程中蛋白质表达分析

对G36和G120时期的发芽中国菰米进行差异表达蛋白质研究。在进行蛋白质差异表达分析时，将比较对的两个样品中每个蛋白质的所有生物重复定量值的均值的比值作为差异倍数（FC）。为了判断差异的显著性，将每个蛋白质在比较对的两个样品中的相对定量值进行了t检验，并计算相应的p值，以此作为显著性指标。当$FC \geqslant 1.5$和$p < 0.05$时，表现为蛋白质表达量上升；当$FC \leqslant 0.67$和$p < 0.05$时，表现为蛋白质表达量下降。

发芽中国菰米中鉴定的7 031个蛋白质中，G36和G120时期均检测到7 023个蛋白质［其结果详见Chu等（2019）的描述］。因此，无法对G36和G120时期均未检测到的8个蛋白质的表达情况进行判断。G120和G36时期之间检测到的每一个DEP，对每个FC以2为底取对数，将p值以10为底取对数的绝对值。计算得到的数据用于绘制G120和G36时期的DEP火山图（图3-4A）。横坐标表示G120与G36时期相比各蛋白质的$\log_2^{(FC)}$值，纵坐标表示lg p的绝对值。黑色、红色和绿色分别表示表达量不变、上升和下降的蛋白质。在本研究中，G36和G120时期之间有1 144个DEP。与G36时期相比，G120时期有956个表达量上升蛋白质和188个表达量下降蛋白质，其结果详见Chu等（2019）的描述。同时，对DEP在G120和G36时期的表达水平进行了聚类分析。使用聚类热图比较G36和G120时期蛋白质表达量的上升和下降情况，结果如图3-4B所示。图3-4B中，纵向是样品的聚类，横向是蛋白质的聚类，聚类枝越短表示相似性越高。从纵向聚类可以看出样品间蛋白质含量的表达模式聚类，红色和蓝色分别显示表达量较高和较低的蛋白质，而且两个时期DEP的聚类分析表现出清晰的分组模式。

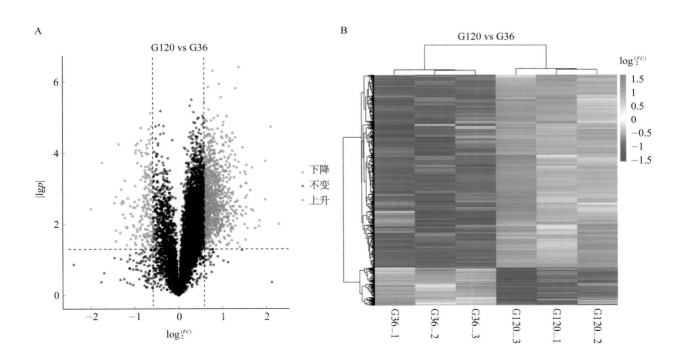

图3-4　中国菰米发芽过程中G36和G120时期差异蛋白质火山图和差异蛋白质聚类热图
A.火山图　B.聚类热图

3.7 中国菰米发芽过程中差异表达蛋白质的GO富集分析

GO功能显著性富集分析首先把所有DEP向基因本体数据库（http://www.geneontology.org/）的各个GO术语映射，计算每个GO术语的蛋白质数目，然后应用超几何检验，找出与所有蛋白质背景相比，在DEP中显著富集的GO条目。通过公式计算得到p值，以$p < 0.05$为阈值，满足此条件的GO条目定义为在DEP中显著富集的GO术语。通过GO显著性分析能确定DEP行使的主要生物学功能。如表3-2所示，通过对G36和G120时期之间DEP的GO富集分析结果可知，在生物学过程类别下，氧化应激反应、应激反应、光合作用、刺激反应、氧化－还原过程和代谢过程显著增强（调整后$p < 0.05$），每个GO条目下分别有40个、60个、15个、71个、116个和437个DEP。在细胞组分类别下，光系统Ⅱ、类囊体、光系统Ⅱ放氧复合体、光合体系和膜外成分显著富集（调整后$p < 0.05$），每个GO条目下分别有9个、12个、8个、11个和7个DEP。在分子功能类别下，作为受体作用于过氧化物的氧化还原酶活性、抗氧化活性、过氧化物酶活性、血红素结合、营养库活性、氧化还原酶活性和黄素单核苷酸（FMN）结合显著富集（调整后$p < 0.05$），每个GO条目下分别有44个、44个、41个、47个、18个、102个和10个DEP。因此，GO条目富集分析表明，G36和G120时期之间的DEP主要与代谢过程（437个DEP）、氧化-还原过程（116个DEP）、氧化还原酶活性（102个DEP）、刺激反应（71个DEP）、应激反应（60个DEP）和血红素结合（47个DEP）有关。

表3-2　中国菰米发芽过程中G36和G120时期差异表达蛋白质GO富集分析

GO ID	GO条目	GO分类[a]	p值	调整后的p值	Test[b]	Ref.[c]
GO:0006979	氧化应激反应	BP	2.79×10^{-12}	9.46×10^{-10}	40	92
GO:0006950	应激反应	BP	2.81×10^{-10}	7.62×10^{-8}	60	178
GO:0015979	光合作用	BP	1.84×10^{-5}	2.49×10^{-3}	15	30
GO:0050896	刺激反应	BP	3.32×10^{-5}	4.10×10^{-3}	71	280
GO:0055114	氧化-还原过程	BP	5.38×10^{-5}	4.87×10^{-3}	116	513
GO:0008152	代谢过程	BP	6.03×10^{-4}	3.03×10^{-2}	437	2 409
GO:0016114	萜类生物合成过程	BP	7.95×10^{-3}	1.70×10^{-1}	4	6
GO:0006542	谷氨酰胺生物合成过程	BP	7.95×10^{-3}	1.70×10^{-1}	4	6
GO:0019684	光合作用，光反应	BP	8.04×10^{-3}	1.70×10^{-1}	5	9
GO:0044710	单有机体代谢过程	BP	8.62×10^{-3}	1.77×10^{-1}	194	1 019
GO:0006952	防御反应	BP	1.12×10^{-2}	2.21×10^{-1}	6	13
GO:0009607	生物刺激反应	BP	1.62×10^{-2}	2.61×10^{-1}	4	7
GO:0042549	光系统Ⅱ稳定	BP	2.65×10^{-2}	3.44×10^{-1}	2	2
GO:0006480	N端蛋白氨基酸甲基化	BP	2.65×10^{-2}	3.44×10^{-1}	2	2
GO:0042742	防御细菌反应	BP	2.65×10^{-2}	3.44×10^{-1}	2	2
GO:0009064	谷氨酰胺家族氨基酸代谢过程	BP	3.08×10^{-2}	3.83×10^{-1}	9	27
GO:0050832	防御真菌反应	BP	3.33×10^{-2}	3.83×10^{-1}	3	5
GO:0042254	核糖体的生物发生	BP	4.48×10^{-2}	4.87×10^{-1}	8	24
GO:0022613	核糖核蛋白复合物的生物合成	BP	4.88×10^{-2}	5.05×10^{-1}	9	30

（续）

GO ID	GO 条目	GO 分类[a]	p 值	调整后的 p 值	Test[b]	Ref.[c]
GO:0009523	光系统II	CC	1.07×10^{-5}	1.61×10^{-3}	9	12
GO:0009579	类囊体	CC	4.25×10^{-5}	4.48×10^{-3}	12	22
GO:0009654	光系统II放氧复合体	CC	4.99×10^{-5}	4.84×10^{-3}	8	11
GO:0009521	光合体系	CC	8.12×10^{-5}	6.88×10^{-3}	11	20
GO:0019898	膜外成分	CC	1.10×10^{-3}	4.33×10^{-2}	7	12
GO:1990204	氧化还原酶复合物	CC	2.73×10^{-3}	7.89×10^{-2}	10	24
GO:0005874	微管	CC	4.67×10^{-2}	4.87×10^{-1}	5	13
GO:0016684	作为受体作用于过氧化物的氧化还原酶活性	MF	4.36×10^{-16}	5.91×10^{-13}	44	92
GO:0016209	抗氧化活性	MF	1.43×10^{-14}	9.68×10^{-12}	44	97
GO:0004601	过氧化物酶活性	MF	2.47×10^{-14}	1.12×10^{-11}	41	88
GO:0020037	血红素结合	MF	1.08×10^{-9}	2.44×10^{-7}	47	130
GO:0045735	营养库活性	MF	1.41×10^{-8}	2.39×10^{-6}	18	28
GO:0016491	氧化还原酶活性	MF	4.29×10^{-5}	4.48×10^{-3}	102	438
GO:0010181	黄素单核苷酸（FMN）结合	MF	2.81×10^{-4}	1.69×10^{-2}	10	19
GO:0004866	内肽酶抑制剂活性	MF	7.25×10^{-3}	1.70×10^{-1}	9	23
GO:0004351	谷氨酸脱羧酶活性	MF	7.95×10^{-3}	1.70×10^{-1}	4	6
GO:0016160	淀粉酶活性	MF	8.04×10^{-3}	1.70×10^{-1}	5	9
GO:0051920	过氧化物酶活性（Prx）	MF	1.51×10^{-2}	2.61×10^{-1}	3	4
GO:0016744	转移酶活性，转移醛基或酮基	MF	1.51×10^{-2}	2.61×10^{-1}	3	4
GO:0004857	酶抑制剂活性	MF	1.53×10^{-2}	2.61×10^{-1}	11	33
GO:0004356	谷氨酸氨连接酶活性	MF	1.62×10^{-2}	2.61×10^{-1}	4	7
GO:0005200	细胞骨架结构组成	MF	2.22×10^{-2}	3.33×10^{-1}	5	11
GO:0016798	水解酶活性，作用于糖基键	MF	2.26×10^{-2}	3.34×10^{-1}	13	43
GO:0004489	亚甲基四氢叶酸还原酶 [NAD(P)H] 活性	MF	2.65×10^{-2}	3.44×10^{-1}	2	2
GO:0004801	景天庚酮糖-7-磷酸：D-甘油醛-3-磷酸甘油酮转移酶活性	MF	2.65×10^{-2}	3.44×10^{-1}	2	2
GO:0004109	粪卟啉原氧化酶活性	MF	2.65×10^{-2}	3.44×10^{-1}	2	2
GO:0004556	α-淀粉酶活性	MF	3.33×10^{-2}	3.83×10^{-1}	3	5

a　BP（biological process），生物学过程；CC（cellular component），细胞组分；MF（molecular function），分子功能。
b　属于每个 GO 条目的差异表达蛋白质数。
c　属于每个 GO 条目的蛋白质总数。

3.8　中国菰米发芽过程中差异表达蛋白质的 KEGG 富集分析

KEGG 通路（http://www.kegg.jp/kegg/pathway.html）显著性富集分析方法同 GO 功能富集分析，是以 KEGG 通路为单位，应用超几何检验，找出与所有鉴定的蛋白质背景相比，在 DEP 中显著性富集的通路，通过通路分析确定差异表达蛋白质参与的最主要的生化代谢途径和信号转导途径。图 3-5 是中国菰米发芽过程中 G36 和 G120 时期 DEP 的 KEGG 通路富集结果中富集蛋白质最多的前 20 条通路，以

KEGG通路的气泡图表示。由图3-5可知，苯丙烷类生物合成、次级代谢产物生物合成、光合作用、代谢途径、光合生物固碳和亚油酸代谢的p值均小于0.01，因此，在G36和G120时期之间的DEP显著富集于这些通路中。丙氨酸、天冬氨酸和谷氨酸代谢及牛磺酸与亚牛磺酸代谢的p值为0.01～0.05，因此，在G36和G120时期之间的DEP相对富集于这些通路中。KEGG通路富集分析表明，G36和G120时期之间的DEP主要与代谢途径（245个DEP）、次级代谢产物生物合成（165个DEP）和苯丙烷类生物合成（46个DEP）有关。

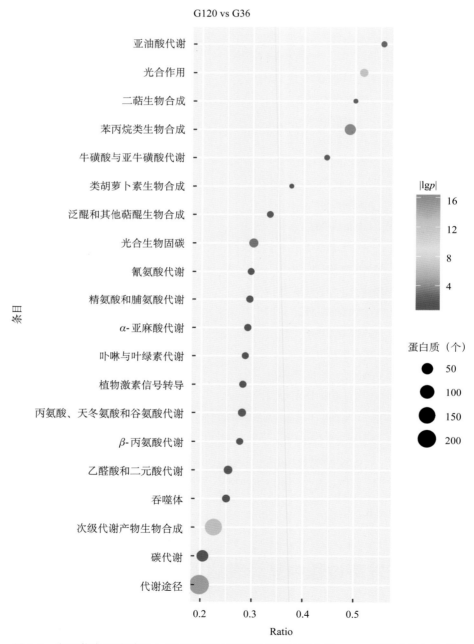

图3-5　中国菰米发芽过程中G36和G120时期差异表达蛋白质KEGG通路富集气泡图
注：Ratio为相应通路中差异表达蛋白质的数量与鉴定出的总蛋白质数量的比值。

3.9　中国菰米发芽过程中酚类化合物生物合成关键蛋白质表达分析

通过分析参与酚类化合物生物合成的蛋白质数据，筛选出G36与G120时期存在显著差异表达的蛋白质。如表3-3所示，在G36和G120时期之间鉴定出的DEP包括4个苯丙氨酸解氨酶（PAL）、1个4-香豆酸：辅酶A连接酶（4CL）、1个阿魏酸盐-5-羟化酶（F5H）、1个肉桂酰辅酶A还原酶（CCR）、2个肉桂醇脱氢酶（CAD）、1个查耳酮合酶（CHS）和1个查耳酮异构酶（CHI）。与G36时期相比，4个PAL（Zlat_10020199、Zlat_10028346、Zlat_10028349和Zlat_10020197）、1个4CL（Zlat_10028742）、1个CCR（Zlat_10027807）、2个CAD（Zlat_10022488和Zlat_10011680）、1个CHS（Zlat_10022237）和1个CHI（Zlat_10038424）在G120时期表达量显著上升（$FC \geqslant 1.5$，$p < 0.05$），1个F5H（Zlat_10030721）表达量显著下降（$FC \leqslant 0.67$，$p < 0.05$）。

表3-3　G36和G120时期参与酚类化合物生物合成且有显著差异表达的蛋白质

蛋白质ID	蛋白质名称	缩写	差异倍数（FC）	p值
Zlat_10020199	苯丙氨酸解氨酶	PAL	1.66	4.62×10^{-3}
Zlat_10028346	苯丙氨酸解氨酶	PAL	1.76	4.51×10^{-3}
Zlat_10028349	苯丙氨酸/酪氨酸解氨酶	PAL	1.77	2.62×10^{-3}
Zlat_10020197	苯丙氨酸/酪氨酸解氨酶	PAL	1.51	3.61×10^{-4}
Zlat_10028742	4-香豆酸：辅酶A连接酶	4CL	1.57	1.25×10^{-5}
Zlat_10030721	阿魏酸盐-5-羟化酶	F5H	0.55	5.61×10^{-4}
Zlat_10027807	肉桂酰辅酶A还原酶	CCR	1.99	7.08×10^{-3}
Zlat_10022488	肉桂醇脱氢酶	CAD	1.52	5.24×10^{-3}
Zlat_10011680	肉桂醇脱氢酶	CAD	1.52	2.09×10^{-2}
Zlat_10022237	查耳酮合酶	CHS	2.30	1.16×10^{-2}
Zlat_10038424	查耳酮异构酶	CHI	1.90	4.01×10^{-4}

对于中国菰米发芽过程中酚类化合物合成的第一个关键酶也是限速酶——苯丙氨酸解氨酶（PAL），它可以将L-苯丙氨酸转化为肉桂酸。在本研究中，在G120时期，4个PAL（Zlat_10020199、Zlat_10028346、Zlat_10028349和Zlat_10020197）的表达量明显高于G36期。值得关注的是，Zlat_10028349和Zlat_10020197这两个PAL也具有酪氨酸解氨酶的功能，可直接将L-酪氨酸转化为对香豆酸，而不引起植物中肉桂酸-4-羟化酶的非氧化脱氨。由中国菰米发芽过程中游离氨基酸变化可知，G0到G120时期苯丙氨酸和酪氨酸含量逐渐增加。因此，这4个PAL在G120时期蛋白质表达量的增加和中国菰米发芽过程中酚类化合物合成底物苯丙氨酸和酪氨酸的逐渐积累是中国菰米发芽过程中酚类化合物积累的主要原因。

除4个PAL外，参与G36和G120时期酚类化合物生物合成的DEP有1个4CL、1个F5H、1个CCR、1个CHS、1个CHI和2个CAD。根据酚类化合物生物合成路径可知，4CL可将4-香豆酸等转化为羟基肉桂酰辅酶A酯，然后由CCR将羟基肉桂酰辅酶A酯转化为羟基肉桂醛，再经由CAD将其转化为羟基肉桂醇，同时4CL将4-香豆酸转化为4-香豆酰辅酶A后在CHS和CHI的催化作用下逐渐合成黄酮类化合物。

3.10 中国菰米发芽过程中酚类化合物生物合成关键酶基因表达分析

结合筛选出的G36与G120时期存在显著差异表达的蛋白质，采用实时定量PCR（qRT-PCR）技术对筛选出的、具有显著差异的酚类化合物生物合成关键酶进行基因表达量验证分析，结果如表3-4所示。G120时期的 *PAL1-4*、*4CL*、*CCR*、*CAD1*、*CHS*、*CHI* 基因的表达量均极显著高于G36时期（$p < 0.01$），*CAD2* 基因的表达量显著高于G36时期（$p < 0.05$），而 *F5H* 基因则没有显著差异（$p > 0.05$）。其中，4个 *PAL* 基因（*Zlat_10020199*、*Zlat_10028346*、*Zlat_10028349* 和 *Zlat_10020197*）在G120时期的表达量极显著高于G36时期，分别是G36时期的381.67倍、44.85倍、21.59倍和67.70倍；*CCR* 基因在G120时期的表达量是G36时期的783.72倍；*4CL* 基因在G120时期的表达量是G36时期的4.78倍；2个 *CAD* 基因（*Zlat_10022488*、*Zlat_10011680*）在G120时期的表达量分别是G36时期的2.12倍和1.35倍；*CHS* 基因和 *CHI* 基因在G120时期的表达量分别是G36时期的864.97倍和19.09倍；而 *F5H* 基因在G120时期的表达量是G36时期的0.86倍。

表3-4 中国菰米发芽过程中G36和G120时期酚类化合物生物合成关键酶基因的相对表达量

基因ID	基因名称	缩写	G36时期	G120时期
Zlat_10020199	苯丙氨酸解氨酶基因	*PAL1*	1.00 ± 0.08	$381.67 \pm 5.67^{**}$
Zlat_10028346	苯丙氨酸解氨酶基因	*PAL2*	1.00 ± 0.07	$44.85 \pm 2.06^{**}$
Zlat_10028349	苯丙氨酸/酪氨酸解氨酶基因	*PAL3*	1.00 ± 0.06	$21.59 \pm 0.72^{**}$
Zlat_10020197	苯丙氨酸/酪氨酸解氨酶基因	*PAL4*	1.00 ± 0.07	$67.70 \pm 1.40^{**}$
Zlat_10028742	4-香豆酸:辅酶A连接酶基因	*4CL*	1.00 ± 0.08	$4.78 \pm 0.38^{**}$
Zlat_10027807	肉桂酰辅酶A还原酶基因	*CCR*	1.00 ± 0.04	$783.72 \pm 59.49^{**}$
Zlat_10022488	肉桂醇脱氢酶基因	*CAD1*	1.00 ± 0.01	$2.12 \pm 0.12^{**}$
Zlat_10011680	肉桂醇脱氢酶基因	*CAD2*	1.00 ± 0.08	$1.35 \pm 0.08^{*}$
Zlat_10022237	查耳酮合酶基因	*CHS*	1.00 ± 0.09	$864.97 \pm 61.50^{**}$
Zlat_10038424	查耳酮异构酶基因	*CHI*	1.00 ± 0.06	$19.09 \pm 0.65^{**}$
Zlat_10030721	阿魏酸盐-5-羟化酶基因	*F5H*	1.00 ± 0.08	0.86 ± 0.07

注：结果以平均数±标准差表示（$n = 3$）。**表示差异极显著（$p < 0.01$），*表示差异显著（$p < 0.05$）。

通过基因的相对表达量发现，G120期的4个 *PAL*、1个 *4CL*、1个 *CCR*、2个 *CAD*、1个 *CHS* 和1个 *CHI* 基因的表达量，除 *CAD2*（*Zlat_10011680*）外，其他均极显著高于G36时期。这些基因表达量的显著增加，促进了中国菰米在发芽后期不同状态的酚类化合物的合成与积累，而 *CHS* 和 *CHI* 基因表达量的增加也促进了发芽后期黄酮类化合物及其衍生物的积累。值得关注的是，在本研究中，1个 *F5H* 基因（*Zlat_10030721*）的表达量在G120时期显著低于G36时期；而F5H的作用为催化阿魏酸生成5-羟基阿魏酸，这一步骤对不同羟基肉桂酸的酚酸单体之间的相互转化与合成至关重要。在中国菰米发芽过程中，其酚类化合物（如酚酸单体、黄酮单体）等多种代谢物的组成与组分间的相互转化，仍需要进一步探究。

3.11 中国菰米发芽过程中酚类化合物生物合成关键酶活性的变化规律

通过研究，选取中国菰米发芽过程中参与酚类化合物生物合成的关键酶（PAL、CHS和CHI）进行酶活性测定，3种酶的活性结果均以U/g（以鲜重计）来表示。从表3-5中可知，这3种酶的活性均呈现先下降后升高的趋势。PAL、CHI活性在G36时期最低，在G120时期最高；CHS活性在G48时期最低，在G120时期最高。通过对这3种酚类化合物合成关键酶的活性测定，发现其酶活性与酚类化合物的变化趋势相同，说明发芽后期这些关键酶活性的上升也促进了中国菰米发芽过程中酚类化合物的积累。

表3-5　中国菰米发芽过程中PAL、CHS、CHI活性

发芽阶段	PAL（U/g，以鲜重计）	CHS（U/g，以鲜重计）	CHI（U/g，以鲜重计）
G0	$26.46 \pm 1.32bc$	$1.566 \pm 0.057b$	$26.336 \pm 1.968d$
G12	$24.98 \pm 2.30bc$	$1.416 \pm 0.005cd$	$21.678 \pm 0.594e$
G24	$24.25 \pm 1.18cd$	$1.23 \pm 0.086ef$	$18.724 \pm 1.066ef$
G36	$20.82 \pm 0.26d$	$1.165 \pm 0.014f$	$18.259 \pm 0.727f$
G48	$23.93 \pm 0.96bcd$	$0.954 \pm 0.086g$	$20.726 \pm 1.607ef$
G60	$24.25 \pm 1.18bcd$	$1.317 \pm 0.052de$	$21.188 \pm 2.302ef$
G72	$25.39 \pm 2.10bc$	$1.328 \pm 0.016de$	$28.133 \pm 0.813cd$
G84	$25.91 \pm 1.83bc$	$1.489 \pm 0.037bc$	$29.985 \pm 1.241c$
G96	$26.7 \pm 0.65bc$	$1.559 \pm 0.044b$	$38.805 \pm 1.411b$
G108	$27.53 \pm 2.64b$	$2.108 \pm 0.078a$	$39.278 \pm 0.955b$
G120	$32.32 \pm 2.46a$	$2.164 \pm 0.079a$	$44.243 \pm 1.846a$

注：结果以平均数 ± 标准差表示（$n = 3$）。表中不同小写字母表示差异显著（$p < 0.05$）。

3.12　结论

中国菰米在发芽过程中游离态酚、结合态酚以及总酚含量均呈现先下降后上升的变化趋势，而且G36和G120时期的游离态酚、总酚含量差异最大，G48和G120时期的结合态酚含量差异最大。其中，游离态酚含量由G0时期的1 012.17mg/kg（以GAE计，下同）达到G120时期的1 483.81mg/kg，结合态酚含量则由318.79mg/kg达到617.11mg/kg，而总酚含量由1 330.96mg/kg达到2 100.92mg/kg。中国菰米发芽过程中的18种游离氨基酸含量均呈现不同程度的增加，并于G120时期达到最大值。根据中国菰米发芽过程中总酚含量的变化情况，选择在具有显著差异的G36和G120时期进行基于iTRAQ技术的蛋白质组学研究，在发芽的中国菰米中共检测到7 031个蛋白质，并且在G120和G36时期之间有1 144个显著差异蛋白质，其中包括956个表达量上升蛋白质、188个表达量下降蛋白质，其中存在差异的蛋白质主要与代谢途径、次级代谢产物生物合成和苯丙烷类生物合成有关。

通过对中国菰米发芽过程中G36和G120时期存在显著差异的蛋白质进行筛选，共鉴定出4个PAL、1个4CL、1个CCR、1个F5H、1个CHS、1个CHI和2个CAD等存在显著差异的酚类化合物合成的关键酶。通过这些酶基因的相对表达量分析发现，G120时期基因表达量除F5H和CAD2外，其他均极显著高于G36时期。关键酶PAL、CHS和CHI活性均随发芽时间呈现先下降后升高的趋势，这与酚类化合物的变化趋势相同。以上结果说明，在发芽后期，苯丙氨酸和酪氨酸等酚类化合物生物合成底物的逐渐积累与合成关键酶的表达（蛋白质、基因）及其活性的上升共同促进了中国菰米发芽过程中酚类化合物的积累。

参 考 文 献

曹晶晶, 顾丰颖, 罗其琪, 等, 2018. 发芽糙米γ-氨基丁酸形成的谷氨酸脱羧酶活性与底物变化的相关性分析[J]. 食品科学, 581(16): 54-59.

陈志杰, 吴嘉琪, 马燕, 等, 2018. 植物食品原料中酚酸的生物合成与调控及其生物活性研究进展[J]. 食品科学, 39(7): 321-328.

程传兴, 刘晓飞, 王薇, 2017. γ-氨基丁酸的生理功能及制备方法[J]. 哈尔滨商业大学学报 (自然科学版), 149(6): 57-61.

甘人友, 隋中泉, 杨琼琼, 等, 2017. 发芽提高黑小麦可溶性和结合性提取物的抗氧化活性和多酚含量(英文) [J]. 上海交通大学学报(农业科学版), 35(3): 1-10, 16.

宋红苗, 陶跃之, 王慧中, 等, 2010. GABA在植物体内的合成代谢及生物学功能[J]. 浙江农业科学, 1(2): 6-10.

王凯凯, 孙朦, 宋佳敏, 等, 2018. γ-氨基丁酸(GABA)形成机理及富集方法的研究进展[J]. 食品工业科技, 39(14): 323-329.

王艳, 李梅, 柴立红, 等, 2016. 有色糙米发芽过程中游离氨基酸含量的动态变化[J]. 中国农学通报, 32(20): 65-71.

姚森, 郑理, 赵思明, 等, 2006. 发芽条件对发芽糙米中γ-氨基丁酸含量的影响[J]. 农业工程学报, 22(12): 211-215.

翟成凯, 张小强, 孙桂菊, 等, 2000. 中国菰米的营养成分及其蛋白质特性的研究[J]. 卫生研究, 29(6): 375-378.

赵军红, 翟成凯, 2013. 中国菰米及其营养保健价值[J]. 扬州大学烹饪学报, 30(1): 34-38.

Agati G, Azzarello E, Pollastri S, et al., 2012. Flavonoids as antioxidants in plants: location and functional significance[J]. Plant Science, 196: 67-76.

Aguilera Y, Díaz M F, Jiménez T, et al., 2013. Changes in nonnutritional factors and antioxidant activity during germination of nonconventional legumes[J]. Journal of Agricultural and Food Chemistry, 61(34): 8120-8125.

Cáceres P J, Martínez-Villaluenga C, Amigo L, et al., 2014. Maximising the phytochemical content and antioxidant activity of Ecuadorian brown rice sprouts through optimal germination conditions[J]. Food Chemistry, 152: 407-414.

Chu C, Du Y, Yu X, et al., 2020. Dynamics of antioxidant activities, metabolites, phenolic acids, flavonoids, and phenolic biosynthetic genes in germinating Chinese wild rice (*Zizania latifolia*) [J]. Food Chemistry, 318: 126483.

Chu C, Yan N, Du Y, et al., 2019. iTRAQ-based proteomic analysis reveals the accumulation of bioactive compounds in Chinese wild rice (*Zizania latifolia*) during germination[J]. Food Chemistry, 289: 635-644.

Ding J, Yang T, Feng H, et al., 2016. Enhancing contents of gamma-aminobutyric acid (GABA) and other micronutrients in dehulled rice during germination under normoxic and hypoxic conditions[J]. Journal of Agricultural and Food Chemistry, 64(5): 1094.

Ding J Z, Ulanov A V, Dong M Y, et al., 2018. Enhancement of gama-aminobutyric acid (GABA) and other health-related metabolites in germinated red rice (*Oryza sativa* L.) by ultrasonication[J]. Ultrasonics Sonochemistry, 40: 791-797.

Finn R D, Attwood T K, Babbitt P C, et al., 2016. InterPro in 2017-beyond protein family and domain annotations[J]. Nucleic Acids Research, 45(D1): 190-199.

Gan R Y, Liu W Y, Wu K, et al., 2017. Bioactive compounds and bioactivities of germinated edible seeds and sprouts: an updated review[J]. Trends in Food Science & Technology, 59: 1-14.

Gan R Y, Wang M F, Lui W Y, et al., 2016. Dynamic changes in phytochemical composition and antioxidant capacity in green and black mung bean (*Vigna radiata*) sprouts[J]. International Journal of Food Science and Technology, 51(9): 2090-2098.

Gentile D, Fornai M, Colucci R, et al., 2018. The flavonoid compound apigenin prevents colonic inflammation and motor dysfunctions associated with high fat diet-induced obesity[J]. PLoS ONE, 13(4): e0195502.

Guo L, Qiu J, Han Z, et al., 2015. A host plant genome (*Zizania latifolia*) after a century-long endophyte infection[J]. The Plant Journal, 83(4): 600-609.

Ha T J, Lee M H, Seo W D, et al., 2017. Changes occurring in nutritional components (phytochemicals and free amino acid) of raw and sprouted seeds of white and black sesame (*Sesamum indicum* L.) and screening of their antioxidant activities[J]. Food Science and Biotechnology, 26(1): 71-78.

Hung P V, Hatcher D W, Barker W, 2011. Phenolic acid composition of sprouted wheats by ultra-performance liquid chromatography (UPLC) and their antioxidant activities[J]. Food Chemistry, 126(4): 1896-1901.

Hung P V, Maeda T, Morita N, 2015. Improvement of nutritional composition and antioxidant capacity of high-amylose wheat during germination[J]. Journal of Food Science and Technology, 52(10): 6756-6762.

Hung P V, Maeda T, Yamamoto S, et al., 2012. Effects of germination on nutritional composition of waxy wheat[J]. Journal of the Science of Food and Agriculture, 92(3): 667-672.

Jiang M X, Zhai L J, Yang H, et al., 2016. Analysis of active components and proteomics of Chinese wild rice (*Zizania latifolia* (Griseb.) Turcz) and Indica rice (Nagina 22) [J]. Journal of Medicinal Food, 19(8): 798-804.

Jiao C F, Gu Z X, 2019. iTRAQ-based proteomic analysis reveals changes in response to UV-B treatment in soybean sprouts[J]. Food Chemistry, 275: 467-473.

Jose R C, Bengyella L, Handique P J, et al., 2019. Cellular and proteomic events associated with localized formation of smut-gall during *Zizania latifolia-Ustilago esculenta* interaction[J]. Microbial Pathogenesis, 126: 79-84.

Kováčik J, Klejdus B, 2012. Tissue and method specificities of phenylalanine ammonia-lyase assay[J]. Journal of Plant Physiology, 169(13): 1317-1320.

Kim S K, Park C H, Kim S L, 2004. Introduction and nutritional evaluation of buckwheat sprouts as a new vegetable[J]. Food Research International, 37(4): 319-327.

Kuo Y H, Rozan P, Lambein F, et al., 2004. Effects of different germination conditions on the contents of free protein and non-protein amino acids of commercial legumes[J]. Food Chemistry, 86(4): 537-545.

Limón R I, Peñas E, Martínez-Villaluenga C, et al., 2014. Role of elicitation on the health-promoting properties of kidney bean sprouts[J]. LWT-Food Science and Technology, 56(2): 328-334.

Lin L Y, Peng C C, Yang Y L, et al., 2008. Optimization of bioactive compounds in buckwheat sprouts and their effect on blood cholesterol in hamsters[J]. Journal of Agricultural and Food Chemistry, 56(4): 1216-1223.

Liu B G, Guo X N, Zhu K X, et al., 2011. Nutritional evaluation and anti-oxidant activity of sesame sprouts[J]. Food Chemistry, 129(3): 799-803.

Maeda H, Dudareva N, 2012. The shikimate pathway and aromatic amino acid biosynthesis in plants[J]. Annual Review of Plant Biology, 63(1): 73-105.

Martínez-Villaluenga C, Kuo Y H, Lambein F, et al., 2006. Kinetics of free protein amino acids, free non-protein amino acids and trig-onelline in soybean (*Glycine max* L.) and lupin (*Lupinus angustifolius* L.) sprouts[J]. European Food Research and Technology, 224(2): 177-186.

Minoru K, Yoko S, Masayuki K, et al., 2015. KEGG as a reference resource for gene and protein annotation[J]. Nucleic Acids Research, 44(1): 457-462.

Ng L T, Huang S H, Chen Y T, et al., 2013. Changes of tocopherols, tocotrienols, γ-oryzanol, and γ-aminobutyric acid levels in the germinated brown rice of pigmented and nonpigmented cultivars[J]. Journal of Agricultural and Food Chemistry, 61(51): 12604-12611.

Ong S E, Mann M, 2005. Mass spectrometry-based proteomics turns quantitative[J]. Nature Chemical Biology, 1(5): 252-262.

Pajak P, Socha R, Galkowska D, et al., 2014. Phenolic profile and antioxidant activity in selected seeds and sprouts[J]. Food Chemistry, 143: 300-306.

Paucar-Menacho L M, Martínez-Villaluenga C, Dueñas M, et al., 2018. Response surface optimisation of germination conditions to improve the accumulation of bioactive compounds and the antioxidant activity in quinoa[J]. International Journal of Food Science & Technology, 53(2): 516-524.

Peng C C, Chen K C, Yang L L, et al., 2009. Aqua-culture improved buckwheat sprouts with more abundant precious nutrients and hypolipidemic activity[J]. International Journal of Food Sciences and Nutrition, 60(1): 232-245.

Ross P L, Huang Y N, Marchese J N, et al., 2004. Multiplexed protein quantitation in *Saccharomyces cerevisiae* using amine-reactive isobaric tagging reagents[J]. Molecular & Cellular Proteomics, 3(12): 1154-1169.

Rösler J, Krekel F, Amrhein N, et al., 1997. Maize phenylalanine ammonia-lyase has tyrosine ammonia-lyase activity[J]. Plant Physiology, 113(1): 175-179.

Shao Y F, Bao J S, 2015. Polyphenols in whole rice grain: genetic diversity and health benefits[J]. Food Chemistry, 180: 86-97.

Shi J, Zhang L, Lei Y, et al., 2018. Differential proteomic analysis to identify proteins associated with quality traits of frozen mud shrimp (*Solenocera melantho*) using an iTRAQ-based strategy[J]. Food Chemistry, 251: 25-32.

Tatusov R L, Fedorova N D, Jackson J D, et al., 2003. The COG database: an updated version includes eukaryotes[J]. BMC Bioinformatics, 4(1): 41.

Ti H H, Zhang R F, Zhang M W, et al., 2014. Dynamic changes in the free and bound phenolic compounds and antioxidant activity of brown rice at different germination stages[J]. Food Chemistry, 161:337-344.

Vanholme R, De Meester B, Ralph J, et al., 2019. Lignin biosynthesis and its integration into metabolism[J]. Current Opinion in Biotechnology, 56: 230-239.

Vanholme R, Demedts B, Morreel K, et al., 2010. Lignin biosynthesis and structure[J]. Plant Physiology, 153(3): 895-905.

Vogt T, 2010. Phenylpropanoid biosynthesis[J]. Molecular Plant, 3(1): 2-20.

Wang C, Chu J, Fu L, et al., 2018. iTRAQ-based quantitative proteomics reveals the biochemical mechanism of cold stress adaption of razor clam during controlled freezing-point storage[J]. Food Chemistry, 247: 73-80.

Wang S Z, Chen W Y, Xiao W F, et al., 2015. Differential proteomic analysis using iTRAQ reveals alterations in hull development in rice (*Oryza sativa* L.) [J]. PLoS ONE, 10(7): e0133696.

Wu Z Y, Song L X, Feng S B, et al., 2012. Germination dramatically increases isoflavonoid content and diversity in chickpea (*Cicer arietinum* L.) seeds[J]. Journal of Agricultural and Food Chemistry, 60(35): 8606-8615.

Xu J G, Hu Q P, 2014. Changes in γ-aminobutyric acid content and related enzyme activities in Jindou 25 soybean (*Glycine max* L.) seeds during germination[J]. LWT - Food Science and Technology, 55(1): 341-346.

Yan N, Du Y, Liu X, et al., 2018. Morphological characteristics, nutrients, and bioactive compounds of *Zizania latifolia*, and health benefits of its seeds[J]. Molecules, 23(7), 1561.

Yan N, Du Y M, Liu X M, et al., 2019. A comparative UHPLC-QqQ-MS-based metabolomics approach for evaluating Chinese and North American wild rice[J]. Food Chemistry, 275: 618-627.

Zhang Q, Xiang J, Zhang L Z, et al., 2014. Optimizing soaking and germination conditions to improve gamma-aminobutyric acid content in japonica and indica germinated brown rice[J]. Journal of Functional Foods, 10: 283-291.

Zhang X B, Liu C J, et al., 2015. Multifaceted regulations of gateway enzyme phenylalanine ammonia-lyase in the biosynthesis of phenylpropanoids[J]. Molecular Plant, 8(1): 17-27.

第4章 中国菰抗病基因*ZlBBR1*的克隆及功能分析

王惠梅[1]　吴建利[1]　江绍玫[2]

（1.中国水稻研究所；2.江西财经大学统计学院）

◎本章提要

中国菰作为一个由野生向驯化过渡的物种，保留了众多驯化作物所丢失的优异性状，是扩大和丰富育种基因来源的理想野生资源。中国菰米作为功能性米，被认为是天然的保健食品。因此，深入开展中国菰优异性状控制基因的发掘并研究其功能，不仅具有重要的理论价值，也是对中国菰应用的积极探索。受制于中国菰的半野生特性及基因组的不完全组装，从经典遗传学角度开展工作仍存在较大困难。经典遗传学又称正向遗传学，是从表型和性状出发，根据其表现出来的遗传规律，结合经典遗传学技术探究控制表型的基因，进而研究生命发生和发展的规律。反向遗传学是在已知基因全部或部分序列的基础上，应用反向遗传学技术研究该基因的生物学功能。随着拟南芥与水稻等模式生物基因组序列的完全解析，大量新基因的功能有待鉴定，反向遗传学手段就成为这些基因功能研究的主要方式。前期，利用NBS-LRR类抗病基因同源序列简并引物，通过PCR克隆池法从中国菰基因组文库中筛选到一个阳性克隆，对扩增片段核苷酸序列比对发现该片段中包含NBS-LRR类基序，将此阳性克隆命名为ZR1，并通过农杆菌介导转化水稻品种日本晴得到36个对白叶枯病菌PXO71具有明显抗性的独立转化子。推测该TAC克隆中至少包含1个水稻白叶枯病抗性基因，本章遂将之命名为*ZlBBR1*（*Zizania latifolia bacterial blight resistance 1*）。但是对该TAC克隆测序的各项努力并未取得成功，于是转而寻求利用反向遗传学手段在已知的386bp序列的基础上克隆该基因的全序列（包含启动子），并对该基因的功能进行了验证和分析。同时，对鄱阳湖流域样本中*ZlBBR1*基因以及其水稻中的同源基因*OsBBR1*进行了多样性分析。

4.1 前言

白叶枯病主要为害叶片，是一种维管束病害。在自然条件下病菌从水孔或叶片的伤口侵入，发病多从叶尖开始，最初形成黄绿色或暗绿色斑点，随即扩展为短条斑，然后沿中脉向下延伸，并加宽加大形成波状（籼稻不明显）或长条状斑，可达叶片基部和整个叶片。水稻白叶枯病由革兰氏阴性菌水稻黄单胞菌白叶枯变种 [*Xanthomonas oryzae* pv. *oryzae*（*Xoo*）] 引起，是水稻生产中最严重的细菌性病害（白辉等，2006）。田间生产常在水稻分蘖期观察到病症，并随植株的生长而发展，至抽穗期达到发病高峰。如果病害发展期间遭遇台风天气，病菌混合雨水扩散，加之台风天气对叶片的损伤，可导致大面积传播，将加重病害对水稻生产的影响。该病最早于1884年在日本福冈地区发现，目前白叶枯病的发生范围已遍及世界各水稻产区。在中国、朝鲜、菲律宾、印度及其他东南亚国家均有发生，其中以地处热带的国家，因发病条件有利，受害更大（Wang et al., 1996）。水稻遭受白叶枯病侵害后，一般引起叶片干枯，不实率增加，米质松脆，千粒重降低，一般减产20% ~ 30%，严重的减产50%以上，甚至绝收。图4-1是2021年9月中国水稻研究所富阳基地部分品种白叶枯病田间发生情况。

图4-1　水稻白叶枯病田间表现

由于水稻白叶枯病危害严重而且化学防治通常难以达到理想的效果，因此培育抗病品种是最为经济有效的防治手段。探究白叶枯病抗性遗传规律，挖掘抗性基因，深入解析植物与病原菌互作的分子机制，是利用分子标记辅助选择和基因工程手段，开展水稻白叶枯病抗性分子育种工作的基础。根据中国国家水稻数据中心（https://www.ricedata.cn/）最新记载，已报道的与水稻白叶枯病抗性相关的基因有171个。然而在生产实际中，近年来已育成水稻品种的白叶枯病抗性正在逐年丧失。在长期的驯化和选育过程中，许多有利基因已因人为定向选择而丢失，这直接导致了现代栽培作物的遗传单一性，降低了其对病虫害的抗性以及对各种逆境的耐受力。为打破这一局面，从野生稻及水稻近缘属种质资源中发掘或找回这些丢失的有利基因，是一条可行的途径（鄂志国和王磊，2008）。野生种质资源是天然的基因库，在漫长的进化过程中，长期处于野生状态，经受各种不良生态环境的自然选择，形成了极其丰富的遗传多样性，从而保存了栽培作物不具有的或已消失的许多优良遗传基因。

*Xa21*是第一个从野生稻中被克隆出来的广谱（菲律宾小种1～9、中国致病型小种1～7和日本小种1～3）抗白叶枯病功能基因，其抗性供体材料为西非长雄野生稻（*Oryza longistaminata*）（Wang et al., 1996）。国际水稻研究所Khush等（1990）报道西非长雄野生稻在水稻分蘖后期抗当时菲律宾的全部6个小种。将西非长雄野生稻与感病的籼稻栽培品种IR24杂交，通过回交、自交获得了BC$_4$F$_2$群体，分析其中两个F$_2$群体对菲律宾小种1、2、4和6的抗性遗传，表明其广谱抗性由一对显性基因控制，有别于已鉴定的17个抗性基因，被命名为*Xa21*，后来进一步选育成功携带有*Xa21*的近等基因系*IRBB21*。*Xoo*接种鉴定表明，*IRBB21*对印度和菲律宾所有的*Xoo*生理小种都有抗性。Ronald等（1992）将*Xa21*定位于水稻11号染色体上，与RAPD818、RAPD248和RG103标记的遗传图距都不超过1.2cM，随后该基因被成功克隆，并迅速广泛应用于国内外水稻抗白叶枯病转基因育种。*Xa21*编码产物是一个由1 025个氨基酸组成的类受体蛋白激酶，其结构分为九大区域，从氨基端起分别是信号肽区、未知功能区、富亮氨酸重复（LRR）区、带电荷区、跨膜区、带电荷区、近膜区、丝氨酸–苏氨酸激酶（STK）区和羧基端尾部区。其中，LRR区和STK区是两个重要的功能域，与*Xa21*的抗性表达有关，前者是由23个不完全的LRR组成，参与蛋白质与蛋白质的相互作用，与对病原菌的识别有关；后者包含11个亚区和15个保守氨基酸，是典型的信号分子。*Xa21*的成功克隆和广泛应用，为水稻近缘属植物中国菰优异性状控制基因的发掘投下了曙光。

Chen等（2006）根据已知植物抗病基因NBS保守序列信息设计简并引物，从中国菰中分离到8个抗性基因类似物（RGA）。Kong等（2006）利用TAC载体成功构建了含91 584个克隆、覆盖中国菰基因组约5倍的TAC文库，保存于81块96孔板中，每个克隆池含12个克隆，平均插入片段约45kb，用于中国菰重要功能基因的筛选及其对水稻的品种改良研究。沈玮玮等（2010）以中国菰NBS-LRR类抗病基因同源序列FZ14（GenBank登录号：DQ239432）为模板设计特异性引物，通过克隆池PCR法经分级筛选，从中国菰基因组TAC文库中获得1个阳性克隆*ZR1*，序列分析比对证实该阳性克隆为含有中国菰抗病基因同源序列*FZ14*的抗病基因候选克隆。同时，*ZR1*具有植物NBS-LRR类抗病基因中的保守基序，可能为抗性基因的部分序列。通过农杆菌介导转化水稻品种日本晴，获得36个对白叶枯病菌PXO71具有明显抗性的独立转化子，这表明中国菰*ZR1*克隆中至少含有1个白叶枯病抗性基因。本章将*ZR1*对应抗性基因命名为*ZlBBR1*。利用反向遗传学手段在已知的386bp序列的基础上克隆该基因的全序列（包含启动子），并对该基因的功能进行了验证和分析。同时，对鄱阳湖流域样本中*ZlBBR1*基因以及其水稻中的同源基因*OsBBR1*进行了多样性分析。

4.2 植物材料

本章*ZlBBR1*基因克隆自生长于中国水稻研究所富阳试验基地灌溉渠边的中国菰野生资源。以水稻品种日本晴（*O. sativa* L. spp. *japonica* cv. Nipponbare）成熟胚诱导愈伤，作为转基因受体。日本晴成熟胚对组织培养的反应良好，出愈高，胚性愈伤形成所需要的继代时间短，形成的胚性愈伤均一性较高，愈伤组织状态好，遗传转化效率高，是实验室基因功能验证中较常使用的一个受体材料。

*ZlBBR1*基因以及其水稻中的同源基因*OsBBR1*多样性分析材料包括三部分。2013年4月在环鄱阳湖流域10个县，距离湖区1～8 km的范围内均匀采集30个中国菰野生居群。样本分布见表4-1，割菰后连根带回，种植于中国水稻研究所富阳试验基地网室内，长出新叶后采集并于−80℃冰箱保存备用。

表4-1　鄱阳湖流域30个中国菰野生居群的地理分布

居群编号	县	镇（乡）	村	经度（E）	纬度（N）	海拔（m）
1	南昌	泾口乡	山头村	116° 16′ 23.54″	28° 38′ 03.54″	15
2	南昌	泾口乡	东湖村	116° 14′ 58.14″	28° 38′ 40.00″	15
3	南昌	南新乡	乡政府驻地	116° 04′ 14.30″	28° 47′ 52.90″	17
4	进贤	三阳集乡	孟后村	116° 16′ 27.47″	28° 35′ 24.50″	27
5	进贤	三里乡	六圩村	116° 19′ 30.44″	28° 38′ 05.45″	27
6	进贤	三里乡	池尾村	116° 24′ 14.17″	28° 41′ 34.98″	22
7	余干	瑞洪镇	镇政府驻地	116° 24′ 37.16″	28° 44′ 09.90″	16
8	余干	三塘乡	下潭村	116° 34′ 08.70″	28° 44′ 45.37″	13
9	余干	石口镇	石口村	116° 38′ 02.59″	28° 49′ 49.45″	15
10	鄱阳	双港镇	尧山村	116° 35′ 42.12″	29° 03′ 24.00″	18
11	鄱阳	双港镇	乐亭村	116° 34′ 29.06″	29° 07′ 01.51″	14
12	鄱阳	白沙洲乡	车门村	116° 37′ 50.18″	29° 09′ 38.89″	23
13	都昌	西源乡	菱塘村	116° 16′ 59.99″	29° 13′ 17.33″	23
14	都昌	三叉港镇	镇政府驻地	116° 23′ 55.34″	29° 16′ 38.40″	38
15	都昌	大树乡	大树下	116° 16′ 05.38″	29° 16′ 32.74″	27
16	都昌	多宝乡	老爷庙	116° 03′ 43.30″	29° 22′ 34.24″	15
17	湖口	高垄乡	乡政府驻地	116° 04′ 38.40″	29° 34′ 32.44″	36
18	星子	蓼花镇	胜利村	116° 00′ 10.00″	29° 21′ 36.36″	42
19	星子	蓼南乡	樟树曹村	115° 59′ 22.30″	29° 19′ 12.30″	22
20	星子	蛟塘乡	畈上村	115° 55′ 28.70″	29° 18′ 37.45″	25
21	共青城	苏家垱乡	膏良周村	115° 51′ 37.70″	29° 15′ 13.22″	30
22	共青城	富华大道	富华大道	115° 48′ 59.41″	29° 14′ 30.50″	27
23	共青城	江益镇	罗家村	115° 46′ 49.78″	29° 12′ 30.66″	38
24	永修	恒丰镇	牛头山	115° 51′ 40.44″	29° 08′ 00.64″	18
25	永修	九和乡	杨柳村	115° 49′ 35.04″	29° 03′ 24.43″	17
26	永修	马口镇	陈新村	115° 46′ 10.15″	28° 57′ 20.41″	17
27	新建	大塘坪乡	大塘村	115° 54′ 28.71″	28° 59′ 28.29″	24
28	新建	铁河乡	乡政府驻地	115° 58′ 30.30″	29° 01′ 38.92″	15
29	新建	昌邑乡	乡政府驻地	116° 03′ 46.90″	29° 01′ 01.00″	20
30	新建	联圩乡	下万村	116° 01′ 36.45″	28° 50′ 50.00″	17

　　2015年3～8月在全国范围内的24个采样点（表4-2）进行取样，24个采样点共采集235个居群计640个个体样本，每个植株选取健康幼嫩的叶片34片，用硅胶迅速干燥后立即寄回实验室于−80℃冰箱保存，用于DNA制备。

表4-2　供试材料信息

采样点	居群数目（个）	样品数目（个）
昆明	2	5
大理	12	25
上海	1	3
慈溪	3	9
洪湖	3	9
巢湖	5	15
杭州	3	9
洪泽湖	17	32
枣庄	3	9
北京	4	12
草海	5	14
成都	3	9
重庆	8	24
大连	3	15
沈阳	6	21
齐齐哈尔	4	16
佳木斯	8	23
通化	5	23
漳州	4	12
韶关	7	20
桂林	3	9
太湖	40	88
梁子湖	43	109
洞庭湖	43	129
总计	235	640

2015年6月从中国水稻研究所富阳试验基地试验田中采集正季生长的水稻叶片样本材料160份，其中籼稻114份，粳稻46份（表4-3），−80℃冰箱保存，用于DNA制备。

表4-3　160份水稻种质资源材料清单

编号	名称	属性	编号	名称	属性	编号	名称	属性
1	Ⅱ-32B	I	7	CO39	I	13	H593	I
2	广占63S	I	8	中优稻1号	I	14	C101PKT（*Pi4*）	I
3	9311	I	9	C101LAC（*Pi1*）	I	15	IR24	I
4	AUS373	I	10	H161	I	16	IR30	I
5	Basmati370	I	11	C101A51（*Pi2*）	I	17	IR64	I
6	田鸡青776	j	12	H333	I	18	Morobereken	j

（续）

编号	名称	属性	编号	名称	属性	编号	名称	属性
19	H811	I	56	南特号	I	93	2428	j
20	R402	I	57	粤香占	I	94	中旱3号	j
21	Tetep	I	58	明恢86	I	95	H593/IRBB7	I
22	To974	I	59	培矮64	I	96	中旱1号	I
23	V20B	I	60	明恢70	I	97	巴西陆稻	I
24	ZDZ057	I	61	日本晴	j	98	Vandana	I
25	矮梅早3号	I	62	寿光丝苗	I	99	谷梅2/中156	I
26	矮仔占	I	63	蜀恢517	I	100	H593/IRBB7	I
27	博B	I	64	蜀恢881	I	101	C堡	j
28	穗辐软占	I	65	蜀恢85	I	102	寒9	j
29	测46	I	66	双桂1号	I	103	IR68	I
30	E32选	j	67	双七占	I	104	佤族山稻	j
31	多系1号	I	68	台中65	I	105	IRBB13	I
32	恩恢58	I	69	CDR22	I	106	中健2号	I
33	冈46B	I	70	春江06	j	107	C57	j
34	辐恢838	I	71	五优稻1号	j	108	IRBB3	I
35	谷梅2号	I	72	秀水11	j	109	IRBB5	I
36	广恢128	I	73	武复粳	j	110	南粳42	j
37	广陆矮4号	I	74	武育粳7号	j	111	IRBB8	I
38	桂99	I	75	热研1号	j	112	武育粳20	j
39	桂朝2号	I	76	先锋1号	I	113	IRBB11	I
40	佳禾粘	I	77	秀水110	j	114	300号	j
41	嘉育948	j	78	协青早B	I	115	谷梅4号	I
42	江恢151	I	79	湘早籼31	I	116	IRBB21	I
43	垦稻10号	j	80	盐恢559	I	117	长粒香	j
44	IR36	I	81	明恢77	I	118	南粳15	j
45	空育131	j	82	地谷	I	119	金刚30	I
46	丽江新团黑谷	j	83	漳油占	I	120	IRBB7	I
47	莲塘早	I	84	珍龙13	I	121	CPSLO17	I
48	龙特浦B	I	85	镇恢084	I	122	美香占2号	I
49	泸恢17	I	86	珍汕97B	I	123	泉珍10号	I
50	泸江早1号	I	87	中156	I	124	东联5号	I
51	寒2	j	88	中8006	I	125	稻花香2号	j
52	陆财号	I	89	舟903	I	126	中旱39	I
53	绵恢725	I	90	中旱4号	I	127	桂小占	I
54	闽科早1号	I	91	丹东杂草稻	I	128	甬籼15	I
55	明恢63	I	92	中花11	I	129	汕小占	I

（续）

编号	名称	属性	编号	名称	属性	编号	名称	属性
130	龙粳21	j	141	IR 65482-4-136-2-2-B	I	152	秋光	j
131	松粳11	j	142	GZ 948-2-2-1	j	153	南特号	I
132	IR26	I	143	WAB 96-1-1	j	154	Ballila	j
133	空育131	j	144	IR 19746-28-2-2	j	155	IR36	I
134	PTB 33	I	145	80A90YR72	j	156	京宁7号	j
135	AG 7	I	146	ORO	j	157	Kasalath	I
136	CIMELATI	I	147	IRBB21	I	158	千重浪1	j
137	IR-BB 62	I	148	CBB23	j	159	长粒香	j
138	80A86YR72154-17	j	149	宁88	j	160	细麻线	I
139	IRAT 4	j	150	台糯1号	j			
140	CT 18599-8-1-1-1-2	I	151	南京11	I			

注：I 为籼稻；j 为粳稻。

4.3 *ZlBBR1* 基因全序列的克隆

供试模板为中国菰叶片总RNA反转录得到的cDNA。以此cDNA为模板进行5′-RACE三轮巢式PCR反应，下一轮反应的模板为上一轮反应的产物，将第三轮PCR产物的条带割胶回收，测序分析后获得已知区段上游750bp的序列（图4-2B）。3′-RACE同样以上述cDNA为模板，但进行两组巢式PCR

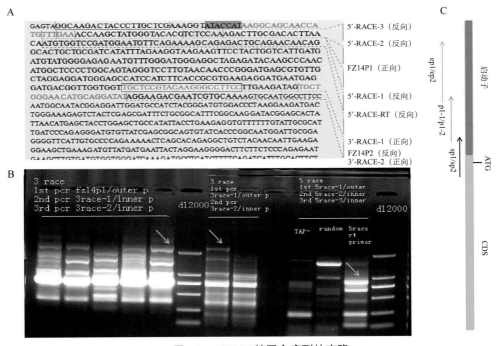

图4-2 *ZlBBR1* 基因全序列的克隆

A. RACE所用引物在已知区段的分布　B. 3′-RACE及5′-RACE各步扩增效果（黄色箭头所指是经过多轮PCR后回收测序正确的条带）　C. *ZlBBR1* 基因启动子克隆示意

反应，一组为试剂盒推荐的两轮巢式PCR反应，一组为三轮优化巢式PCR反应；下一轮反应的模板为上一轮反应的产物；将每组最后一轮PCR产物的条带割胶回收，进行TA克隆并测序分析得到已知区段下游2 200bp的序列（图4-2B）。*ZlBBR1*基因克隆相关引物在已知区段的分布情况及序列信息见图4-2A及表4-4。

综合3′-RACE和5′-RACE的结果，结合已知区段获得*ZlBBR1*基因CDS全序列3 237bp（ATG-TGA）。在*ZlBBR1*基因已知区段上游750bp的序列成功克隆的基础上，根据染色体步移法的思路，设计三组嵌套引物sp1/sp2、p1-1/p1-2、ep1/ep2克隆到该目标基因ATG上游2kb的片段（图4-2C）。至此，利用反向遗传学手段从中国菰中成功克隆到一个可能与水稻白叶枯病抗性相关的完整基因，这在菰属植物的研究中具有突破性意义。

表4-4　*ZlBBR1*基因克隆相关引物

引物	序列(5′→3′)
FZ14P1	AAGGCAGCAACCATGTTTGAA
3′-RACE-1	TGCTCCGTACAAGGGCCTTCC
3′-RACE-2	TGCTGGGAACATGCAGGATAT
5′-RACE-1	CGTGTACCCATAGCTTGGTTTC
5′-RACE-2	CATGGTTGCTGCCTTATGGTAT
5′-RACE-3	CGAGCAAGGGTAGTCTTGCCA
3′-RACE outer primer	TakaraD314试剂盒自带
3′-RACE inner primer	TakaraD314试剂盒自带
5′-RACE outer primer	TakaraD315试剂盒自带
3′-RACE inner primer	TakaraD315试剂盒自带
sp1	GACACCTTTCAGAATCCTGA
sp2	AGCGAGGCTCCAAATGTACCAAC
p1-2	GAGCAAATCTGACCAATTCCAAAC
p1-1	GGTATAGCAACAGGGAGTGCATTTG
ep1	TACCACGAGGAGTCGAGCAT
ep2	TTGGCATGCTCCGATTCTAGTT

4.4　*ZlBBR1* 基因的生物信息学分析

NCBI保守结构域（CDSEARCH/cdd v3.15）分析显示，中国菰*ZlBBR1*基因编码一个典型的R蛋白，在结构上属于CC-NB-LRR类（Altschul et al., 1997，2005；Marchlerbauer et al., 2016）。存在以下经典结构域：N端卷曲螺旋结构域（12～123）、NB-ARC结构域（188～430）和亮氨酸重复（LRR，504～635）。另外还有其他结构域P-loop和P-loop NTPase（186～298，160～209）；两个抗细菌性病害的专属位点（189～628，749～961）；类LRR受体蛋白激酶（523～627）结构域（图4-3B）。NCBI检索发现，在水稻（*Oryza sativa*）、高粱（*Sorghum bicolor*）和毛果杨（*Populus trichocarpa*）中各比对到一个中国菰*ZlBBR1*同源基因，应用MEG5分析3个基因的进化关系，杨树作为外类群，发现中国菰与水稻中的对应基因存在较近的亲缘关系（图4-3A）。由TMHMM 2.0跨膜域预测发现该基因编码的蛋白在C端（1070～1078：LSTTYASSH）存在一个跨膜结构（图4-3C）。

A

Os07g0481400 CDS

ZR1 CDS

Sorghum bicolor（高粱）

Populus trichocarpa（毛果杨）

99

0.1

B

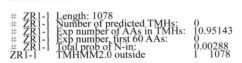

InterProScan (version: 4.8)
Sequence: Sequence_1
Length: 1080
CRC64: 01D19CA01ABBF54E

Launched Tu
Finished Tu

InterPro Match   1   Query Sequence   1080   Description

| IPR000767 | Disease resistance protein | | DISEASERSIST |
| PR00364▶ | | | |

| IPR002182 | NB–ARC | | NB-ARC |
| PF00931▶ | | | |

| IPR003593 | ATPase, AAA+ type, core | | AAA |
| SM00382▶ | | | |

| noIPR | unintegrated | | |
G3DSA:3.40.50.300▶   G3DSA:3.40.50.300
G3DSA:3.80.10.10▶   G3DSA:3.80.10.10
PTHR23155▶   PTHR23155
PTHR23155:SF160▶   PTHR23155:SF160
SSF52058▶   SSF52058
SSF52540▶   SSF52540

■ PRODOM   ■ PRINTS   ■ PIR   ■ PFAM   ■ SMART   ■ TIGRFAMs   ■ PROFILE
■ HAMAP   ■ PROSITE   ■ SUPERFAMILY   ■ SIGNALP   ■ TMHMM   ■ PANTHER   ■ GENE3D

© European Bioinformatics Institute 2006–2011. EBI is an Outstation of the European Molecular Biology Laboratory.

C   TMHMM result

HELP with output formats

```
#  ZR1-1  Length: 1078
#  ZR1-1  Number of predicted TMHs:        0
#  ZR1-1  Exp number of AAs in TMHs:    10.95143
#  ZR1-1  Exp number, first 60 AAs:        0
#  ZR1-1  Total prob of N-in:           0.00288
   ZR1-1  TMHMM2.0  outside             1    1078
```

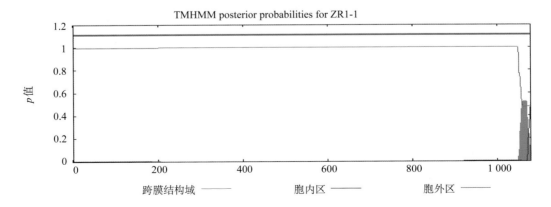

图 4-3   中国菰 *ZlBBR1* 基因生物信息学分析

A. 基于 CDS 的 3 种禾本科植物 *ZlBBR1* 树状图（毛果杨作为外类群）   B. *ZlBBR1* 编码蛋白保守结构域分析

C. *ZlBBR1* 基因编码蛋白跨膜结构预测（C 端红色信号区为预测的跨膜结构所在的位置）

中国菰*ZlBBR1*基因编码蛋白在结构上属于CC-NB-LRR类。N端卷曲螺旋结构域（12～123）可能参与免疫信号传递，NB-ARC结构域（188～430）是该类蛋白的专属保守结构域，主要功能是结合和水解ATP，进而调节蛋白的活性以及可能的信号传递。NB-ARC结构域一般由3个亚基NB、ARC1和ARC2组成，静息状态时呈口袋状，内部可以结合核苷酸。LRR被认为是参与植物抗病反应中的病原菌效应因子识别，在水稻中Pita的LRR结构域被证实可以直接与无毒因子AvrPita互作（Takken et al.，2009，2012）。另外两个抗细菌性病害的专属位点（189～628，749～961）以及类LRR受体蛋白激酶（523～627）结构域的存在都提示着该基因在病原菌识别和信号转导过程中可能扮演重要角色。

4.5 *ZlBBR1*基因表达模式分析

根据半定量PCR的结果，*ZlBBR1*基因主要在中国菰的叶片中表达，在根和茎中仅有痕量表达（图4-4A）；荧光定量PCR分析*ZlBBR1*基因在中国菰根、茎、叶3种组织中的表达重现了半定量的结果（图4-4B）；以*ZlBBR1*基因启动子驱动报告基因*gusA*的表达载体转化日本晴，在转基因植株中利用GUS组织化学染色法分析发现，报告基因主要在转基因植株的地上部表达。

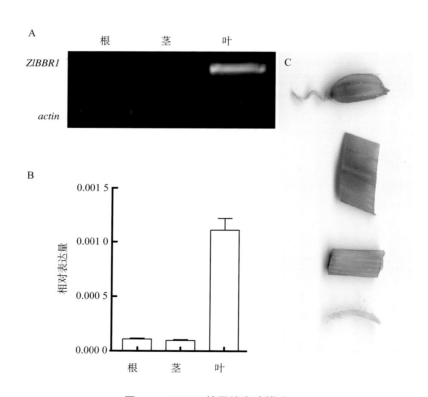

图4-4　*ZlBBR1*基因的表达模式
A.半定量PCR分析*ZlBBR1*基因在中国菰中的表达模式　B.荧光定量PCR分析*ZlBBR1*基因在中国菰中的表达模式　C.*ZlBBR1*基因在转基因水稻中的表达模式

烟草下表皮细胞瞬时表达结果显示，中国菰*ZlBBR1*基因编码蛋白定位在细胞膜上，且蛋白全长与N端缺失蛋白（保留C端262个氨基酸）可以实现共定位（图4-5）。由TMHMM 2.0跨膜域预测发现*ZlBBR1*基因编码的蛋白在C端（1070～1078：LSTTYASSH）存在一个跨膜结构（图4-3C），ZlBBR1蛋白的亚细胞定位结果与生物信息学预测结果相一致，提示该蛋白可能涉及信号转导。

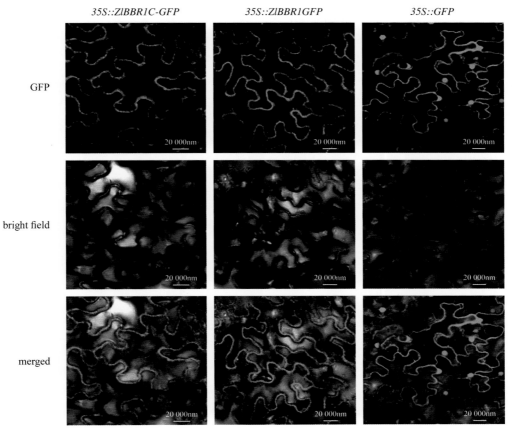

图 4-5　ZlBBR1 蛋白的亚细胞定位

4.6　转 *ZlBBR1* 基因水稻的白叶枯病菌 PXO71 抗性分析

4.6.1　转 *ZlBBR1* 基因水稻 T_0 代材料对 PXO71 的抗性统计

转 *ZlBBR1* 基因水稻当代（T_0 代）材料种植于中国水稻研究所富阳试验基地温室中，参照田间水肥管理。经检测为转基因阳性的水稻植株在分蘖盛期进行白叶枯病菌小种的剪叶法接种。统计结果发现，过表达材料（OE）*ZlBBR1* 基因并不能提高转基因材料对白叶枯病菌 PXO71 的抗性，而在自身启动子驱动下 *ZlBBR1* 基因表达载体的转化材料（CM）与非转基因对照材料（Nip）及过表达材料相比，对白叶枯病菌 PXO71 的抗性极显著提高（表 4-5，图 4-6）。推测 *ZlBBR1* 基因在与病原菌互作的过程中其启动子起着至关重要的作用。

表4-5　转基因水稻 T_0 代材料对 PXO71 的抗性统计

材料	病斑长（cm）	叶片长（cm）	病斑长/叶长（%）
OE	5.6 ± 3.1	22.5 ± 3.4	24.8 ± 12.9
CM	1.4 ± 1.7	21.0 ± 2.5	$6.4 \pm 7.4^{**}$
Nip	5.2 ± 2.5	20.4 ± 4.0	25.5 ± 10.7

注：OE 为过表达材料；CM 为 *ZlBBR1* 基因自身启动子驱动自身基因的表达载体转化材料；Nip 为非转基因对照材料日本晴；** 表示差异极显著（$p<0.01$）。

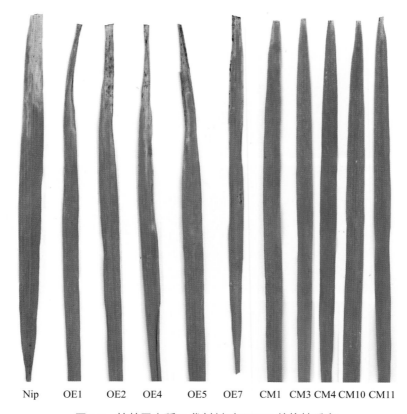

Nip　OE1　OE2　OE4　OE5　OE7　CM1　CM3 CM4 CM10 CM11

图4-6　转基因水稻T₀代材料对PXO71的抗性反应

4.6.2　转基因水稻纯系材料对PXO71的抗性统计

根据T_0代材料的接种数据，追踪高世代CM纯系材料对白叶枯病菌PXO71的抗性情况。从CM1、CM3、CM4、CM10和CM11的T_2代中分别筛选到一个纯系，命名为L1、L3、L4、L10和L11。材料种植于中国水稻研究所富阳试验基地网室中，参照田间水肥管理。在分蘖盛期进行白叶枯病菌小种的剪叶法接种，统计结果发现，这5个纯系材料与非转基因受体材料相比，对白叶枯病菌PXO71的抗性均极显著提高（表4-6，图4-7）。

表4-6　5个转基因水稻纯系材料对PXO71的抗性统计

材料	病斑长（cm）	叶片长（cm）	病斑长/叶长（%）
L1	3.6±0.24	31.3±6.5	11.9±2.3[**]
L3	4.0±0.95	30.5±3.0	13.0±1.9[**]
L4	4.7±0.92	31.8±4.5	14.9±2.1[**]
L10	4.9±0.53	31.2±3.5	15.8±1.6[**]
L11	4.7±0.93	28.8±4.9	16.4±2.5[**]
Nip	7.2±0.87	33.2±4.3	21.7±2.5

注：L1、L3、L4、L10和L11分别来源于CM1、CM3、CM4、CM10和CM11；Nip为非转基因对照材料日本晴；**表示差异极显著（$p < 0.01$）。

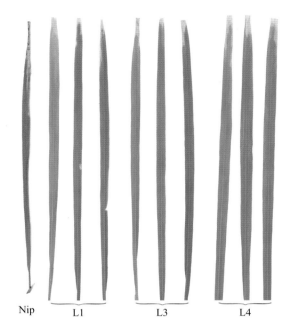

图4-7　3个转基因水稻纯系材料对PXO71的抗性反应

4.6.3　三个转基因水稻纯系材料对PXO71的抗性反应中内源激素的变化

为了探究转中国菰 *ZlBBR1* 基因CM材料对白叶枯病菌PXO71抗性增强的分子机制，对接种反应中表现优异的3个转基因水稻纯系材料L1、L3和L4进行接种处理，并在0h、24h和48h取样，检测内源激素水杨酸（SA）和茉莉酸（JA）的含量变化。对照材料非转基因日本晴（Nip）接种后24h SA的含量和0h比极显著升高，48h后SA的含量和0h比极显著降低。与非转基因对照材料不同，3个转 *ZlBBR1* 基因水稻纯系材料中内源激素SA基本都存在一个先降低后升高的趋势，处理48h SA的含量与对照材料相比维持在较高的水平上（图4-8A）。对照材料中内源激素JA的初始含量较转基因水稻纯系材料更高，但接种处理后的总体趋势是JA的含量下降，接种处理48h JA的含量不管是对照组还是试验组都降至同一低水平（图4-8B）。推测 *ZlBBR1* 基因对白叶枯病菌PXO71抗性是通过SA途径实现的。

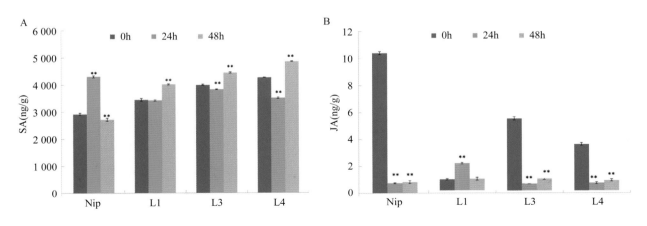

图4-8　3个转基因水稻纯系材料对PXO71抗性反应中内源激素的变化

A.水杨酸（SA）含量的变化　B.茉莉酸（JA）含量的变化

注：**表示差异极显著（$p < 0.01$）。

4.6.4 转基因水稻纯系材料L1对PXO71的抗性反应中转录水平的变化

为了了解转中国菰ZlBBR1基因CM材料对白叶枯病菌PXO71的抗性反应中，转录水平发生了怎样的变化，选取一个转基因水稻纯系材料L1及非转基因对照材料进行接种处理，并在0h、24h、48h和72h取样，提取总RNA送至北京诺禾致源科技股份有限公司进行转录组测序。通过对转录组数据的分析，发现在纵向水平上，L1株系接种72h与0h相比有植物－病原菌互作相关基因和植物激素信号转导相关基因的富集（图4-9），其中植物－病原菌互作相关基因12个、植物激素信号转导相关基因9个，经过仔细比对，发现其中7个基因为这两个途径所共有，且这7个基因同属TIFY基因家族（表4-7）。TIFY家族是植物特有的一个转录因子家族，多属茉莉酸信号响应因子，该家族成员可以相互作用，还可以与其他特定的转录因子相互作用，与植物的抗逆反应关系密切（白有煌，2014）。本研究中观察到的TIFY家族成员表达水平的变化与上一节讨论的水杨酸含量的升高，又从一个侧面反映了SA途径与JA途径相互作用的复杂性。在横向水平上，L1株系与对照材料接种72h后相比，有超氧化物代谢相关基因的显著富集（图4-10，表4-7）。这些结果提示ZlBBR1全基因的存在激活了激素介导的植物抗病反应体系。

表4-7 差异表达基因列表

途径	基因ID	$\log_2^{(FC)}$	注释
植物－病原菌互作	OS02G0126400	−1.560 3	钙依赖性蛋白激酶基因（*OsCPK4*）
	OS02G0787300	−1.524 9	丝裂原活化蛋白激酶激酶基因（*OsMKK4*，*SMG1*）
	OS04G0584600	−1.066 6	钙依赖性蛋白激酶基因（*OsCDPK7*，*OsCPK13*）
	OS05G0343400	−1.183 1	WRKY转录基因（*OsWRKY53*）
	OS08G0500700	1.182 1	热激蛋白编码基因（*hsp82A*）
	OS03G0180800	−6.891 8	TIFY家族基因（*OsJAZ9*，*OsTIFY11a*）
	OS03G0180900	−3.212 7	TIFY家族基因（*OsJAZ11*，*OsTIFY11c*）
	OS03G0181100	−2.952 4	TIFY家族基因（*OsJAZ10*，*OsTIFY11b*）
	OS03G0402800	−2.078 6	TIFY家族基因（*OsJAZ6*，*OsTIFY10a*）
	OS09G0439200	−1.917 7	TIFY家族基因（*OsJAZ8*，*OsTIFY10c*）
	OS10G0391400	−5.200 3	TIFY家族基因（*OsJAZ13*，*OsTIFY11e*）
	OS10G0392400	−3.639 9	TIFY家族基因（*OsJAZ12*，*OsTIFY11d*）
植物激素信号转导	OS11G0143300	−1.610 3	A型响应调节子基因（*OsRR9*）
	OS12G0139400	−1.276 1	A型响应调节子基因（*OsRR10*）
超氧化物/活性氧类	OS03G0219200	1.024 9	推定的铜/锌超氧化物歧化酶基因
	OS03G0351500	1.844 1	推定的铜/锌超氧化物歧化酶基因
	OS04G0573200	2.210 3	推定的铜伴侣超氧化物歧化酶基因
	OS07G0665200	2.584 6	推定的铜/锌超氧化物歧化酶基因
	OS08G0561700	1.557 1	推定的铜伴侣超氧化物歧化酶基因

注：*FC*（差异倍数，fold change）的值为基因在72h的表达量与基因在0h的表达量的比值。

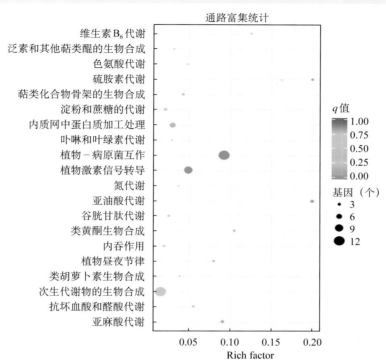

图4-9　L1接种72h差异表达基因KEGG富集散点图

注：Rich factor 为富集到目标通路的基因占比。

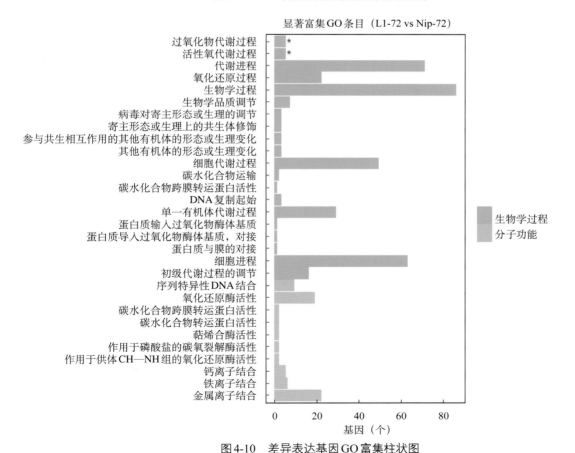

图4-10　差异表达基因GO富集柱状图

注：L1-72为转基因水稻纯系材料接种处理72h；Nip-72为非转基因对照日本晴接种处理72h；＊表示显著富集（$p < 0.05$）。

4.7 ZIBBR1 互作蛋白的筛选

在庞大复杂的植物抗病调控网络中，要阐明一个基因的作用，必须要明确其在调控网络中所处的位置，也就是它与哪些基因发生联系，它的上游基因和下游基因是什么。本章利用酵母双杂交技术，将*ZIBBR1*基因编码区构建于饵载体上，通过筛选水稻全基因组的cDNA文库，获得9个可能与之互作的基因（表4-8）。这些基因的编码蛋白涉及核酮糖-1, 5-二磷酸羧化酶活化酶（*OS11G0707000*）、推定的叶绿素a/b结合蛋白（*OS01G0720500*）、二磷酸核酮糖羧化酶/加氧酶激活酶（*OS11G0130100*）、功能未知的表达蛋白（*OS03G0431800*）、推定的bHLH转录因子（*OS02G0705500*）、甘油醛-3-磷酸脱氢酶（*OS04G0459500*）、包含RNA识别基序的蛋白质（*OS03G0670700*）、金属硫蛋白（*OS05G0111300*）和细胞生长协同调控因子（*OS03G0123500*）。非常遗憾的是，查阅现有报道未发现这9个基因与植物抗病反应的直接联系。下一步在点对点验证现有结果的基础上，重新筛选水稻全基因组的cDNA文库以防漏掉关键基因，这对于本研究的突破至关重要。

表4-8　ZIBBR1互作蛋白筛选结果

对应的基因ID	注释
OS01G0720500	推定的叶绿素a/b结合蛋白
OS11G0707000	核酮糖-1,5-二磷酸羧化酶活化酶（rca II）
OS11G0130100	二磷酸核酮糖羧化酶/加氧酶激活酶，编码叶绿体蛋白
OS03G0431800	功能未知的表达蛋白
OS02G0705500	推定的bHLH转录因子
OS04G0459500	甘油醛-3-磷酸脱氢酶（GAPA）
OS03G0670700	包含RNA识别基序的蛋白质
OS05G0111300	金属硫蛋白（OsMT2b）
OS03G0123500	细胞生长协同调控因子（Homeobox蛋白，OsKNAT7）

4.8 *ZIBBR1* 基因的多样性分析

已鉴定的众多抗病基因多属于NBS-LRR类。根据N端的结构是Toll/IL-1 Receptor-like（TIR）结构域或卷曲螺旋（CC）结构域，NBS-LRR类基因被分为TIR-NBS-LRR（TNL）和CC-NBS-LRR（CNL）两类。水稻基因组中只有CNL类抗病基因，*ZIBBR1*基因同样是一个CC-NBS-LRR类R基因。根据前面的探讨，了解到*ZIBBR1*对白叶枯病菌PXO71表现为抗性，那么该基因在中国菰和水稻中有多少类型，多样性如何，作为一个R基因它在中国菰和水稻这两个近缘属植物中经历了怎样的演进历程？带着这些问题克隆了鄱阳湖流域中国菰*ZIBBR1*基因进行序列比对，找出差异位点；根据这些差异位点设计引物，对来自全国的中国菰样本*ZIBBR1*基因差异区段进行序列分析；又利用同源克隆法从160份常规水稻中克隆*ZIBBR1*同源基因*OsBBR1*，进行全序列测序和生物信息学分析。

4.8.1 鄱阳湖区中国菰 *ZIBBR1* 的鉴定和进化分析

环鄱阳湖流域10个县采集到的30个中国菰野生居群80个样本材料经DNA提取，PCR扩增测序拼接，最后得到测通拼接完整序列35条。除来自新建联圩乡下万村编号为30的居群没有取得结果之外，其他29个居群至少都有一条完整序列。用MEGA5.0进行分子进化分析，发现来自鄱阳县白沙洲乡车门村编号为12的居群样本中克隆到的 *ZlBBR1* 基因序列与该地区其他样本差异较大，故被单独聚为一类；从其他28个居群的34个样本中克隆到的 *ZlBBR1* 基因序列差异相对较小，被聚在一起（图4-11）。从系统发生树来看，该基因的各等位基因遗传距离小，很多基因在系统发生树上同属一条线。结合基因克隆结果，进一步分析了这34条基因序列的比对结果，发现该基因编码区十分保守，差异位点多发生在内含子区。从编号为3（南昌南新乡政府驻地）、5（进贤三里乡六圩村）和6（进贤三里乡池尾村）的居群中克隆到一个新的 *ZlBBR1* 等

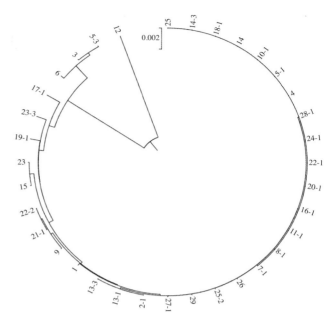

图4-11 鄱阳湖区中国菰 *ZlBBR1* 基因系统发生树

位基因，该基因在第二个外显子区多了6个碱基GTG ATG（Asp-Gly）（图4-12A），编码氨基酸1 080个，来自其他26个居群的32条序列均编码1 078个氨基酸且氨基酸序列一致。在系统发生树上也可以清楚地看到编号3、5-3和6的居群样本同属一支。

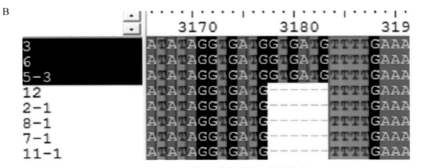

图4-12 *ZlBBR1* 基因外显子区差异位点
A.差异位点及检测引物的位置 B.鄱阳湖区样本的部分比对结果

4.8.2 全国范围内中国菰样品*ZlBBR1*基因编码区差异位点分析

对于取自全国的中国菰样本材料，也试图进行*ZlBBR1*全序列克隆，但受制于硅胶干燥法保存样本DNA质量，全序列克隆不能实现。结合4.8.1的试验结果，针对第二个外显子上的差异位点设计特异引物（图4-12A），进行该位点的针对性检测分析。结果显示，中国菰*ZlBBR1*基因在全国范围内的存在状态和鄱阳湖区取得的试验结果一致，从235个居群的640个个体样本克隆到的序列一致度极高，仅在太湖采样点的3个居群检测到该差异位点，这3个居群分别是宜兴陈家村居群、东太湖度假村居群和太湖中央公园五里湖居群。

4.9 常规水稻品种中*OsBBR1*同源基因的鉴定及进化分析

从160个常规水稻品种（114个籼稻品种和46个粳稻品种）中克隆了*ZlBBR1*的同源基因*OsBBR1*。经测序比对和系统进化分析发现，*OsBBR1*同样非常保守。从系统发生树来看，*OsBBR1*各等位基因遗传距离小，很多基因在系统发生树上同属一条线。仅在4个品种中该基因与其他156个品种对应的基因序列差异较大，这4个品种分别是编号为72的秀水11、编号为35的谷梅2号、编号为36的广恢128以及编号为129的汕小占（图4-13）。

进一步分析发现，*OsBBR1*基因在粳稻品种中表现得更为单一，仅有秀水11被单独聚为一支，说明该品种中*OsBBR1*序列较其他45个粳稻品种差异较大（图4-14）。而在籼稻品种中*OsBBR1*各等位基因在进化上分属两支，独立进化，从编号分别为35和36的谷梅2号与广恢128，到编号为21的

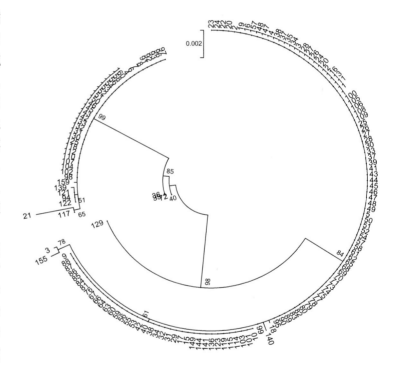

图4-13 160个水稻品种*OsBBR1*基因系统发生树

Tetep；从编号为129的汕小占，到编号为155的IR36；表现出更为活跃的进化关系（图4-15）。

应用两种不同的方法（Tajima's *D* test, Fu and Li's *F* test）对该基因进行中性检验，均发现该基因在水稻群体中不遵循中性进化理论。水稻是严格的自花授粉植物，那么该基因进化受到了群体收缩的选择。进一步的群体细化分析，发现该现象发生在粳稻亚种中，而不是籼稻亚种中（图4-16）。因此，推测粳稻中该基因存在遗传或驯化瓶颈，导致这种瓶颈的原因可能是用来驯化粳稻的野生稻祖先非常有限。

中性进化理论不同于选择进化理论。选择进化理论认为：一个突变的等位基因要实现其在物种内的扩散，就必须具有选择上的优势，如果在选择上无优势，它就需要与一选择上具有优势的基因紧密连锁，通过"搭顺风车"的方式而实现其在物种内的高频率扩散。中性进化理论认为：一些在选择上没有任何优势的突变也能实现其自身在群体中的扩散。日本群体遗传学家木村资生提出：进化的过程绝大部分是中性或近似中性的突变随机固定的结果。不遵循中性进化就意味着在物种进化过程中存在

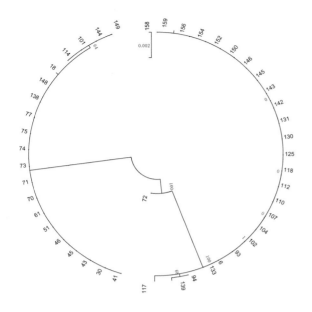

图4-14　粳稻中 *OsBBR1* 基因系统发生树

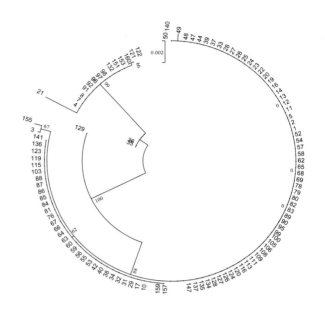

图4-15　籼稻中 *OsBBR1* 基因系统发生树

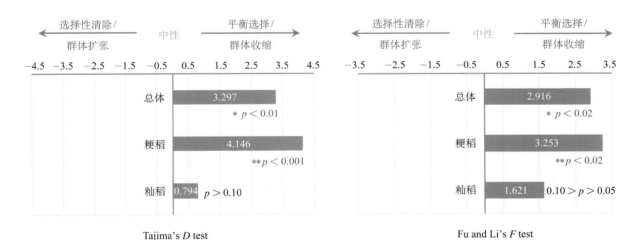

图4-16　*OsBBR1* 的中性检测

群体收缩的选择。中性检测的结果是粳稻亚种不同于籼种，粳稻进化中存在群体收缩的选择，这与粳稻的起源进化相一致。

对 *OsBBR1* 基因各结构域变异情况进行分析，发现该R基因各个结构域均存在变异，其中NB-ARC结构域内变异最多，而卷曲螺旋结构域内变异最少（图4-17）。N端卷曲螺旋结构域可能参与免疫信号传递；NB-ARC结构域主要功能是结合和水解ATP，进而调节蛋白质的活性以及可能的信号传递；LRR被认为参与植物抗病反应中的病原菌效应因子识别。*OsBBR1* 基因在保守区域内的变异很可能获得新的生物学功能，这对R基因进化是有利的。

为了解水稻中该基因的编码情况，克隆了日本晴、IR24和JG30的CDS全序列，并与中国菰中 *ZlBBR1* 基因的两种编码类型进行比较。日本晴、IR24和JG30中 *OsBBR1* 基因CDS全长均为3 243bp，编码1 080个氨基酸，差异仅存于内含子区，编码区相同；中国菰 *ZlBBR1-1* 仅在鄱阳湖和太湖的6个居群中克隆到，编码1 080个氨基酸，*ZlBBR1-2* 为中国菰中的绝对优势类型，编码1 078个氨基酸（图4-18）。

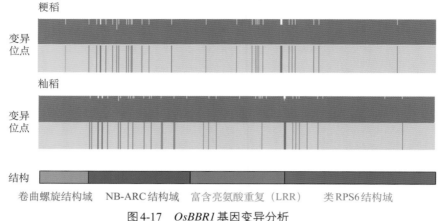

图4-17 *OsBBR1*基因变异分析

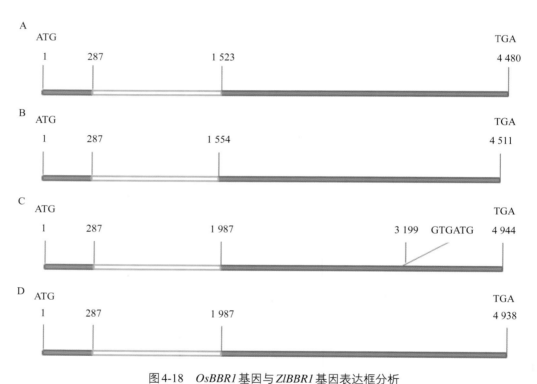

图4-18 *OsBBR1*基因与*ZlBBR1*基因表达框分析

A. 日本晴中克隆到的*OsBBR1* B. IR24、JG30中克隆到的*OsBBR1* C. *ZlBBR1-1*基因 D. *ZlBBR1-2*基因

注：蓝色框代表外显子，橙色框代表内含子。

  本研究从中国菰中成功克隆到两种氨基酸类型的*ZlBBR1*基因，根据前面的阐述也明确了其中一个类型*ZlBBR1-2*对水稻白叶枯病菌PXO71表现出特异抗性，该基因的成功克隆为水稻近缘属植物抗性基因的利用提供了分子证据，也提供了育种中间材料，*ZLBBR-2*可以与其他抗性基因通过杂交手段进行聚合，应用于水稻抗白叶枯病分子标记辅助选择育种。根据160个水稻常规品种中克隆到的*OsBBR1*基因的序列分析，可以看到作为CC-NBS-LRR类抗性基因，其在水稻中存在诸多等位基因，变异位点涉及各个保守区（图4-17）。*OsBBR1*基因在保守区域内的变异很可能获得新的生物学功能，这对R基因进化是非常有利的，深挖水稻资源材料中该基因的各种变异类型，有望获得新型抗病基因。

4.10　结论

RACE 法克隆了 *ZlBBR1* 基因 CDS 全长 3 237bp；染色体步移法获得了 *ZlBBR1* 基因 ATG 上游 2 000bp 启动子区。序列分析结果显示，中国菰 *ZlBBR1* 基因编码蛋白含 1 个 NB-ARC 结构域及 NBS-LRR 类抗性基因所共有的 P-loop。构建了 *ZlBBR1* 基因过表达载体、*ZlBBR1* 基因自身启动子驱动的表达载体、*ZlBBR1* 基因启动子连接报告基因 *gusA* 的表达载体，并分别转化粳稻品种日本晴，获得转基因后代。RT-PCR 和 GUS 组织化学染色分析结果显示，中国菰 *ZlBBR1* 基因主要在转基因植株的地上部分表达。亚细胞定位结果表明，*ZlBBR1* 基因可能编码一个膜蛋白。白叶枯病菌接种抗性鉴定结果显示，转 *ZlBBR1* 基因过表达载体日本晴后代对白叶枯病菌 PXO71 不表现抗性增强，转 *ZlBBR1* 基因自身启动子驱动的表达载体日本晴后代与对照日本晴相比无论是当代还是高世代纯系材料都表现出对 PXO71 抗性的极显著增强。进一步分析显示，3 个转 *ZlBBR1* 基因水稻纯系材料中内源激素水杨酸（SA）的含量在接种处理后的 48h 与对照材料相比维持在较高的水平上，而在接种处理后的 48h 茉莉酸（JA）含量不管在对照组还是试验组都降至同一个较低水平。转录组数据分析显示，纵向水平上，L1 株系接种 72h 与 0h 相比，有植物－病原菌互作相关基因和植物激素信号转导相关基因的富集，其中植物－病原菌互作相关基因 12 个，植物激素信号转导相关基因 9 个，其中 7 个基因为这两个途径所共有，且这 7 个基因同属 TIFY 基因家族，与植物的抗逆反应关系密切。在横向水平上，L1 株系接种 72h 后与对照材料接种 72h 后相比，有超氧化物代谢相关基因的显著富集。这些结果提示，*ZlBBR1* 全基因的存在激活了激素介导的植物抗病反应体系，启动相关基因的表达，防御病原菌的入侵，因此推测转基因植株抗性的获得是通过 SA 途径实现的。

ZlBBR1 基因非常保守，在中国菰中有两种编码类型，*ZlBBR1-1* 仅在鄱阳湖（南昌南新乡政府驻地、进贤三里乡六圩村和进贤三里乡池尾村）和太湖（宜兴陈家村、东太湖度假村和太湖中央公园五里湖）的 6 个居群中克隆到，编码 1 080 个氨基酸；*ZlBBR1-2* 为中国菰中的绝对优势类型，编码 1 078 个氨基酸。*OsBBR1* 基因也非常保守，从系统发生树来看，*OsBBR1* 各等位基因遗传距离小，很多基因在系统发生树上同属一条线。仅在 4 个品种中该基因与其他 156 个品种对应的基因序列差异较大，这 4 个品种分别是秀水 11、谷梅 2 号、广恢 128 和汕小占。进一步分析发现，*OsBBR1* 基因在粳稻品种中表现得更为单一，而在籼稻品种中 *OsBBR1* 基因表现出更为活跃的进化关系。对 *OsBBR1* 基因各结构域变异情况进行分析，发现该 R 基因各个结构域均存在变异，其中 NB-ARC 结构域内变异最多，而卷曲螺旋结构域内变异最少。对该基因进行中性检验，发现该基因在水稻群体中不遵循中性进化理论。水稻是严格的自花授粉植物，推测该基因进化受到了群体收缩的选择。进一步的群体细化分析发现该现象发生在粳稻亚种中，而不是籼稻亚种中。因此，推测粳稻中该基因存在遗传或驯化瓶颈，导致这种瓶颈的原因可能是用来驯化粳稻的野生稻祖先非常有限。

参 考 文 献

白辉, 李莉云, 刘国振, 2006. 水稻抗白叶枯病基因 *Xa21* 的研究进展[J]. 遗传, 28(6): 745-753.

白有煌, 2014. 植物中编码基因 TIFY 家族和非编码基因 lncRNA 的生物信息学研究[D]. 杭州：浙江大学.

鄂志国, 王磊, 2008. 野生稻有利基因的发掘和利用[J]. 遗传, 30(11): 1397-1405.

沈玮玮, 宋成丽, 陈洁, 等, 2010. 转菰候选基因克隆获得抗白叶枯病水稻植株[J]. 中国水稻科学, 24(5): 447-452.

王惠梅, 吴国林, 江绍琳, 等, 2015. 基于SSR和ISSR的鄱阳湖流域野生菰资源的遗传多样性分析[J]. 植物遗传资源学报, 16(1): 133-141.

吴国林, 王惠梅, 黄奇娜, 等, 2014. 菰 (*Zizania latifolia*)ISSR反应体系的建立及优化[J]. 植物遗传资源学报, 15(6): 1395-1400.

Altschul S F, Madden T L, Schäffer A A, et al., 1997. Gapped BLAST and PSI-BLAST: a new generation of protein database search programs[J]. Nucleic Acids Research, 25(17): 3389-3402.

Altschul S F, Wootton J C, Gertz E M, et al., 2005. Protein database searches using compositionally adjusted substitution matrices[J]. FEBS Journal, 272(20): 5101-5109.

Chen Y, Long L, Lin X, et al., 2006. Isolation and characterization of a set of disease resistance-gene analogs (RGAs) from wild rice, *Zizania latifolia* Griseb.I. Introgression, copy number lability, sequence change, and DNA methylation alteration in several rice-*Zizania* introgression lines[J]. Genome, 49(2): 150-158.

Chini A, Fonseca S, Chico J M, et al., 2009. The ZIM domain mediates homo- and heteromeric interactions between *Arabidopsis* JAZ proteins[J]. The Plant Journal, 59(1): 77-87.

Chujo T, Chujo T, Akimoto-Tomiyama C, et al., 2007. Involvement of the elicitor-induced gene OsWRKY53 in the expression of defense-related genes in rice[J]. Biochimica et Biophysica Acta (BBA) - Gene Structure and Expression, 1769(7-8): 497-505.

Chunwongse J, Martin G B, Tanksley S D, 1993. Pre-germination genotypic screening using PCR amplification of half-seeds[J]. Theoretical and Applied Genetics, 86(6): 694-698.

Kaminaka H, Morita S, Tokumoto M, et al., 1999. Molecular cloning and characterization of a cDNA for an iron-superoxide dismutase in rice (*Oryza sativa* L.)[J]. Journal of the Agricultural Chemical Society of Japan, 63(2): 302-308.

Hirose N, Makita N, Kojima M, et al., 2007. Overexpression of a type-A response regulator alters rice morphology and cytokinin metabolism[J]. Plant & Cell Physiology, 48(3): 523-539.

Ito Y, Hirochika H, Kurata N, 2002. Organ-specific alternative transcripts of KNOX family class 2 homeobox genes of rice[J]. Gene, 288(1-2): 4-47.

Jia Y, Mcadams S A, Bryan G T, et al., 2000. Direct interaction of resistance gene and avirulence gene products confers rice blast resistance[J]. The EMBO Journal, 19(15): 4004-4014.

Khush G S, Bacalangco E, Ogawa T, 1990. A new gene for resistance to bacterial blight from *O. longistaminate*[J]. Rice Genetics Newsletters, 7: 121-122.

Kong F N, Jiang S M, Shi L X, et al., 2006. Construction and characterization of a transformation-competent artificial chromosome (TAC) library of *Zizania latifolia* (Griseb.)[J]. Plant Molecular Biology Reporter, 24(2): 219.

Li X, Duan X, Jiang H, et al., 2006. Genome-wide analysis of basic helix-loop-helix transcription factor family in rice and *Arabidopsis*[J] Plant Physiology, 141(4):1167-1184.

Marchlerbauer A, Bo Y, Han L, et al., 2016. CDD/SPARCLE: functional classification of proteins via subfamily domain architectures[J]. Nucleic Acids Research, 45(D1): D200-D203.

Melotto M, Mecey C, Niu Y, et al., 2008. A critical role of two positively charged amino acids in the Jas motif of *Arabidopsis* JAZ proteins in mediating coronatine- and jasmonoyl isoleucine-dependent interactions with the COI1 F-box protein[J]. The Plant Journal, 55(6): 979-988.

Mew T W, 1987. Current status and future prospects of research on bacterial blight of rice[J]. Annual Review of Phytopathology, 25(1): 359-382.

Ronald P C, Albano B, Tabien R, et al., 1992. Genetic and physical analysis of the rice bacterial blight disease resistance locus, *Xa21*[J]. Molecular and General Genetics MGG, 236(1): 113-120.

Saijo Y, Hata S, Kyozuka J, et al., 2000. Over-expression of a single Ca^{2+}-dependent protein kinase confers both cold and salt/

drought tolerance on rice plants[J]. The Plant Journal, 23(3): 319-327.

Sakamoto A, Ohsuga H, Tanaka K, 1992. Nucleotide sequences of two cDNA clones encoding different Cu/Zn-superoxide dismutases expressed in developing rice seed (*Oryza sativa* L.)[J]. Plant Molecular Biology, 19(2): 323-327.

Shen Q H, Saijo Y, Mauch S, et al., 2007. Nuclear activity of MLA immune receptors links isolate-specific and basal disease-resistance responses[J]. Science, 315(5815): 1098-1103.

Song W Y, Wang G L, Chen L L, et al., 1995. A receptor kinase-like protein encoded by the rice disease resistance gene, *Xa21*[J]. Science, 270(5243): 1804-1806.

Takken F L W, Tameling W I L, Hines P J, et al., 2009. To nibble at plant resistance proteins.[J]. Science, 324(5928): 744-746.

Takken F L, Goverse A, 2012. How to build a pathogen detector: structural basis of NB-LRR function[J]. Current Opinion in Plant Biology, 15(4): 375-384.

Tamura K, Peterson D, Peterson N, et al., 2011. MEGA5: molecular evolutionary genetics analysis using maximum likelihood, evolutionary distance, and maximum parsimony methods[J]. Molecular Biology and Evolution, 28(10): 2731-2739.

Toda Y, Tanaka M, Ogawa D, et al., 2013. RICE SALT SENSITIVE3 forms a ternary complex with JAZ and class-C bHLH factors and regulates jasmonate-induced gene expression and root cell elongation[J]. Plant Cell, 25(5): 1709-1725.

Vanholme B, Grunewald W, Bateman A, et al., 2007. The tify family previously known as ZIM[J]. Trends in Plant Science, 12(6): 239-244.

Wang G L, Song W Y, Ruan D L, et al., 1996. The cloned gene, *Xa21*, confersresistance to multiple *Xanthomonas oryzae* pv. *oryzae* isolates in transgenic plants[J]. Molecular Plant-Microbe Interaction, 9(9): 850-855.

Yamada S, Kano A, Tamaoki D, et al., 2012. Involvement of OsJAZ8 in jasmonate-induced resistance to bacterial blight in rice[J]. Plant & Cell Physiology, 53(12): 2060-2072.

第5章 逆境胁迫对茭白几丁质酶基因*ZlChis*表达特性及生理活性的影响

周惠敏[1] 周念念[1] 甘德芳[1]

（1.安徽农业大学园艺学院）

◎本章提要

茭白是我国第二大水生蔬菜。茭白对逆境胁迫的响应机制有待进一步研究。为了探讨逆境胁迫对茭白几丁质酶基因*ZlChis*表达特性及生理活性的影响，以鄂茭1号为试验材料，实时荧光定量PCR检测非生物胁迫下茭白叶片几丁质酶基因*ZlChis*的表达情况；同时以5叶期雄茭幼苗为试验材料，探讨人工接种茭白黑粉菌对雄茭叶片几丁质酶基因表达的影响以及接种茭白黑粉菌对茭白叶片抗病相关酶类（几丁质酶、β-1, 3-葡聚糖酶）、苯丙烷代谢相关酶类（PPO、PAL）、抗氧化酶类（APX、CAT、POD、SOD）活性及膜脂过氧化产物（MDA）含量的影响。另外，取接种后15 d的雄茭苗根和茎进行石蜡切片，检测雄茭植株体内茭白黑粉菌的存在情况。结果表明，大部分*ZlChis*在6h内对非生物胁迫作出响应，部分*ZlChis*表达量在12h和18h达到峰值。*ZlChi2*和*ZlChi5*在各处理下表达量均上升，*ZlChi1*和*ZlChi3*在大部分胁迫处理下表达量下降，而*ZlChi10*和*ZlChi11*在所有处理下均不表达。雄茭植株接种茭白黑粉菌后，大部分*ZlChis*对茭白黑粉菌侵染作出响应，其中，*ZlChi1*、*ZlChi6*、*ZlChi8*和*ZlChi11*表达量上升明显，且分别在接种3d、6h、5d、3h达到相对表达量峰值；其他*ZlChis*基因的表达量都较低或下降，且*ZlChi2*、*ZlChi5*和*ZlChi9*不表达。

雄茭植株接种茭白黑粉菌后，叶片几丁质酶活性在接种后12h显著高于对照，而β-1, 3-葡聚糖酶活性在接种后3h显著高于对照，12h则显著低于对照，其他时间点差异不明显；接种株与对照株的PAL活性差异不显著；PPO活性在接种后6h显著低于对照；接种株APX活性在12h显著高于对照；POD和CAT活性在接种后3h显著高于对照；SOD活性及MDA含量与对照差异不显著。

提取接种15 d的雄茭苗根和茎部基因组DNA，利用qPCR检测其中茭白黑粉菌含量，结果发现，大部分接种株的茎尖和根部检测到茭白黑粉菌，也有部分接种株的茎尖和根部未检测到茭白黑粉菌，而是检测到其他真菌。石蜡切片发现接种15d的雄茭苗根部有大量真菌菌丝存在，而对照苗的根部真菌菌丝含量较少。

5.1 前言

茭白是禾本科菰属多年生草本植物，其膨大肉质茎不但营养丰富，而且富含生物活性物质。茭白对逆境胁迫（如高温/低温、寡照、干旱、盐、重金属、植物生长调节剂、辐射以及病原菌侵染等）具有很强的适应能力（Fan et al., 2014；Wang et al., 2014）。几丁质酶是一种降解几丁质的糖苷酶，广泛存在于微生物、昆虫及植物中。当植物受到病虫危害时，几丁质酶基因大量表达，几丁质酶活性提高，从而降解病菌的细胞壁和害虫的外表皮及骨骼以提高防御能力。另外，几丁质酶基因的转录以及几丁质活性的增加也会受到各种胁迫因子（如盐、干旱、低温、损伤、重金属以及植物生长调节剂等）的诱导（Mészáros et al., 2014；Rawat et al., 2017）。脱落酸（ABA）处理可诱导棉花几丁质酶基因*GhaChi3*的表达；拟南芥受到盐胁迫和机械损伤时，其Ⅲ类几丁质酶基因被诱导表达。金学博（2016）发现转*LcChi2*基因烟草不仅抗病能力增强，其耐盐碱能力也得到了显著提高；朱芳艳（2008）发现乙烯利处理及机械损伤均能引起空心莲子草叶片几丁质酶活性提高；江聪等（2013）发现盐胁迫和干旱胁迫能诱导杨树Ⅴ类几丁质酶基因*PcCHI3*的表达量上升。

茭白黑粉菌是茭白体内的一种内生真菌，茭白肉质茎的膨大是茭白的一种感病反应，是茭白植株对黑粉菌侵染的一种抵御过程。在该过程中，与防御和保护相关的酶类、植物激素和物质代谢等均会发生一系列改变（程龙军，2002；Moller et al., 2007）。江解增等（2004）研究发现，茭白肉质茎膨大过程中，超氧化物歧化酶（SOD）、过氧化氢酶（CAT）和多酚氧化酶（PPO）等酶的活性均呈现下降趋势，而过氧化物酶（POD）活性在膨大中期呈现上升，认为POD可能参与细胞、组织的分化和膨大。Li等（2019）认为，外源吲哚乙酸（IAA）处理能提高茭白的光合能力、碳水化合物代谢及产量，可显著提高茭白孕茭率；而Wang等（2017）研究认为，在茭白茎膨大过程中，细胞分裂素比生长素起着更为重要的作用。张雅芬等（2015）认为黑粉菌的二型态转换可能与茭白茎膨大密切相关，而且茭白植株可能通过精氨酸合成途径来调控黑粉菌的二型态转换从而调节其侵染行为，引起茭白膨大。Josea等（2019）发现，黑粉菌菌丝在细胞间和细胞内都可发生形态转换和移动，而孢子只发生在细胞内；进一步研究发现，黑粉菌至少参与了7种代谢途径和5种主要生物学过程来抵御宿主的防御并成功侵染。

植物受到病原菌侵染后，体内发生一系列生理生化变化，其中抗病相关代谢途径关键酶活性的变化能够有效促进植物抵御病原菌的进一步侵染。研究表明，植物的抗病性与苯丙烷代谢途径和活性氧（ROS）代谢途径密切相关，在植物与病原菌互作过程中，植物体内产生活性氧及抗菌物质，激活活性氧代谢途径及苯丙烷代谢途径中关键酶基因的表达，调节代谢产物的合成与积累（Dixon et al., 2002）。ROS作为植物快速应答外界环境的一种信号分子，可以介导植物细胞内信号传递，并参与细胞周期、基因调节、细胞程序化死亡和超敏反应等众多生理过程（Conklin et al., 1996；Conklin, 2001）。逆境胁迫下，细胞中产生大量的ROS积累，严重损伤细胞中膜脂、蛋白质、DNA等大分子物质及其他组分，最终影响植物的正常代谢和生长发育（Dietz, 2003；Foyer and Noctor, 2003）。其中，酶防御系统［抗坏血酸过氧化物酶（APX）、CAT、SOD、POD等］能有效阻止ROS的累积，减轻ROS对植物的伤害，提高植物对外界胁迫的抗逆能力。肖新换等（2016）对甘蔗接种黑穗病菌，发现蔗芽组织中黑穗病菌量随接种时间的延长而增加，接种黑穗病菌后，抗病品种POD、SOD和CAT活性普遍比对照高，表明其活性氧代谢途径强度比对照相应时间点高，能够更早应答黑穗病菌的侵染，而且抗病品种苯丙烷代谢途径也增强。几丁质酶和β-1,3-葡聚糖酶也是植物防御外界生物胁迫和非生物胁迫的重要酶系统，当植物体受到病原菌侵染时，几丁质酶和β-1,3-葡聚糖酶活性会在短时间内增强，迅速降解病原菌细胞壁的几丁质，抑制病原菌在植物体内生长繁殖，从而提高植物对病原菌感染的抗性（Khan et al., 2016）。

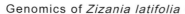
本章探讨逆境胁迫对茭白几丁质酶基因表达及生理活性的影响，结合接种植株的茭白黑粉菌qPCR验证及石蜡切片观察，阐明逆境胁迫下茭白几丁质酶基因表达情况和茭白黑粉菌侵染后抗病相关酶、苯丙烷代谢途径相关酶、抗氧化酶活性及丙二醛含量的变化规律，以期为茭白响应茭白黑粉菌侵染的生理和分子机制的阐明提供重要的理论参考。

5.2　茭白几丁质酶基因*ZlChis*的鉴定

几丁质酶根据其氨基酸序列同源性分为糖苷水解酶18家族（GH18）和糖苷水解酶19家族（GH19），其中糖苷水解酶GH19主要存在于高等植物中，可分为Class Ⅰ、Ⅱ和Ⅳ，该家族几丁质酶基因参与植物响应生物胁迫和非生物胁迫过程。本章采用几丁质酶的HMM文件（PF00182）搜索茭白基因组数据库（Guo et al., 2015），经Pfam分析排除无Glyco_hydro_19结构的基因，经Clustal W工具比对，排除重复序列后，共获得11个茭白几丁质酶基因*ZlChis*（*ZlChi1*至*ZlChi11*）（表5-1）。为了研究茭白*ZlChis*与拟南芥及水稻几丁质酶之间的系统发生关系，利用MEGA4.0通过邻接法构建系统进化树。11个*ZlChis*分属于Class Ⅰ、Ⅱ和Ⅳ，其中2个*ZlChis*属于Class Ⅰ，5个*ZlChis*属于Class Ⅱ，4个*ZlChis*属于Class Ⅳ（图5-1）。位于同一分支的*ZlChis*可能具有相似的功能，如同属于Class Ⅳ的*ZlChi1*和*ZlChi9*，*ZlChi4*和水稻chit1等可能具有相似的功能；另外，同属于Class Ⅰ的*ZlChi2*和水稻chit13，*ZlChi3*、水稻chit12和拟南芥AT3G04720蛋白，与损伤诱导蛋白WIN2前体相似，可能参与植物的损伤过程。

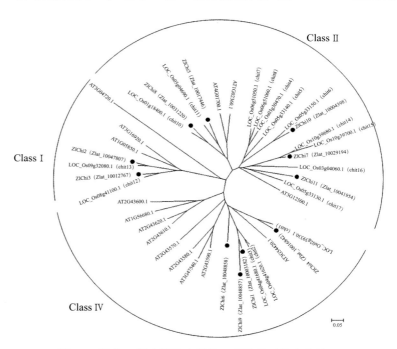

图5-1　茭白、拟南芥及水稻几丁质酶的系统发生关系
注：AT代表拟南芥；Os代表水稻；Zl代表茭白。

表5-1　茭白几丁质酶基因*ZlChis*的基本信息以及荧光定量引物

基因名称	基因ID	定量RT-PCR引物	
		正向引物	反向引物
ZlChi1	Zlat_10003182	GGGCATATCCAACAATGGCGAACT	CCGGAGATGAGGAGCACTAA
ZlChi2	Zlat_10047807	GGAAAGCTCAGCCATCGAGA	GAGGAGTGGGAGAAAGCGAAGT
ZlChi3	Zlat_10012767	GGTTCTGCTGCAACGAGAC	GGTGATGAAGGCCTGGTAGT
ZlChi4	Zlat_10016842	CTCCGAAGACGACTCCAAG	CGATCTCCTCGATGTAGCAG
ZlChi5	Zlat_10017446	GCTGCACCGATGTACAGATTG	CTTGTGCAGGAACAGCGAC
ZlChi6	Zlat_10048858	CGCTCTGGTTCTGGATGA	ATCTGTTGCCGTTGCACT

（续）

基因名称	基因ID	定量RT-PCR引物	
		正向引物	反向引物
ZlChi7	*Zlat_10029194*	GACCGCATCGGCTACTACAAG	CTGGTTGTAGCAGTCGAGGTT
ZlChi8	*Zlat_10031220*	TTACTGCGACGCCACTGACA	CCCGTAGTTGAAGTTCCATGAG
ZlChi9	*Zlat_10048857*	ATGATGTCGTTCCTGGCTC	CTTGAAGAACGCCTCAGTG
ZlChi10	*Zlat_10004398*	CCCTGTCGAACAAACCACTGGAAAC	CCCCTGCGATCATCATGCCAAAT
ZlChi11	*Zlat_10041954*	ATGGTTCATCGCACTTCC	GGTGAGACACGTTCGTGAACAT
ZlActin 2	*LOC102711684*	TAACCGGCCACGTGTATTTA	AGAGCAGAGGCATTCCAAGT

5.3　茭白黑粉菌的分离与验证

以鄂茭1号灰茭为材料，分离和培养其中的黑粉菌，用真菌基因组DNA抽提试剂盒提取黑粉菌基因组DNA，以黑粉菌*actin*和*TFIID*基因特异性引物进行PCR扩增（表5-2），2%琼脂糖凝胶电泳检测。结果显示，扩增条带大小分别约为250bp和120bp，与预期一致，可用于后续试验（图5-2）。

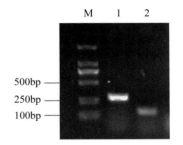

图5-2　茭白黑粉菌*actin*和*TFIID*基因的PCR扩增

M. DL2000 marker　1. *actin*基因的PCR扩增　2. *TFIID*基因的PCR扩增

表5-2　茭白黑粉菌*actin*和*TFIID*基因引物序列

引物	引物序列(5′→3′)	片段长度(bp)
actin-F	CAATGGTTCGGGAATGTGC	243
actin-R	GGGATACTTGAGCGTGAGGA	
TFIID-F	GTAGCGAACTGAGAGCGGTA	120
TFIID-R	TAGTGTTTCATTTCGCTCCTCC	

5.4　非生物胁迫对茭白叶片几丁质酶基因*ZlChis*表达的影响

几丁质酶是一种降解几丁质的糖苷酶，广泛存在于微生物、昆虫及植物中，参与植物生长发育过程的调节以及对各种环境胁迫的响应。几丁质酶基因的转录和几丁质酶活性的增加会受到各种胁迫因子（如盐、干旱和低温等）的诱导。为研究转录水平上茭白叶片*ZlChis*基因对盐（0.2mol/L NaCl）、高温（42℃）、低温（4℃）、干旱（20% PEG 6000）和ABA（0.1mmol/L）胁迫的反应，利用Primer Premier 5.0设计*ZlChis*基因特异性引物，以胁迫处理的茭白叶片cDNA为模板，实时荧光定量PCR检测*ZlChis*基因的表达情况。

5.4.1　NaCl胁迫下茭白几丁质酶基因*ZlChis*的表达分析

用0.2mol/L NaCl处理5叶期茭白幼苗，实时荧光定量PCR检测处理6h、12h和18h茭白叶片*ZlChis*基因表达情况，结果显示，*ZlChi10*和*ZlChi11*在盐胁迫下不表达，其余9个*ZlChis*基因均对NaCl处理有

响应。*ZlChi9*在处理6h的相对表达量最高，达105.7，显著高于12h（0.0088）和18h（0.0055）。*ZlChi5*在整个处理过程中相对表达量都比较高，其中以处理12h的相对表达量最高（98.1），18h次之（92.0），6h最低（56.3），且处理6h的表达量显著低于12h和18h。另外，*ZlChi2*在各处理时间的相对表达量都不高，但均大于1。*ZlChi4*和*ZlChi7*在处理18h的相对表达量稍大于1，其他时间点的相对表达量均低于1。其他*ZlChis*基因相对表达量较低，在处理的各阶段相对表达量都低于1（图5-3）。

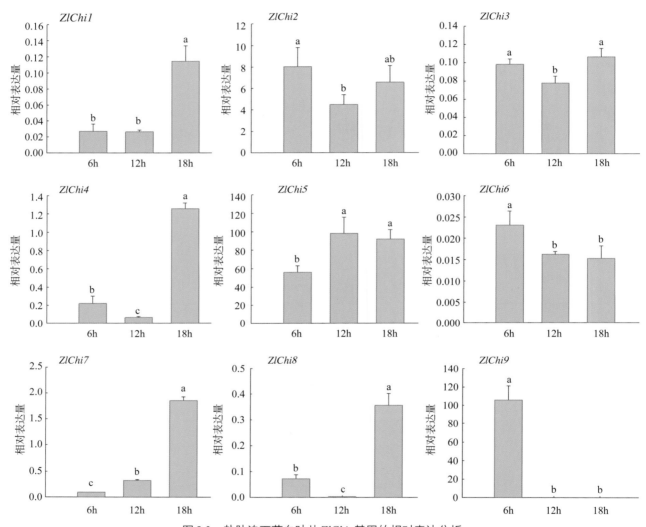

图5-3 盐胁迫下茭白叶片*ZlChis*基因的相对表达分析

注：横坐标为盐胁迫时间；不同小写字母表示差异显著（$p < 0.05$）。

本研究发现，大部分*ZlChis*都是在盐处理的早期作出响应。*ZlChi2*在不同处理时间都是表达量上升，而*ZlChi3*、*ZlChi6*和*ZlChi8*都是表达量下降。*ZlChi5*在不同处理时间的叶片都大量表达，而*ZlChi9*在处理6h的叶片中高表达；*ZlChi5*和*ZlChi9*在胁迫处理的早期即有大量表达，说明这2个基因在茭白受到盐胁迫的初期即作出响应，合成盐胁迫相关的应激蛋白，以提高植株的抗盐能力，相关应激蛋白的合成情况及种类还有待进一步验证。*ZlChi10*和*ZlChi11*在盐处理下不表达，二者是否参与盐胁迫响应还有待进一步验证。

5.4.2 高温胁迫（42℃）下茭白几丁质酶基因*ZlChis*的表达分析

将5叶期茭白植株置于42℃培养箱中处理6h、12h和18h，实时荧光定量PCR检测茭白叶片*ZlChis*基因的表达情况。结果表明，*ZlChi10*和*ZlChi11*不表达，其余9个*ZlChis*基因对高温胁迫均作出响应，且大多数*ZlChis*基因在处理6h的相对表达量最高，显著高于其他时间点。*ZlChi2*、*ZlChi5*和*ZlChi8*基因的相对表达量变化明显，处理6h的相对表达量分别为26.9、115.8和20.2，随着处理时间延长，其相对表达量都显著降低。另外，*ZlChi4*基因只在处理6h呈现轻微上升表达，其他*ZlChis*基因相对表达量都比较低，*ZlChi6*和*ZlChi9*在处理各时间点都呈现下降表达（图5-4）。本研究发现大多数*ZlChis*基因在高温胁迫的初期作出响应，说明这些基因可能是高温胁迫初期的抗逆相关基因，参与高温胁迫相关的蛋白质合成过程，以提高植物的抗逆性，但是相关胁迫蛋白的类型及合成过程还有待进一步验证。

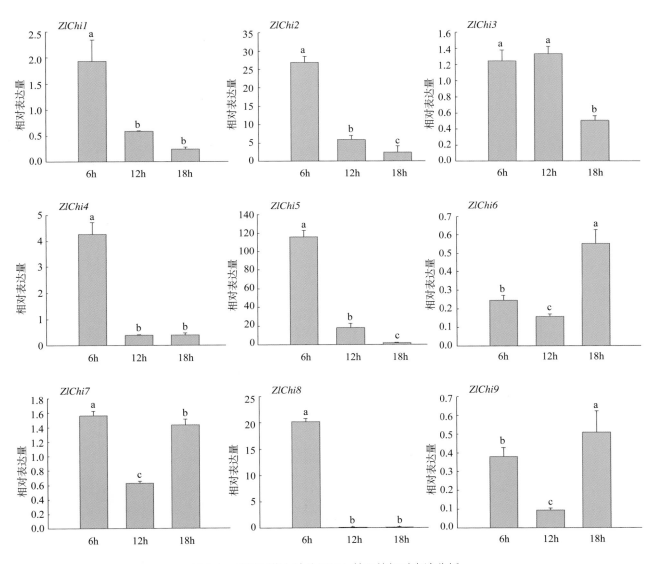

图5-4 42℃下茭白叶片*ZlChis*基因的相对表达分析

注：横坐标为高温胁迫时间；不同小写字母表示差异显著（$p < 0.05$）。

5.4.3 低温胁迫（4℃）下茭白几丁质酶基因*ZlChis*的表达分析

将5叶期茭白幼苗置于4℃培养箱中处理6h、12h和18h，荧光定量检测*ZlChis*基因的表达情况，结果显示，*ZlChi10*和*ZlChi11*没有表达，而*ZlChi1*至*ZlChi9*对低温胁迫均能作出响应。与对照相比，大部分*ZlChis*（*ZlChi1*、*ZlChi3*、*ZlChi4*、*ZlChi6*、*ZlChi7*和*ZlChi9*）基因的相对表达量都有不同程度的降低。*ZlChi2*在处理各时期表达量均上升，处理6h时相对表达量最高（34.5），显著高于12h和18h；12h时的相对表达量降到最低。整个处理期间，*ZlChi5*基因的相对表达量总体呈上升趋势，处理12h和18h的相对表达量显著高于6h。*ZlChi8*基因在处理12h的相对表达量最高，显著高于6h和18h（图5-5）。丁云等（2021）研究发现，木薯*MeCHITVb*基因在低温胁迫下表达量显著上升，进而推测该基因可能参与木薯耐低温的调控。本研究发现，低温胁迫下*ZlChi2*、*ZlChi5*和*ZlChi8*基因表达量上升，而其他6个*ZlChis*基因表达量均下降，推测这些几丁质酶基因可能参与了茭白对低温胁迫的响应过程。

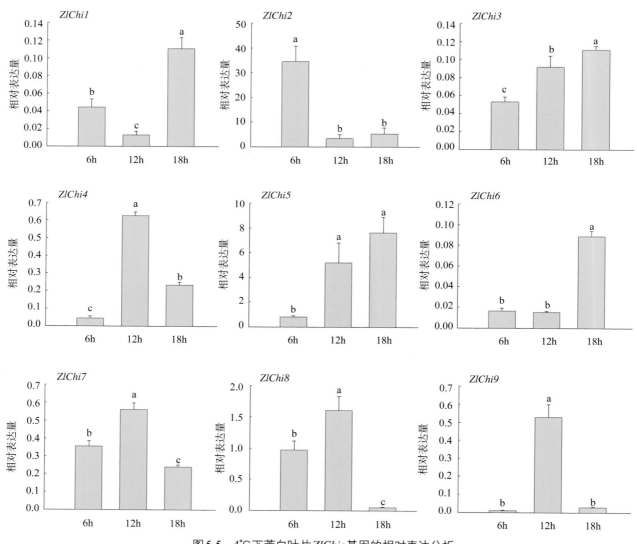

图5-5 4℃下茭白叶片*ZlChis*基因的相对表达分析

注：横坐标为低温胁迫时间；不同小写字母表示差异显著（$p < 0.05$）。

5.4.4　干旱胁迫下茭白几丁质酶基因 *ZlChis* 的表达分析

以 20%（*m/V*）PEG 6000 溶液处理 5 叶期茭白幼苗，荧光定量结果显示，*ZlChi10* 和 *ZlChi11* 不表达。*ZlChi2* 和 *ZlChi5* 基因表达量上升，*ZlChi2* 在处理 6h 的相对表达量最低，处理 12h 的相对表达量最高，显著高于其他时间点；*ZlChi5* 在处理期内相对表达量都很高，处理 18h 的相对表达量达到峰值（121.5），处理 12h 的相对表达量最低，显著低于其他时间点。另外，*ZlChi4*、*ZlChi8* 和 *ZlChi9* 都在处理 6h 达到相对表达量峰值，而 *ZlChi1*、*ZlChi3*、*ZlChi6* 和 *ZlChi7* 基因的表达水平较低或表达量下降（图 5-6）。Gupta 等（2019）对菜豆营养期和生殖期干旱胁迫下的蛋白质进行了研究，发现有 5 种干旱响应蛋白质表达量上升，表明这些蛋白质可能参与植物的防御及分子调控过程。本研究发现干旱胁迫下 *ZlChi5* 大量表达，*ZlChi8* 和 *ZlChi9* 在干旱胁迫的早期也是大量表达，说明这些基因可能是干旱胁迫的早期响应因子，而 *ZlChi1*、*ZlChi3* 和 *ZlChi7* 可能是干旱胁迫的负调控因子。

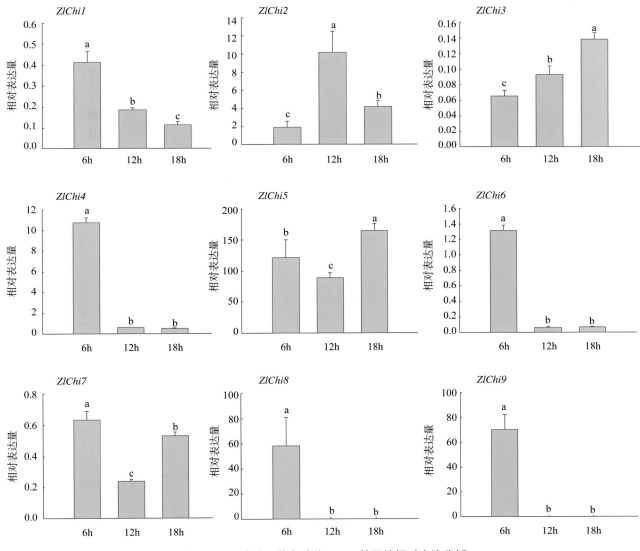

图 5-6　干旱胁迫下茭白叶片 *ZlChis* 基因的相对表达分析

注：横坐标为干旱胁迫时间；不同小写字母表示差异显著（$p < 0.05$）。

5.4.5 ABA处理下茭白几丁质酶基因*ZlChis*的表达分析

用0.1mmol/L ABA溶液喷洒5叶期茭白叶片，分别在处理后1h、3h和5h取样，实时荧光定量PCR检测*ZlChis*基因的相对表达情况。结果表明，*ZlChi2*和*ZlChi5*呈现上升表达，*ZlChi2*在处理3h和5h的相对表达量较高，不同处理时间点差异不显著；*ZlChi5*对ABA处理反应最明显，处理3h的相对表达量（153.3）显著高于1h和5h。而其他*ZlChis*（*ZlChi1*、*ZlChi3*、*ZlChi4*、*ZlChi6*、*ZlChi7*、*ZlChi8*和*ZlChi9*）基因呈现下降表达，其中*ZlChi6*和*ZlChi9*表达量下降明显。另外，*ZlChi10*和*ZlChi11*不表达（图5-7）。本研究发现ABA处理后，除了*ZlChi2*和*ZlChi5*基因上升表达外，其余*ZlChis*基因均下降表达，表明大多数*ZlChis*基因对ABA胁迫的响应是负反馈的。

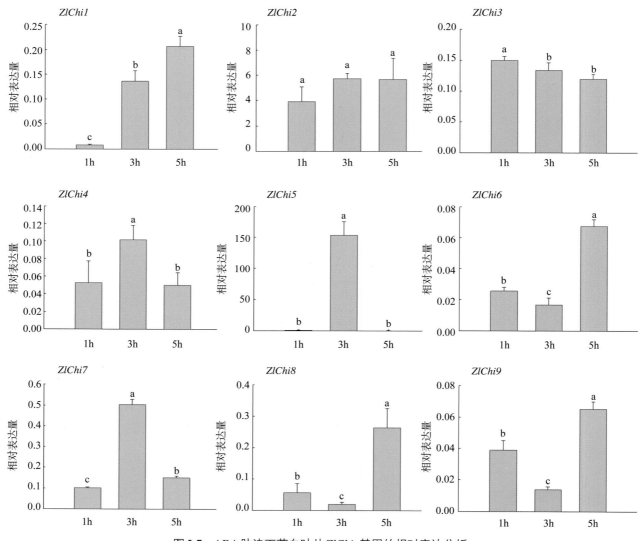

图5-7 ABA胁迫下茭白叶片*ZlChis*基因的相对表达分析
注：横坐标为ABA胁迫时间；不同小写字母表示差异显著（$p < 0.05$）。

5.5 茭白黑粉菌侵染对雄茭叶片几丁质酶基因*ZlChis*表达的影响

取5叶期雄茭植株，利用注射法接种茭白黑粉菌，以接种马铃薯葡萄糖液体培养基的雄茭苗为对照，分别于接种后3h、6h、12h、18h、24h、3d和5d检测雄茭叶片*ZlChis*基因的表达情况。结果显示，3个*ZlChis*（*ZlChi2*、*ZlChi5*和*ZlChi9*）基因不表达，其余8个*ZlChis*基因对茭白黑粉菌侵染均能作出响应。其中*ZlChi1*、*ZlChi6*、*ZlChi8*和*ZlChi11*的相对表达量变化明显，*ZlChi1*在接种后18h和3d呈现显著上升表达，相对表达量分别为10.28和22.53；*ZlChi6*在处理后3h、6h和12h也显著上升表达，相对表达量分别为7.08、15.68、15.52；另外，*ZlChi8*在接种后5d相对表达量最高，达16.93，呈显著上升表达；*ZlChi10*在接种后3h、6h和18h也呈现显著上升表达，相对表达量分别为3.90、3.65和3.55；*ZlChi11*在接种后3h达到最大相对表达量，为10.50；其余*ZlChis*基因相对表达量都较低或呈下降表达（图5-8）。

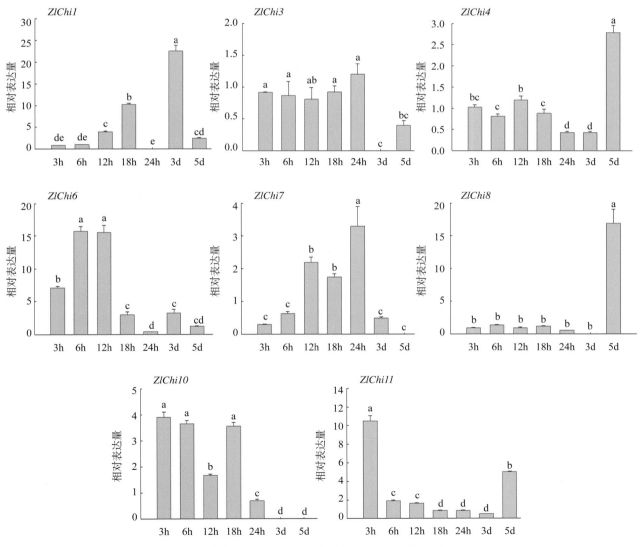

图5-8 茭白黑粉菌侵染对雄茭叶片*ZlChis*基因表达的影响
注：横坐标为接种后的时间；不同小写字母表示差异显著（$p < 0.05$）。

几丁质酶在植物防御病原体侵染过程中起着重要作用，当植物受到病原体危害时，几丁质酶基因大量表达，几丁质酶活性提高，从而降解病菌的细胞壁以提高防御能力（Bartholomew et al., 2019；Cheng et al., 2021；Wang et al., 2021）。研究表明，茶叶在受到真菌感染时，GH19几丁质酶基因（*TEA028279* 和 *TEA019397*）均呈现上升表达，说明几丁质酶基因在茶叶生物胁迫应答过程中起防御作用（Bordoloi et al., 2021）。本研究发现雄茭植株接种茭白黑粉菌后，除 *ZlChi2*、*ZlChi5* 和 *ZlChi9* 基因外，其余8个 *ZlChis* 基因均对茭白黑粉菌侵染作出响应，推测这些基因可能参与了雄茭响应茭白黑粉菌的侵染过程。其中，*ZlChi10* 和 *ZlChi11* 基因在接种后3h相对表达量最高，*ZlChi1* 基因在接种后3d相对表达量最高，*ZlChi6* 基因在接种后6h和12h相对表达量最高，*ZlChi8* 基因在接种后5d相对表达量最高，说明 *ZlChis* 基因对茭白黑粉菌侵染的反应时间有所不同。其他 *ZlChis* 基因的相对表达量都较低或不表达，说明这些基因可能对茭白黑粉菌侵染不敏感或参与其他胁迫的反馈调控，这与徐武等（2019）的研究结论一致。王瑾等（2021）研究指出，链格孢菌侵染后，甜瓜 *CmCHT1* 基因的相对表达量在侵染初期到中期较高，*CmCHT2* 基因相对表达量在侵染中期较高，说明病原菌侵染引起不同 *CmCHT* 基因的表达存在时间差异性。Bartholomew 等（2019）发现黄瓜14个几丁质酶基因对尖孢镰刀菌的侵染也呈现表达差异。本研究发现茭白黑粉菌侵染引起茭白 *ZlChis* 基因表达也存在时间差异性。

5.6 茭白黑粉菌侵染对雄茭生理活性的影响

5.6.1 茭白黑粉菌侵染对雄茭叶片几丁质酶及 β-1, 3- 葡聚糖酶活性的影响

几丁质酶是植物体内一类降解几丁质的糖苷酶，参与植物生长发育过程的调节以及响应各种逆境胁迫尤其是病原菌的侵染过程。试验对雄茭幼苗接种茭白黑粉菌，研究黑粉菌侵染对雄茭叶片几丁质酶活性的影响，结果显示，在测定时间内，雄茭叶片几丁质酶活性呈现逐渐降低趋势，对照组（未接种，下同）和处理组（接种，下同）的酶活性在接种后3h最高，接种后5d酶活性最低；除接种后3d外，处理组所有时间点的几丁质酶活性都较对照组高，分别是对照组的1.04倍、1.33倍、2.33倍、1.66倍、2.02倍、0.87倍和1.46倍，尤其是接种后12h，处理组与对照组差异显著（图5-9）。β-1, 3- 葡聚糖和几丁质都是绝大多数真菌细胞壁的主要成分。β-1, 3- 葡聚糖酶通过催化真菌细胞壁中 β-1, 3- 葡聚糖的水解，抑制真菌生长，参与植物对病原真菌的防卫，提高植物的抗真菌能力。在测定期内，处理组和对照组 β-1, 3- 葡聚糖酶活性总体呈现下降趋势，都在接种后3h达到最高，以后逐渐降低；处理组

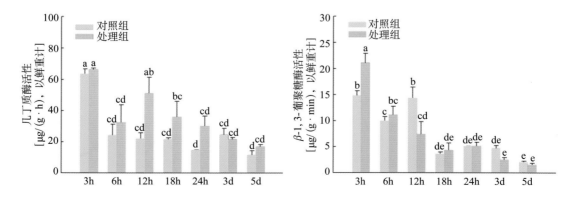

图5-9　茭白黑粉菌侵染对雄茭叶片几丁质酶及 β-1, 3- 葡聚糖酶活性的影响
注：横坐标为接种后的时间；不同小写字母表示差异显著（$p < 0.05$）。

β-1, 3- 葡聚糖酶活性在接种后3h、6h和18h较对照组提高，分别是对照组酶活性的1.42倍、1.10倍和1.21倍，其中接种后3h，二者之间差异达显著水平；在接种后12h、24h、3d和5d较对照组降低，分别是对照组酶活性的0.51倍、0.99倍、0.51倍和0.74倍，且接种后12h，处理组的β-1, 3- 葡聚糖酶活性显著低于对照组（图5-9）。

几丁质酶在植物防御真菌侵染过程中起关键作用，当受到病原真菌侵染时，植物可产生多种抗菌物质来抵御病原真菌的侵染，譬如诱导植物细胞产生活性氧（ROS）、介导抗病相关酶（几丁质酶和β-1, 3- 葡聚糖酶）活性的提高，抗病相关酶可通过分解病原菌细胞壁结构组分、诱导与抗病相关的酶促反应，促进抗病物质的累积，以增强植物的抗病能力（闫志鹏等，2019；Toufiq et al., 2018）。本研究以5叶期雄茭幼苗为试验材料，采用注射法接种茭白黑粉菌，结果显示，雄茭叶片几丁质酶活性均高于对照，说明茭白黑粉菌侵染可诱导几丁质酶活性的提高，从而增强雄茭植株抗茭白黑粉菌的能力。王瑾等（2021）研究发现，甜瓜受到链格孢菌侵染后，其果皮及果肉组织几丁质酶和β-1, 3- 葡聚糖酶活性随储藏时间延长呈现逐渐降低的趋势。雄茭接种茭白黑粉菌后，其叶片几丁质酶和β-1, 3- 葡聚糖酶活性均呈现逐渐降低的趋势，这与王瑾等（2021）的研究结果一致。上述*ZlChi10*和*ZlChi11*基因在接种后3h相对表达量最高，说明雄茭对茭白黑粉菌接种早期的防御反应最明显，推测*ZlChi10*和*ZlChi11*基因可能参与响应黑粉菌侵染调控过程，这两个基因的功能及参与的生物学过程还有待进一步验证。

5.6.2 茭白黑粉菌侵染对雄茭叶片多酚氧化酶及苯丙氨酸解氨酶活性的影响

多酚氧化酶（PPO）是植物中普遍存在的一类含铜氧化还原酶，是植物抵抗逆境的代谢酶，作为植物体内的氧化还原酶和酶促褐变反应中的关键酶，在氧气存在的条件下，能够将植物体内的酚类物质氧化成对病原菌有毒害作用的醌类物质，从而达到抑制植物体内病原菌生长和扩散的目的（Kobsak et al., 2021；Muhammad et al., 2021；Teribia et al., 2021；Zhao et al., 2021）。接种茭白黑粉菌后3h和6h，处理组PPO活性低于对照组，且在接种后6h，处理组PPO活性显著低于对照组；从接种后12h起，处理组PPO活性高于对照组（图5-10）。苯丙氨酸解氨酶（PAL）是植物次生代谢过程的关键酶之一，是植物体内次生代谢物质（木质素、植保素、类黄酮和花青素等物质）形成和代谢过程的重要酶，与植物抵抗病原真菌侵染密切相关（闫志鹏等，2019；Dong et al., 2021）。接种茭白黑粉菌后3h，处理组叶片PAL活性低于对照组，两组之间差异不显著；从接种6h起，处理组PAL活性高于对照，在整个测定时间内，处理组雄茭叶片PAL活性与对照组差异不显著（图5-10）。程龙军（2002）发现茭白孕茭初期PAL活性较高，本研究发现茭白黑粉菌侵染对PAL活性无显著影响，说明PAL可能不是茭白响应茭白黑粉菌侵染的关键酶。

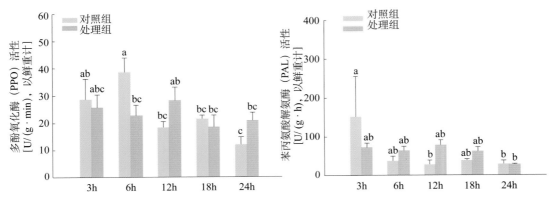

图5-10 茭白黑粉菌侵染对雄茭叶片多酚氧化酶（PPO）及苯丙氨酸解氨酶（PAL）活性的影响

注：横坐标为接种后的时间，不同小写字母表示差异显著（$p < 0.05$）。

5.6.3 茭白黑粉菌侵染对雄茭叶片抗氧化酶活性的影响

逆境胁迫会使植物体内的氧化还原稳态失衡，导致细胞或生物体内活性氧（ROS）失衡，从而造成膜脂过氧化和膜结构破坏，严重影响植物生长发育（Zhu et al., 2010）。在这种情况下，植物能通过调节体内抗氧化酶的活性来减轻ROS失衡所带来的损伤（Urmi et al., 2021）。抗坏血酸过氧化物酶（APX）、过氧化物酶（POD）、超氧化物歧化酶（SOD）和过氧化氢酶（CAT）是保护细胞免受氧化损伤的主要抗氧化酶类，可以通过相互协作清除ROS来减轻胁迫产生的影响（Grara et al., 2003）。

APX是植物活性氧代谢途径中重要的抗氧化酶之一，是过氧化物酶家族的一类血红素过氧化物酶，将H_2O_2分解成H_2O和O_2，从而平衡细胞内ROS的浓度（Tyagi et al., 2020）。雄茭植株接种茭白黑粉菌后，除6h外，其他时间段处理组APX活性都较对照组高，其中以接种后12h处理组APX活性最高，为796 U/(g·min)（以鲜重计），显著高于对照，说明接种后12h可能是APX响应茭白黑粉菌侵染的关键时间点（图5-11）。

POD是植物体内广泛存在的活性较高的一类氧化还原酶，参与植物呼吸作用、光合作用及生长素的氧化等过程。接种茭白黑粉菌后3h，处理组POD活性最高，达516.11U/(g·min)（以鲜重计），是对

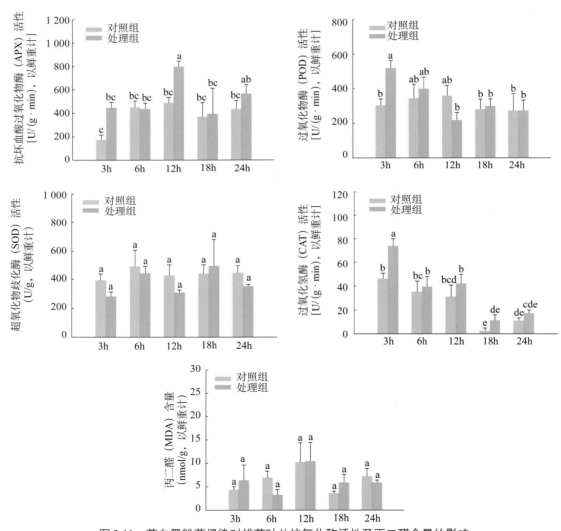

图5-11 茭白黑粉菌侵染对雄茭叶片抗氧化酶活性及丙二醛含量的影响

注：横坐标为接种后的时间，不同小写字母表示差异显著（$p < 0.05$）。

照组的 1.70 倍，且显著高于对照组。处理组 POD 活性在接种后 3h、6h 和 18h 均高于对照组，而在接种后 12h 和 24h 低于对照组。说明雄茭叶片 POD 对茭白黑粉菌的响应期主要集中在处理前期（图 5-11）。

SOD 是生物体抗氧化酶的重要组成酶，在微生物、植物和动物体内普遍存在。它是一种含金属辅基的抗氧化酶，在保持生物体氧化与抗氧化动态平衡中起重要作用。SOD 活性的增加与植物抗逆性的提高有关，通过将超氧化物自由基分解为 H_2O_2 来增强抗逆性。接种后 18h，处理组 SOD 活性最高，达 491U/g（以鲜重计），是对照组的 1.12 倍；其他时间点处理组 SOD 活性均低于对照组，且在接种后 3h 酶活性最低。在测定时间点内，处理组 SOD 活性与对照组差异不显著（图 5-11）。

CAT 是植物体内的关键抗氧化酶，普遍存在于植物体中，是一种以铁卟啉为辅基的结合酶，能够有效清除植物体内活性氧，其活性与植物代谢强度及抗逆性有关，CAT 可以在无还原剂的情况下对 H_2O_2 自身进行解毒。本研究处理组叶片中 CAT 活性均高于对照组，以接种后 3h 的酶活性最高，达 73.67U/（g·min）（以鲜重计），是对照组的 1.60 倍；在测定范围内，除 3h 外，处理组与对照组 CAT 活性差异不显著，且随着处理时间的延长，CAT 活性逐渐降低，在 18h 时达到最低值 11.14U/（g·min）（以鲜重计），是对照组酶活性的 5.30 倍（图 5-11）。

丙二醛（MDA）是细胞膜脂过氧化作用产物之一，它的产生会加剧细胞膜损伤。MDA 含量可用来反映植物体内 ROS 导致的膜脂过氧化程度。因此在研究植物抗性、衰老生理时，可通过测定 MDA 含量了解 ROS 导致的膜脂过氧化程度，间接反映植物组织抗氧化能力以及植物抗逆性的强弱。在整个测定期内，处理组 MDA 含量与对照组差异不显著，接种后 3h 和 18h，处理组 MDA 含量略高于对照，而接种 6h 和 24h，MDA 含量均低于对照（图 5-11）。

闫宁等（2013）研究表明，茭白黑粉菌侵染导致茭白叶片 APX、CAT、POD、谷胱甘肽还原酶（GR）、SOD 活性和 H_2O_2 含量升高，超氧自由基和 MDA 含量下降。本研究结果显示，接种茭白黑粉菌提高了叶片 APX 和 CAT 活性，其中 CAT 和 POD 在接种后 3h 活性最高，SOD 活性在接种后 18h 最高；接种茭白黑粉菌后 MDA 含量与对照组相差不大。抗氧化酶活性变化趋势与闫宁等（2013）的研究结果一致，推测在接种后 18h 内，雄茭植株体内 ROS 积累较多，抗氧化酶活性的升高是雄茭植株响应茭白黑粉菌侵染的表现。可见，茭白黑粉菌侵染在一定程度上诱导了植物体内抗氧化酶活性的变化，提高了植物体对茭白黑粉菌侵染的抵抗能力，而植物内生真菌与其宿主需要经过长期的相互适应和进化才能形成互利共生关系，本研究中雄茭植株体内相关酶生理活性的变化可能与茭白和茭白黑粉菌互利共生关系的形成有关。茭白黑粉菌侵染以及茭白与茭白黑粉菌的共生关系还有待进一步探究。

5.7　接种植株的茭白黑粉菌检测

5.7.1　接种植株茭白黑粉菌的分子检测

以接种茭白黑粉菌 15d 的雄茭苗茎尖及根部基因组 DNA 为模板，用茭白黑粉菌 *actin* 基因特异性引物进行 qPCR 扩增，以接种马铃薯葡萄糖液体培养基的雄茭苗为对照。结果显示，大部分接种株的茎尖和根部能扩增出约 250bp 目的条带，部分接种株茎尖和根部未扩增得到目的条带，但扩增出一条介于 100bp 和 250bp 之间的条带，也有部分接种株无扩增条带出现（图 5-12）。切胶回收扩增片段，连接到 pMD19-T Vector 载体。测序结果显示，雄茭茎尖和根部 qPCR 扩增片段大小分别为 243bp 和 139bp，比对分析发现，243bp 扩增片段与茭白黑粉菌 *actin*（*KU302684.1*）序列同源性为 100%，139bp 扩增片段与土曲霉（*XM_001209659.1*）序列同源性为 86%。说明接种后 15d，茭白黑粉菌已经成功侵染雄茭植株，并且已经扩展到雄茭的根部，同时也说明雄茭植株中还存在着其他真菌。

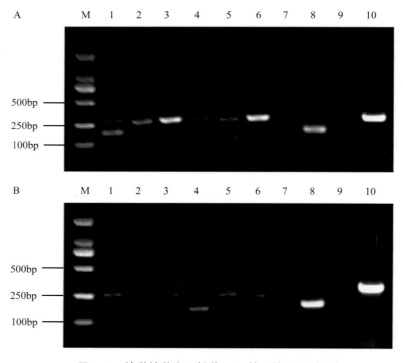

图5-12 接种株茭白黑粉菌*actin*基因的qPCR扩增

A.接种株根部茭白黑粉菌*actin*基因qPCR扩增 B.接种株茎尖茭白黑粉菌*actin*基因的qPCR扩增
M. DL2000 marker；1～8.接种茭白黑粉菌的雄茭 9.接种马铃薯葡萄糖液体培养基的雄茭 10.阳性对照

5.7.2 接种植株的石蜡切片观察

取接种茭白黑粉菌15d雄茭苗的根部组织，迅速放入FAA固定液中固定，由武汉赛维尔生物科技有限公司进行石蜡切片（WGA-PI染色法）（Redkar et al., 2018）。结果发现，相同的视野范围内，接种茭白黑粉菌的雄茭苗根部可观察到大量真菌菌丝组织，而对照组雄茭根部真菌菌丝组织很少（图5-13）。说明茭白黑粉菌已经侵染到接种株的根部，并且产生了大量菌丝。

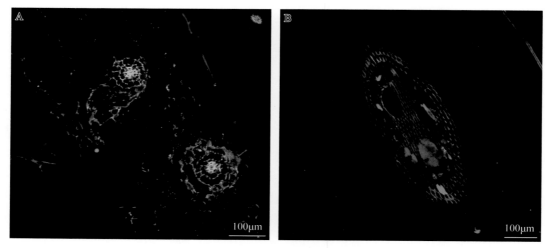

图5-13 雄茭根部石蜡切片观察

A.接种马铃薯葡萄糖液体培养基的雄茭根部石蜡切片（CK） B.接种茭白黑粉菌的雄茭根部石蜡切片
注：纵切，10倍视野，真菌菌丝呈绿色荧光，植物组织细胞壁呈红色荧光。

石蜡切片是观察病原菌侵染后植物组织结构变化的常用方法（张文洁，2020）。李帅（2016）利用石蜡切片观察田间不同表型茭白黑粉菌的分布情况，发现正常茭白中黑粉菌主要以菌丝的形态分布在根部和茎部，且茎部黑粉菌菌丝数量的多少与茎部营养物质的供应密切相关。周美琪（2018）研究发现，正常茭白5叶期的茎部已有黑粉菌菌丝存在，黑粉菌在正常茭白茎部的生长分布与茭白植株的生长发育状态密切相关，茭白叶片老化时，黑粉菌菌丝逐渐转变成孢子，并以孢子形态存在于正常茭白茎部。本研究发现，对照组雄茭根部有少量真菌菌丝分布，而接种株根部有大量真菌菌丝存在，结合qPCR的结果，说明接种15d的雄茭植株根部已经有茭白黑粉菌的大量存在，至于对照组植株根部也检测到少量真菌菌丝，说明雄茭植株中可能有其他真菌的存在，也说明茭白体内真菌的多样性，这与占梦丹（2017）的研究结果一致。茭白茎部黑粉菌的生长和分布与茭白能否孕茭密切相关（刘晓慧等，2020）。本研究中，大部分接种株茎尖和根部检测到茭白黑粉菌，另外，部分接种株的茎尖和根部还检测到其他真菌，至于接种株能否膨大形成肉质茎还需进一步观察。

5.8　结论

本章利用RT-qPCR技术检测逆境胁迫下茭白叶片几丁质酶基因的表达情况，研究接种茭白黑粉菌对雄茭叶片抗病相关酶类、苯丙烷代谢相关酶类、抗氧化酶类活性以及MDA含量的影响。大部分 *ZlChis* 基因在非生物胁迫6h相对表达量达到最大值，也有部分 *ZlChis* 基因在12h或18h达到相对表达量峰值，其中，*ZlChi2* 和 *ZlChi5* 基因在所有胁迫处理中均上升表达，而 *ZlChi10* 和 *ZlChi11* 基因在所有处理中均未表达。雄茭叶片大部分 *ZlChis* 基因对接种茭白黑粉菌作出响应，但 *ZlChi2*、*ZlChi5* 和 *ZlChi9* 基因未检测到表达量，其中 *ZlChi1*、*ZlChi6*、*ZlChi8* 和 *ZlChi11* 基因在接种后呈现上升表达，而其他 *ZlChis* 基因的相对表达量都较低。接种茭白黑粉菌后，雄茭叶片几丁质酶、*β*-1,3-葡聚糖酶、PPO、PAL、APX、CAT、POD、SOD活性以及MDA含量都有变化，其中几丁质酶、*β*-1,3-葡聚糖酶、APX和POD对接种茭白黑粉菌的响应程度高于其他酶。qPCR显示接种15d的雄茭苗茎尖和根部有茭白黑粉菌存在；石蜡切片显示，接种15d的雄茭苗根部存在大量真菌菌丝，而对照苗的根部真菌菌丝较少。

参 考 文 献

蔡永萍, 2014. 植物生理学实验指导[M]. 北京: 中国农业大学出版社.

陈坤明, 宫海军, 王锁民, 2004. 植物抗坏血酸的生物合成、转运及其生物学功能[J]. 西北植物学报, 24(2): 329-336.

程龙军, 2002. 茭白孕茭期间生理生化变化的研究[D]. 杭州: 浙江大学.

邓建平, 石敏, 黄建中, 等, 2013. 不同海拔高度对茭白生长及孕茭的影响[J]. 中国蔬菜(12): 88-93.

杜秀敏, 殷文璇, 赵彦修, 等, 2001. 植物中活性氧的产生及清除机制[J]. 生物工程学报, 17(2): 121-125.

葛鑫涛, 殷渃梅, 高丽丹, 等, 2021. 菰黑粉菌实时荧光定量PCR分析中内参基因的选择及应用[J]. 农业生物技术学报, 29(2): 402-412.

耿园, 2018. 茭白黑粉菌人工接种雄茭技术体系的初步研究[D]. 扬州: 扬州大学.

黄凯丰, 2008. 重金属镉、铅胁迫对茭白生长发育的影响[D]. 扬州: 扬州大学.

江聪, 宋佳亮, 黄瑞芳, 等, 2013. 一个杨树第V类几丁质酶基因的克隆及表达分析[J]. 分子植物育种, 11(2): 225-231.

江解增, 张强, 曹碚生, 等, 2004. 茭白肉质茎膨大过程中保护酶活性变化初探[J]. 扬州大学学报(农业与生命科学版), 25(2): 68-71.

金学博, 2016. 一种新型几丁质酶基因*LcChi2*在转基因玉米中的功能分析[D]. 长春: 吉林农业大学.

金晔, 崔海峰, 安欣欣, 等, 2015. 龙茭2号耐冷相关差异表达蛋白鉴定及分析[J]. 农业生物技术学报, 23(4): 502-512.

李帅, 2016. 茭白抗病基因*Zl-RPM1*和*Zl-ADR*的克隆及表达分析[D]. 杭州: 中国计量大学.

刘晓慧, 尚静, 朱宗文, 等, 2020. 高温胁迫对丝瓜幼苗抗氧化酶活性及基因表达的影响[J]. 分子植物育种, 18(24): 7989-7996.

孙小静, 刘军, 邹宇晓, 等, 2014. 桑叶多酚氧化酶和过氧化物酶的酶学特性[J]. 蚕业科学, 40(5): 857-863.

王学奎, 2006. 植物生理生化实验原理和技术[M]. 北京: 高等教育出版社.

王竹青, 2016. 甘蔗对黑穗病菌侵染的生理生化和基因表达响应[D]. 福州：福建农林大学.

王竹青, 张旭, 高鹏飞, 等, 2015. 黑穗病菌侵染早期的甘蔗生理生化响应差异[J]. 基因组学与应用生物学, 34(12): 2631-2638.

吴晓宇, 2018. 不同温度处理对椰榆种子萌发及幼苗生理生化指标的影响[D]. 泰安: 山东农业大学.

肖新换, 2016. 甘蔗应答黑穗病菌侵染的降解组分析及抗性相关miRNA靶标挖掘[D]. 福州：福建农林大学.

徐武, 刘建丰, 张戈, 等, 2019. 小麦几丁质酶基因家族的全基因组鉴定及禾谷镰刀菌胁迫下的表达分析[J]. 河南农业科学, 48(11): 7-17.

闫宁, 王晓清, 王志丹, 等, 2013. 食用黑粉菌侵染对茭白植株抗氧化系统和叶绿素荧光的影响[J]. 生态学报, 33(5): 1584-1593.

闫志鹏, 仪慧兰, 张艾英, 等, 2019. 谷子对黑粉菌侵染的生物学响应[J]. 山西农业科学, 47(10): 1700-1704.

杨凯, 2006. 重金属镉对茭白生长发育的影响及吸收分配的差异[D]. 扬州: 扬州大学.

应荣, 崔海峰, 倪方群, 等, 2014. 杀菌剂敌磺钠及植物生长调节剂对茭白孕茭的影响[J]. 植物生理学报, 50(7): 946-952.

占梦丹, 2017. 茭白两种内生真菌分离纯化及培养条件优化[D]. 合肥: 安徽农业大学.

张东东, 云兴福, 包妍妍, 等, 2013. 西芹鲜根和根际区物浸提液处理后黄瓜叶片几丁质酶和*β*-1,3-葡聚糖酶活性的变化[J]. 内蒙古农业大学学报(自然科学版), 34(4): 21-27.

张文洁, 2020. 瘤黑粉菌侵染玉米的组织细胞学差异及自交系抗性鉴定[D]. 沈阳: 沈阳农业大学.

周美琪, 2018. 茭白*PIN1*基因克隆及其在茎部膨大发育中的调节分析[D]. 杭州: 中国计量大学.

朱晨, 张舒婷, 常笑君, 等, 2017. 茶树几丁质酶基因的克隆及其在干旱胁迫下的表达分析[J]. 热带作物学报, 38(5): 894-902.

朱芳艳, 2008. 空心莲子草几丁质酶分离纯化及其抗逆相关性研究[D]. 扬州: 扬州大学.

Bai X, Chen K N, Chen X M, et al., 2013. Short-time response in growth and sediment properties of *Zizania latifolia* to water depth[J]. Environmental Earth Sciences, 70(6): 2847-2854.

Bartholomew E S, Black K, Feng Z X, et al., 2019. Comprehensive analysis of the chitinase gene family in cucumber (*Cucumis sativus* L.): from gene identification and evolution to expression in response to *Fusarium oxysporum*[J]. International Journal of Molecular Sciences, 20(21): 5309-5309.

Boller T, Gehri A, Mauch F, et al., 1983. Chitinase in bean leaves: induction by ethylene, purification, properties, and possible function[J]. Planta, 157(1): 22-31.

Bordoloi K S, Krishnatreya D B, Baruah P M, et al., 2021. Genome-wide identification and expression profiling of chitinase genes in tea (*Camellia sinensis* (L.) O. Kuntze) under biotic stress conditions[J]. Physiology and Molecular Biology of Plants, 27(2): 369-385.

Chen J J, Piao Y L, Liu Y M, et al., 2018. Genome-wide identification and expression analysis of chitinase gene family in *Brassica rapa* reveals its role in clubroot resistance[J]. Plant Science, 270: 257-267.

Cheng H M, Shao Z R, Lu C, et al., 2021. Genome-wide identification of chitinase genes in *Thalassiosira pseudonana* and analysis of their expression under abiotic stresses[J]. BMC Plant Biology, 21: 87.

Conklin P L, 2001. Recent advances in the role and biosynthesis of ascorbic acid in plants[J]. Plant, Cell & Environment, 24(4): 383-394.

Conklin P L, Williams E H, Last R L, 1996. Environmental stress sensitivity of ascorbic acid-deficient *Arabidopsis* mutant[J]. Proceedings of the National Academy of Science of the United States of America, 93(18): 9970-9974.

Delaunois B, Colby T, Belloy N, et al., 2013. Large-scale proteomic analysis of the grapevine leaf apoplastic fluid reveals mainly stress-related proteins and cell wall modifying enzymes[J]. BMC Plant Biology, 13: 24.

Delavaux C S, Weigelt P, Dawson W, et al., 2019. Mycorrhizal fungi influence global plant biogeography[J]. Nature Ecology and Evolution, 3(3): 424-429.

Dietz K J, 2003. Redox control, redox signaling and redox homeostasis in plant cells[J]. International Review of Cytology, 228: 141-193.

Ding X, Gopalakrishnan B, Johnson L B, et al., 1998. Insect resistance of transgenic tobacco expressing an insect chitinase gene[J]. Transgenic Research, 7(2): 77-84.

Dixon R A, Achnine L, Kota P, et al., 2002. The phenylpropanoid pathway and plant defence: a genomics perspective[J]. Molecular Plant Pathology, 3(5): 371-390.

Dong N Q, Lin H X, 2021. Contribution of phenylpropanoid metabolism to plant development and plant-environment interactions[J]. Journal of Integrative Plant Biology, 63(1): 180-209.

El-Gebali S, Mistry J, Bateman A, et al., 2019. The Pfam protein families database in 2019[J]. Nucleic Acids Research, 47(D1): D427-D432.

Fan J, Shi M, Huang J Z, et al., 2014. Regulation of photosynthetic performance and antioxidant capacity by ^{60}Co γ-irradiation in *Zizania latifolia* plants[J]. Journal of Environmental Radioactivity, 129: 33-42.

Foyer C H, Noctor G, 2003. Redox sensing and signalling associated with reactive oxygen in chloroplasts, peroxisomes and mitochondria[J], Physiologia Plantrum, 119(3): 355-346.

Grara L D, Pinto M D, Tommasi F, 2003. The antioxidant systems vis-à-vis reactive oxygen species during plant-pathogen interaction[J]. Plant Physiology and Biochemistry, 41(10): 863-870.

Guo L B, Qiu J, Han Z J, et al., 2015. A host plant genome (*Zizania latifolia*) after a century-long endophyte infection[J]. The Plant Journal, 83(4): 600-609.

He L L, Zhang F, Wu X, et al., 2020. Genome-wide characterization and expression of two component system genes in cytokinin-regulated gall formation in *Zizania latifolia*[J]. Plants, 9(11): 1409.

Jiang L L, Jin P, Wang L, et al., 2015. Methyl jasmonate primes defense responses against *Botrytis cinerea* and reduces disease development in harvested table grapes[J]. Scientia Horticulturae, 192: 218-223.

Jiang H H, Jin X Y, Shi X F, et al., 2020. Transcriptomic analysis reveals candidate genes responsive to *Sclerotinia scleroterum* and cloning of the Ss-Inducible chitinase genes in *Morus laevigata*[J]. International Journal of Molecular Sciences, 21(21): 8358.

Josea R C, Bengyella L, Handique P J, et al., 2019. Cellular and proteomic events associated with the localized formation of smut-gall during *Zizania latifolia-Ustilago esculenta* interaction[J]. Microbial Pathogenesis, 126: 79-84.

Khan A, Nasir I A, Tabassum B, et al., 2016. Expression studies of chitinase gene in transgenic potato against *Alternaria solani*[J]. Plant Cell Tissue and Organ Culture, 128(3): 563-576.

Kobsak K, Veraya B, 2021. Effects of ohmic pasteurization of coconut water on polyphenol oxidase and peroxidase inactivation and pink discoloration prevention[J]. Journal of Food Engineering, 292: 110268.

Larkin M A, Blackshields G, Brown N P, et al., 2007. Clustal W and Clustal X version 2.0[J]. Bioinformatics, 23(21): 2947-2948.

Letunic I, Copley R R, Schmidt S, et al., 2004. SMART 4.0: towards genomic data integration[J]. Nucleic Acids Research, 32(1): D142-D144.

Li Z F, Zhang X K, Wan A, et al., 2018. Effects of water depth and substrate type on rhizome bud sprouting and growth in *Zizania latifolia*[J]. Wetlands Ecology and Management, 26(3): 277-284.

Li J, Guan Y L, Yuan L Y, et al., 2019. Effects of exogenous IAA in regulating photosynthetic capacity, carbohydrate metabolism and yield of *Zizania latifolia*[J]. Scientia Horticulturae, 253: 276-285.

Li J, Lu Z Y, Yang Y, et al., 2021. Transcriptome analysis reveals the symbiotic mechanism of *Ustilago esculenta*-induced gall formation of *Zizania latifolia*[J]. Molecular Plant-Microbe Interactions, 34(2): 168-185.

Mészáros P, Rybanský L, Spieß N, et al., 2014. Plant chitinase responses to different metal-type stresses reveal specificity[J]. Plant Cell Reports, 33(11): 1789-1799.

Moller I M, Jensen P E, Hansson A, 2007. Oxidative modifications to cellar components in plants[J]. Annual Review of Plant Biology, 58(1): 459-481.

Muhammad A, LaminSamu A T, Muhammad I, et al., 2020. Melatonin mitigates the infection of *Colletotrichum gloeosporioides* via modulation of the chitinase gene and antioxidant activity in *Capsicum annuum* L.[J]. Antioxidants, 10(1): 7.

Rawat S, Ali S, Mittra B, et al., 2017. Expression analysis of chitinase upon challenge inoculation to alternaria wounding and defense inducers in *Brassica juncea*[J]. Biotechnology Reports, 13: 72-79.

Redkar A, Jaeger E, Doehlemann G, 2018. Visualization of growth and morphology of fungal hyphae in planta using WGA-AF488 and Propidium Iodide co-staining[J]. Bio-protocol, 8(14): e2942.

Reyes B G D L, Taliaferro C M, Anderson M P, et al., 2001. Induced expression of the class II chitinase gene during cold acclimation and dehydration of bermudagrass (*Cynodon* sp.)[J]. Theoretical and Applied Genetics, 103(2-3): 297-306.

Saikkonen K, Wäli P, Helander M, et al., 2004. Evolution of endophyte-plant symbioses[J]. Trends in Plant Science, 9(6): 275-280.

Sakhuja M, Zhawar V K, Pannu P P S, 2021. Regulation of antioxidant enzymes by abscisic acid and salicylic acid under biotic stress caused by *Fusarium fujikuroi* in rice[J]. Indian Phytopathology, 74: 823-830.

Syed B A, Patel M, Patel A, et al., 2021. Regulation of antioxidant enzymes and osmo-protectant molecules by salt and drought responsive genes in *Bambusa balcooa*[J]. Journal of Plant Research, 134(1): 165-175.

Su Y, Xu L, Fu Z, et al., 2014. Encoding an acidic class III chitinase of sugarcane, confers positive responses to biotic and abiotic stresses in sugarcane[J]. International Journal of Molecular Sciences, 15(2): 2738-2760.

Tapia G, Morales-Quintana L, Inostroza L, et al., 2015. Molecular characterisation of *Ltchi7*, a gene encoding a class III endochitinase induced by drought stress in *Lotus* spp. [J]. Plant Biology, 13(1): 69-77.

Teribia N, Carolien B, Bonerz D, et al., 2021. Impact of processing and storage conditions on color stability of strawberry puree: the role of PPO reactions revisited[J]. Journal of Food Engineering, 294: 110402.

Toufiq N, Tabassum B, Bhatti M U, et al., 2018. Improved antifungal activity of barley derived chitinase I gene that overexpress a 32 kDa recombinant chitinase in *Escherichia coli* host [J]. Brazilian Journal of Microbiology, 49(2): 414-421.

Tyagi S, Shumayla, Verma P C, et al., 2020. Molecular characterization of *ascorbate peroxidase* (*APX*) and *APX-related* (*APX-R*) genes in *Triticum aestivum* L.[J]. Genomics, 112(6): 4208-4223.

Urmi D, Rijoanul I M, Salma A M, et al., 2021. The downregulation of Fe-acquisition genes in the plasma membrane along with antioxidant defense and nitric oxide signaling confers Fe toxicity tolerance in tomato[J]. Scientia Horticulturae, 279: 109897.

Wang F, Yang S, Wang Y S, et al., 2021. Overexpression of chitinase gene enhances resistance to *Colletotrichum gloeosporioides* and *Alternaria alternata* in apple (*Malus* × *domestica*)[J]. Scientia Horticulturae, 277: 109779.

Wang Q L, Chen J R, Liu F ,et al., 2014. Morphological changes and resource allocation of *Zizania latifolia* (Griseb.) Stapf in response to different submergence depth and duration[J]. Flora-Morphology, Distribution, Functional Ecology of Plants, 209(5-6): 279-284.

Wang Z D, Yan N, Wang Z H, et al., 2017. RNA-Seq analysis provides insight into reprogramming of culm development in *Zizania latifolia* induced by *Ustilago esculenta*[J]. Plant Molecular Biology, 95(6): 533-547.

Weisshaar B, Jenkins G I, 1998. Phenylpropanoid biosynthesis and its regulation[J]. Current Opinion in Plant Biology, 1(3): 251-257.

Yan N, Xu X F, Wang Z D, et al., 2013. Interactive effects of temperature and light intensity on photosynthesis and antioxidant enzyme activity in *Zizania latifolia* Turcz. plants[J]. Photosynthetica, 51(1): 127-138.

Yang C W, Zhang T Y, Wang H, et al., 2012. Heritable alteration in salt-tolerance in rice induced by introgression from wild rice (*Zizania latifolia*)[J]. Rice, 5: 36.

Yu X T, Chu M J, Chu C, et al., 2020. Wild rice (*Zizania* spp.): a review of its nutritional constituents, phytochemicals, antioxidant activities, and health-promoting effects[J]. Food Chemistry, 331: 127293.

Zhang J Z, Chu F Q, Guo D P, et al., 2014. The vacuoles containing multivesicular bodies: a new observation in interaction between *Ustilago esculenta* and *Zizania latifolia*[J]. European Journal of Plant Pathology, 138(1): 79-91.

Zhao K H, Xiao Z P, Zeng J G, et al., 2021. Effects of different storage conditions on the browning degree, PPO activity, and content of chemical components in Fresh *Lilium* Bulbs (*Lilium brownii* F.E.Brown var. *viridulum* Baker)[J]. Agriculture, 11: 184.

Zhou N N, An Y L, Gui Z C, et al., 2020. Identification and expression analysis of chitinase genes in *Zizania latifolia* in response to abiotic stress[J]. Scientia Horticulturae, 261(4): 108952.

Zhu X C, Song F B, Xu H W, 2010. Influence of arbuscular mycorrhiza on lipid peroxidation and antioxidant enzyme activity of maize plants under temperature stress[J]. Mycorrhiza, 20(5): 325-332.

第6章 茭白铵转运蛋白基因*ZlAMTs*的鉴定及在低氮条件下的表达分析

张申申[1] 郑丽文[1] 闫宁[2] 郭得平[1]

(1.浙江大学农业与生物技术学院 2.中国农业科学院烟草研究所)

◎本章提要

氮是植物必需的常量营养元素，在各种生物过程中起着重要作用。铵转运蛋白（ammonium transporter，AMT）在植物吸收铵态氮的过程中发挥着重要作用。前人研究中，拟南芥和水稻中的AMT部分成员功能不断被解析，但茭白铵转运蛋白的相关研究仍未有报道。本研究在茭白最新基因组中鉴定到15个*ZlAMTs*基因，并对其蛋白质理化性质、系统发育进化、亚细胞定位、结构域、基序、基因结构和启动子元件等进行分析。同时，根据低氮胁迫下各成员的表达量来预测其相关功能，旨在揭示茭白*ZlAMTs*基因的特征与功能，进而为提高茭白的氮肥吸收和利用机制提供参考依据。

6.1　前言

氮（N）是植物生理代谢过程中的重要元素，参与氨基酸、蛋白质和次级代谢物的合成以及多种细胞形态过程的信号转导。在农业生产中，氮作为一种常量营养元素，其有效性是决定植物生长发育和生产力的关键因素。据报道，全球氮肥消费总量从 2015 年的 1.125 亿 t 增长到 2019 年的 1.182 亿 t，氮肥用量占化肥总用量的 59%。1970—2020 年，我国氮肥消费量增加了至少 10 倍之多。无机氮肥的大量应用为支持和维持作物产量的巨大增长作出了不可替代的贡献（Nitika et al., 2021）。然而，植物吸收利用的氮肥不到施用量的 50%，其余在环境中消散，引起水体污染、土壤酸化和温室气体排放等一系列环境问题（Xu et al., 2012）。因此，提高氮利用效率以保持作物高产，同时减少对环境的过量氮负荷是氮相关研究的一个重要目标。为了实现这一目标，深入了解植物吸收、同化、转移和转运氮素的分子机制和氮代谢途径，在此基础上结合现代生物技术实现植物对氮素的高效吸收和利用就显得十分重要。

氮通常以有机形式（氨基酸和尿素）和无机形式 [硝态氮（NO_3^-）和铵态氮（NH_4^+）] 存在。在农业与许多自然系统中，无机氮是植物获得氮的主要来源。在好氧土壤中，氮主要以硝酸盐的形式存在，而铵是厌氧或者偏酸性土壤（如稻田）中的主要无机氮源形式。不同种属的植物对硝态氮和铵态氮的吸收喜好不同，与硝酸盐的利用过程相比，铵态氮被吸收后可直接用于合成氨基酸，其同化需要更少的能量（Gu et al., 2013）。植物通过根系表面的铵转运蛋白吸收土壤中的 NH_4^+。在长期的演化过程中，植物为了适应复杂的环境变化，进化出了两类吸收动力学特性不同的铵吸收系统：高亲和力转运系统（HATS）和低亲和力转运系统（LATS），分别在低浓度铵（< 1mmol/L）和高浓度铵（> 1mmol/L）时起到吸收 NH_4^+ 的作用。该运输 NH_4^+ 的系统主要由铵转运蛋白（AMT）介导。在植物中，铵转运蛋白（AMT）负责将铵/氨从细胞外转运到细胞内，一旦铵被 AMT 吸收到根细胞中，它最终会通过谷氨酰胺合酶（GS）合成谷氨酰胺。需要注意的是，高浓度的 NH_4^+ 可能对植物产生抑制生长的毒性。

第一个 *AMT* 基因是在酵母（Marini et al., 1994）和拟南芥（Ninnemann et al., 1994）中鉴定出来的。之后的多个物种系统发育分析研究表明，AMT 家族可大致分为 2 个亚家族：AMT1 亚家族和 AMT2 亚家族。AMT1 亚家族成员是高亲和转运蛋白，而 AMT2 亚家族成员则介导低亲和 NH_4^+ 的转运。随着分子生物学的发展和研究的不断深入，一些 AMT 家族成员已被克隆并在不同植物物种中进行功能表征，如拟南芥、水稻、番茄、小麦、玉米、高粱、毛果杨和棉花等。其中拟南芥和水稻的 AMT 家族研究较为深入。前人研究中，拟南芥中鉴定到 6 个 AMT，AtAMT1;1 至 AtAMT1;5 彼此同源性最高，属于 AMT1 亚家族，与蓝藻铵转运蛋白聚类。AtAMT2 属于 AMT2 亚家族，与酿酒酵母 Mep1、Mep2、Mep3 和大肠杆菌 AmtB 聚类。基因家族成员之间的表达模式、定位与转运活性是有差异的，如 *AtAMT1;1*、*AtAMT1;2*、*AtAMT1;3* 和 *AtAMT1;5* 基因主要在根部表达，*AtAMT1;4* 基因在花药中特异性表达。基因功能验证可知，缺氮条件下，拟南芥 AMT1 亚家族成员对铵的高亲和吸收力占比：AtAMT1;1 约为 30%，AtAMT1;2 为 18% ～ 26%，AtAMT1;3 为 30% ～ 35%，AtAMT1;5 为 5% ～ 10%。此外，AtAMT1;1 和 AtAMT1;3 在缺氮条件下表现出功能上的加和性。水稻中鉴定到 12 个铵转运蛋白，分为 5 簇 2 个亚类：OsAMT1、OsAMT2、OsAMT3、OsAMT4 和 OsAMT5。其中 OsAMT1 归为 AMT1 亚家族，是高亲和转运蛋白，而 OsAMT2 至 OsAMT5 归为 AMT2 亚家族，介导低亲和 NH_4^+ 的转运（Cai et al., 2009；Li et al., 2012）。与 AtAMT1 类似，OsAMT1 也显示出对铵的高亲和力，且均在根中表达。单独敲除 *OsAMT1;1* 基因导致水稻中铵吸收量减少 25%；然而，*OsAMT1;2* 和 *OsAMT1;3* 基因对铵吸收的贡献尚不清楚。有研究表明，OsAMT1;1、OsAMT1;2 和 OsAMT1;3 可合作负责根系铵的吸收，因此推测 OsAMT1 可能存在响应铵供应的独特调节机制。

前人研究表明，磷酸化等翻译后事件控制着转运蛋白的活性，从而控制植物系统中铵的积累。例如拟南芥AMT1;1和AMT1;2受CBL1-CIPK23的磷酸化调控，从而抑制NH$_4^+$的转运活性。其中，CBL是类钙调磷酸酶B蛋白，CIPK是CBL互作蛋白激酶（Tatsiana et al., 2017）。此外，*AMT*基因表达还受到转录因子的调控，如水稻中存在着转录水平调控*AMT*基因表达的上游转录因子*OsIDD10*，它通过结合*OsAMT1;2*启动子区域的顺式作用元件而激活表达；转录因子*OsDOF18*正调控*OsAMT1;1*、*OsAMT1;3*和*OsAMT2;1*的表达，从而促进植物细胞对NH$_4^+$的吸收（Wu et al., 2017）。

茭白为禾本科菰属多年生水生蔬菜，其产品器官为受到内生真菌——茭白黑粉菌侵染后形成的膨大肉质茎（Guo et al., 2015）。氮是茭白最基本的矿质元素之一，对茭白植株生长及产品器官与品质的形成十分重要。茭白与水稻类似，根系具有发达的通气组织，其对于氮肥吸收的偏好性亦与水稻有相同之处。作为一种重要的蔬菜作物，氮肥对其生长发育的影响研究极少，因此，探究根系对不同类型氮的吸收与利用机制很有必要。茭白基因组测序的完成，使得在分子水平上探究茭白氮吸收和利用的分子机制成为可能。本章拟鉴定茭白铵转运蛋白基因*ZlAMTs*成员，并对其低氮响应的基因表达进行分析，填补该基因家族在茭白植株中的研究空白。研究结果对进一步研究茭白铵转运蛋白的功能，探究茭白氮吸收和利用的分子机制具有重要价值。

6.2　茭白*ZlAMTs*基因的鉴定与理化性质分析

为了准确鉴定茭白中所有的*ZlAMTs*基因成员，本研究采用了两种方法在茭白基因组中进行检索：利用拟南芥已鉴定的6个AMT序列为查询序列的本地BLASTP方法和使用AMT保守结构域的HMM配置文件（PF00909）进行HMM搜索。在删除保守结构域完整度小于80%的序列后，最终在茭白基因组中鉴定到15个*ZlAMTs*基因（表6-1），并参考前人研究中*AMT*基因的命名特征及所鉴定成员在染色体上位置的先后顺序进行命名。茭白铵转运蛋白（ZlAMTs）理化性质分析结果显示，其氨基酸数量为458～519个，分子质量为48.37～55.16ku，预测等电点为5.36～8.27，其中ZlAMT1;1、ZlAMT1;4、ZlAMT1;5、ZlAMT2;1、ZlAMT2;2、ZlAMT2;4、ZlAMT2;6和ZlAMT3;1均为碱性蛋白（理论等电点＞7），其余均为酸性蛋白（理论等电点＜7）。平均疏水指数均大于零，表明ZlAMTs均为疏水性蛋白，且均较为稳定（不稳定系数＜40）。ZlAMTs跨膜结构域预测结果表明，每个结构域包含9～11个跨膜螺旋，这与其他植物中*AMT*基因家族的特征一致。通过WoLF PSORT预测到ZlAMTs蛋白的亚细胞定位主要是在质膜上（表6-2），这与拟南芥和水稻中的发现类似。

表6-1　鉴定的茭白*ZlAMTs*基因成员及ZlAMTs蛋白理化性质分析

基因ID	基因名称	氨基酸数量（个）	分子质量（ku）	理论等电点	脂肪指数	平均疏水指数	不稳定系数	跨膜螺旋数量（个）
Zla06G008920.1	*ZlAMT1;1*	500	52.79	7.64	93.18	0.469	22.06	11
Zla07G010580.1	*ZlAMT1;2*	519	55.16	6.85	91.27	0.387	24.8	10
Zla08G015290.1	*ZlAMT1;3*	496	52.76	6.74	92.88	0.465	18.78	9
Zla08G015300.1	*ZlAMT1;4*	495	52.21	8.11	93.72	0.537	16.58	10
Zla10G017580.1	*ZlAMT1;5*	496	52.43	7.24	94.09	0.531	18.49	11
Zla01G005520.1	*ZlAMT2;1*	484	51.31	7.05	107.48	0.582	30.61	11
Zla02G026220.1	*ZlAMT2;2*	499	52.81	8.27	101.48	0.496	32.25	11
Zla02G026230.1	*ZlAMT2;3*	500	53.64	6.45	99.12	0.503	36.42	11

（续）

基因ID	基因名称	氨基酸数量（个）	分子质量（ku）	理论等电点	脂肪指数	平均疏水指数	不稳定系数	跨膜螺旋数量（个）
Zla04G032920.1	*ZlAMT2;4*	500	52.96	7.75	105	0.541	33.36	11
Zla04G032930.1	*ZlAMT2;5*	496	53.14	5.98	97.4	0.491	33.84	11
Zla13G007110.1	*ZlAMT2;6*	492	51.81	7.01	102.95	0.576	33.12	11
Zla05G004570.1	*ZlAMT3;1*	473	50.29	7.09	104.5	0.652	33.25	11
Zla10G008440.1	*ZlAMT3;2*	480	51.56	6.49	103.46	0.566	33.19	11
Zla05G010010.1	*ZlAMT4;1*	458	48.37	5.36	103.21	0.598	33.4	11
Zla05G010100.1	*ZlAMT4;2*	462	48.86	6.07	103.16	0.589	32.25	11

表6-2　茭白ZlAMTs蛋白亚细胞结构定位预测

蛋白质ID	蛋白质名称	细胞质膜	内质网	液泡膜	叶绿体	过氧化物酶体	细胞质基质	细胞质
Zla06G008920.1	ZlAMT1;1	6	4	2	1	1		
Zla07G010580.1	ZlAMT1;2	11	1	2				
Zla08G015290.1	ZlAMT1;3	12	1	1				
Zla08G015300.1	ZlAMT1;4	12	1	1				
Zla10G017580.1	ZlAMT1;5	10	1	3				
Zla01G005520.1	ZlAMT2;1	10		4				
Zla02G026220.1	ZlAMT2;2	10.5		3				6
Zla02G026230.1	ZlAMT2;3	13		1				
Zla04G032920.1	ZlAMT2;4	10	1	3				
Zla04G032930.1	ZlAMT2;5	13		1				
Zla13G007110.1	ZlAMT2;6	10		4				
Zla05G004570.1	ZlAMT3;1	11	2					
Zla10G008440.1	ZlAMT3;2	8		5			1	
Zla05G010010.1	ZlAMT4;1	9	2	3				
Zla05G010100.1	ZlAMT4;2	9	2	3				

注：表中数字表示在WoLF PSORT亚细胞定位预测系统中与目标蛋白序列非常相似且已确定亚细胞定位的蛋白数目。

6.3　茭白 *ZlAMTs* 基因的系统发育分析与基因结构特征

为了评估直系同源 *AMT* 基因之间的进化关系，使用MEGA-X软件采用最大似然法（maximum likelihood，ML）构建了7个不同植物物种AMT的系统发育树（图6-1）。结果显示，基于序列相似性和树状拓扑结构，茭白AMT被分为4个簇，其中，ZlAMT1归为AMT1亚家族，ZlAMT2、ZlAMT3和ZlAMT4均归为AMT2亚家族。在茭白的15个 *ZlAMTs* 基因中，4个集群中均有成员。有趣的是，除了拟南芥，其他6个物种在4个集群中均有成员。此外，茭白的 *ZlAMTs* 基因与同为单子叶植物的水稻、玉米和高粱的同源基因排列更为紧密，而双子叶植物拟南芥、毛果杨和莲藕的 *AMT* 基因则更为聚集。

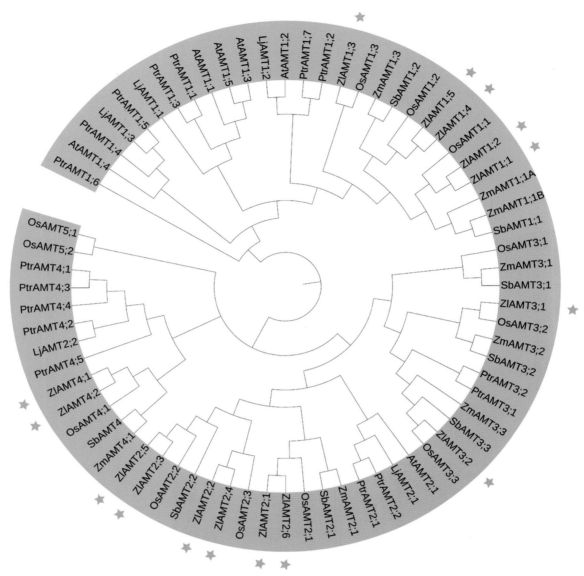

图6-1 由来自拟南芥（*Arabidopsis thaliana*，*At*）、日本百脉根（*Lotus japonicus*，*Lj*）、毛果杨（*Populus trichocarpa*，*Ptr*）、粳稻（*Oryza sativa*，*Os*）、高粱（*Sorghum bicolor*，*Sb*）、玉米（*Zea mays*，*Zm*）和茭白（*Zizania latifolia*，*Zl*）的 *AMT* 基因编码的蛋白质系统发育树

注：蛋白质序列由 Muscle 比对，树由 MEGA-X 使用 ML 法构建，bootstrap 值为 1 000，红色五角星标注的是茭白中鉴定的 AMT 成员，绿色区域内是 AMT1 亚家族成员，蓝色区域内为 AMT2 亚家族成员。

为了研究旁系同源物的差异和茭白 *ZlAMTs* 基因之间的进化关系，使用 Muscle 进行全长 AMT 序列的多重比对，系统发育树由 MEGA-X 软件使用邻接法（neighbor-joining，NJ）构建（图6-2A）。确定了12个旁系同源对（表6-3），然后确定了它们的替换率比（非同义替换率与同义替换率的比值，*Ka/Ks*），所有12个旁系同源对的 *Ka/Ks* 都小于1。结果表明，茭白 *ZlAMTs* 基因的进化受纯化选择驱动。

表6-3　茭白中旁系同源*ZlAMTs*基因的*Ka/Ks*

同源对	*Ka*	*Ks*	*Ka/Ks*
ZlAMT1;1 vs *ZlAMT1;2*	0.022532	0.142044951	0.158627
ZlAMT1;1 vs *ZlAMT1;3*	0.149369	0.571044169	0.261572
ZlAMT1;1 vs *ZlAMT1;5*	0.095634	0.45459284	0.210373
ZlAMT1;2 vs *ZlAMT1;3*	0.153271	0.537632169	0.285086
ZlAMT1;2 vs *ZlAMT1;5*	0.105359	0.469674444	0.224323
ZlAMT1;3 vs *ZlAMT1;5*	0.166142	0.504207643	0.329511
ZlAMT2;1 vs *ZlAMT2;2*	0.107299	0.4156601	0.25814
ZlAMT2;1 vs *ZlAMT2;4*	0.108582	0.419233433	0.259
ZlAMT2;1 vs *ZlAMT2;6*	0.020911	0.154690514	0.135177
ZlAMT2;2 vs *ZlAMT2;4*	0.015645	0.142488322	0.109797
ZlAMT2;2 vs *ZlAMT2;6*	0.117507	0.407888553	0.288086
ZlAMT2;5 vs *ZlAMT2;6*	0.114603	0.429880779	0.266592

外显子/内含子结构分析有助于理解基因家族的进化关系。前人研究表明，同一簇中的*AMT*基因家族成员具有相似的外显子/内含子结构以及相似数量的外显子和内含子。因此，分析了茭白*ZlAMTs*基因的结构（图6-2），*AMT1*簇的成员中除*ZlAMT1;3*外均有一个外显子。除*ZlAMT3;1*外，*AMT2*簇、

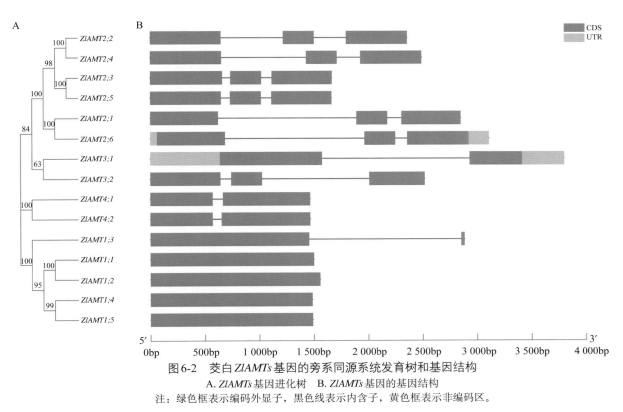

图6-2　茭白*ZlAMTs*基因的旁系同源系统发育树和基因结构

A. *ZlAMTs*基因进化树　B. *ZlAMTs*基因的基因结构

注：绿色框表示编码外显子，黑色线表示内含子，黄色框表示非编码区。

*AMT3*簇的成员均有3个外显子和2个内含子，*ZlAMT1;3*、*ZlAMT3;1*、*AMT4*簇的成员基因均有2个外显子和1个内含子。这一结果与其他物种中的表征类似；*ZlAMT1;3*不同于其他成员的外显子/内含子结构和位点，可能发挥与其他成员不同的基因功能。

6.4 茭白ZlAMTs蛋白的保守结构域和保守基序分析

在AMT中，其结构域是高度保守的，通常位于N端。在NCBI上对ZlAMTs进行保守结构分析（图6-3B），AMT1家族中均含有1个amt保守结构域，AMT2家族均含有1个AmtB保守结构域。amt和AmtB均属于cl03012超家族下的铵转运蛋白家族，负责无机离子的转运和代谢。通过MEME分析，在ZlAMTs蛋白中发现的保守基序见图6-3A。茭白AMT1亚家族都含有标记为"motif4-motif9-motif10-motif3-motif1-motif6-motif2-motif8"的保守结构；而茭白AMT2亚家族都含有标记为"motif8-motif4-motif9-motif10-motif3-motif1"和"motif2-motif7-motif5"的保守结构。这些结果表明*ZlAMTs*基因在进化过程中是高度保守的。

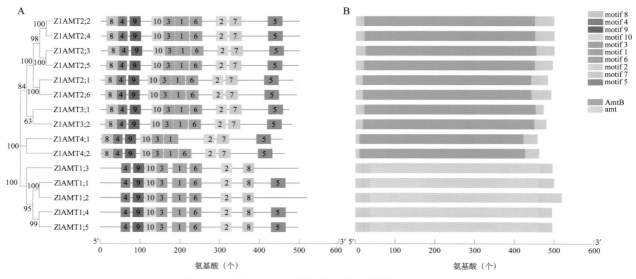

图6-3　茭白ZlAMTs蛋白的保守结构域和motif分布图
A. ZlAMTs蛋白基序结构，其中最大motif数设置为10　B. ZlAMTs蛋白的保守结构域

6.5 茭白*ZlAMTs*基因染色体定位和共线性分析

根据来自茭白基因组数据库的信息，确定了茭白*ZlAMTs*基因的染色体分布状况（图6-4），15个家族成员分布在9个染色体上，不同的染色体基因分布密度不同，并且有12对基因发生了串联复制。有趣的是，*AMT1*亚家族和*AMT2*亚家族成员内部发生基因串联复制，而并不发生亚家族之间的基因串联复制。从单条染色体上看，5号染色体上分布的家族成员最多，出现了3个*ZlAMTs*基因。茭白与拟南芥、水稻之间的共线性关系如图6-5，仅有3个*AMT*同源基因出现在拟南芥染色体中，而有11个茭白*AMT*基因可以在5条水稻染色体上找到对应的同源基因。由此证明了茭白与水稻之间的亲缘关系较近。此外，水稻中有4个*AMT*基因都在茭白中分别有对应的4个同源拷贝。由此推断，*ZlAMTs*基因在演化过程中可能存在全基因组复制事件。

图6-4 茭白 *ZlAMTs* 基因种内共线性关系图

注：蓝色线连接茭白 *ZlAMTs* 基因发生串联的同源对；黄色方块表示茭白的1～17号染色体，ChrUn表示尚未定位到染色体上的部分基因。

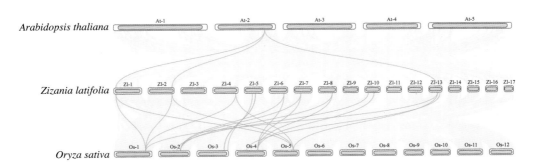

图6-5 茭白（*Zizania latifolia*）AMT基因家族成员与拟南芥（*Arabidopsis thaliana*）、水稻（*Oryza sativa*）的物种间共线性关系图

注：蓝色线连接茭白 *AMT* 基因与其他物种发生串联的同源对，At-1至At-5、Zl-1至Zl-17和Os-1至Os-12分别表示拟南芥的1～5号染色体、茭白的1～17号染色体和水稻的1～12号染色体。

6.6 茭白 *ZlAMTs* 基因启动子区域假定的顺式作用调控元件分析

启动子区域的顺式作用元件与特定基因的生物学功能有关。因此，调查了 *ZlAMTs* 基因每个成员上游 1 000bp 的区域基因。如图 6-6，在所有 *ZlAMTs* 基因的启动子区域中发现了大量的光响应元件，在 *ZlAMT1;1* 和 *ZlAMT1;2* 的启动子区域也发现了低温响应元件。同时，更广泛的非生物胁迫响应元件在 *ZlAMTs* 基因启动子区域广泛存在，包括光响应、低温响应、防御和胁迫响应、厌氧诱导等。此外，*ZlAMTs* 基因启动子区域存在激素相关元件，如生长素（IAA）、茉莉酸甲酯（MeJA）、脱落酸（ABA）、水杨酸（SA）和赤霉素（GA）响应元件。相比之下，*ZlAMTs* 基因启动子区域的生长发育调控元件分布较为分散，包括昼夜节律调控元件、分生组织表达元件、玉米蛋白代谢调控元件和细胞周期调控元件。

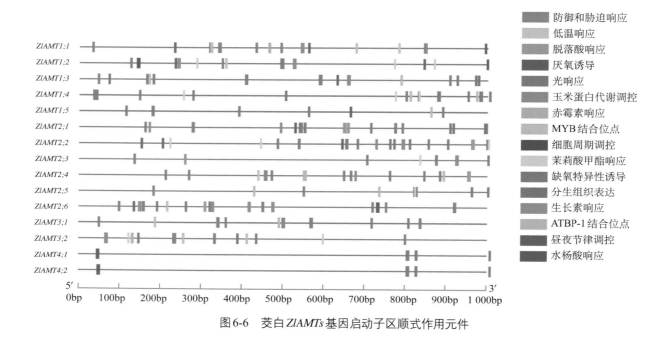

图 6-6　茭白 *ZlAMTs* 基因启动子区顺式作用元件

6.7 茭白 *ZlAMTs* 基因在低氮条件下的表达分析

为了研究茭白 *ZlAMTs* 基因在铵转运中发挥的潜在作用，响应低氮（LN）胁迫的潜在功能，研究了水培条件下低氮处理后的茭白植株表达谱。结果显示，与 *AtAMT1* 和 *OsAMT1* 类似，低氮诱导下，部分 *ZlAMT1* 基因如 *ZlAMT1;1* 表达量上升，显示出对铵的高亲和力；*ZlAMT2* 基因表现不一，*ZlAMT2;1*、*ZlAMT3;1* 均出现不同程度的表达量上升，而 *ZlAMT2;6* 表现出明显的表达量下降，这体现了茭白 *ZlAMTs* 基因成员虽同源性相似但又不完全行使相同的基因功能。此外，近一半的 *ZlAMTs* 基因在对照或者 LN 胁迫下均未表达或表达量极低，这可能是茭白中全基因组复制事件导致的功能基因冗余所致。

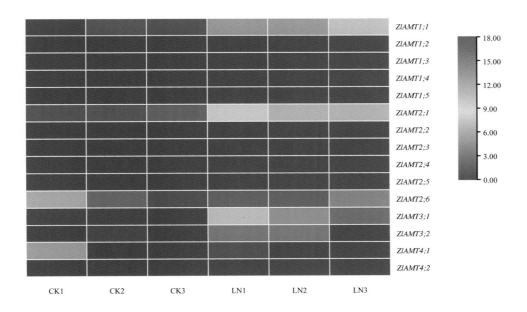

图6-7　茭白 *ZlAMTs* 基因在低氮条件下的表达特性

注：CK1、CK2、CK3 是正常氮水平的3组对照重复试验，LN1、LN2、LN3 是低氮胁迫下的3组处理重复试验。0.00 ～ 18.00 为 mRNA 表达丰度值。

6.8　结论

本研究第一次在茭白基因组中鉴定到了15个 *ZlAMTs* 基因，并对其理化性质、亚细胞定位预测、系统发育进化、基因结构、进化选择压力、保守结构域与基序、启动子元件、染色体定位和种间种内共线性关系等进行了分析。研究结果发现茭白 *ZlAMTs* 基因在进化过程中是纯化选择且高度保守。同时使用 RNA-Seq 数据分析了 *ZlAMTs* 基因在低氮胁迫下的表达模式。本研究有助于对茭白铵转运蛋白更深入的功能表征，并为茭白植物的遗传改良提供参考。

参 考 文 献

陈迪, 潘伟槐, 周哉材, 等, 2018. 植物营养元素运输载体的功能及其调控机制研究进展[J]. 浙江大学学报(农业与生命科学版), 44(3): 283-293.

邓建平, 徐蝉, 张晓焕, 等, 2015. 氮肥不同用量对茭白生长及产量的影响[J]. 长江蔬菜 (22): 105-108.

郭得平, 1988. 茭白的生长与形成[J]. 长江蔬菜 (3): 3-5.

李文鑫, 张春霞, 冯自茂, 2020. 植物铵转运蛋白对 NH_4^+ 信号感知及逆境响应研究进展[J]. 农业生物技术学报, 28(8): 1511-1520.

李园枚, 傅明辉, 蒋丽花, 2012. 植物铵转运蛋白研究进展[J]. 广东农业科学, 39(19): 142-145.

蒋丽娜, 符建荣, 符长焕, 等, 2003. 平衡施肥对茭白产量和品质的影响[J]. 浙江农业学报, 15(3): 56-61.

蒋志敏, 王威, 储成才, 2018. 植物氮高效利用研究进展和展望[J]. 生命科学, 30(10): 1060-1071.

Bloom A J, Sukrapanna S S, Warner R L, 1992. Root respiration associated with ammonium and nitrate absorption and assimilation by barley[J]. Plant Physiology, 99(4): 1294-1301.

Cai H M, Zhou Y, Xiao J H, 2009.Overexpressed glutamine synthetase gene modifies nitrogen metabolism and abiotic stress responses in rice[J]. Plant Cell Reports, 28(3): 527-537.

Chen C J, Chen H, Zhang Y, et al., 2020. TBtools: an integrative toolkit developed for interactive analyses of big biological data[J]. Molecular Plant, 13(8): 1194-1202.

Gazzarrini S, Lejay L, Gojon A, et al., 1999. Three functional transporters for constitutive diurnally regulated and starvation-induced uptake of ammonium into *Arabidopsis* roots[J]. Plant Cell, 11(5): 937-947.

Gu R L, Duan F Y, An X, et al., 2013. Characterization of AMT mediated high-affinity ammonium uptake in roots of maize (*Zea mays* L.)[J]. Plant & Cell Physiology, 54(9): 1515-1524.

Guo H B, Li S M, Peng J, et al., 2007. *Zizania latifolia* Turcz. cultivated in China[J]. Genetic Resources and Crop Evolution, 54(6): 1211-1217.

Guo L B, Qiu J, Han Z J, et al., 2015. A host plant genome (*Zizania latifolia*) after a century-long endophyte infection[J]. The Plant Journal, 83(4): 600-609.

Ho C H, Tsay Y F, 2010. Nitrate ammonium and potassium sensing and signaling[J]. Current Opinion in Plant Biology, 13(5): 604-610.

Li H, Hu B, Chu C C, 2017. Nitrogen use efficiency in crops: lessons from *Arabidopsis* and rice[J]. Journal of Experimental Botany, 68(10): 2477-2488.

Li S M, Li B Z, Shi W M, 2012. Expression patterns of nine ammonium transporters in rice in response to N status[J]. Pedosphere, 22(6): 860-869.

Li T Y, Liao K, Xu X F, et al., 2017. Wheat ammonium transporter (AMT) gene family: diversity and possible role in host-pathogen interaction with stem rust[J]. Frontiers in Plant Science, 8:1637.

Li Y, Zhou J Y, Han D L, et al., 2020. *Arabidopsis* under ammonium over-supply: characteristics of ammonium toxicity in relation to the activity of ammonium transporters[J]. Pedosphere, 30(3): 314-325.

Loqué D, Von Wirén N, 2004. Regulatory levels for the transport of ammonium in plant roots[J]. Journal of Experimental Botany, 55(401): 1293-1305.

Loqué D, Yuan L X, Kojima S, et al., 2006. Additive contribution of AMT1;1 and AMT1;3 to high-affinity ammonium uptake across the plasma membrane of nitrogen-deficient *Arabidopsis* roots[J]. The Plant Journal, 48(4): 522-534.

Kasai M, Matsumura H, Kentaro, et al., 2013. Deep sequencing uncovers commonality in small RNA profiles between transgene-induced and naturally occurring RNA silencing of chalcone synthase-A gene in petunia[J]. BMC Genomics, 14(1): 63.

Kronzucker H J, Siddiqi M Y, Glass A, 1996. Kinetics of NH_4^+ influx in spruce[J]. Plant Physiology, 110(3): 773-779.

Marini A M, Vissers S, Urrestarazu A, et al., 1994. Cloning and expression of the MEP1 gene encoding an ammonium transporter in *Saccharomyces cerevisiae*[J]. The EMBO Journal, 13(15):3456-3463.

Mike G, Benjamin N, Raffaella B, et al., 2009. A mycorrhizal-specific ammonium transporter from *Lotus japonicus* acquires nitrogen released by arbuscular mycorrhizal fungi[J]. Plant Physiology, 150(1): 73-83.

Ninnemann O, Jauniaux J C, Frommer W B, 1994. Identification of a high affinity NH_4^+ transporter from plants[J]. The EMBO Journal, 13(15): 3464-3471.

Nitika S, Mehak S, Aman K, et al., 2021. Biochemical and genetic approaches improving nitrogen use efficiency in cereal crops: a review[J]. Frontiers in Plant Nutrition, 12: 657629.

Plett D C, Holtham L R, Mamoru O, et al., 2018. Nitrate uptake and its regulation in relation to improving nitrogen use efficiency in cereals[J]. Seminars in Cell & Developmental Biology, 74: 97-104.

Sonoda Y, Ikeda A, Saiki S, et al., 2003. Distinct expression and function of three ammonium transporter genes (*OsAMT1;1-1;3*) in rice[J]. Plant & Cell Physiology, 44(7): 726-734.

Suenaga A, Moriya K, Sonoda Y, et al., 2003. Constitutive expression of a novel-type ammonium transporter OsAMT2 in rice plants[J]. Plant & Cell Physiology, 44(2): 206-211.

Sun Y C, Sheng S, Fan T F, et al., 2019. Molecular identification and functional characterization of GhAMT1.3 in ammonium transport with a high affinity from cotton (*Gossypium hirsutum* L.)[J]. Physiologia Plantarum, 167(2): 217-231.

Tatsiana S, Uwe L, Benjamin N, 2017. The kinase CIPK23 inhibits ammonium transport in *Arabidopsis thaliana*[J]. The Plant Cell, 29(2): 409-422.

Vidal E A, Alvarez J M, Araus V, et al., 2020. Nitrate in 2020:thirty years from transport to signaling networks[J]. The Plant Cell, 32(7): 2094-2119.

Von Wirén N, Lauter F R, Ninnemann O, et al., 2000a.Differential regulation of three functional ammonium transporter genes by nitrogen in root hairs and by light in leaves of tomato[J]. The Plant Journal, 21(2): 167-175.

Von Wirén N, Gazzarrini S, Gojon A, et al., 2000b.The molecular physiology of ammonium uptake and retrieval[J]. Current Opinion in Plant Biology, 3(3): 254-261.

Wang M Y, Siddiqi M Y, Ruth T J, et al., 1993. Ammonium uptake by rice roots (II . kinetics of $^{13}NH_4^+$ influx across the plasmalemma)[J]. Plant Physiology, 103(4): 1259-1267.

Wang D P, Zhang Y B, Zhang Z, et al., 2010. KaKs_Calculator2.0: a toolkit incorporating gamma-series methods and sliding window strategies[J]. Genomics, Proteomics & Bioinformatics, 8(1): 77-80.

Wu X Y, Yang H, Qu C P, et al., 2015. Sequence and expression analysis of the *AMT* gene family in poplar[J]. Frontiers in Plant Science, 6: 337-345.

Wu Y F, Yang W Z, Wei J H, et al., 2017. Transcription factor OsDOF18 controls ammonium uptake by inducing ammonium transporters in rice roots[J]. Molecules and Cells, 40(3): 178-185.

Wu Z L, Gao X N, Zhang N N, et al., 2021. Genome-wide identification and transcriptional analysis of ammonium transporters in *Saccharum*[J]. Genomics, 113(4): 1671-1680.

Xu G H, Fan X R, Miller A J, 2012. Plant nitrogen assimilation and use efficiency[J]. Annual Reviews of Plant Biology, 63: 153-182.

Xuan W, Beeckman T, Xu G H, 2017. Plant nitrogen nutrition: sensing and signaling[J]. Current Opinion in Plant Biology, 39: 57-65.

Yuan L, Loqué D, Kojima S, et al., 2007. The organization of high-affinity ammonium uptake in *Arabidopsis* roots depends on the spatial arrangement and biochemical properties of AMT1-type transporters[J]. The Plant Cell, 19(8): 2636-2652.

Yuan L, Graff L, Loqué D, et al., 2009. AtAMT1;4, a pollen-specific high-affinity ammonium transporter of the plasma membrane in *Arabidopsis*[J]. Plant & Cell Physiology, 50(1): 13-25.

第7章　茭白的起源与驯化

赵耀[1]　张述乾[1]　戎俊[1]

（1.南昌大学生命科学研究院）

◎本章提要

　　人类驯化下的植物如何发生适应性变化从而转变为农作物，以及该过程涉及的理论与实践问题，一直是进化生物学研究的热点。栽培茭白以植物-真菌（中国菰及其内生真菌茭白黑粉菌）复合体的特殊形式被驯化，是一种东亚特有的重要水生蔬菜。栽培茭白的快速驯化可以经由历史文献记载追溯，但仍需要更多的分子生物学证据。本章的重点是解析中国菰野生资源、茭白野生资源和栽培茭白之间的遗传关系，从而推测茭白的起源。工作中利用12对微卫星标记研究了32个中国菰野生种群和135个茭白地方品种的遗传变异；然后进行基于近似贝叶斯计算（ABC）的模型模拟，以推断种群历史；还分析了茭白黑粉菌的ITS序列，以揭示其遗传结构。结果表明，栽培茭白与其野生祖先之间存在显著的遗传差异。中国菰野生种群表现出显著的遗传结构，这可能是由于距离隔离和流域间水文不连通的共同作用。栽培茭白可能由中国菰在长江下游发生单次驯化而来，茭白黑粉菌的遗传结构也表明存在一个单一的驯化事件。茭白黑粉菌的种内遗传变异可能与茭白品种的多样性有关。研究发现，植物和真菌在驯化过程中都在人工选择下发生了适应性分化，为进一步了解驯化的进化生物学意义提供了案例。

7.1　前言

植物的驯化与人类生活密切相关。早在一万年前，人类就开始不断地从野生植物中寻求利用进而驯化可食用的植物。从新石器时代早期的小麦、大麦、水稻、无花果与豆类，到青铜器时代的油橄榄与葡萄，无一不是先民们留给现代人的重要遗产（瓦维洛夫，1982；Doebley et al., 2006）。即使到了近代，驯化植物的尝试仍未停止：蓝莓、鳄梨、黑莓、澳洲核桃与猕猴桃等都是在19世纪与20世纪为人类所驯化。尽管人类对植物的驯化持续了上万年，且与祖先相比现代人对驯化的理解与实践能力有了长足的进步，但直到现代，依然还有一些植物虽被人类所栽培利用，却一直仍处于驯化的初期，如油茶、榴梿和药用牡丹等。植物是如何被人类驯化的？相关研究从达尔文时代起就一直是进化生物学研究的热点。最开始，研究者只能通过对表型性状的统计与比较去推测农作物可能的祖先种（Darwin, 1868）。随着考古学的发展，已有的推测得到了部分验证；再而后分子生物学的兴起，则进一步提供了坚实的证据。无论是玉米和甘蓝这些栽培种与野生种性状差异巨大的物种，还是小麦、大麦和水稻这些考古资料丰富的古老而重要的谷物，它们的驯化过程都在现代研究手段下逐步被解析（Gross and Olsen, 2010）。

无论采用何种技术与方法，作物驯化研究都必须解决以下问题：①作物的祖先物种以及祖先种群；②作物驯化的空间、时间和文化背景；③作物在驯化过程中的表型和遗传变化以及变化的速率（Purugganan and Fuller, 2009；Zedar, 2015）。中国作为世界上重要文明的发源地，从最开始驯化野生植物至今已有近万年，但除了大豆与水稻等少数重要作物外，目前对起源于中国的经济作物（如蔬菜、果树、花卉、药材等）研究较少，这对科学认识中华文明在人类文明史中所处的地位与中国农耕文明对世界文明的贡献是重要的空缺。中国北方起源的作物以粟、黍与大豆等旱作作物为主，而位于南方的长江中下游地区因其独特的气候与地理条件，先民就近利用湿地植物资源从而促使大量水生作物（莲藕、茭白/中国菰、慈姑、芡实等）在此区域起源与驯化，而对这些水生作物的研究相比旱作作物仍有所不足（Li et al., 2019）。

中国菰的幼嫩茎秆受到茭白黑粉菌侵染之后，会膨大形成肉质可食用的菌瘿。基于中国菰的这种特性，先民将其驯化成为一种蔬菜，称为茭白。茭白与中国菰在株型、繁殖方式和结茭行为上存在明显分化。自然状态下中国菰被茭白黑粉菌侵染后形成的肉质茎个体很小，其中充满黑色冬孢子，这是茭白的最原始类型。栽培茭白株型紧凑、直立，肉质茎肥大且内无或仅有零星冬孢子。迄今，茭白已成为我国最重要的水生蔬菜之一，不仅味道鲜美，还具有利尿、止咳与降低血压的功效，是名副其实的保健食品。寄生真菌一般会对农作物造成较大危害，在农作物驯化过程中人类会选育具有较强抗性的品种；与此相反，茭白以寄主植物（中国菰）–内生真菌（茭白黑粉菌）复合体的特殊形式被人类栽培利用，强化了两者间的互作关系，在栽培作物中非常罕见，与茭白这种通过植物–真菌互作产生新的可食用部分类似的还包括油茶–细丽外担菌（茶耖/泡）、玉米–玉米黑粉菌（玉米乌米/墨西哥松露）以及高粱–高粱丝轴黑粉菌（高粱乌米）等。

目前，探究茭白驯化的工作大多仅关注植物本身而忽视将植物和真菌作为一个整体来研究。例如，曹碚生等（1993）通过同工酶分析20份茭白和中国菰野生资源的样本发现茭白和中国太湖地区的中国菰野生种群亲缘关系最近。陆霞萍（2006）运用ISSR标记研究32份茭白和中国菰野生资源的样品，获得了相似的结论。Xu等（2008）等运用核基因Adh1序列检测了中国大部分地区的中国菰种群以及茭白品种的遗传变异以及亲缘关系，未发现明显的种群结构；研究指出中国菰种群遗传变异处于中低水平，而茭白遗传变异非常低，并推测茭白为单起源，但并未鉴定出明确的起源地点。很显然，茭白的驯化以及栽培品种的多样性会受到茭白黑粉菌遗传变异的影响。柯卫东等（1996）从中国菰野生资源、单季茭、双季茭及灰茭中分离出7个菌株，发现在培养方式、菌株的萌发率、菌落的形态特征等方面存在差异，并认为茭白黑粉菌可能存在不同的生理小种。江解增等（2006）发现来自不同茭白品种的茭白黑粉菌的适宜培养温度存在明显差异。You等（2010）比较了普通茭白和其发生返祖突变形成的灰茭中的茭白黑粉菌菌株在形态和ITS序列上的差异，发现两者在形态和遗传上皆出现了明显分化。这些研究充分表明，要了解茭白的起源与驯化问题，必须将植物和真菌作为一个整体来同时进行分析。

基于茭白独特的植物和真菌复合体形式以及此复合体的驯化过程对于协同进化研究的重要意义和茭白作为重要水生蔬菜的经济价值，本章利用分子标记研究中国菰和茭白的遗传变异式样及其系统关系，调查茭白黑粉菌自然分布状况以及在其寄生的中国菰种群和栽培品种中的遗传变异式样，结合植物和真菌的遗传数据推测茭白的起源。

7.2 中国菰和茭白的利用历史

中国菰在历史上很早就被我国先民所认识与利用。中国菰的颖果（称为中国菰米）、包裹在叶鞘内的幼嫩短缩茎（俗称茭儿菜）以及被茭白黑粉菌侵染后形成的变态肉质茎（茭白）皆可食用。菰叶是用作粽叶的材料之一，亦是良好的青饲料。在古代，最早被利用的是中国菰米。中国菰米作为一种谷物被人类所认识，始记于《周礼》，是重要的"六谷"（稻、黍、稷、粱、麦、菰）之一，作为贡品供帝王食用或用于祭祀。在汉代至唐代期间，中国整体上气候呈现偏暖，这时期水面上的水生植物多且生物产量较高，植物残体会积累纠结形成漂浮植毡，又称"葑田"。古代江南地区沼泽众多，使得挺水植物中国菰和芦苇成为优势种，而中国菰由于具有旺盛的地下茎，因此成为葑田的主要物种（王建革，2014）。以中国菰为主要物种的葑田为人类提供了便利的粮食来源，人们就近用船采集中国菰种子食用。用中国菰米做成的"雕胡饭"，据传十分美味，唐宋名家皆有诗作传世颂菰米之炊。江南地区甚至有些地方因菰得名菰城（今浙江湖州）或菰村（今江苏谷里）。唐宋以后，南方人口激增，人们在湖泊边缘围湖垦田种植水稻，使得中国菰的适宜生境迅速减少；与此同时，人类加强了对水面的利用，大力清理葑田，其中最为著名的例子即为苏轼在西湖的除葑与修堤（王建革，2014）。宋代之后，由于稻种的改良导致江南地区稻作极大兴盛，中国菰米逐渐远离了人们的餐桌。人类对中国菰的利用方式未能导向对菰米的取食，而最终将黑粉菌侵染诱导的膨大茎作为蔬菜食用；菰米也不再闻名，只偶尔作为救荒作物被人们所提及。相比之下，北美的一年生沼生菰历史上长期被印第安人采收，并被称为"野生稻"，后经过驯化成为以收获种子为主的特色经济粮食作物，具有较高的保健功效。沼生菰驯化的例子提示中国菰也存在相似的以种子为收获目标的驯化方向，可作为我国粮食作物种质资源的候选材料。

茭白在我国也有比较长的食用历史。食用茭白的文献记录最早见于秦汉年间成书的《尔雅·释草》"出隧，蘧蔬"。东晋郭璞（257—324）注云："蘧蔬似土菌，生菰草中，今江东啖之，甜滑。"该文献与注记明确地记录了茭白菌瘿的生长部位乃至口感。《晋书·张翰传》（648）记载在西晋八王之乱期间，张翰著名的莼鲈之思："因见秋风起，乃思吴中菰菜、莼羹、鲈鱼脍"，这里的菰菜即指茭白。在唐代出现了较详细的有关茭白的记载，韩保升编著的《蜀本草》记录："菰根生水中，叶如蔗、荻，久则根盘而厚。夏月生菌堪啖，名菰菜。三年者，中心生白薹如藕状，似小儿臂而白软，中有黑脉，堪啖者，名菰首也。"由此可知当时的茭白和现代茭白的性状已经十分相似，"中有黑脉"即为茭白黑粉菌的冬孢子，而"似小儿臂而白软"则说明当时茭白的形态性状已与自然状态下菰被茭白黑粉菌侵染所形成的菌瘿有明显分化。

时至今日，茭白作为一种著名的水生蔬菜不但在中国得到了广泛推广与种植，还被引种到日本、韩国以及东南亚地区。我国茭白栽培总面积在 30 000hm² 以上，仅次于莲藕，是我国栽培面积第二的水生蔬菜。茭白主产区位于淮河流域及其以南地区，以长江中下游地区栽培面积最大，华北地区有零星栽培。已知云南省富民县款庄乡是中国种植茭白海拔最高的地区（海拔 1 455 ~ 2 817m）。根据结茭习性，栽培茭白可分为单季茭与双季茭，单季茭品种远多于双季茭，一般认为双季茭是由单季茭选育而来。单季茭在秋季结茭，其结茭主要受到日照的影响，需要短日照的刺激；双季茭不仅可以在秋季正常结茭，还能在次年春夏季再次结茭，其结茭时间对光照不敏感，但受到环境温度的影响。南宋咸淳四年（1268）的《毗陵志》（毗陵即今常州）中提及"茭白春亦生笋"，应当指的是双季茭。有明确记载的双季茭品种见于明代王世懋《学圃余疏》中所载的"吕公茭"。

栽培茭白依靠克隆繁殖，新品种选育主要通过筛选植株自然突变实现。然而值得注意的是，茭白栽培过程中常见两种不利于农业生产的突变：其一为茭白不再被茭白黑粉菌感染，能正常产生花序的类型，称为"雄茭"；另一种是茭白结茭后迅速老熟，肉质茎充满冬孢子的类型，称为"灰茭"。

7.3　中国菰和茭白的遗传结构

为了探究茭白可能的起源地点与祖先种群，试验总共采用了 32 个中国菰野生种群，基本覆盖了中国菰在中国的所有分布区（表 7-1）。由于中国菰具有很强的克隆繁殖特性，为了避免采集到分蘖植株（含匍匐茎长成植株），在野外采样时采取间隔为 10m 的样线采样策略，原则上每个种群采集不少于 30 个样本，共收集到 824 份样品。作为试验对照，从武汉市蔬菜研究所国家种质武汉水生蔬菜资源圃获取了栽培茭白品种的叶片样本，共计 135 份。新鲜的叶片用硅胶干燥保存，带回实验室后，这些叶片材料先用液氮处理，待充分研磨之后，使用 CTAB 法提取基因组 DNA。

表7-1　32个中国菰野生种群与栽培茭白基于12对微卫星标记的遗传参数

编号	种群号	采集地	N	A_e	A_r	H_o	H_e	F	N_e	N_i	Q（> 0.05）	瓶颈效应
1	HLJYC	黑龙江伊春	30	2.909	1.979	0.383	0.383	0.022	138			
2	HLJHEB	黑龙江哈尔滨	6	3.182	2.402	0.273	0.563	0.450	30		0.069	
3	HLJMDJ	黑龙江牡丹江	26	2.727	1.647	0.270	0.310	0.188	56			
4	HLJNA	黑龙江宁安	30	3.273	2.078	0.415	0.457	0.069	120			
5	JLDH	吉林敦化	42	3.273	1.965	0.346	0.464	0.275	176			
6	LNSY	辽宁沈阳	30	4.545	2.895	0.483	0.585	0.111	60			
7	LNQD	辽宁前当堡	28	4.818	2.653	0.478	0.539	0.051	131			
8	BJHD	北京海淀	40	2.000	1.407	0.243	0.229	-0.049	12			Y
9	HBBD	河北白洋淀	12	3.091	2.177	0.269	0.494	0.407	44			
10	SDTZ	山东滕州	34	3.727	2.140	0.395	0.472	0.108	69			
11	JSBY	江苏宝应	39	5.727	2.893	0.567	0.588	-0.004	186			
12	JSSQ	江苏宿迁	25	4.000	2.059	0.449	0.425	-0.068	38			
13	JSNJ	江苏南京	14	2.818	2.116	0.483	0.487	0.013	16			
14	JSSZ	江苏苏州	30	4.273	1.972	0.524	0.441	-0.102	15	2		
15	SHYP	上海杨浦	18	1.636	1.544	0.533	0.284	-0.816	5			Y

（续）

编号	种群号	采集地	N	A_e	A_r	H_o	H_e	F	N_e	N_i	Q（＞0.05）	瓶颈效应
16	SHCM	上海崇明	12	2.818	2.538	0.618	0.570	−0.114	12	4	0.335	
17	ZJHZ	浙江杭州	27	3.455	1.973	0.461	0.438	0.001	13	3	0.116	
18	AHTL	安徽铜陵	14	2.091	1.705	0.571	0.371	−0.468	7			
19	AHAQ	安徽安庆	33	4.545	2.493	0.498	0.546	0.058	156	1		
20	JXXZ	江西庐山	15	4.364	2.660	0.467	0.511	−0.004	66			
21	JXDA	江西德安	29	1.818	1.302	0.250	0.167	−0.170	7			Y
22	JXJX	江西进贤	39	3.364	2.264	0.461	0.465	−0.039	45	1		
23	HuBWH	湖北武汉	31	3.545	2.240	0.538	0.505	−0.098	55			
24	HuBJY	湖北嘉鱼	27	3.364	2.397	0.477	0.439	−0.133	30			
25	HuBHH	湖北洪湖	32	4.727	2.545	0.542	0.546	−0.038	122			
26	HuBJZ	湖北荆州	33	4.455	2.632	0.494	0.526	0.030	121			
27	HuNJS	湖南津市	38	3.000	1.994	0.589	0.459	−0.222	42			Y
28	HuNCS	湖南长沙	35	1.455	1.450	0.434	0.229	−0.918	6	35	0.994	Y
29	FJFD	福建福鼎	14	1.818	1.676	0.539	0.304	−0.868	7	14	0.992	Y
30	GDYJ	广东阳江	15	1.636	1.636	0.636	0.329	−1.000	5			Y
31	GXNN	广西南宁	15	1.636	1.636	0.636	0.329	−1.000	5			Y
32	YNJH	云南剑湖	11	2.182	2.013	0.355	0.374	0.023	14	5	0.474	Y
	平均值			3.196	2.096	0.459	0.432	−0.135				
	SD			1.118	0.434	0.113	0.112	0.383				
	栽培品种		135	2.182	1.519	0.455	0.242	−0.751	5	—	0.997	Y

注：N，种群大小（个）；A_e，有效等位基因数；A_r，等位基因丰度；H_o，观测杂合度；H_e，期望杂合度；F，固定指数；N_e，有效种群大小（个）；N_i，逸生个体数；Q，渐渗系数；Y，表示存在瓶颈效益，瓶颈效应检测基于SMM与mode-shift模型。

　　试验首先选取了24对由Quan等（2009）针对中国菰开发的微卫星引物，然后在水稻微卫星引物库中随机选取了100对引物，用于引物的筛选。最终，共计12对扩增效果好、等位基因数较多的引物被选中，这些引物中11对为中国菰的特异性引物，1对为水稻微卫星引物（表7-2）。引物的5′端分别用三种荧光标记FAM、JOE和ROX锚定，所有PCR产物在ABI 3130XL测序仪上通过毛细管电泳法测定片段大小，继而使用GENEMAPPER 3.7判读条带。

表7-2　12对微卫星引物对应位点的遗传多样性参数与F统计

引物	N	A_e	H_o	H_e	F_{is}	F_{it}	F_{st}	Nm
ZM11	25	3.167	0.675	0.657	−0.011	0.288	0.298	0.580
ZM16	16	2.966	0.586	0.578	−0.039	0.298	0.325	0.520
ZM40	7	1.899	0.382	0.388	−0.007	0.302	0.307	0.564
ZM24	13	2.886	0.689	0.604	−0.171	0.170	0.292	0.607
ZM25	8	1.892	0.383	0.389	−0.009	0.386	0.391	0.389
ZM35	10	1.853	0.427	0.392	−0.116	0.352	0.420	0.346
ZM44	4	2.087	0.931	0.516	−0.849	−0.711	0.075	3.101

（续）

引物	N	A_e	H_o	H_e	F_{is}	F_{it}	F_{st}	Nm
ZM26	4	1.550	0.322	0.307	−0.076	0.279	0.329	0.509
ZM36	20	2.523	0.241	0.494	0.500	0.725	0.449	0.307
RM6876	9	2.090	0.595	0.492	−0.240	0.057	0.240	0.793
ZM28	19	1.794	0.272	0.334	0.163	0.534	0.444	0.314
ZM30	5	1.327	0.216	0.195	−0.131	0.154	0.251	0.744
平均值	11.455	2.079	0.459	0.426	−0.089	0.231	0.320	0.745
SE	1.744	0.156	0.066	0.037	0.097	0.109	0.033	0.241

注：N，等位基因数；A_e，有效等位基因数；H_o，观测杂合度；H_e，期望杂合度；F_{is}、F_{it}、F_{st}，F统计；Nm，基因流。

为了提高结果的可靠性，试验对微卫星检测的数据进行了一系列检验。首先，用FREENA软件估计无效等位基因的频率，比较原始数据和修正无效等位基因后种群的F_{st}值，并未发现显著差异（t-test，$p = 0.538$）。在此之后，使用GENEPOP 4.0检测种群是否偏离哈迪－温伯格平衡，并用Bonferroni法进行了显著性检验，结果显示在384对哈迪－温伯格检验中，有97对显著偏离，其中一部分可能由近交引起，小部分可能由部分种群强烈的克隆繁殖导致。尽管试验在采样策略中已经采取了措施避免采集到克隆植株，后续依然使用GENECLONE 2.0软件计算了多位点基因型（MLG），对克隆植株存在的可能性进行了验证，通过比较MLG，标记出了克隆繁殖严重的种群（BJHD、SHYP、JXDA、HuNCS、HuNJS、FJFD、GDYJ与GXNN，表7-1）。这几个种群相对较小，周围也未发现其他中国菰种群存在，比起"遗传漂变"效应，这种现象可能是"奠基者效应"引起。例如，笔者在对JXDA种群进行采样时曾向当地人咨询其种群历史，证实它是由约在10年前从溪流上游漂流下来的几株祖先的后代所形成。

经GenAlex 6.5软件计算，中国菰野生种群与栽培茭白品种的平均有效等位基因数（A_e）、等位基因丰度（A_r）、观测杂合度（H_o）、期望杂合度（H_e）和固定指数（F）的数值见表7-1。中国菰野生种群的遗传多样性（H_e）为0.167（JXDA）～0.588（JSBY），平均值为0.432，提示野生种群具有较丰富的遗传变异，且显著高于栽培茭白（0.242）。由固定指数F值可知，HLJMDJ、JLDH与HBBD表现为显著的杂合子不足，而SHYP、AHTL、JXDA、HuNJS、HuNCS、FJFD、GDYJ与GXNN则大部分因杂合基因型在种群中存在大量无性繁殖后代，呈现杂合子过剩。栽培茭白品种、BJHD、SHYP、JXDA、HuNJS、HuNCS、FJFD、YNJH、GDYJ与GXNN表现出显著的瓶颈效应，暗示存在遗传漂变或是近期发生的奠基者效应。不同种群的有效种群大小则差别很大，范围为5个（栽培茭白与逸生种群）～176个（JLDH）。其中栽培茭白品种、GDYJ和GXNN具有最小有效种群，其次为HuNCS与FJFD这两个种群（表7-1）。菰属的谱系地理学研究结果表明，中国菰的祖先起源于北美洲，在第三纪时通过白令海峡到达远东和东亚。Xu等（2008）基于核基因序列$Adh1a$研究中国菰的谱系与遗传结构发现，高纬度地区（东北地区）的种群拥有更为丰富的单倍型。Xu等（2015）又使用3对通用微卫星标记比较了菰属4个物种的遗传多样性，与美洲的沼生菰（$H_e = 0.630$）相比，中国菰（$H_e = 0.374$）的遗传多样性相对较低。然而这项工作可能因使用的分子标记太少而低估了遗传多样性。Chen等（2012）用10对微卫星标记研究了长江中游的中国菰种群的遗传变异，发现遗传多样性较高（$H_e = 0.532$）；本章的研究同样发现中国菰野生种群的遗传多样性比较高（$H_e = 0.432$），但种群间并未表现出与纬度相关的变化规律。小部分种群表现出杂合子过剩或是杂合子不足，其中有一部分种群是克隆生长所致，另一部分则可能由近交引起。

利用STRUCTURE软件对栽培茭白品种与中国菰野生种群进行成对检测，在长江流域中下游的部分中国菰野生种群中发现一些明显的栽培茭白逸生个体，其中JSSZ、SHCM、ZJHZ、AHAQ与JXJX种群中仅为零星出现，而HuNCS与FJFD种群全部由逸生个体组成，YNJH种群也有比较大的逸生比例。F统计的结果显示中国菰野生种群间存在明显且较高的遗传分化（$F_{st} = 0.320$），提示种群间基因流受限制。当将栽培茭白品种与中国菰野生种群共同用STRUCTURE软件分析时，结果显示栽培茭白与中国菰野生种群有非常明显的差异，而且逸生个体也与中国菰野生种群存在显著的区别，主成分分析（PCA）结果同上（图7-1）。从表型上来看，中国菰野生种群与茭白的差异十分明显；相比野生型，栽培种的植株通常具有直立的株型，相对大的叶片与短缩的节间，生理上表现为更高的光合效率与丧失开花结实的能力。这些表型使得在野外辨识栽培茭白的逸生个体成为可能，并可以借助分子生物学的手段来验证。从遗传上来看，茭白与中国菰存在极其显著的遗传分化，其分化程度甚至高于中国菰野生种群之间的分化，这种现象在一些驯化程度较高的农作物（如小麦、水稻或玉米）中比较常见。小麦、水稻等农作物栽培种的育种主要通过有性繁殖，在每个世代中会出现更多的遗传变异；茭白的育

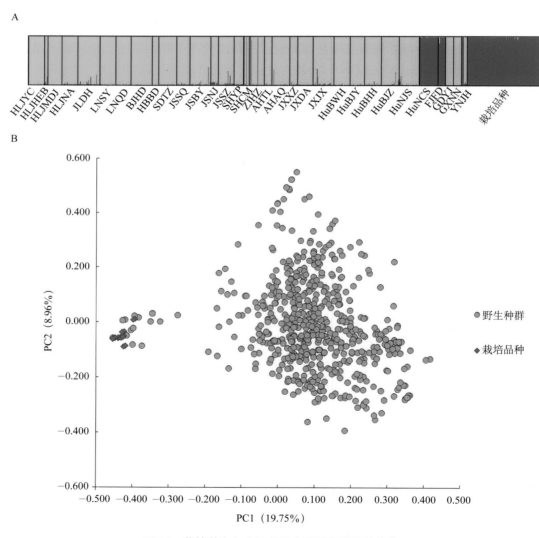

图7-1　栽培茭白与中国菰野生种群间的遗传分化
A.基于STRUCTURE分析结果的遗传结构　　B.32个野生种群与栽培茭白品种的主成分分析

种与一些木本植物相似，主要围绕无性克隆株系的自然突变来完成。理论上茭白的进化速度相对较慢，驯化时间也远远短于小麦与水稻等粮食作物（茭白约1 000年；小麦与水稻约10 000年），其与野生种的遗传分化应该差异不大，而实际情况却恰好相反。这种现象可能与茭白和中国菰之间严格的生殖隔离有关。茭白的生物学特性（一旦感染茭白黑粉菌就丧失有性繁殖能力）决定了它没有可能通过有性繁殖的方式进行育种，只能严格依赖无性繁殖，即其祖先个体从野生群体中分离之后，两者之间再无基因交流；其他通过有性繁殖育种的作物则会频繁从野生近缘种获取新的遗传资源对已有物种进行杂交改良，形成多批次的从野生种向栽培种的基因流。

在剔除栽培品种与逸生现象严重的种群和混杂在自然种群中的逸生个体后，中国菰野生种群间表现出较为明显的遗传结构，可明显分为南北两个类群，其中东北与华北地区的种群构成北部类群，华东、华中与华南地区的种群构成南部类群；对应的PCA则显示中国菰自然种群没有明显的结构，前3个特征值的总解释度不足30%。对南部类群的遗传结构进一步解析发现存在3个主要遗传斑块：泛洪泽湖－太湖区域（Pop1）包括JSBY、JSSZ、SHYP、SHCM与ZJHZ等种群，泛鄱阳湖区域（Pop2）包括JSNJ、AHTL、AHAQ、JXDA、JXXZ与JXJX，泛洞庭湖区域（Pop3）包括HuBWH、HuBJY、HuBJZ、HuBHH与HuNJS。邻接法构建系统发生树较清晰地显示，栽培茭白品种与逸生种群聚为一支，其余中国菰野生种群分化为两大支，与STRUCTURE的结果一致（图7-2）。Mantel检验提示中国菰野生种群存在显著的距离隔离（$r = 0.21$，$p < 0.05$）（图7-3）。中国菰的自然生境一般是片段化的，形成相互隔离的小生境，限制了种群间的基因交流。这种隔离也并非绝对，这些生境可能通过水系间断性连通。通过水流传播的种子无法到达完全隔离的种群，鸟类是否是中国菰种子散布的重要中介暂无报道，而花粉也仅在局部区域内有效，总体而言中国菰缺乏长距离的基因流散布能力。不仅如此，种群的遗传结构不但受到地理隔离影响，还与水系的连通有关，特别是南部类群的遗传斑块分化式样。中国菰的遗传分化式样与另一种挺水植物普通野生稻十分相似。Wang等（2008）发现中国普通野生稻可以根据所属水系分成不同类群，证明了水系连通性对种群间遗传关系的影响。

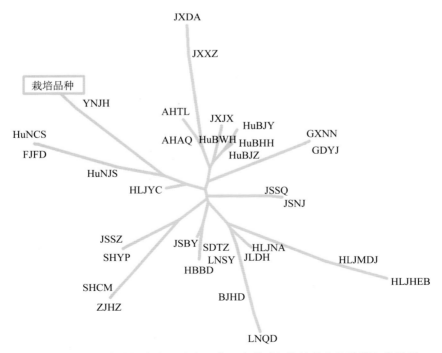

图7-2 基于邻接法构建的32个中国菰野生种群与栽培茭白品种的聚类关系

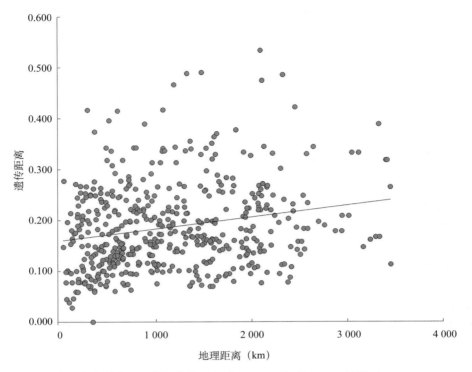

图 7-3　中国菰野生种群地理距离与遗传距离 $[F_{st}/(1-F_{st})]$ 的 Mantel 检验 $(r = 0.21, p < 0.05)$

7.4　茭白的起源与驯化

使用描述性的分析方法（如主成分分析、空间自相关分析和分子变异分析等）或基于马可夫链蒙特卡洛（MCMC）技术的似然性分析方法来研究植物和真菌复合体具有一定的局限性。近似贝叶斯计算（ABC）为解决复杂模型提供了新的途径。ABC 方法能处理大量遗传数据以及复杂进化模型（例如可以同时包含自然和人为过程），同时计算和比较多个模型的种群参数的后验分布与相对偏差。近年来已经有学者意识到 ABC 方法在处理具有复杂种群历史的物种的驯化问题时具有独特的优势，成功运用 ABC 方法基于分子标记技术解析了北非与西非地区的珍珠粟和地中海盆地的油橄榄的驯化过程（Diez et al., 2015；Dussert et al., 2015）。因此，ABC 方法被用于模拟推断栽培茭白可能的起源途径。根据微卫星分子标记的初步结果（图 7-4B 和 7-5B），中国菰野生种群总体可划分为南北两个遗传类群；而基于历史资料，茭白的驯化地点可能在长江流域。用 ABC 方法同时计算和比较多个模型的种群参数的后验分布与相对偏差，在计算量上有相当大的压力。因此，运用分层 ABC 方法逐步逼近，先将目标种群进行初步定位，再进行下一个层级的模拟，这样能有效降低计算量和提高准确率（从至少需要 18 个模型降低到 11 个）。

首先对于栽培茭白与南北类群间的关系，预设 2 个可能的分化模型，确定栽培茭白与大类群的关系的后验概率；然后基于南部类群的遗传结构 [泛洞庭湖区域类群（Pop3）、泛鄱阳湖区域类群（Pop2）与泛洪泽湖 – 太湖区域类群（Pop1）]，再预设 9 个可能的种群分化模型，用 DIYABC 软件进行模拟，选取后验概率最高的一个。初始参数设置和具体模型设置见表 7-3 与图 7-4B、7-5B，具体流程参考 Cornuet 等（2010）所述方法，使用 DIYABC 软件共计算 11 000 000 个数据集作为参考组，后验概率通过对 1% 的参考组数据进行 logistic 回归得到。

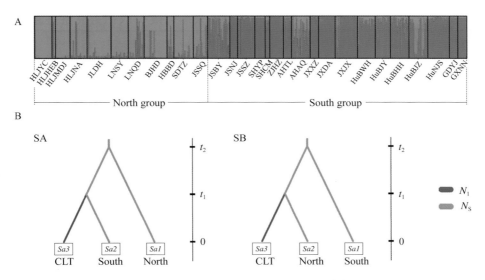

图7-4 中国菰野生种群的遗传结构与2个竞争模型设置

A.基于STRUCTURE分析结果的中国菰野生种群遗传结构　B.用于ABC方法模拟的两种种群分化模型（CLT为茭白栽培品种，South为南部类群，North为北部类群，预设类群之间无基因流。在模型SA中，南部类群在t_2时间与北部类群分化，有效种群大小不变；栽培品种在t_1时间与南部类群分化，伴随着瓶颈效应导致有效种群大小由N_s缩小为N_1）

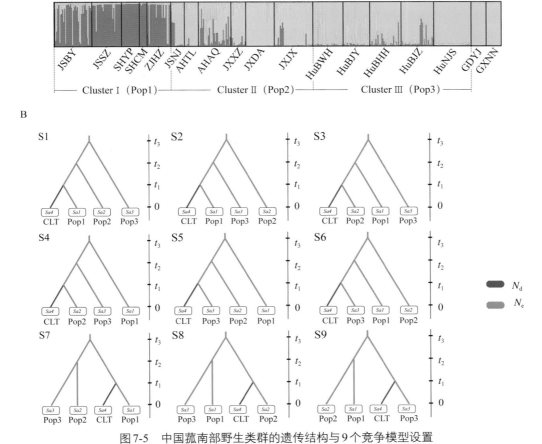

图7-5 中国菰南部野生类群的遗传结构与9个竞争模型设置

A.基于STRUCTURE分析结果的中国菰南部野生类群的精细遗传结构　B.基于ABC方法模拟的9个竞争模型用于推断茭白栽培品种在中国菰南部野生类群中的起源（CLT为茭白栽培品种，Pop1为泛洪泽湖-太湖区域类群，Pop2为泛鄱阳湖区域类群，Pop3为泛洞庭湖区域类群）

表7-3 分层ABC方法分析先验参数设置与后验参数估算

	参数	先验值		后验值				
	参数	分布	值	平均数	中位数	众数	2.5%分位数	97.5%分位数
分析1（2个模型）	N_s	uniform	10 ~ 20 000	9 180	8 650	7 070	3 330	11 300
	N_1	uniform	10 ~ 1 000	247	228	199	49.3	319
	t_1	uniform	10 ~ 2 000	754	697	537	166	1 010
	t_2	uniform	10 ~ 2 000	971	903	668	250	1 320
分析2（9个模型）	N_e	uniform	10 ~ 20 000	8 040	7 840	7 630	2 660	9 750
	N_d	uniform	10 ~ 1 000	373	340	269	54.2	505
	t_1	uniform	10 ~ 2 000	1 600	1 400	1 030	335	2 040
	t_2	uniform	10 ~ 2 000	1 980	1 710	1 260	508	2 470
	t_3	uniform	10 ~ 2 000	2 550	1 930	1 330	426	3 290

注：uniform为均匀分布。

在基于中国菰的南北两个遗传类群预设的两个ABC模型SA与SB中，模型SA有最高的后验概率（0.700），即其代表最可能的种群分化历史，该模型提示栽培茭白由南部类群分化而来，分化时间距今697个世代（图7-4B）。在次一级9个模型中，模型7具有最高的后验概率（0.295），意味着南部类群中泛洪泽湖-太湖区域类群（Pop1）在1 930个世代前先分化出来，然后泛鄱阳湖区域类群（Pop2）和泛洞庭湖区域类群（Pop3）在1 710个世代前发生分化，而栽培茭白起源于泛洪泽湖-太湖区域，约在1 400个世代前被驯化（图7-5B，表7-3）。

研究工作者对于茭白的起源有过一些基于分子生物学的研究工作，但无论是所用材料的完整性与方法的可信度都还存在不足。由本研究的结果可知，基于SSR标记，通过构建亲缘关系树与遗传聚类分析，只能确认茭白起源于我国长江流域3个可能的区域：太湖流域、鄱阳湖流域和洞庭湖流域。使用ABC方法分析之后，结果显示茭白最有可能起源于太湖流域。通过ABC方法不但可以确定茭白的起源地，而且能间接估算茭白的驯化时间，但还需要对茭白的变异率有合理的估计。由于驯化涉及人工选择和种群的自然进化，同时包含自然和人为过程，使得相应的模型相较单纯考虑种群的自然过程要复杂得多。

另一个有趣的问题是，中国菰历史上是否曾经作为一种粮食作物经过初步的驯化？当前的结果不排除这种可能性，但也很难给出确切的答案。栽培茭白的逸生现象已为本研究结果所确证，在上海、江苏、安徽、福建与云南都采集到了典型的逸生个体与种群。然而，广东阳江（GDYJ）与广西南宁（GXNN）的种群却表现出一定的特异性：首先，它们种群较小，遗传多样性单一，可能是由少量祖先个体克隆繁殖而来；其次，它们与栽培茭白间存在显著遗传分化，而与江苏、上海和浙江的种群亲缘关系较近，明显不符合地理隔离模型；它们的表型已具备栽培茭白的部分特征，株型直立，叶片阔而长，但无黑粉菌感染的迹象，花序较大，穗型紧凑。这种现象暗示，如今的栽培茭白可能是由一种半驯化的祖先种进一步针对收获被感染而产生的肉质茎驯化而来；另一种可能的解释是栽培茭白野化后混入了野生种群。

7.5 茭白黑粉菌与茭白栽培品种的多样性

本研究从武汉市蔬菜研究所国家种质武汉水生蔬菜资源圃获取了40份不同品种的茭白肉质茎，外加在野外采集到的江西进贤野茭白1份与江苏宝应野茭白2份；此外还有在安徽岳西发现的灰茭1份；

共计44份肉质茎材料。总基因组DNA提取使用植物DNA提取试剂盒（天根），样本基因组DNA用1%琼脂糖凝胶电泳和NanoDrop ND1000（Thermo Inc.）分光光度计检测浓度与质量。

试验使用真菌通用ITS引物（ITS4序列：5′-TCCTCCGCTTATTGATATGC-3′。ITS5序列：5′-GGAAGTAAAAGTCGTAACAAGG-3′）对rDNA的ITS区序列进行PCR扩增：采用50μL体系，包括50ng DNA模板，4μL 2.5mmol/L dNTP，1.25μL正反向引物（10μmol/L）以及1U Ex *Taq*（TaKaRa Inc.）。PCR反应程序设定为94℃变性5min；94℃变性30s，56℃退火60s，72℃延伸90s；变性、退火和延伸阶段重复35个循环；72℃延伸10min。PCR产物回收使用BioDev公司B型小量DNA片段快速胶回收试剂盒，按说明书操作进行产物回收。DNA测序由上海美吉生物科技有限公司完成。

测序原始数据由DNAStar软件的Seqman模块验证原始峰图和序列拼接，然后用Clustal X对序列进行比对。使用DnaSP5.10确定ITS单倍型；在分析中，空位作为缺失处理。对茭白黑粉菌ITS单倍型构建系统发育树，通过PAUP version 4.0b10构建最大简约树（MP），所有核苷酸等权处理，采用启发式搜索，设置为MULTREES和TBR枝长交换，1 000次随机序列加入。系统树每个节点的支持率通过bootstrapping分析，设置1 000次重复。经过测序与BLAST验证，最终有37条茭白黑粉菌ITS序列完成测序与拼接，序列长度为718bp，共有26个多样性位点，形成30个单倍型，核苷酸多样性为0.01。从NCBI数据库获取茭白黑粉菌ITS标准序列作为对照，同时选取茭白黑粉菌的近缘种*U. alcornii*的ITS序列作为外类群，总共39条ITS序列构建系统发育树。结果显示，野生型茭白黑粉菌与栽培茭白中的黑粉菌有显著分化，单季茭是较为原始的类群；其中，从岳西灰茭中分离的黑粉菌菌株（UeITS2）与单季茭聚为一群（图7-6）。

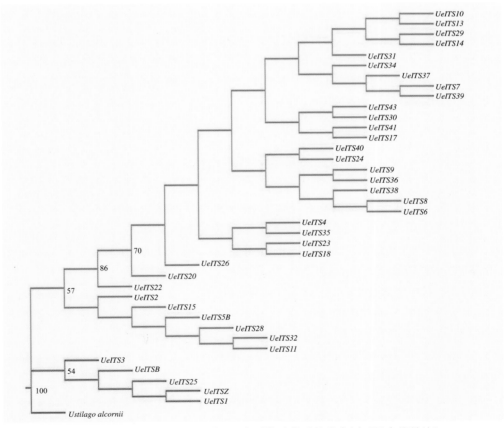

图7-6 基于37份茭白黑粉菌ITS序列构建的系统发育树（最大似然法）

注：37份茭白黑粉菌中来自中国菰野生资源的菌株为绿色，来自茭白栽培品种的菌株为青色；*Ustilago alcornii*为外类群（红色）；自展值计算1 000次并以百分比显示（仅展示大于50%值）。

目前我国已培育出近200个栽培茭白品种，这些栽培品种的分类依据有以下几点：①对光照的敏感性，根据茭白对光照的敏感性分为单季茭与双季茭；双季茭对光不敏感，可在长日照或短日照下孕茭，夏秋两季皆可；单季茭只能在短日照下孕茭，即只能在秋季孕茭；文献确证单季茭先被驯化出来。②对温度的响应，温度影响茭白的熟性，有的品种要求高温而有的则只能在低温下孕茭。③薹管，即茭白的短缩茎，野生的较长而栽培种极短，不同品种又有所不同，只有单季茭存在长薹管。④肉质茎性状，包括表皮颜色、形状与表皮特征等。在这些性状中，对光照的敏感性以及薹管长度可能是由植物的遗传背景所决定的。值得注意的是，当使用INSTRUCT软件，在不考虑哈迪－温伯格平衡的前提下进行遗传聚类时，未发现栽培茭白品种间有明显分化；而使用PCA分析则可以发现品种间的遗传差异，这种差异可能与茭白品种的生态型分化相关。

根据中国菰和茭白的遗传结构以及茭白黑粉菌的ITS序列构建的系统树，茭白的驯化过程与相应的驯化性状的变化可能为：首先，从被茭白黑粉菌感染的中国菰中选育出最原始的栽培茭白（单季茭），依旧保留了中国菰的一些表型，如对光照敏感、长薹管、肉质茎较小且老熟后产生大量黑色冬孢子；然后通过一段时间的选育，短薹管、较大肉质茎、肉质茎可食时间较长的单季茭得以被选育出来，此时品种多样性较高；再然后某品种单季茭突变为光不敏感，出现典型的双季茭；最后双季茭由于其较为优秀的性状（栽培一次结茭两次，需要的劳动投入少，产量高），育成一批新的茭白品种。部分驯化性状（如结茭时间对温度的响应以及茭白肉质茎的部分性状）可能是由茭白黑粉菌的遗传背景决的。

7.6 结论

栽培茭白的驯化是一个证明植物和真菌复合体是如何在人工选择下快速进化的典型案例。本章的研究结果表明，经过驯化与长期栽培，中国菰野生种群与栽培品种之间存在明显的遗传差异。茭白的驯化发生在大约1 400年前的长江下游地区，为单次起源。寄主植物的遗传差异可能是造成不同生态型品种间差异的主要原因，而寄生真菌的遗传变异可能与栽培品种的多样性有关。

参 考 文 献

曹碚生, 李薇, 江解增, 等, 1993. 运用过氧化物酶谱进行茭白品种分类[J]. 中国蔬菜 (4): 11-14.

江解增, 邱届娟, 韩秀芹, 等, 2004. 茭白生育过程中地上各部位内源激素的含量变化[J]. 武汉植物学研究, 22(3): 245-250.

董玉琛, 刘旭, 2008. 中国作物及其野生近缘种·蔬菜作物卷[M]. 北京: 中国农业出版社.

陆霞萍, 2006. 我国茭白种质资源的遗传多样性研究[D]. 扬州: 扬州大学.

王建革, 2014. 江南早期的葑田[J]. 青海民族研究, 25(3): 145-148.

张学锋, 2006. 江南社会经济研究·六朝隋唐卷[M]. 北京: 中国农业出版社.

瓦维洛夫, 1982. 主要栽培植物的世界起源中心[M]. 董玉琛, 译. 北京: 中国农业出版社.

Arnaud-Haond S, Belkhir K, 2007. GENCLONE: a computer program to analyse genotypic data, test for clonality and describe spatial clonal organization[J]. Molecular Ecology Notes, 7(1): 15-17.

Barrett S C H, Eckert C G, Husband B C, 1993. Evolutionary processes in aquatic plant populations[J]. Aquatic Botany, 44(2): 105-145.

Beaumont M A, Zhang W Y, Bailding D J, 2002. Approximate bayesian computation in population genetics[J]. Genetics, 162(4): 2025-2035.

Beaumont M A, 2010. Approximate bayesian computation in evolution and ecology[J]. Annual Review of Ecology, Evolution, and Systematics, 41: 379-406.

Chapuis M P, Estoup A, 2007. Microsatellite null alleles and estimation of population differentiation[J]. Molecular Biology and Evolution, 24(3): 621-631.

Chen Y Y, Chu H J, Liu H, et al., 2012. Abundant genetic diversity of the wild rice *Zizania latifolia* in central China revealed by microsatellites[J]. Annals of Applied Biology, 161: 192-201.

Cornuet J M, Ravigné V, Estoup A, 2010. Inference on population history and model checking using DNA sequence and microsatellite data with the software DIYABC (v1. 0)[J]. BMC Bioinformatics, 11(1): 401.

Darwin C, 1859. On the origin of species[M]. London: Murray.

Darwin C, 1868. Variation of animals and plants under domestication[M]. London: Murray.

Diamond J, 2002. Evolution, consequences and future of plant and animal domestication[J]. Nature, 418(6898): 700-707.

Diez C M, Trujillo I, Martinez-Urdiroz N, et al., 2015. Olive domestication and diversification in the Mediterranean Basin[J]. New Phytologist, 206(1): 436-447.

Doebley J F, Gaut B S, Smith B D, 2006. The molecular genetics of crop domestication[J]. Cell, 127(7): 1309-1329.

Dussert Y, Snirc A, Robert T, 2015. Inference of domestication history and differentiation between early- and late-flowering varieties in pearl millet[J]. Molecular Ecology, 24(7): 1387-1402.

Fuller D Q, 2007. Contrasting patterns in crop domestication and domestication rates: recent archaeobotanical insights from the old world[J]. Annals of Botany, 100(5): 903-924.

Gross B L, Olsen K M, 2010. Genetic perspectives on crop domestication[J]. Trends in Plant Science, 15(9): 529-537.

Guo H B, Li S M, Peng J, et al., 2007. *Zizania latifolia* Turcz. cultivated in China[J]. Genetic Resources and Crop Evolution, 54(6): 1211-1217.

Harter A V, Gardner K A, Falush D, et al., 2004. Origin of extant domesticated sunflowers in eastern North America[J]. Nature, 430(6996): 201-205.

Heun M, Schäfer-Pregl R, Klawan D, et al., 1997. Site of einkorn wheat domestication identified by DNA fingerprinting[J]. Science, 278(5341): 1312-1314.

Li Q, Zhao Y, Xiang X G, et al., 2019. Genetic diversity of crop wild relatives under threats in Yangtze River Basin: call for enhanced in situ conservation and utilization [J]. Molecular Plant, 12(12): 1535-1538.

Peakall R, Smouse P E, 2012. GenAlEx 6.5: genetic analysis in Excel. Population genetic software for teaching and research-an update[J]. Bioinformatics, 28(19): 2537-2539.

Purugganan M D, Fuller D Q, 2009. The nature of selection during plant domestication[J]. Nature, 457: 843-848.

Quan Z, Pan L, Ke W, et al,. 2009. Sixteen polymorphic microsatellite markers from *Zizania latifolia* Turcz. (Poaceae)[J]. Molecular Ecology Resources, 9(3): 887-889.

Thompson J D, Gibson T J, Plewniak F, et al., 1997. The CLUSTAL_X windows interface: flexible strategies for multiple sequence alignment aided by quality analysis tools[J]. Nucleic Acids Research, 25(24): 4876-4882.

Wang M X, Zhang H L, Zhang D L, et al., 2008. Genetic structure of *Oryza rufipogon* Griff. in China[J]. Heredity, 101(6): 527-535.

Willson M F, 1983. Plant reproductive ecology[M]. New York: Wiley.

Xu X W, Ke W D, Yu X P, et al., 2008. A preliminary study on population genetic structure and phylogeography of the wild and cultivated *Zizania latifolia* (Poaceae) based on Adh1a sequences[J]. Theoretical and Applied Genetics, 116(6): 835-843.

Xu X W, Walters C, Antolin M F, et al., 2010. Phylogeny and biogeography of the eastern Asian-North American disjunct wild-

rice genus (*Zizania* L., Poaceae)[J]. Molecular Phylogenetics and Evolution, 55(3): 1008-1017.

Xu X W, Wu J W, Qi M X, et al., 2015. Comparative phylogeography of the wild-rice genus *Zizania* (Poaceae) in eastern Asia and North America[J]. American Journal of Botany, 102(2): 239-247.

Yan N, Wang X Q, Xu X F, et al., 2013. Plant growth and photosynthetic performance of *Zizania latifolia* are altered by endophytic *Ustilago esculenta* infection[J]. Physiological and Molecular Plant Pathology, 83: 75-83.

You W Y, Liu Q, Zou K Q, et al., 2010. Morphological and molecular differences in two strains of *Ustilago esculenta*[J]. Current Microbiology, 62(1): 44-54.

Zedar M A, 2015. Core questions in domestication research[J]. Proceedings of the National Academy of Science of the United States of America, 112(11): 3191-3198.

Zeder M A, Emshwiller E, Smith B D, et al., 2006. Documenting domestication: the intersection of genetics and archaeology[J]. Trends in Genetics, 22(3): 139-155.

Zhang D X, Hewitt G M, 2003. Nuclear DNA analyses in genetic studies of populations: practice, problems and prospects[J]. Molecular Ecology, 12(3): 563-584.

Zhao Y, Vrieling K, Liao H, et al., 2013. Are habitat fragmentation, local adaptation and isolation-by-distance driving population divergence in wild rice *Oryza rufipogon*[J]? Molecular Ecology, 22(22): 5531-5547.

Zhao Y, Song Z, Zhong L, et al., 2019. Inferring the origin of cultivated *Zizania latifolia*, an aquatic vegetable of a plant-fungus complex in the Yangtze River Basin[J]. Frontiers in Plant Science, 10: 1406.

第8章 茭白黑粉菌诱导茭白茎发育重编程的转录组研究

王志丹[1] 闫宁[2] 郭得平[1]

（1.浙江大学农业与生物技术学院；2.中国农业科学院烟草研究所）

◎本章提要

　　茭白黑粉菌能够诱导茭白茎膨大，茭白在亚洲是一种重要的水生蔬菜。然而，茭白黑粉菌诱导茭白茎膨大的分子机制仍不清楚。为了阐明茭白和茭白黑粉菌互作的分子机制，对茭白黑粉菌未侵染和侵染的茭白茎进行了转录组和表达谱分析。转录组分析表明，茭白黑粉菌侵染诱导正常茭白（JB）和灰茭（HJ）茎的差异表达基因分别有19 033个和17 669个。另外，为了鉴定茭白黑粉菌诱导茭白茎膨大的相关基因，进行了茭白黑粉菌未侵染对照以及茭白黑粉菌侵染的JB和HJ茎在孕茭前7d、孕茭后1d和孕茭后10d的表达谱分析。同时，鉴定到了具有时间特异性表达模式的375个茭白和187个真菌候选基因，并可能在茭白茎的初始膨大和后续膨大中发挥作用。本章的研究结果表明，细胞分裂素比生长素在茭白茎膨大中发挥更重要的作用。总之，本章的研究为阐明茭白茎膨大的基因调控网络提供了新证据，为生产上提高茭白产量提供了理论基础。

8.1 前言

微生物攻击和宿主防御是植物和微生物互作中的重要事件。植物-微生物互作会导致病害症状、特殊结构的形成以及宿主中生化反应的改变。植物-微生物互作导致的植物病害对农业生产造成威胁。黑粉菌侵染会在禾谷类作物中导致破坏性的病害。例如，玉米黑粉菌（*Ustilago maydis*）会在宿主植物玉米地上部诱导产生植物肿瘤，并且伴随着植物细胞增大和细胞分裂增加（Skibbe et al., 2010）。然而，发病并不是植物-微生物互作的唯一结果。从宿主植物获取资源的寄生关系在自然界中也很常见，并且只是造成了对宿主组织的附带破坏。

近年来，玉米和黑粉菌互作机制的研究取得了令人瞩目的进展。虽然植物应对病原菌侵染的信号网络高度复杂性尚不清楚，但是病原菌侵染会导致植物转录层面发生变化。例如，柑橘生疫霉（*Phytophthora citricola*）侵染会导致植物组织发生转录组层面的重编程。此外，在拟南芥（*Arabidopsis thaliana*）的根系上接种半活体营养菌尖孢镰刀菌（*Fusarium oxysporum*）会导致大量基因的表达发生变化。半活体营养菌玉米炭疽菌（*Colletotrichum graminicola*）侵染会导致玉米苯并噁唑嗪酮合成和病程相关蛋白基因表达增强。通过转录组和蛋白质组技术手段，前人鉴定了大豆应对大豆锈病菌（*Phakopsora pachyrhizi*）的基因调控网络。在植物和病原菌互作过程中，病原菌诱导植物产生防卫反应、改变植物激素信号网络、产生抗氧化剂和次生代谢物、改变有机氮和光合能力以及植物基因表达。玉米和黑粉菌亲和互作体系的建立依赖于对质外体半胱氨酸蛋白酶、过氧化物酶和防卫反应的抑制。肿瘤形成是玉米和黑粉菌互作的典型症状。Skibbe等（2010）研究证明，玉米器官特异性表达的黑粉菌效应子在肿瘤形成中发挥关键作用。Redkar等（2015）研究发现，黑粉菌效应子See1是黑粉菌诱导叶片肿瘤形成期间植物DNA合成的再激活所必需的。最近，Fukada等（2021）鉴定到一种新的玉米黑粉菌效应蛋白lep1（late effector protein 1），该蛋白在肿瘤形成过程中高度表达，并具有毒力。Lin等（2021）发现，玉米黑粉菌*Nlt1*（no leaf tumors 1）突变体能有效地定殖玉米叶片，但不能进行核分裂，并且在后期增殖中减弱，最终导致肿瘤形成减弱。

许多参与植物致病互作的微生物能够产生植物激素，通常引起植物组织中植物激素失衡的症状，例如微生物通过产生生长素和细胞分裂素诱导产生植物肿瘤（Reineke et al., 2008）。植物肿瘤的形成可能是从生长素或细胞分裂素抑制植物防卫反应的过程中演变而来的。与玉米黑粉菌侵染玉米诱导其地上部产生植物肿瘤不同，茭白黑粉菌侵染茭白只诱导其茎膨大，形成类似肿瘤结构。有趣的是，一旦茭白膨大茎开始形成，会在两周内停止生长，这与玉米黑粉菌诱导玉米地上部形成的肿瘤不同。在亚洲，茭白膨大茎作为一种水生蔬菜采收食用，并且被认为是非常美味的。据悉，茭白可能是植物-微生物互作而形成的唯一的蔬菜作物。虽然一些研究在细胞和生理水平上试图阐明茭白和茭白黑粉菌的互作机制，但是与玉米和玉米黑粉菌互作机制研究相比，茭白和茭白黑粉菌互作的分子机制亟待进一步阐明。

在以往的研究中，茭白膨大茎是由茭白黑粉菌的两个生理小种分别诱导形成（Yang et al., 1978）。其中，正常茭白（JB）的膨大茎包括植物组织和菌丝型（M-T）黑粉菌，并可被作为蔬菜食用；而灰茭（HJ）膨大茎则被孢子型（T）黑粉菌所形成的黑色孢子堆所填充。虽然黑粉菌和茭白互作的超微结构特征已被研究，但是两者互作机制仍然不清楚。膨大茎的形成是黑粉菌侵染茭白的典型症状，而黑粉菌产生的生长素和细胞分裂素是茭白膨大茎形成信号网络中的重要因子（Reineke et al., 2008）。以往研究表明，茭白膨大茎的形成可能是由茭白细胞分裂素和赤霉素等植物激素平衡的改变以及茭白应对黑粉菌侵染的防卫反应而导致的（Chan and Thrower, 1980b）。然而，黑粉菌诱导产生植物肿瘤及其后续发育的分子机制仍有待阐明，以解释植物激素如何启动植物肿瘤形成并介导其后续发育。

转录组方法已被用于研究多种植物和病原菌的互作机制。虽然一些研究试图揭示植物和病原菌互作详细的信号网络，但是其中许多问题有待解答。茭白基因组测序已经完成（Guo et al., 2015），转录组方法也可用于揭示茭白和黑粉菌的互作机制，但是目前缺乏黑粉菌诱导茭白膨大茎形成的基因表达模式的详细信息。因此，本章分析了黑粉菌未侵染与M-T型、T型黑粉菌侵染的茭白茎在孕茭前后不同时期的转录组变化及其差异表达基因，研究结果可为阐明茭白和黑粉菌的互作机制奠定基础。

8.2 植物材料

本章使用的茭白植株（浙茭2号）详细信息参考Yan等（2013a）中的描述。这些植株分别被M-T型和T型黑粉菌侵染，并分别可产生JB和HJ膨大茎。JB膨大茎比HJ的大，HJ孕茭初始即产生黑色孢子，而JB只在孕茭后期才零星地产生黑色孢子。茭白茎和其中黑粉菌的孢子形态如图8-1所示。试验植株种植于浙江大学紫金港实验农场（杭州）。在茭白茎膨大前，选取长势一致的茭白植株进行标记取样。在茭白孕茭期，分别从对照、JB（M-T型黑粉菌侵染）和HJ（T型黑粉菌侵染）植株中采集不同类型的茎组织作为试验材料。

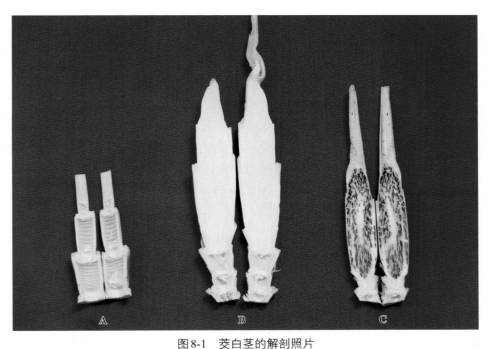

图8-1 茭白茎的解剖照片
A.对照（control） B.没有黑色孢子堆的菌丝型（M-T型）黑粉菌侵染的茭白膨大茎（JB）
C.具有黑色孢子堆的孢子型（T型）黑粉菌侵染的茭白膨大茎（HJ）
注：照片拍摄于茭白孕茭后10d。

为进行转录组组装，对照、JB和HJ的茎组织从孕茭前7d到孕茭后13d，每隔4d进行取样，其间对应茭白茎的直径逐渐从1cm增加到5cm。为进行表达谱分析，对应的茎组织分别在孕茭前7d、孕茭后1d和孕茭后10d进行采集，对应茭白茎的直径分别为1cm、2cm和4cm。每个取样时间点采集9个茎，每个样品3次重复。每个茎采集后放在0.5%次氯酸钠溶液中浸泡7～8 min，随后用无菌水冲洗3次。所有样品立即在液氮中冷冻，储存在−80℃，随后用于RNA提取。将从不同时间点采集的样品混合后用于RNA提取。从对照、JB和HJ茎组织中提取的RNA样品用于转录组分析。

8.3　茭白黑粉菌侵染和对照茎的转录组组装、功能富集和差异表达基因

为明确黑粉菌诱导茭白茎发育的基因调控网络，从对照、JB和HJ茎组织的6个不同发育时期进行取样。6个不同取样时期的等量RNA混合形成3个样品，即对照、JB和HJ茎组织，分别产生了4.56 Gb、5.04 Gb和4.54 Gb测序数据，且Q20（测序错误率1%）大于95%（表8-1）。

表8-1　茭白茎转录组输出信息统计

样品	总测序（Mb）	总碱基（Gb）	Q20[a]（%）	Q10[a]（%）	N占比[b]（%）	(G + C) 占比（%）
对照	45.6	4.56	96.43	99.05	0.0051	58.68
JB[c]	56.0	5.04	97.38	99.96	0.0026	56.62
HJ[c]	50.4	4.54	97.44	99.96	0.0024	56.93

a　Q20为碱基质量值≥20的测序碱基数占总测序碱基数的百分比；Q10为碱基质量值≥10的测序碱基数占总测序碱基数的百分比。根据Illumina的技术文档，当碱基质量值为10时，错误率为10%，当碱基质量值为20时，错误率为1%。

b　N占比代表未能测到的核苷酸占比。

c　JB代表菌丝型（M-T型）黑粉菌侵染的茭白茎，HJ代表孢子型（T型）黑粉菌侵染的茭白茎。

在检查测序质量和清理低质量测序后，利用Trinity软件进行了高质量测序的组装。本研究分别从对照、JB和HJ茎组织中获得了45.6Mb、56.0Mb和50.4Mb测序，其匹配到参考基因组的概率分别为69.74%、71.80%和52.48%（表8-1）。组装基因的长度为201～3 000bp（图8-2）。

为了鉴定黑粉菌侵染和对照茎组织的差异表达基因（DEG），使用DESeq进行基因表达分析。黑粉菌侵染对茭白茎转录组的影响如图8-3所示。与对照相比，JB中有19 033个DEG，HJ中有17 669个DEG。在对照组织和黑粉菌侵染茎中鉴定了18 147个基因，其中16 399个基因在黑粉菌侵染茎和对照中均有表达，但是1 593个基因只在黑粉菌侵染茎中表达。

使用GO对黑粉菌侵染和对照茎组织的DEG进行分析，结果发现其中的DEG可分为三大类：生物学过程、细胞组分和分子功能。这些DEG可以被分为50多个类别，例如细胞进程、代谢进程、生物过程调控、细胞、细胞部分、膜结构、细胞器、结合活性和催化活性（图8-4）。大多数DEG属于细胞组分，生

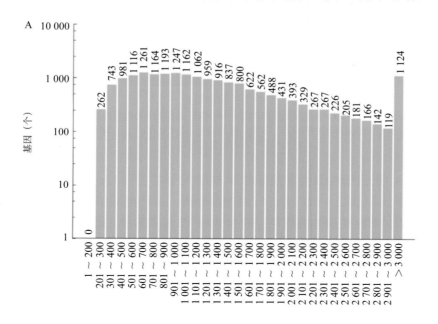

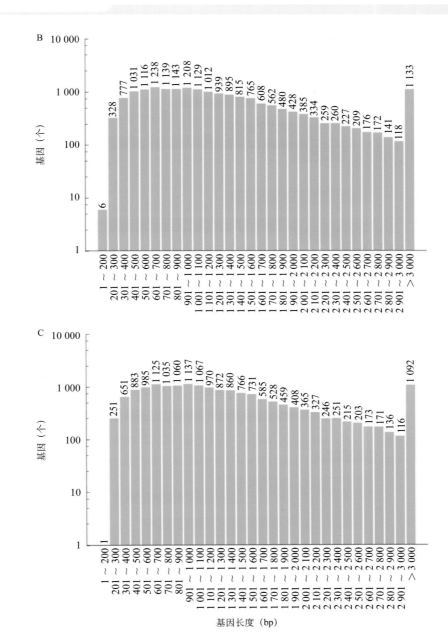

图8-2 黑粉菌侵染和对照茭白茎转录组基因长度分布
A.对照茎基因长度分布 B.菌丝型（M-T型）黑粉菌侵染的正常茭白（JB）茎基因长度分布 C.孢子型（T型）黑粉菌侵染的灰茭（HJ）茎基因长度分布

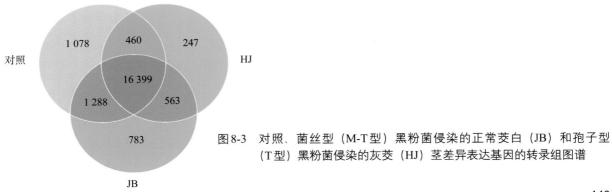

图8-3 对照、菌丝型（M-T型）黑粉菌侵染的正常茭白（JB）和孢子型（T型）黑粉菌侵染的灰茭（HJ）茎差异表达基因的转录组图谱

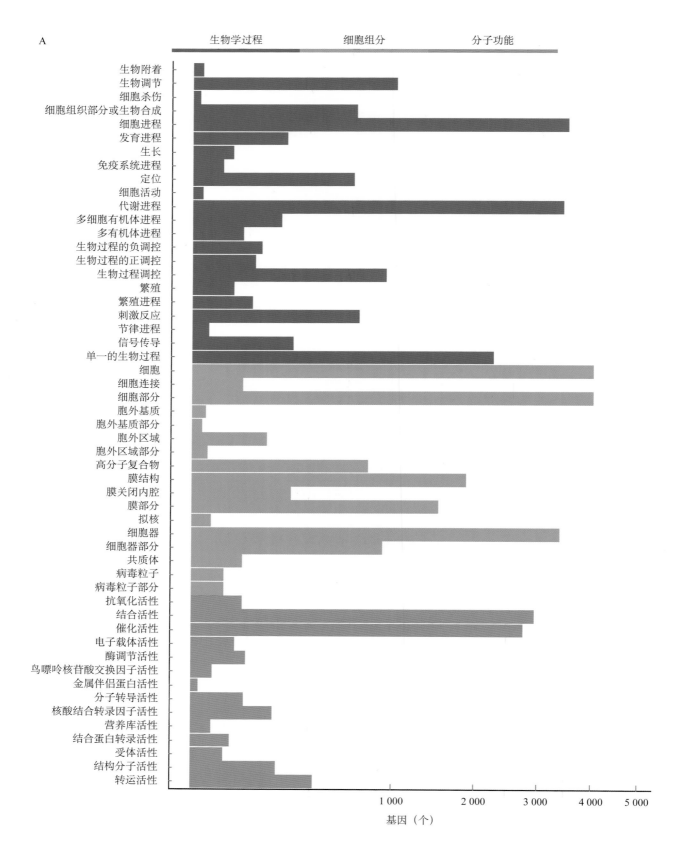

图8-4　黑粉菌侵染茭白茎和对照的差异表达基因的GO分类

A.菌丝型（M-T型）黑粉菌侵染的正常茭白（JB）茎相比于对照的基因数量

B.孢子型（T型）黑粉菌侵染的灰茭（HJ）茎相比于对照的基因数量

物学过程其次，分子功能最少。在细胞组分中，细胞、细胞部分和细胞器是这些DEG富集的转录本的前三位。在生物学过程中，大量的DEG被划分为细胞进程、代谢进程和单体进程。在分子功能中，结合活性和催化活性是这些DEG中富集最丰富的。这些结果表明，参与分子互作和代谢的基因在黑粉菌侵染的茭白茎膨大过程中发挥重要作用，而茭白与黑粉菌互作过程中细胞代谢状态和过程也发生了改变。

通过转录组分析，研究了黑粉菌侵染对宿主植物茭白茎基因表达的影响，并发现了对照和黑粉菌侵染茭白茎之间的明显差异。对黑粉菌侵染茭白茎和对照之间的DEG的功能富集分析表明，两者DEG主要与细胞进程、代谢进程、生物过程调控、细胞、细胞部分、膜结构、细胞器、结合活性和催化活性有关。

植物抗性可以通过病程相关蛋白的诱导和次生代谢产物合成来增强，例如木质素、蜡质和其他保护性脂质（Baker et al., 1997；Balmer et al., 2013）。本研究重点关注了黑粉菌侵染对茭白茎生物学过程的改变，并且发现黑粉菌诱导茭白发生防御反应，表明角质在保护茭白应对黑粉菌侵染中发挥重要作用。次生代谢产物合成（例如通过苯丙烷生物合成路径合成的木质素）能够提高植物应对病原菌侵染的抗性。在本研究中，关键通路上的DEG与代谢进程和免疫体系中的一些酶基因在黑粉菌侵染茭白茎中的表达量显著升高（图8-4），表明虽然茭白和黑粉菌处于共生状态，但是茭白植株仍会对黑粉菌侵染产生防御反应。

黑粉菌侵染茭白茎，在孕茭开始阶段鉴定到一些与生物和非生物胁迫相关的基因，并在孕茭后期鉴定到更多的基因。这些发现表明，茭白与黑粉菌开始互作时宿主防御反应较为温和，使得黑粉菌得以存活。黑粉菌侵染茭白茎和对照的大量基因与代谢进程等其他进程相关，也暗示黑粉菌的侵染和增殖通过改变宿主植物的进程来诱导茭白膨大茎的形成。

8.4　茭白茎中差异表达基因的表达谱分析

测定了不同孕茭时期（孕茭前7d、孕茭后1d和10d）黑粉菌侵染的JB和HJ与对照的DEG，阐述黑粉菌侵染对茭白茎转录组的影响。根据差异表达基因的筛选标准 [$FDR \leqslant 0.05$ 和 $|\log^{(FC)}| \geqslant 1.0$，$FDR$ (false discovery rate) 为错误发现率，FC (fold change) 为差异倍数]，与对照相比，孕茭前7d、孕茭后1d和10d JB中的DEG分别有4 873个（2 900个表达量上升和1 973个表达量下降）、6 996个（3 803个表达量上升和3 193个表达量下降）和6 063个（3 023个表达量上升和3 040个表达量下降），孕茭前7d、孕茭后1d和10d HJ中的DEG分别有4 083个（2 335个表达量上升和1 748个表达量下降）、6 928个（3 890个表达量上升和3 038个表达量下降）和4 981个（2 744个表达量上升和2 237个表达量下降）（图8-5）。由此获得的DEG经由GO富集分析进一步划分为不同的功能组。与对照相比，黑粉菌侵染的茭白茎中的细胞进程、代谢进程、细胞、细胞部分、结合活性和催化活性富集显著。图8-5中展示了JB和HJ相对于对照的DEG火山图。

8.5　茭白黑粉菌基因表达谱分析

将不同孕茭时期（孕茭前7d、孕茭后1d和10d）黑粉菌侵染的茎组织表达谱映射到M-T型和T型黑粉菌基因组中。研究结果表明，不同比例的M-T型和T型黑粉菌序列分别出现在JB和HJ茎组织中。在JB中，M-T型黑粉菌在孕茭前7d、孕茭后1d和10d的茎组织中占比分别是4.19%、4.95%和5.51%。在HJ中，T型黑粉菌在孕茭前7d、孕茭后1d和10d的茎组织中占比分别是15.42%、26.13%和57.06%。

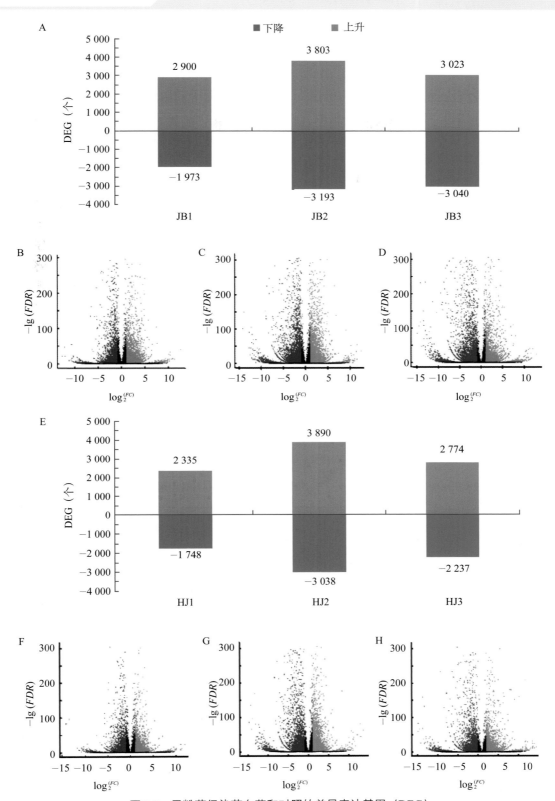

图 8-5　黑粉菌侵染茭白茎和对照的差异表达基因（DEG）

A、E. 宿主组织中的 DEG　B ~ D. JB1 至 JB3 与对照的 DEG 火山图　F ~ H. HJ1 至 HJ3 与对照的 DEG 火山图

注：绿色和红色的柱状图分别代表表达量下降和表达量上升的基因；JB1 至 JB3 和 HJ1 至 HJ3 分别代表孕茭前 7d、孕茭后 1d 和 10d 的菌丝型（M-T 型）和孢子型（T 型）黑粉菌侵染的茭白膨大茎。差异表达基因的筛选标准：$FDR \leqslant 0.05$ 和 $|\log_2^{(FC)}| \geqslant 1.0$。火山图横轴代表 JB 或 HJ 与对照之间的基因表达倍数变化，纵轴代表 $-\lg(FDR)$；黑色斑点代表表达无显著差异的基因，红色斑点代表表达量上升的基因，蓝色斑点代表表达量下降的基因。

8.6 茭白茎膨大相关候选基因的鉴定

为了阐明黑粉菌诱导茭白茎膨大的机制，全面分析了本研究中的DEG。与对照相比，JB中的5 842个基因表达量上升，其中18.3%的基因（1 069个/5 842个）在孕茭前7d、孕茭后1d和10d的茎组织中表达量均上升，而51.8%的基因（3 027个/5 842个）表现出时间特异性表达（图8-6A）。与对照相比，HJ中的5 908个基因表达量上升，其中12.1%的基因（716个/5 908个）在孕茭前7d、孕茭后1d和10d的茎组织中表达量均上升，而59.8%的基因（3 533个/5 908个）表现出时间特异性表达（图8-6B）。

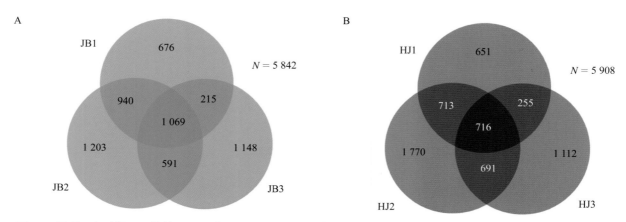

图8-6　孕茭3个时期（孕茭前7d、孕茭后1d和10d）黑粉菌侵染的茭白茎中相对于对照表达量上升基因的表达谱分析
A.菌丝型（M-T型）黑粉菌侵染的正常茭白（JB）茎中表达量上升基因数
B.孢子型（T型）黑粉菌侵染的灰茭（HJ）茎中表达量上升基因数
注：圆圈中的数字代表不同时期表达量上升的基因数，重叠部分代表两个或所有时期共有的基因数。N值代表基因总数。JB1至JB3和HJ1至HJ3分别代表孕茭前7d、孕茭后1d和10d的菌丝型（M-T型）和孢子型（T型）黑粉菌侵染的茭白膨大茎。

进一步研究发现，茭白茎膨大过程中表达量上升的基因中许多基因呈现发育时期特异性表达：在JB中只有0.8%的基因（19个/2 363个）在孕茭3个时期都表现为表达量上升（图8-7A），相比之下，在HJ中只有1.3%的基因（44个/3 489个）在孕茭3个时期都表现为表达量上升（图8-7B）。这些结果表明，黑粉菌对茭白植株基因表达进行重编程，而且茭白植株在不同时期应对黑粉菌侵染呈现出不同的应激策略，这证实了茭白茎膨大是时间特异性表达的结果。在孕茭后1d和10d，JB中分别有473个和782个表达量上升的茭白宿主基因，HJ中分别有1 094个和983个表达量上升的茭白宿主基因，它们其中很可能存在参与茭白茎膨大的相关基因（图8-7）。

对于表达量下降的基因，在JB中鉴定了5 015个，其中15.2%的基因（762个/5 015个）在孕茭不同时期与对照相比表达量都下降，而51.6%的基因（2 586个/5 015个）表现出时间特异性表达（图8-8A）。在HJ中，4 280个基因表达量下降，其中17.5%的基因（748个/4 280个）在孕茭不同时期与对照相比表达量都下降，而53.4%的基因（2 285个/4 280个）表现出时间特异性表达（图8-8B）。

许多茭白表达量下降的基因也表现出发育时期特异性表达：在JB中只有2.2%的基因（92个/4 149个）在孕茭3个时期都表现为表达量下降（图8-9A），在HJ中只有0.9%的基因（37个/4 041个）在孕茭3个时期都表现为表达量下降（图8-9B）。在孕茭后1d和10d，JB中的742个和908个植物基因以及HJ中的1 130个和1 111个植物基因特异性表达量下降，其中很可能存在参与茭白茎膨大的相关基因（图8-9）。

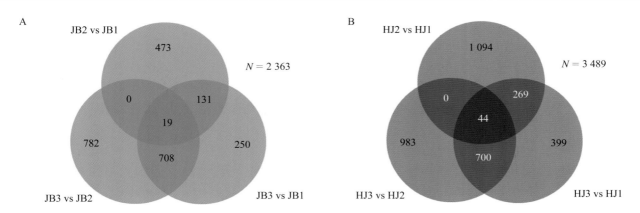

图8-7　孕茭3个时期（孕茭前7d、孕茭后1d和10d）黑粉菌侵染的茭白茎中相对于对照表达量上升宿主基因的表达谱分析
A.菌丝型（M-T型）黑粉菌侵染的正常茭白（JB）茎中表达量上升的宿主基因数
B.孢子型（T型）黑粉菌侵染的灰茭（HJ）茎中表达量上升的宿主基因数

注：圆圈中的数字代表不同时期表达量上升的基因数，重叠部分代表两个或所有时期共有的基因数。N值代表基因总数。JB1至JB3和HJ1至HJ3分别代表孕茭前7d、孕茭后1d和10d的菌丝型（M-T型）和孢子型（T型）黑粉菌侵染的茭白膨大茎。

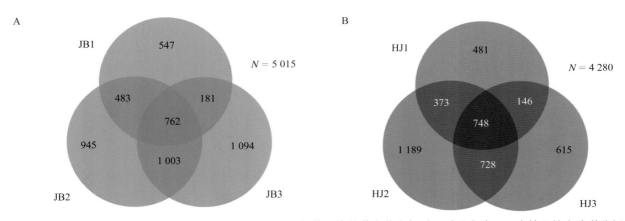

图8-8　孕茭3个时期（孕茭前7d、孕茭后1d和10d）黑粉菌侵染的茭白茎中相对于对照表达量下降基因的表达谱分析
A.菌丝型（M-T型）黑粉菌侵染的正常茭白（JB）茎中表达量下降的基因数
B.孢子型（T型）黑粉菌侵染的灰茭（HJ）茎中表达量下降的基因数

注：圆圈中的数字代表不同时期表达量下降的基因数，重叠部分代表两个或所有时期共有的基因数。N值代表基因总数。JB1至JB3和HJ1至HJ3分别代表孕茭前7d、孕茭后1d和10d的菌丝型（M-T型）和孢子型（T型）黑粉菌侵染的茭白膨大茎。

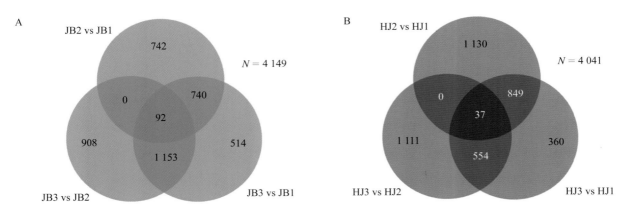

图8-9　孕茭3个时期（孕茭前7d、孕茭后1d和10d）黑粉菌侵染的茭白茎中相对于对照表达量下降宿主基因的表达谱分析
A.菌丝型（M-T型）黑粉菌侵染的正常茭白（JB）茎中表达量下降的宿主基因数
B.孢子型（T型）黑粉菌侵染的灰茭（HJ）茎中表达量下降的宿主基因数

注：圆圈中的数字代表不同时期表达量下降的基因数，重叠部分代表两个或所有时期共有的基因数。N值代表基因总数。JB1至JB3和HJ1至HJ3分别代表孕茭前7d、孕茭后1d和10d的菌丝型（M-T型）和孢子型（T型）黑粉菌侵染的茭白膨大茎。

利用 $FDR \leqslant 0.05$ 和 $|\log_2^{(FC)}| \geqslant 1.0$ 为筛选标准，进一步分析了时间特异性DEG以鉴定出茭白茎膨大的关键候选基因。结果表明，170个和205个基因分别被鉴定为茭白茎膨大起始和后续膨大过程中的关键候选基因。在茭白茎膨大起始阶段，170个注释基因大部分参与代谢途径、次级代谢产物生物合成和苯丙烷生物合成。然而，在茭白茎后续膨大过程中，205个注释基因大部分参与代谢途径、次级代谢产物生物合成、植物与病原菌互作、苯丙烷生物合成和植物激素信号转导。这些结果表明，黑粉菌在茭白茎膨大过程中的基因转录水平上发挥作用。

为阐明黑粉菌中参与茭白茎膨大起始的关键基因，也对不同菌株的黑粉菌在孕茭3个时期（孕茭前7d、孕茭后1d和10d）的时间特异性DEG进行了全面分析。表达量上升的黑粉菌基因，JB中只有1.8%（42个/2 273个）在孕茭3个时期表达量均上升（图8-10A），HJ中只有0.3%（4个/1 175个）在孕茭3个时期表达量均上升（图8-10B），这表明孕茭过程中大多数表达量上升基因具有发育时期特异性，而且这些时间特异性基因可能与茭白膨大茎的形成有关。同时，也表明茭白茎膨大需要黑粉菌时间特异性表达基因的参与。因此，黑粉菌在茭白茎膨大过程中的基因表达改变也诱导了宿主植物的重编程。在孕茭后1d和10d，表达量上升的黑粉菌基因可能参与了茭白膨大茎的形成，其中JB中分别有487个和569个基因，HJ中分别有409个和375个基因（图8-10）。和表达量上升的黑粉菌基因类似，表达量下降的黑粉菌基因，JB中只有1.7%（36个/2 125个）在孕茭3个时期表达量均下降（图8-11A），HJ中只有1.9%（26个/1 386个）在孕茭3个时期表达量均下降（图8-11B）。在孕茭后1d和10d，在JB中分别有612个和512个基因表达量下降，在HJ中分别有300个和409个基因表达量下降（图8-11）。

时间特异性表达量上升的黑粉菌基因为未来研究茭白茎膨大关键基因奠定了基础。最终，在孕茭后1d和10d分别鉴定到78个和109个黑粉菌候选基因，其中63个基因（孕茭初期25个、孕茭后期38个）没有被注释到。因此，孕茭初期和孕茭后期注释到124个基因，其中孕茭初期53个、孕茭后期71个。分析表明，孕茭初期注释到的53个表达量上升的基因主要参与了核苷酸结合、转录调控及调控水解酶活性、转移酶活性和转运，孕茭后期注释到的71个基因主要参与了核苷酸结合、转录调控及调控水解酶活性。

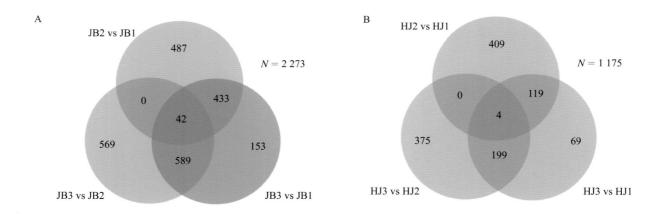

图8-10　孕茭3个时期（孕茭前7d、孕茭后1d和10d）茭白茎中表达量上升的黑粉菌基因的表达谱分析
A. 菌丝型（M-T型）黑粉菌侵染的正常茭白（JB）茎中表达量上升的黑粉菌基因数
B. 孢子型（T型）黑粉菌侵染的灰茭（HJ）茎中表达量上升的黑粉菌基因数
注：圆圈中的数字代表不同时期表达量上升的基因数，重叠部分代表两个或所有时期共有的基因数。N值代表基因总数。JB1至JB3和HJ1至HJ3分别代表孕茭前7d、孕茭后1d和10d的菌丝型（M-T型）和孢子型（T型）黑粉菌侵染的茭白膨大茎。

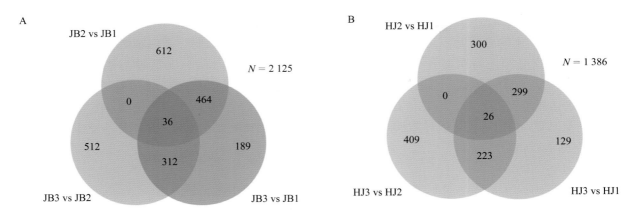

图8-11　孕菰3个时期（孕菰前7d、孕菰后1d和10d）菰白茎中表达量下降的黑粉菌基因的表达谱分析
A.菌丝型（M-T型）黑粉菌侵染的正常菰白（JB）茎中表达量下降的黑粉菌基因数
B.孢子型（T型）黑粉菌侵染的灰菰（HJ）茎中表达量下降的黑粉菌基因数

注：圆圈中的数字代表不同时期表达量下降的基因数，重叠部分代表两个或所有时期共有的基因数。N值代表基因总数。JB1至JB3和HJ1至HJ3分别代表孕菰前7d、孕菰后1d和10d的菌丝型（M-T型）和孢子型（T型）黑粉菌侵染的菰白膨大茎。

在菰白膨大茎形成过程中，许多黑粉菌侵染菰白茎DEG表达量显著升高，这可能与黑粉菌在宿主植物组织中的存活和增殖有关。此外，大量的黑粉菌侵染菰白茎DEG表达表现出时间特异性（图8-6和8-8）。这些研究结果和Guo等（2015）的研究结果一致，并且与玉米和黑粉菌互作产生的植物肿瘤需要宿主和病原菌两者器官特异性基因表达的结果也相似。本试验结果表明，菰白膨大茎的形成并不是由于特定基因的一致性和组成型表达，而是由于基因群体的协同作用。因此，认为孕菰后1d和10d 1 203个和1 148个特异性表达量上升的基因（图8-6）以及945个和1 094个特异性表达量下降的基因（图8-8）中包含菰白和黑粉菌互作诱导膨大茎形成的关键基因。毫无疑问，病原真菌能够直接或间接地对宿主代谢进行重编程。侵染菰白的黑粉菌的基因表达将有助于菰白膨大茎的形成，尤其是时间特异性表达黑粉菌基因可能与菰白膨大茎的形成有关。

通过基因表达谱分析，能够鉴定出时间特异性表达量上升的黑粉菌基因，并且缩小黑粉菌参与菰白茎膨大的候选基因范围。最终鉴定到的170个和205个候选宿主基因分别与孕菰初期和孕菰后期的菰白膨大茎形成有关。前人的研究指出，玉米黑粉菌的分泌蛋白可能与玉米肿瘤的形成有重要关系（Skibbe et al., 2010）。对宿主的转录重编程是病原菌与宿主互作中一个关键的微调共存过程（Skibbe et al., 2010；Fukada et al., 2021）。因此，菰白细胞命运可能被黑粉菌进行了重编程，即利用不同发育程序的抑制和从头激活使宿主细胞去分化进入新的途径。菰白黑粉菌分泌蛋白如何对菰白茎膨大发挥重要作用值得进一步研究。

和玉米黑粉菌不同的是，菰白黑粉菌诱导产生植物肿瘤的方式更为温和。菰白黑粉菌在黑粉菌家族中是独特的，它引起菰白茎膨大，而且膨大茎会在一段时间内（约两周）停止生长，并不表现严重的损伤。这可能是菰白黑粉菌和宿主菰白的一种平衡关系。

8.7　细胞分裂素和生长素在菰白膨大茎形成过程中的作用

细胞分裂素是植物细胞分裂和分化等许多发育过程中的关键信号分子。菰白异戊烯基转移酶（ZlIPT）是宿主植物细胞分裂素生物合成的关键酶。为了明确细胞分裂素和生长素如何参与和影响菰白膨大茎的形成，对在菰白中鉴定到的细胞分裂素和生长素生物合成基因在菰白茎膨大过程中的表达特性进行了研究。这些基因包括1个细胞分裂素合成（异戊烯基转移酶，IPT）和3个生长素合成（色氨酸转氨酶，TAT；腈水合酶，NIH；黄素单加氧酶，YUCCA）相关基因。并利用qRT-PCR对细胞分裂素和生长素生物合成基因进行了表达水平的验证。研究结果表明，茭白细胞分裂素合成关键基因*ZlIPT*在孕茭前7d没有明显受到黑粉菌侵染影响，但在孕茭后1d和10d黑粉菌侵染显著提高了*ZlIPT*基因表达量（图8-12A）。与之类似，茭白生长素合成关键基因*ZlYUCCA*在孕茭前7d的对照、JB和HJ中表达量差异不显著，但在孕茭后1d和10d，*ZlYUCCA*基因表达量显著提高（图8-12B）。但是，3个孕茭时期JB和HJ色氨酸转氨酶基因（*ZlTAT*）和腈水合酶基因（*ZlNIH*）表达量反而比对照略微降低（图8-12C、D）。

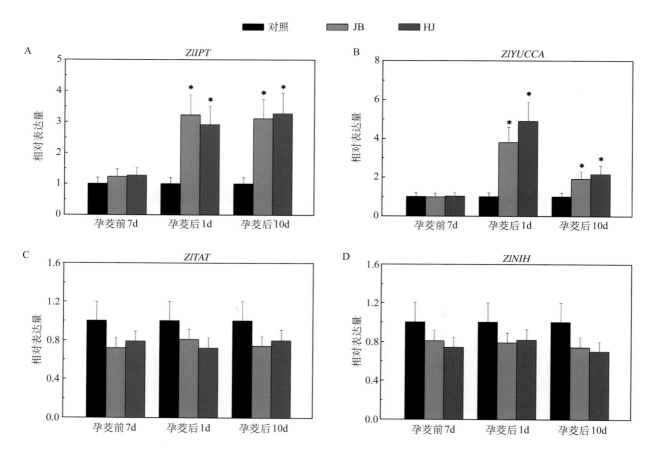

图8-12 孕茭前7d、孕茭后1d和10d的菌丝型（M-T型）和孢子型（T型）黑粉菌侵染的茭白膨大茎中细胞分裂素和生长素生物合成基因表达分析qRT-PCR验证

A.茭白异戊烯基转移酶基因（*ZlIPT*） B.茭白黄素单加氧酶基因（*ZlYUCCA*）

C.茭白色氨酸转氨酶基因（*ZlTAT*） D.茭白腈水合酶基因（*ZlNIH*）

注：选择*ZlACTIN2*作为内参基因。图中的数据以平均值 ± 标准差的形式表示。星号（*）表示利用Tukey's test方法分析处理与对照的差异显著性（$p < 0.05$）。

和有些寄生性的黑粉菌属真菌一样，茭白黑粉菌在不杀死宿主植物的情况下表现出一种生物活体营养的生长模式。在玉米和黑粉菌互作体系中，这种密切的互作涉及允许真菌增殖和触发正常宿主细胞分化和后续肿瘤形成的一组高度专门化的分泌蛋白（Skibbe et al., 2010）。肿瘤发育过程与细胞增加和增殖有关，表明肿瘤形成过程中有植物激素的参与。事实上，微生物导致宿主植物形成的植物肿瘤毫无疑问依赖植物激素，尤其是细胞分裂素和生长素水平的升高会触发导致细胞分裂激活的信号级联反应（Morrison et al., 2015）。然而，真菌和细菌导致受侵染植物激素失衡的机制是完全不同的。

在本研究中，激素生物合成和信号转导基因表达在孕茭期间出现差异，证明植物激素的快速调节是膨大茎形成起始的第一信号。为了验证表达谱结果，利用qRT-PCR对细胞分裂素生物合成基因进行了孕茭期间的表达特异性分析。发现茭白细胞分裂素合成关键基因*ZlIPT*在黑粉菌侵染茭白茎中的表达量显著高于对照，尤其是在孕茭后1d和10d更为明显（图8-12A）。这些结果与转录组研究结果相一致。转录组研究结果也表明细胞分裂素生物合成关键基因在黑粉菌侵染茎中的表达量高于对照（表8-2）。因此，研究结果表明黑粉菌侵染导致宿主茭白组织中产生较好水平的细胞分裂素，其与黑粉菌产生的细胞分裂素一起促进茭白膨大茎的形成。

表8-2　茭白中生长素和细胞分裂素生物合成基因的表达结果

基因ID	功能注释	$\log_2^{\{FC\}}$ (JB)	$\log_2^{\{FC\}}$ (HJ)
Zl.22357	腺苷酸异戊烯基转移酶	1.288 7	1.311 5
Zl.24836	吲哚-3-丙酮酸单加氧酶YUCCAL1	1.831 1	2.296 6
Zl.06406	色氨酸转氨酶	1.410 6	—
Zl.05501	腈水合酶	1.257 7	—

生长素积累是整个植物器官形成的先决条件。在吲哚-3-乙腈（IAN）途径发挥关键作用的腈水合酶（NIH）和将色氨酸转化为吲哚-3-丙酮酸（IPA）的色氨酸转氨酶（TAT）编码基因的高水平表达都会导致生长素的大量供应。本研究的基因表达谱分析表明，黑粉菌侵染的茭白茎中生长素生物合成相关基因的表达量高于对照，表明黑粉菌提高了宿主茭白的生长素含量（表8-2）。利用qRT-PCR技术，证明*ZlYUCCA*基因在黑粉菌侵染茭白茎中的表达量显著高于对照，而*ZlTAT*和*ZlNIH*基因在黑粉菌侵染茭白茎中的表达量略微低于对照（图8-12）。然而，黑粉菌侵染后导致茭白茎中的吲哚乙酸（IAA）含量升高。这里IAA升高可能是通过YUCCA催化宿主植物产生IPA和真菌产生IAA导致的。以前的研究发现，玉米黑粉菌侵染改变了宿主组织中的IAA水平，并且在侵染后4～8d促进了玉米生长素信号相关基因的表达；然而黑粉菌IAA对玉米肿瘤形成的触发来说并不是必不可少的。因此，黑粉菌产生的IAA是否参与了茭白膨大茎的诱导值得进一步研究。其他植物激素（例如ABA）也可能在植物肿瘤形成和发育过程中发挥作用（Morrison et al., 2015）。目前为止，人们对激素信号调节茭白膨大茎形成的机制还知之甚少，但是黑粉菌激素突变体的鉴定可以进一步用来推进这项研究。

8.8　茭白膨大茎的表型和茭白黑粉菌的菌株类型有关

一旦受到产生植物激素的微生物的侵染，植物的结构就会发生改变，这也可能是植物对微生物攻击的响应。在本研究中，观察到茭白植株受到不同类型黑粉菌侵染时产生了不同表型的膨大茎，即JB和HJ（图8-1）。在JB中，植物组织占比较大，尽管M-T型黑粉菌在孕茭过程中的数量增加；在HJ中，T型黑粉菌占优势（图8-1和8-13）。因此，在JB组织中，黑色孢子堆的出现仅在孕茭后期观察到，但是在HJ的整个孕茭过程中都充满了黑色孢子堆，即孕茭初期HJ中就充满了黑色孢子堆。这些发现也表明JB或HJ是由特定黑粉菌菌株侵染引起的。

然而，在田间条件下，茭白膨大茎通常被观察到具有一系列的表型，即从正常茭白到灰茭之间存在的一系列中间形态。根据本研究结果，推测茭白-黑粉菌共生体所形成的膨大茎的表型依赖茭白茎中不同类型黑粉菌的占比（图8-14）。因此，田间观察到从孕茭初期到孕茭后期茭白膨大茎中的黑色孢子堆数量有所增加，可能与不同类型黑粉菌的共同侵染或者自然界中的M-T型黑粉菌频繁转变为T型黑粉菌有关。

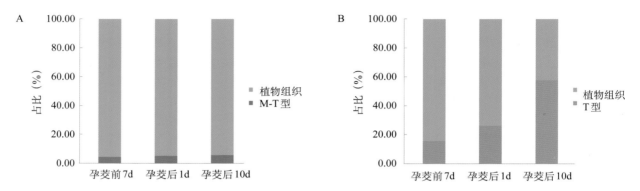

图8-13　菌丝型（M-T型）和孢子型（T型）黑粉菌侵染的茭白膨大茎中黑粉菌与植物组织的转录本占比
A. M-T型黑粉菌侵染的茭白膨大茎　B. T型黑粉菌侵染的茭白膨大茎

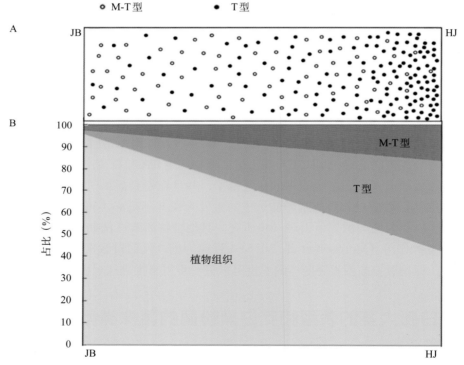

图8-14　茭白膨大茎的模型及其与两个黑粉菌菌株的关系
A. 膨大茎的表型　B. 膨大茎中的两种黑粉菌菌株的占比

8.9　结论

植物能够与细菌、真菌、病毒等微生物发生相互作用，例如豆科植物和根瘤菌之间的共生关系以及根癌农杆菌能够诱导植物产生冠瘿瘤。黑粉菌是主要侵染禾本科作物并导致黑粉病的一类植物病原菌。除了疾病症状，玉米黑粉菌和茭白黑粉菌还能够诱导宿主植物产生植物肿瘤。和玉米黑粉菌诱导玉米地上部产生植物肿瘤不同，茭白黑粉菌仅能够诱导茭白茎膨大产生植物肿瘤。除诱导茭白茎膨大外，茭白黑粉菌侵染茭白的典型症状是抑制茭白开花。此外，茭白膨大茎表现出独特的结构，表明黑粉菌与茭白的生物营养互作对茭白膨大茎的形成至关重要。

目前为止，黑粉菌在玉米中的致瘤机制尚未完全阐明。细菌效应子和真菌效应子分别在其诱导植物肿瘤中发挥作用。因此，茭白黑粉菌分泌蛋白的研究将会特别有意义。在玉米－黑粉菌互作体系中，宿主玉米和黑粉菌的器官特异性表达基因是肿瘤形成所必需的（Skibbe et al., 2010）。然而，茭白黑粉菌只能寄生在茭白的花茎和根状茎上，并且发现参与茭白膨大茎形成的基因具有时间特异性。因此，鉴定参与茭白茎膨大的相关黑粉菌基因不仅对阐明两者互作机制有重要意义，还对提高茭白产量具有重要的现实意义。

在生物互作中，病原菌效应子、宿主激素和代谢基因表达存在差异，所有这些都有可能在植物－微生物互作过程中具有特殊意义。茭白膨大茎的形成是由茭白黑粉菌侵染导致的。本章对不同茭白（对照、JB和HJ）的转录组和表达谱进行研究，当不同菌株黑粉菌侵染茭白时，茭白膨大茎呈现出正常茭白和灰茭等不同的表型。在茭白膨大茎形成期间，JB和HJ中分别观察到19 033个和17 669个差异表达基因。其中，许多差异表达基因参与翻译、信号转导和环境适应。从基因表达谱中，也鉴定到孕茭不同时期正常茭白和灰茭的差异表达基因，并且观察到375个茭白和187个黑粉菌基因表达具有时间特异性。然而，这些候选基因在茭白茎膨大过程中的作用仍然是未知的。本章研究的发现不仅加深了对茭白和黑粉菌互作过程的认识，还有助于进一步揭示茭白产量形成机制。

参 考 文 献

丁小余, 徐祥生, 陈维培, 1991. "雄茭"、灰茭形成规律的初步研究[J]. 武汉植物学研究, 9(2): 115-123.

郭得平, 李曙轩, 曹小芝, 1991. 茭白黑粉菌 (Ustilago esculenta)某些生物学特性的研究[J]. 浙江农业大学学报, 17(1): 80-84.

施国新, 徐祥生, 1991. 茭白黑粉菌在茭白植株内形态发育的初步研究[J]. 云南植物研究, 13(2): 167-172.

闫宁, 王晓清, 王志丹, 等, 2013. 食用黑粉菌侵染对茭白植株抗氧化系统和叶绿素荧光的影响[J]. 生态学报, 33(5): 1584-1593.

闫宁, 薛惠民, 石林豫, 等, 2013. 茭白"雄茭"和"灰茭"的形成及遗传特性[J]. 中国蔬菜 (16): 35-42.

余永年, 1962.茭白黑粉菌刺激生长物质的研究[J]. 植物学报, 10(4): 339-350.

Abel S, Theologis A, 1996. Early genes and auxin action[J]. Plant Physiology, 111(1): 9-17.

Anders S, Huber W, 2010. Differential expression analysis for sequence count data[J]. Genome Biology, 11: R106.

Baker B, Zambryski P, Staskawicz B, et al., 1997. Signalling in plant-microbe interactions[J]. Science, 276(5313): 726-733.

Balmer D, de Papajewski D V, Planchamp C, et al., 2013. Induced resistance in maize is based on organ-specific defence responses[J]. The Plant Journal, 74(2): 213-225.

Banuett F, Herskowitz I, 1996. Discrete developmental stages during teliospore formation in the corn smut fungus, *Ustilago maydis*[J]. Development, 122(10): 2965-2976.

Bari R, Jones J D G, 2009. Role of plant hormones in plant defence responses[J]. Plant Molecular Biology, 69(4): 473-488.

Basse C W, Lottspeich F, Steglich W, et al., 1996. Two potential indole-3-acetaldehyde dehydrogenases in the phytopathogenic fungus *Ustilago maydis*[J]. European Journal of Biochemistry, 242(3): 648-656.

Bölker M, Basse C W, Schirawski J, 2008. *Ustilago maydis* secondary metabolism-from genomics to biochemistry[J]. Fungal

Genetics and Biology, 45(Supplement 1): S88-S93.

Bruce S A, Saville B J, Emery R J N, 2011. *Ustilago maydis* produces cytokinins and abscisic acid for potential regulation of tumor formation in maize[J]. Journal of Plant Growth Regulation, 30: 51-63.

Chan Y S, Thrower L B, 1980a.The host-parasite relationship between *Zizania caduciflora* Turcz. and *Ustilago esculenta* P. Henn. I . Structure and development of the host and host-parasite combination[J]. New Phytologist, 85(2): 201-207.

Chan Y S, Thrower L B, 1980b.The host-parasite relationship between *Zizania caduciflora* Turcz. and *Ustilago esculenta* P. Henn. IV. Growth substances in the host-parasite combination[J]. New Phytologist, 85(2): 225-233.

Chung K R, Tzeng D D, 2004. Biosynthesis of indole-3-acetic acid by the gall-inducing fungus *Ustilago esculenta*[J]. Journal of Biological Sciences, 4(6): 744-750.

Conesa A, Gotz S, Garcia-Gomez J M, et al., 2005. BlAST2GO: a universal tool for annotation, visualization and analysis in functional genomics research[J]. Bioinformatics, 21(18): 3674-3676.

Crespi M, Messens E, Caplan A B, et al., 1992. Fasciation induction by the phytopathogen *Rhodococcus fascians* depends upon a linear plasmid encoding a cytokinin synthase gene[J]. The EMBO Journal, 11(3): 795-804.

Crespi M, Vereecke D, Temmerman W, et al., 1994. The fas operon of *Rhodococcus fascians* encodes new genes required for efficient fasciation of host plants[J]. Journal of Bacteriology, 176(9): 2492-2501.

Dixon R A, Paiva N L, 1995. Stress-induced phenylpropanoid metabolism[J]. Plant Cell, 7(7): 1085-1097.

Dixon R A, Achnine L, Kota P, et al., 2002. The phenylpropanoid pathway and plant defence: a genomics perspective[J]. Molecular Plant Pathology, 3(5): 371-390.

Dodds P N, Rathjen J P, 2010. Plant immunity: towards an integrated view of plant-pathogen interactions[J]. Nature Reviews Genetics, 11(8): 539-548.

Doehlemann G, Wahl R, Horst R J, et al., 2008. Reprogramming a maize plant: transcriptional and metabolic changes induced by the fungal biotroph *Ustilago maydis*[J]. The Plant Journal, 56(2): 181-195.

Doonan J H, Sablowski R, 2010. Walls around tumours - why plants do not develop cancer[J]. Nature Reviews Cancer, 10(11): 794-802.

Fukada F, Rössel N, Münch K, et al., 2021. A small *Ustilago maydis* effector acts as a novel adhesin for hyphal aggregation in plant tumors [J]. New Phytologist, 231(1): 416-431.

Gelvin S B, 2003. Agrobacterium-mediated plant transformation: the biology behind the "gene-jockeying" tool[J]. Microbiology and Molecular Biology Reviews, 67(1): 16-37.

Guo L, Qiu J, Han Z, et al., 2015. A host plant genome (*Zizania latifolia*) after a century-long endophyte infection[J]. The Plant Journal, 83(4): 600-609.

Hahn M, Mendgen K, 2001. Signal and nutrient exchange at biotrophic plant-fungus interfaces[J]. Current Opinion in Plant Biology, 4(4): 322-327.

Hemetsberger C, Herrberger C, Zechmann B, et al., 2012. The *Ustilago maydis* effector Pep1 suppresses plant immunity by inhibition of host peroxidase activity[J]. PLoS Pathogens, 8(5): e1002684.

Horst R J, Engelsdorf T, Sonnewald U, et al., 2008. Infection of maize leaves with *Ustilago maydis* prevents establishment of C_4 photosynthesis[J]. Journal of Plant Physiology, 165(1): 19-28.

Jackson A O, Taylor C B, 1996. Plant-microbe interactions: life and death at the interface[J]. Plant Cell, 8(10): 1651-1668.

Kämper J, Kahmann R, Bölker M, et al., 2006. Insights from the genome of the biotrophic fungal plant pathogen *Ustilago maydis*[J]. Nature, 444(7115): 97-101.

Langmead B, Salzberg S L, 2012. Fast gapped-read alignment with Bowtie 2[J]. Nature Methods, 9(4): 357-359.

Li C Y, Deng G M, Yang J, et al., 2012. Transcriptome profiling of resistant and susceptible Cavendish banana roots following inoculation with *Fusarium oxysporum* f. sp. *cubense* tropical race 4[J]. BMC Genomics, 13(1): 374.

Li Y, Beisson F, Koo A J K, et al., 2007. Identification of acyltransferases required for cutin biosynthesis and production of cutin with suberin-like monomers[J]. Proceedings of the National Academy of Sciences of the United States of America, 104(46): 18339-18344.

Lin J S, Happel P, Kahmann R, 2021. Nuclear status and leaf tumor formation in the *Ustilago maydis*-maize pathosystem [J]. New Phytologist, 231(1): 399-415.

Lin Y, Lin C, 1990. Involvement of tRNA bound cytokinin on the gall formation in *Zizania*[J]. Journal of Experimental Botany, 41(3): 277-281.

Liu J Z, Graham M A, Pedley K F, et al., 2015. Gaining insight into soybean defense responses using functional genomics approaches[J]. Briefings in Functional Genomics, 14(4): 283-290.

Lyons R, Stiller J, Powell J, et al., 2015. *Fusarium oxysporum* triggers tissue-specific transcriptional reprogramming in *Arabidopsis thaliana*[J]. PLoS ONE, 10(4): e0121902.

Mano Y, Nemoto K, 2012. The pathway of auxin biosynthesis in plants[J]. Journal of Experimental Botany, 63(8): 2853-2572.

Ménard R, Verdier G, Ors M, et al., 2014. Histone H2B monoubiquitination is involved in the regulation of cutin and wax composition in *Arabidopsis thaliana*[J]. Plant & Cell Physiology, 55(2): 455-466.

Mendgen K, Hahn M, 2002. Plant infection and the establishment of fungal biotrophy[J]. Trends in Plant Science, 7(8): 352-356.

Mok D W, Mok M C, 2001. Cytokinin metabolism and action[J]. Annual Review of Plant Physiology and Plant Molecular Biology, 52: 89-118.

Morrison E N, Emery R J N, Saville B J, 2015. Phytohormone involvement in the *Ustilago maydis-Zea mays* pathosystem: relationships between abscisic acid and cytokinin levels and strain virulence in infected cob tissue[J]. PLoS ONE, 10(6): e0130945.

Nawrath C, 2006. Unraveling the complex network of cuticular structure and function[J]. Current Opinion in Plant Biology, 9(3): 281-287.

Newton A C, Fitt B D, Atkins S D, et al., 2010. Pathogenesis, parasitism and mutualism in the trophic space of microbe-plant interactions[J]. Trends in Microbiology, 18(8): 365-373.

Rabe F, Ajami-Rashidi Z, Doehlemann G, et al., 2013. Degradation of the plant defence hormone salicylic acid by the biotrophic fungus *Ustilago maydis*[J]. Molecular Microbiology, 89(1): 179-188.

Redkar A, Hoser R, Schilling L, et al., 2015. A secreted effector protein of *Ustilago maydis* guides maize leaf cells to form tumors[J]. Plant Cell, 27(4): 1332-1351.

Reineke G, Heinze B, Schirawski J, et al., 2008. Indole-3-acetic acid (IAA) biosynthesis in the smut fungus *Ustilago maydis* and its relevance for increased IAA levels in infected tissue and host tumour formation[J]. Molecular Plant Pathology, 9(3): 339-355.

Robery P H, Fosket D E, 1969. Changes in phenylalanine ammonia-lyase activity during xylem differentiation in *Coleus* and soybean[J]. Planta, 87(1-2): 54-62.

Rodríguez-Kessler M, Ruiz O A, Maiale S, et al., 2008. Polyamine metabolism in maize tumors induced by *Ustilago maydis*[J]. Plant Physiology and Biochemistry, 46(8-9): 805-814.

Schlink K, 2010. Down-regulation of defense genes and resource allocation into infected roots as factors for compatibility between *Fagus sylvatica* and *Phytophthora citricola*[J]. Functional & Integrative Genomics, 10: 253-264.

Skibbe D S, Doehlemann G, Fernandes J, et al., 2010. Maize tumors caused by *Ustilago maydis* require organ-specific genes in host and pathogen[J]. Science, 328(5974): 89-92.

Tanaka S, Brefort T, Neidig N, et al., 2014. A secreted *Ustilago maydis* effector promotes virulence by targeting anthocyanin biosynthesis in maize[J]. eLife, 3: e01355.

Tang C, Qi J, Li H, et al., 2007. A convenient and efficient protocol for isolating high-quality RNA from latex of *Hevea brasiliensis* (para rubber tree)[J]. Journal of Biochemical and Biophysical Methods, 70(5): 749-754.

Tao Y, Xie Z, Chen W, et al., 2003. Quantitative nature of *Arabidopsis* responses during compatible and incompatible interactions with the bacterial pathogen *Pseudomonas syringae*[J]. The Plant Cell, 15(2): 317-330.

van der Linde K, Hemetsberger C, Kastner C, et al., 2012. A maize cystatin suppresses host immunity by inhibiting apoplastic cysteine proteases[J]. The Plant Cell, 24(3): 1285-1300.

Wang Z D, Yan N, Wang Z H, et al., 2017. RNA-Seq analysis provides insight into reprogramming of culm development in *Zizania latifolia* induced by *Ustilago esculenta*[J]. Plant Molecular Biology, 95(6): 533-547.

Wise R P, Moscou M J, Bogdanove A J, et al., 2007. Transcript profiling in host-pathogen interactions[J]. Annual Review of Phytopathology, 45: 329-369.

Wolf F T, 1952. The production of indole acetic acid by *Ustilago zeae*, and its possible significance in tumor formation[J]. Proceedings of the National Academy of Sciences of the United States of America, 38(2): 106-111.

Yan N, Wang X Q, Xu X F, et al., 2013a.Plant growth and photosynthetic performance of *Zizania latifolia* are altered by endophytic *Ustilago esculenta* infection[J]. Physiological and Molecular Plant Pathology, 83: 75-83.

Yan N, Xu X F, Wang Z D, et al., 2013b.Interactive effects of temperature and light intensity on photosynthesis and antioxidant enzyme activity in *Zizania latifolia* Turcz[J]. Photosynthetica, 51(1): 127-138.

Yang H C, Leu L S, 1978. Formation and histopathology of galls induced by *Ustilago esculenta* in *Zizania latifolia*[J]. Phytopathology, 68(11): 1572-1576.

Ye J, Fang L, Zheng H, et al., 2006. WEGO: a web tool for plotting GO annotations[J]. Nucleic Acids Research, 34(suppl 2): W293-W297.

Yin Z, Ke X, Kang Z, et al., 2016. Apple resistance responses against *Valsa mali* revealed by transcriptomics analyses[J]. Physiological and Molecular Plant Pathology, 93: 85-92.

You W Y, Liu Q A, Zou K Q, et al., 2011. Morphological and molecular differences in two strains of *Ustilago esculenta*[J]. Current Microbiology, 62(1): 44-54.

Zhang J Z, Chu F Q, Guo D P, et al., 2014. The vacuoles containing multivesicularbodies: a new observation in interaction between *Ustilago esculenta* and *Zizania latifoli*a[J]. European Journal of Plant Pathology, 138(1): 79-91.

Zhang J Z, Chu F Q, HydeK D, et al., 2012. Cytology and ultrastructure of interactions between *Ustilago esculenta* and *Zizania latifolia*[J]. Mycological Progress, 11(2): 499-508.

Zhao Y, 2012. Auxin biosynthesis: a simple two-step pathway converts tryptophan to indole-3-acetic acid in plants[J]. Molecular Plant, 5(2): 334-338.

第9章 茭白黑粉菌基因表达导致茭白膨大茎表型的变化

王征鸿[1,2] 闫宁[3] 罗西[1] 郭得平[1]

（1.浙江大学农业与生物技术学院；2.浙江省种子管理总站；3.中国农业科学院烟草研究所）

◎本章提要

茭白黑粉菌的侵染会诱导茭白植株茎的膨大。其中M-T型茭白黑粉菌菌株诱导形成正常茭白类型的膨大茎，而T型菌株则诱导形成灰茭类型的膨大茎。目前，形成这两种不同类型茭白膨大茎的分子机制仍不清楚。因此，本章对孕茭前7d、孕茭后1d和10d的正常茭白和灰茭的茎样本以及不同膨大时期的混合样本进行RNA测序。结果显示，在茎膨大期间，相比于M-T型菌株，大多数效应子相关以及参与冬孢子形成的差异表达基因在T型菌株中表达量上升。同时，T型菌株中参与黑色素合成的基因表达量高于M-T型菌株。T型菌株比M-T型菌株有更强的致病性和冬孢子形成能力。本章研究提供了两种不同类型茭白膨大茎形成过程中的基因调控网络，为后续的茭白遗传改良提供了潜在的目标基因。

9.1 前言

病原微生物的侵染会导致植物表型发生明显变化。同一种病原微生物的不同菌株侵染宿主后引起的病症可能存在差异。例如，棉花黄萎病菌大丽轮枝菌（*Verticillium dahliae*）依据其侵染植株后是否发生落叶被分为D型和ND型。稷光孢堆黑粉菌（*Sporisorium destruens*）依据其致病力被分为3种：致病型Ⅰ、Ⅱ、Ⅲ。致病型Ⅰ的致病力最弱，仅可侵染极少的几种宿主品种；致病型Ⅲ的致病力最强，可以侵染几乎所有宿主品种并引起相应的病症。这一现象在茭白与茭白黑粉菌的互作中表现得也很明显，不同茭白黑粉菌菌株诱导形成的膨大茎表型存在明显差异。茭白植株受菌丝型（M-T型）黑粉菌侵染，膨大茎中没有或形成极少冬孢子，可以食用，形成正常茭白；若受孢子型（T型）黑粉菌侵染，膨大形成的肉质茎中充满着灰黑色的冬孢子，形成灰茭。长期的人工筛选可能导致M-T型黑粉菌缺失了部分编码表面受体、毒力因子和效应子的基因，进而导致其诱导形成的膨大茎表型与T型黑粉菌诱导形成的膨大茎表型之间存在差异。因此，笔者认为两种茭白黑粉菌在基因或基因表达水平上的差异可能导致了两种膨大茎之间的表型差异，但缺少直接的研究证据。

黑粉菌亚门的真菌在自然环境中会产生冬孢子。冬孢子主要特征是具有厚且着色深的壁使其能够适应各种恶劣环境，能够长期存活并远距离传播。诱导宿主植物形成肿瘤后，玉米黑粉菌会在肿瘤内大量聚集并发育形成黑色冬孢子，这一过程被分为5个阶段。第一阶段，菌丝靠近间隔位置，出现分枝；第二阶段，菌丝逐渐嵌入黏液基质；第三阶段，菌丝开始裂殖，由一个细胞裂殖为数个细长的细胞；第四阶段，菌丝裂殖释放出的细胞经过形态变化并全部嵌入黏液基质中；第五阶段，圆形细胞数量增加，开始进入孢子壁的成熟过程（Banuett and Herskowitz，1996）。通常情况下，真菌只有在感知到一些外部环境变化和内源调控信号后，才会形成冬孢子。影响冬孢子形成的外源因子主要有辐射、水分和光照等（Busch and Braus，2007）。γ射线和干旱会促进茭白黑粉菌冬孢子的形成。低光照辐射能够促进玉米黑粉菌冬孢子的形成。影响冬孢子形成的内源因子主要包括信息素和植物激素。在含有玉米胚性愈伤组织和添加生长素、腺嘌呤的培养基上，玉米黑粉菌可以形成的冬孢子类似结构数量最多，将培养基中的生长素换成细胞分裂素和赤霉素，效果则明显下降（Cabrera-Ponce et al.，2012）。

许多真菌都能合成黑色素，以增强其致病力和抗逆性。同时，黑色素合成也是真菌冬孢子形成过程中的重要步骤。在玉米黑粉菌中，编码虫漆酶（黑色素合成过程中的关键酶）的基因缺失会导致疾病症状的减弱以及无法在玉米上形成肿瘤（Islamovic et al.，2015）。稻瘟菌（*Magnaporthe oryzae*）中编码聚酮合酶（黑色素合成过程中的关键酶）的基因缺失会导致白化表型，即不能形成黑色素。环境胁迫会诱导真菌合成黑色素，发生黑化作用，帮助其抵抗环境胁迫产生的负面影响。对真菌进行紫外线辐射会诱导真菌黑化作用的发生，快速干燥处理也会促使其体内的黑色素含量维持在较高水平。暴露在γ射线辐射下会诱导新型隐球菌（*Cryptococcus neoformans*）合成黑色素。高温胁迫会强烈诱导玉米黑粉菌合成黑色素，使其明显变黑（Islamovic et al.，2015）。

在干旱或者放射性元素辐射条件下，茭白黑粉菌的一些M-T型菌株可能突变为T型菌株，相应的正常茭白植株也会转变为灰茭植株，且这一过程不可逆（闫宁等，2013b）。此外，也有研究发现M-T型和T型黑粉菌在基因组、组织学等层面存在明显差异。例如，相比于T型黑粉菌，M-T型黑粉菌的冬孢子鞘更加透明。在M-T型黑粉菌形成的冬孢子中，脂质小体的数量稀少，而在T型黑粉菌形成的冬孢子中，脂质小体清晰可见（Zhang et al.，2012）。体外试验显示T型菌株的生长速度、细胞群体数量以及交配能力均高于M-T型菌株，且T型菌株的冬孢子萌发能力显著强于M-T型菌株。两种菌株喜好的碳源和氮源也有所差异（Zhang et al.，2017）。目前，虽然对茭白和茭白黑粉菌的基因组测序已经完成，但是，对于茭白膨大茎表型差异形成的分子机制知之甚少，这严重制约了茭白品种的遗传改良工作。因此本章利用 RNA 测序技术对 M-T 型和 T 型菌株侵染后形成的茭白膨大茎进行转录组学分析，并鉴定两种菌株之间的差异表达基因。此外，研究了温度和渗透压胁迫对茭白黑粉菌冬孢子形成和黑色素合成关键基因表达的影响，以探明不同黑粉菌菌株之间冬孢子形成和黑色素合成等方面上的差异及其与膨大茎表型差异的联系。

9.2　正常茭白和灰茭膨大茎表型差异

正常茭白和灰茭的膨大茎在表型上差异明显，虽然两者都呈纺锤状，但前者不论是长度还是直径都明显大于后者（图 9-1）。灰茭膨大茎中充满了黑色的冬孢子，茭白黑粉菌在膨大茎中占比明显高于植物组织。正常茭白膨大茎中只有极少量的冬孢子，茭白黑粉菌在膨大茎中占比较小。为了研究不同类型膨大茎形成过程中的转录差异，在 3 个具有代表性的时期取样，分别为孕茭前 7d 和孕茭后 1d、10d（图 9-2）。在孕茭前 7d，T 型黑粉菌在灰茭茎基部破坏植物细胞的细胞壁并在形成的细胞间空隙中大量增殖，形成菌丝聚集体，同时入侵植物细胞，在细胞内生长；此时 M-T 型黑粉菌在正常茭白茎基部的细胞间生长，未出现明显的菌丝聚集。在孕茭后 1d，T 型黑粉菌在灰茭中继续增殖，菌丝聚集增大并开始产生大量未成熟的冬孢子；在正常茭白中，M-T 型黑粉菌开始入侵植物细胞，小部分菌丝开始在细胞内生长。在孕茭后 10d，T 型黑粉菌在灰茭中形成大量成熟的黑色冬孢子，真菌在膨大茎中占据明显的优势；在正常茭白中，M-T 型黑粉菌开始形成少量的菌丝聚集，几乎不形成冬孢子。

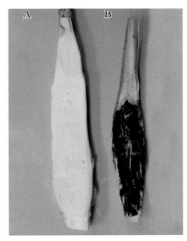

图 9-1　茭白膨大茎组织纵切
A. M-T 型茭白黑粉菌侵染形成的正常茭白　B. T 型茭白黑粉菌侵染形成的灰茭

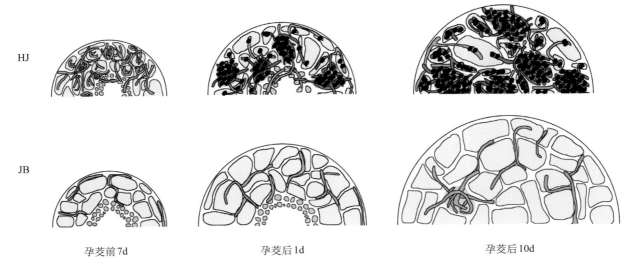

HJ

JB

孕茭前 7d　　　　　　孕茭后 1d　　　　　　孕茭后 10d

图 9-2　RNA-Seq 分析的不同时期 T 型茭白黑粉菌侵染形成的灰茭（HJ）和 M-T 型茭白黑粉菌侵染形成的正常茭白（JB）膨大茎横切面示意
　　注：米色，植物肿瘤细胞；玫瑰色，基质；橘红色，真菌细胞质；深橘色，着色的真菌细胞质；褐色，维管束组织；灰色花纹，未成熟真菌冬孢子；黑色花纹，真菌冬孢子。

9.3 正常茭白和灰茭膨大茎转录组及表达谱分析

图9-3是茭白黑粉菌和其宿主茭白的转录组及表达谱分析结果。在正常茭白（JB）和灰茭（HJ）样本中，共检测到19 740个基因在茭白植物组织中表达，其中707个基因仅在灰茭的植物组织中表达。在这707个基因中，鉴定有过氧化物酶基因、丝氨酸/精氨酸富集蛋白基因、叶绿体蛋白基因、转录因子基因、糖代谢相关基因、形成素蛋白基因以及热激蛋白基因。其次，共有6 194个基因被检测到在茭白黑粉菌中表达，其中280个基因仅在T型黑粉菌中表达。于仅在T型黑粉菌中表达的基因中，共鉴定到14个转座子、15个蛋白质合成相关基因（包括转录因子、mRNA剪接因子、核糖体蛋白和RNA聚合酶）、11个细胞分裂相关基因（包括DNA修复蛋白、DNA解旋酶和减数分裂表达蛋白等）以及21个能量代谢相关基因（包括线粒体蛋白、NADH氧化还原酶和琥珀酸脱氢酶等）。

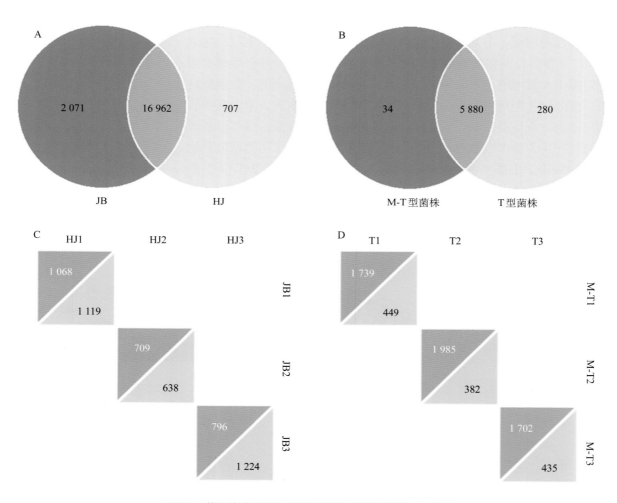

图9-3　茭白膨大茎植物组织及茭白黑粉菌基因表达情况

A.植物组织中基因表达韦恩图　B.茭白黑粉菌中基因表达韦恩图

C.不同膨大时期茭白膨大茎植物组织差异表达基因情况　D.不同膨大时期茭白膨大茎茭白黑粉菌差异表达基因情况

注：灰色三角形数字表示在水平坐标轴样本中表达量上升的基因数，黄色三角形数字表示在垂直坐标轴样本中表达量上升的基因数。JB1至JB3和HJ1至HJ3分别代表孕茭前7d、孕茭后1d和10d的M-T型和T型茭白黑粉菌侵染形成的茭白膨大茎植物组织。M-T1至M-T3和T1至T3分别代表孕茭前7d、孕茭后1d和10d的M-T型和T型茭白黑粉菌侵染形成的茭白膨大茎中的茭白黑粉菌。差异表达基因的筛选标准：$FDR \leqslant 0.05$和$|\log_2^{(FC)}| \geqslant 1.0$。

进一步以 $FDR \leqslant 0.05$ 和 $|\log_2^{(FC)}| \geqslant 1.0$ 为条件，筛选 DEG，分析基因表达的情况。分析 3 个不同膨大时期的正常茭白和灰茭的基因表达情况，得到了不同时期的 DEG。结果显示，在茭白植株中，相比于正常茭白，孕茭前 7d、孕茭后 1d 和孕茭后 10d，分别在灰茭中鉴定出 2 187 个（1 068 个上升、1 119 个下降）、1 347 个（709 个上升、638 个下降）和 2 020 个（796 个上升、1 224 个下降）DEG。在茭白黑粉菌中，相比于 M-T 型菌株，孕茭前 7d、孕茭后 1d 和孕茭后 10d，分别在 T 型菌株中鉴定出 2 188 个（1 739 个上升、449 个下降）、2 367 个（1 985 个上升、382 个下降）和 2 137 个（1 702 个上升、435 个下降）DEG。

为了鉴定差异表达基因参与的具体代谢过程，对 JB 和 HJ 样本对比得到的 DEG 进行 GO 分类（图9-4）。GO 分类结果显示，这些 DEG 先被分为三大类：生物学过程、细胞组分和分子功能。在茭白植物组织 DEG 的 GO 分类结果中，生物学过程大类中 DEG 主要富集在细胞进程、代谢进程和单一的生物过程中；细胞组分大类中，DEG 主要富集在细胞、细胞部分、膜结构和细胞器中；分子功能大类中，DEG 主要富集在结合活性和催化活性中。在茭白黑粉菌 DEG 的 GO 分类结果中，DEG 主要富集在细胞进程、代谢进程、单一的生物过程、细胞、细胞部分、膜结构、细胞器、结合活性和催化活性中。

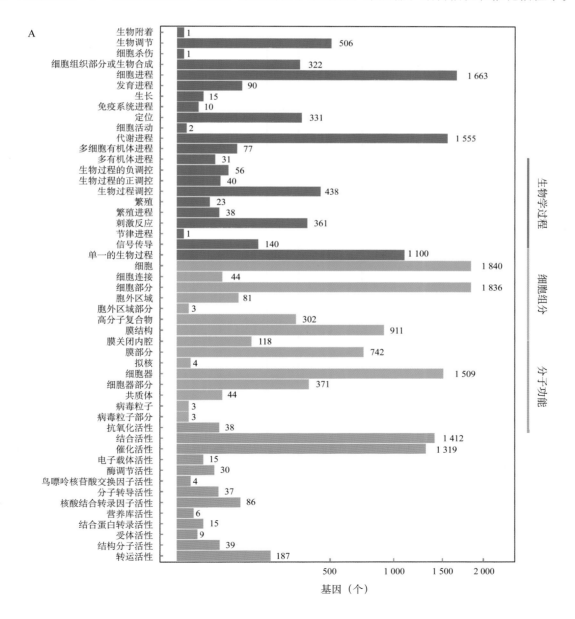

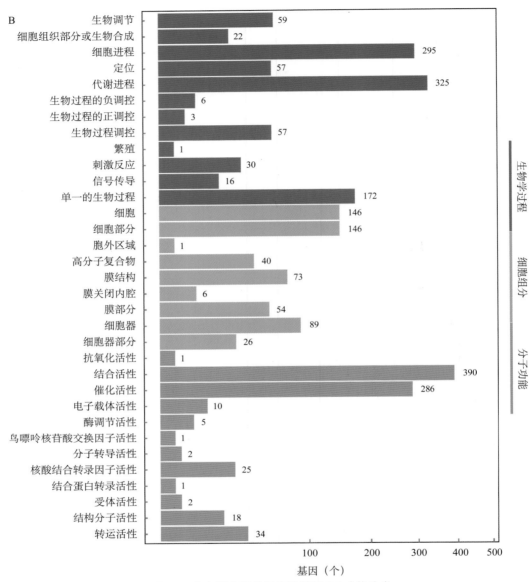

图9-4 茭白膨大茎差异表达基因GO功能分类
A.植物组织 B.茭白黑粉菌

9.4 茭白黑粉菌基因组基因功能分类

对M-T型和T型黑粉菌菌株基因组基因进行了GO通路分析，结果显示在T型黑粉菌菌株的基因组中，富集在细胞进程、结合活性和催化活性中的基因数量多于M-T型黑粉菌菌株基因组中的（图9-5）。这表明T型黑粉菌菌株可能有更多的基因参与诱导灰茭膨大茎形成过程。同时，分析了茭白黑粉菌基因组中编码碳水化合物代谢酶的基因，并将这些基因分为5类，分别为碳水化合物结合域、碳水化合物酯酶、糖苷水解酶、糖基转移酶和多糖裂合酶。其中在T型黑粉菌菌株的基因组中发现的这5类编码碳水化合物代谢酶的基因数量均明显多于在M-T型黑粉菌菌株中的（图9-6），这可能说明T型黑粉菌菌株有更强的糖代谢能力。针对转录组DEG和基因组基因进行的GO功能分类结果显示，茭白和茭白黑

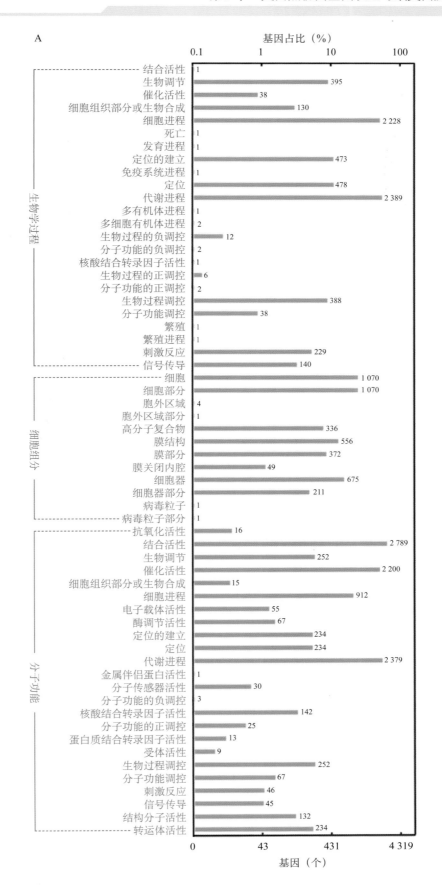

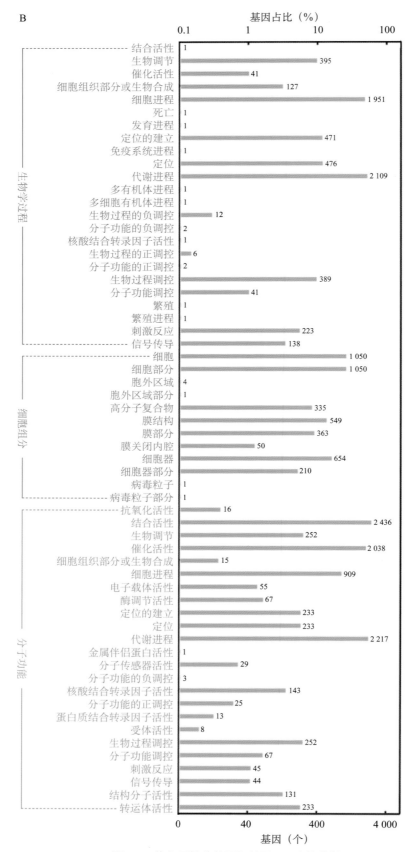

图9-5　茭白黑粉菌基因组基因GO功能分析
A. T型茭白黑粉菌　B. M-T型茭白黑粉菌

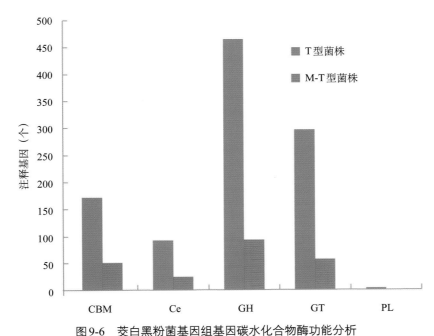

图9-6 茭白黑粉菌基因组基因碳水化合物酶功能分析

注：CBM，碳水化合物结合域；Ce，碳水化合物酯酶；GH，糖苷水解酶；GT，糖基转移酶；PL，多糖裂合酶。

粉菌中的细胞进程、代谢进程、单一的生物过程、细胞、细胞部分、膜结构、细胞器、结合活性和催化活性通路可能参与了茭白膨大茎表型差异的调控过程。

9.5 茭白黑粉菌效应子相关差异表达基因

对茭白黑粉菌的研究显示，M-T型黑粉菌菌株转变为T型黑粉菌菌株伴随着致病力的变化。为了研究这种致病力的差异是否与茭白膨大茎表型差异有关，根据PHI数据库基因分类结果和玉米黑粉菌的研究结果，鉴定了茭白黑粉菌效应子相关的DEG。共鉴定到14个效应子相关的DEG（表9-1，图9-7），其中有3个基因（*Ue.01800*、*Ue.04878*和*Ue.01880*）编码锌指转录因子。在T型黑粉菌菌株中鉴定到1个编码信息素受体1（pheromone receptor 1）的基因*PMR1*（*Ue.03462*），相比于M-T型黑粉菌菌株，该基因在T型黑粉菌中的表达量明显上升。在T型黑粉菌菌株中，两个编码锌指转录因子的基因（*Ue.01800*和*Ue.04878*）表达量在孕茭后10d达到峰值，其中编码MZR1的基因表达量上升意味着灰茭中的植物免疫系统被T型黑粉菌菌株克服或者抑制的作用强于正常茭白中的M-T型黑粉菌菌株。与M-T型黑粉菌菌株相比，编码胞外蛋白酶的基因*VPR*（*Ue.04679*）表达量也在T型黑粉菌菌株中明显上升。但是，相比于M-T型黑粉菌菌株，编码repellent蛋白的基因*REP1*（*Ue.02904*）和编码信号黏蛋白MSB2的基因（*Ue.06337*）表达量却在T型黑粉菌菌株中明显下降，前者在孕茭后10d下降87.5%。同时，仅在灰茭植物组织中表达的基因中，鉴定到编码过氧化物酶的基因，这表明*REP1*基因在不同菌株中的差异表达导致了在不同类型膨大茎形成过程中，胁迫诱导的活性氧的释放和降解可能发挥了作用（Camejo et al., 2016）。这些结果说明编码效应子相关蛋白的基因的表达量上升导致T型黑粉菌菌株的致病力强于M-T型黑粉菌菌株，这种致病力之间的差异可能导致茭白植株的防御响应和氧化胁迫发生变化，进一步改变茭白膨大茎的形成过程及表型。

表9-1 茭白黑粉菌编码效应子相关蛋白的差异表达基因

基因ID	功能注释	$\log_2^{(FC)}$
Ue.03462	信息素受体1	6.349 8
Ue.04679	微量胞外蛋白酶VPR	4.145 0
Ue.01800	锌指转录因子	2.756 8
Ue.04878	锌指蛋白C144.02	2.499 4
Ue.06811	富含谷氨酰胺的小三聚肽重复序列蛋白质2	2.122 7
Ue.01880	锌指转录因子MZR1	2.000 6
Ue.06565	带有kelch结构的Rab9效应蛋白	1.801 4
Ue.01844	跨膜蛋白184同源	1.405 4
Ue.04777	富含半胱氨酸和组氨酸结构域的蛋白质1	1.351 3
Ue.05685	含异解酶结构域的蛋白质1	1.109 7
Ue.00356	氢化酶成熟因子hoxX	−5.911 6
Ue.02904	排斥蛋白1	−3.457 4
Ue.06337	跨膜黏蛋白MSB2	−1.373 6
Ue.05503	水杨酸羟化酶	−1.151 7

注：*FC*（fold change）为差异倍数，其值为基因在T型黑粉菌菌株中的表达量与在M-T型黑粉菌菌株中的表达量的比值。本章同。

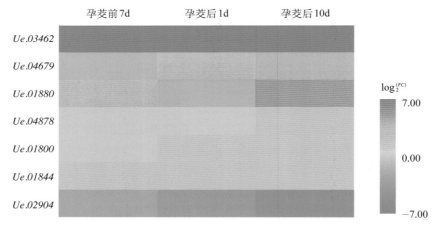

图9-7 不同孕茭时期编码效应子相关蛋白差异表达基因的热图

9.6 茭白黑粉菌冬孢子形成相关差异表达基因

研究了正常茭白和灰茭中冬孢子的形成过程并且鉴定到126个参与冬孢子形成的DEG（图9-8）。具体基因ID、差异表达量和注释结果列于表9-2。将这126个基因进一步分为四类。

第一类参与冬孢子形成的DEG为与DNA过程以及细胞周期相关的基因，此类中共有39个DEG，其中30个在T型黑粉菌菌株中表达量上升，9个表达量下降。有11个DEG编码DNA修复蛋白，其中9个在T型黑粉菌菌株中表达量上升，2个表达量下降。其中，编码DNA错配修复蛋白MutS的基因

（*Ue.00763*）和编码烷基化DNA修复蛋白alk8同源的基因（*Ue.02717*）在T型黑粉菌菌株中的表达量峰值出现在孕茭后10d。另外，6个差异表达基因编码DNA解旋酶，其中4个在T型黑粉菌菌株中表达量上升，2个表达量下降。其中，编码依赖ATP的DNA解旋酶MER3的基因（*Ue.06457*）和编码解旋酶SWR1的基因（*Ue.05990*）在T型黑粉菌菌株中的表达量峰值出现在孕茭后10d。另外，在第四类中鉴定到1个编码组蛋白去乙酰化酶phd1的基因（*Ue.01058*），相比于M-T型黑粉菌菌株，该基因在T型黑粉菌菌株中表达量上升，尤其是在孕茭前7d，这与玉米黑粉菌中的研究结果相似，说明相比于正常茭白，在灰茭膨大茎形成的初期阶段，T型黑粉菌的细胞分裂活动更加旺盛，并促进冬孢子的形成。

第二类参与冬孢子形成的DEG为植物糖代谢相关的基因，相比于M-T型黑粉菌，有17个基因在T型黑粉菌菌株中表达量上升，12个基因表达量下降。在T型黑粉菌菌株中表达量上升的基因中，鉴定了4个编码葡萄糖苷酶的基因（*Ue.01425*、*Ue.01505*、*Ue.04004*和*Ue.01423*）和3个编码海藻糖磷酸酶的基因（*Ue.03452*、*Ue.03631*和*Ue.06595*）。编码葡萄糖苷酶的基因在T型黑粉菌菌株中的表达量在孕茭前7d和孕茭后10d达到最大值，而编码海藻糖磷酸酶的基因在孕茭后1d和10d在T型黑粉菌菌株中表达量较高。此外，编码虫漆酶的基因*UeLAC1*和ABC转运子C家族成员3基因（*Ue.02220*）在T型黑粉菌菌株中的表达量高于M-T型黑粉菌菌株中的。其中，虫漆酶是一种细胞壁相关的毒力因子，参与细胞外木质素的降解，以诱导宿主植物细胞壁的松散，促进肿瘤形成过程中的菌丝裂殖和孢子成熟。

第三类参与冬孢子形成的DEG为蛋白质合成与线粒体功能相关的基因，有43个基因被分在此类中，其中31个基因在T型菌株中表达量上升，12个表达量下降。在表达量上升的基因中，鉴定了4个编码核糖体蛋白的基因（*Ue.03015*、*Ue.00514*、*Ue.01470*和*Ue.04699*），并且在T型黑粉菌菌株中的表达量均在孕茭后10d达到峰值。另外还鉴定了10个参与有氧呼吸的在T型黑粉菌菌株中表达量上升的DEG，包括4个编码细胞色素c氧化酶的基因（*Ue.01930*、*Ue.06273*、*Ue.01526*和*Ue.05898*）和1个编码丙酮酸脱氢酶复合蛋白的基因（*Ue.04042*）。编码细胞色素c氧化酶的基因在T型黑粉菌菌株中的表达量峰值出现在孕茭前7d，编码丙酮酸脱氢酶复合蛋白的基因在T型黑粉菌菌株中的表达量峰值出现在孕茭后1d。

其余的DEG被归为第四类，在T型黑粉菌菌株中表达量上升的基因有12个，表达量下降的有3个。在第四类中，除了上述提到的组蛋白去乙酰化酶基因和转运蛋白ABC的基因之外，还鉴定到1个编码孢子形成特异蛋白5的基因（*Ue.04647*），其在T型黑粉菌菌株中表达量均上升，并在孕茭前7d表达量达到峰值。

上述结果说明在孕茭中期，相比于M-T型黑粉菌菌株，T型黑粉菌菌株对糖类物质的摄取更多。随之而来的是糖分水解和合成相关基因于孕茭后期在T型黑粉菌菌株中表达量上升并达到峰值。相应的，在只在灰茭植物组织中表达的基因中，鉴定到编码糖代谢和叶绿体代谢相关蛋白的基因。这些结果显示T型黑粉菌菌株的碳水化合物代谢能力要强于M-T型黑粉菌菌株，这与之前茭白黑粉菌基因组研究结果一致（Zhang et al., 2017）。这种碳水化合物代谢能力上的差别也许和冬孢子形成有关，因为双核菌丝的后期大量增殖可能主要依赖植物源的碳水化合物。负责蛋白质合成与线粒体功能的基因在T型黑粉菌菌株中表达量上升的结果也与这一推测一致。

基于上述结果，推测相比于正常茭白，在灰茭膨大茎形成过程中，T型黑粉菌菌株也许首先降解植物细胞壁而破坏宿主植物组织，并且持续吸收植物的养分，例如通过ABC转运子转运植物的碳水化合物，以此维持自身冬孢子形成过程中所需的养分。这也许可以解释为什么在灰茭膨大茎中的真菌占比高于正常茭白。同时，T型黑粉菌菌株比M-T型黑粉菌菌株的细胞分裂更活跃，碳水化合物代谢能力更强以及更能激活线粒体活性和蛋白质合成。再结合*UeSPR5*基因在T型黑粉菌菌株中更高的表达量，推测在膨大茎的形成过程中，T型黑粉菌菌株的冬孢子形成能力明显强于M-T型黑粉菌菌株。有研究显

示冬孢子形成会影响肿瘤的成熟。例如，玉米黑粉菌 *unh1* 突变体侵染玉米后形成的肿瘤中冬孢子数量少，颜色浅并且不成熟，玉米黑粉菌 *ros1* 缺失突变体在玉米上形成的肿瘤中无黑色冬孢子，这些表型与 M-T 型茭白黑粉菌诱导正常茭白形成的膨大茎表型类似。因此，两种茭白黑粉菌菌株冬孢子形成能力的差异也许是茭白膨大茎表型差异的原因，但这些基因在该过程中如何发挥具体作用仍需进一步研究。

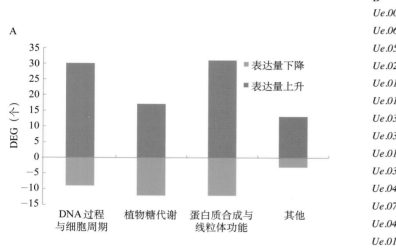

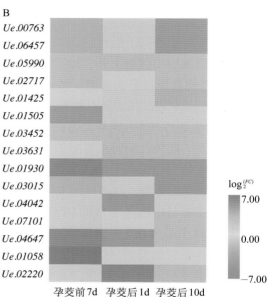

图 9-8　参与茭白黑粉菌冬孢子形成的差异表达基因

A. 数量图　B. 热图

表 9-2　参与茭白黑粉菌冬孢子形成的差异表达基因

分类	基因 ID	功能注释	$\log_2^{(FC)}$
DNA 过程与细胞周期	*Ue.00763*	DNA 错配修复蛋白 MutS	4.508 1
	Ue.03082	依赖 ATP 的 RNA 解旋酶 DBP7	3.920 7
	Ue.05894	依赖 ATP 的 RNA 解旋酶 YTHDC2	2.637 1
	Ue.06457	依赖 ATP 的 DNA 解旋酶 MER3	2.565 0
	Ue.06546	DNA 修复蛋白 RAD51	2.211 2
	Ue.05990	解旋酶 SWR1	2.097 9
	Ue.02717	烷基化 DNA 修复蛋白 alk8 同源	2.008 8
	Ue.06478	DNA 修复核酸外切酶 REC1	1.800 1
	Ue.00466	DNA 聚合酶 ε 亚单位 B	1.726 2
	Ue.06458	DNA 错配修复蛋白 msh6	1.704 2
	Ue.03530	DNA 指导的 RNA 聚合酶I、III、III亚基 RPABC3	1.685 0
	Ue.03516	鸟嘌呤核苷酸结合蛋白 α-3 亚基	1.661 3
	Ue.05675	依赖 ATP 的 RNA 解旋酶 DHX36（可能）	1.591 4
	Ue.00737	依赖 ATP 的解旋酶 C29A10.10c	1.546 1
	Ue.00461	DNA 聚合酶 δ 催化亚基	1.539 4

（续）

分类	基因 ID	功能注释	$\log_2^{(FC)}$
DNA过程与细胞周期	Ue.07431	细胞周期丝氨酸/苏氨酸蛋白激酶hsk1	1.466 8
	Ue.06852	增殖细胞核抗原	1.370 8
	Ue.05030	DNA引物酶大亚基	1.362 0
	Ue.00111	丝氨酸/苏氨酸蛋白激酶sid2	1.357 8
	Ue.04767	DNA修复和重组蛋白	1.345 5
	Ue.01052	DNA修复蛋白rhp7	1.335 6
	Ue.05940	依赖ATP的DNA解旋酶mph1	1.246 5
	Ue.05618	DNA-破坏-修复/耐受性蛋白DRT111	1.193 1
	Ue.07164	DNA修复蛋白rad50	1.176 8
	Ue.05050	依赖ATP的DNA解旋酶hus2/rqh1	1.149 1
	Ue.01277	DNA指导的DNA/RNA聚合酶	1.145 3
	Ue.02020	DNA指导的RNA聚合酶I、II、III亚基RPABC5	1.096 9
	Ue.02644	丝氨酸/苏氨酸蛋白激酶CBK1	1.057 5
	Ue.01108	鸟嘌呤核苷酸结合蛋白亚基	1.047 1
	Ue.05462	解旋酶hrp3	1.045 6
	Ue.05697	前mRNA剪接因子ATP依赖性RNA解旋酶样蛋白	−2.502 4
	Ue.07472	肽基tRNA水解酶	−1.767 3
	Ue.02720	依赖于ATP的DNA复制解旋酶/核酸酶	−1.690 5
	Ue.02687	DNA修复和重组蛋白	−1.477 8
	Ue.02971	鸟嘌呤核苷酸结合蛋白α-2亚基	−1.456 4
	Ue.01047	DEAD-box依赖ATP的RNA解旋酶25	−1.166 1
	Ue.06641	DNA修复核酸内切酶XPF	−1.044 9
	Ue.07209	DNA聚合酶α相关DNA解旋酶A	−1.039 5
	Ue.02143	依赖ATP的DNA解旋酶srs2	−1.031 0
植物糖代谢	Ue.01425	葡聚糖内切-1,3-β-葡萄糖苷酶btgC（可能）	4.452 7
	Ue.05694	含富马酸乙酰酯水解酶结构域的蛋白质	3.608 0
	Ue.01505	葡聚糖-1,3-β-葡萄糖苷酶	3.546 0
	Ue.02285	甘露糖基转移酶C16H5.09c	3.068 2
	Ue.03452	α,α-海藻糖磷酸合酶亚基	2.972 0
	Ue.00417	L-岩藻糖变位酶	2.749 2
	Ue.06890	多利基磷酸甘露糖-蛋白质甘露糖基转移酶4	2.598 5
	Ue.00835	多利基磷酸甘露糖-蛋白质甘露糖基转移酶2	2.101 3
	Ue.03631	α,α-海藻糖磷酸合酶	1.878 6
	Ue.02177	葡萄糖胺-6-磷酸异构酶	1.859 0
	Ue.06633	氨基葡萄糖-果糖-6-磷酸转氨酶	1.698 8
	Ue.04004	葡聚糖-1,3-β-葡萄糖苷酶	1.549 6
	Ue.06595	海藻糖磷酸酶	1.299 9

（续）

分类	基因 ID	功能注释	$\log_2^{(FC)}$
植物糖代谢	*Ue.05420*	β-1, 4-甘露糖基转移酶egh	1.240 8
	Ue.01423	β-葡萄糖苷酶A	1.199 3
	Ue.07436	起始特异性α-1, 6-甘露糖基转移酶	1.171 0
	Ue.01682	葡萄糖激酶	1.156 0
	Ue.01843	葡萄糖氧化酶	−3.294 8
	Ue.02044	α-1, 3-甘露糖基转移酶MNT4	−3.122 9
	Ue.00214	葡萄糖氧化酶	−2.094 6
	Ue.00653	α-1, 2-葡萄糖基转移酶	−1.790 9
	Ue.06485	葡聚糖-1, 3-β-葡萄糖苷酶A（可能）	−1.774 5
	Ue.03896	葡聚糖-1, 3-β-葡萄糖苷酶3	−1.649 7
	Ue.02045	α-1, 3-甘露糖基转移酶MNT3	−1.628 7
	Ue.00716	78ku葡萄糖调节蛋白同源	−1.420 2
	Ue.06245	β-葡萄糖苷酶L（可能）	−1.325 6
	Ue.05517	神经酰胺葡萄糖基转移酶	−1.323 6
	Ue.04871	α-葡萄糖苷酶	−1.235 0
	Ue.03983	葡萄糖诱导降解蛋白4同源	−1.021 2
蛋白质合成与线粒体功能	*Ue.01930*	细胞色素c氧化酶铜伴侣	4.622 9
	Ue.01862	线粒体二羧酸转运体	2.983 7
	Ue.04051	10ku热激蛋白，线粒体	2.614 4
	Ue.03223	线粒体分子伴侣bcs1	2.381 2
	Ue.03015	37S核糖体蛋白S5，线粒体	2.327 9
	Ue.02752	5-氨基乙酰丙酸合酶，线粒体	1.821 8
	Ue.02916	细胞色素b-c1复合物亚基8	1.750 3
	Ue.04042	丙酮酸脱氢酶复合蛋白X组分，线粒体	1.569 8
	Ue.06815	羟甲基戊二酰辅酶A合酶，线粒体	1.556 7
	Ue.06273	细胞色素c氧化酶亚基6，线粒体	1.528 5
	Ue.03477	细胞色素c过氧化物酶，线粒体	1.496 3
	Ue.01101	线粒体内膜蛋白OXA1L	1.456 7
	Ue.07101	D-乳酸脱氢酶（细胞色），线粒体	1.355 1
	Ue.01452	线粒体载体蛋白	1.294 7
	Ue.01756	磷脂酰丝氨酸脱羧酶原1，线粒体	1.250 5
	Ue.03985	甲基丙二酸半醛脱氢酶，线粒体	1.246 1
	Ue.00514	54S核糖体蛋白L24，线粒体	1.246 1
	Ue.01789	DnaJ同源1，线粒体	1.146 0
	Ue.07018	线粒体蛋白输入蛋白mas5	1.145 4
	Ue.05857	琥珀酸脱氢酶铁硫亚单位，线粒体	1.127 1
	Ue.01470	37S核糖体蛋白亚基S8，线粒体	1.115 6

（续）

分类	基因 ID	功能注释	$\log_2^{(FC)}$
蛋白质合成与线粒体功能	Ue.05898	细胞色素氧化酶组装蛋白 SHY1	1.096 4
	Ue.07363	线粒体分布和形态蛋白	1.090 2
	Ue.04967	含 Cx9C 结构的线粒体蛋白 4	1.087 4
	Ue.05052	线粒体蛋白 FMP21	1.084 3
	Ue.01526	细胞色素 c 氧化酶组装因子 COX23，线粒体	1.083 4
	Ue.07424	D-乳酸脱氢酶 C713.03，线粒体	1.074 8
	Ue.04699	54S 核糖体蛋白 L3，线粒体	1.063 0
	Ue.00605	线粒体叶酸转运体/载体	1.054 4
	Ue.01346	线粒体加工肽酶 β 亚基	1.031 1
	Ue.01612	羟酸-氧乙酸转氢酶，线粒体	1.002 4
	Ue.03679	4-羟基-2-酮戊二酸醛缩酶，线粒体	−3.787 9
	Ue.03891	细胞色素 b2，线粒体	−3.028 5
	Ue.02266	犬尿氨酸/α-己二酸氨基转移酶，线粒体	−2.592 6
	Ue.06304	线粒体磷酸载体蛋白	−2.052 9
	Ue.07473	tRNA 修饰 GTP 酶 GTPBP3，线粒体	−2.049 6
	Ue.07335	细胞色素 b2，线粒体	−1.868 6
	Ue.02277	OMA1 线粒体金属内肽酶 OMA1	−1.819 1
	Ue.04850	NAD(P)H 脱氢酶 B1，线粒体	−1.469 3
	Ue.00654	线粒体底物载体家族蛋白	−1.382 4
	Ue.06584	色氨酸-tRNA 连接酶，线粒体	−1.236 9
	Ue.05045	蛋白 ATP11，线粒体	−1.232 2
	Ue.07439	异柠檬酸脱氢酶亚基 2，线粒体	−1.201 5
其他	Ue.04647	孢子形成特异蛋白 5	4.401 2
	Ue.02183	细胞色素 P-450 94A1	3.987 5
	Ue.05041	Rho 型 GTP 酶激活蛋白 3（可能）	3.047 2
	Ue.01907	水解酶 nit2（可能）	2.029 1
	Ue.01058	组蛋白去乙酰化酶 phd1	1.809 0
	Ue.03222	泛素羧基末端水解酶 4	1.704 4
	Ue.07382	泛素羧基末端水解酶 36	1.603 1
	Ue.02220	ABC 转运子 C 家族成员 3	1.585 0
	Ue.06021	孢子形成蛋白 RMD8	1.364 1
	Ue.02930	丝氨酸/苏氨酸蛋白激酶 CBK1	1.047 3
	Ue.06858	泛素羧基末端水解酶 2	1.046 7
	Ue.03688	Rho GTP 酶激活蛋白 1	1.035 1
	Ue.06893	水解酶 Mb2248c	−3.926 0
	Ue.02793	ABC 转运子 G 家族成员 22	−1.262 7
	Ue.05598	细胞色素 P-450	−1.167 6

9.7 茭白黑粉菌参与黑色素形成的差异表达基因

作为冬孢子形成过程中的重要一环，黑色素合成不仅影响真菌的毒力和冬孢子的着色，也影响着真菌侵染后宿主植物的表型变化，因此进行了参与黑色素形成的DEG的表达分析。然而，在这些DEG中，仅鉴定到7个基因参与黑色素合成（表9-3），其中关键基因在不同孕茭时期的表达量见图9-9。7个DEG中，6个基因在T型黑粉菌菌株中的表达量高于在M-T型黑粉菌菌株中的。编码虫漆酶的基因（*Ue.06814*）的表达量在T型黑粉菌菌株中尤其高，在孕茭后1d，T型黑粉菌菌株中的表达量为M-T型黑粉菌菌株中表达量的100倍以上。3个编码聚酮合酶的基因（*Ue.02525*、*Ue.02529*和*Ue.07491*）的表达量于孕茭后10d在T型黑粉菌菌株中达到了峰值。然而，在T型黑粉菌菌株中，编码酪氨酸酶的基因在整个孕茭过程中表达量一直低于M-T型黑粉菌菌株。

有研究表明，黑色素合成异常会导致真菌侵染宿主植物后的表型异常。例如，玉米黑粉菌*lac1*突变体侵染的玉米幼苗虽然会表现出萎黄症状，但是不会产生肿瘤，而且冬孢子的质量和着色程度均表现出明显的下降。相似的表型也出现在玉米黑粉菌*pks*突变体侵染的玉米幼苗上。稻瘟病菌*pks*突变体也表现出对水稻与大麦的致病力减弱和白化的表型。因此本研究中*UePKS*和*UeLAC1*基因在T型黑粉菌菌株中的表达量上升表明T型黑粉菌比M-T型黑粉菌有更强的黑色素合成能力，并且这种差异与茭白膨大茎表型差异有关。聚酮合酶和虫漆酶在这个过程中的具体功能仍有待进一步的研究。

表9-3　茭白黑粉菌中参与黑色素合成的差异表达基因

基因ID	功能注释	$\log_2^{(FC)}$
Ue.06814	漆酶1	7.214 3
Ue.02525	分生孢子色素生物合成聚酮合酶	5.562 3
Ue.02529	分生孢子色素生物合成聚酮合酶	5.087 9
Ue.04710	查耳酮异构酶	2.151 2
Ue.07491	聚酮合酶	1.982 9
Ue.00875	1型多铜氧化酶	1.213 8
Ue.04607	酪氨酸酶	−1.109 3

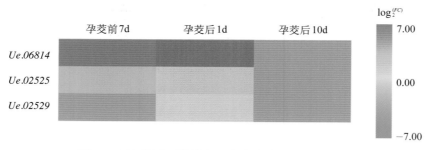

图9-9　不同孕茭时期参与黑色素合成的差异表达基因的热图

9.8 差异表达基因的 qRT-PCR 验证

为了验证RNA测序分析结果的准确性，从上述DEG中选取了9个基因，利用qRT-PCR技术检验了这些基因在孕茭3个时期的基因表达量（图9-10）。9个基因为：与效应子蛋白相关的信息素受体1基因（*UePMR1*）和胞外蛋白酶基因（*UeVPR*）；与冬孢子形成相关的DNA错配修复蛋白基因（*UeMUTS*）、依赖ATP的DNA解旋酶基因（*UeMER3*）、解旋酶基因（*UeSWR1*）、孢子形成特异蛋白5基因（*UeSPR5*）和ABC转运子C家族成员3基因（*UeABC3*）；参与黑色素形成的虫漆酶1基因（*UeLAC1*）和聚酮合酶基因（*UePKS*）。该结果与RNA测序分析结果呈现出非常强的线性关系（$r = 0.87$）（图9-11），说明了RNA测序分析结果的准确性较好。

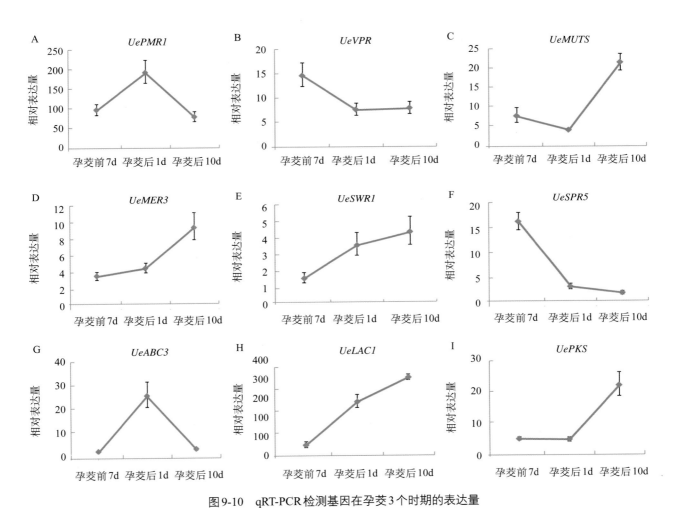

图9-10 qRT-PCR检测基因在孕茭3个时期的表达量

A.信息素受体1基因（*UePMR1*） B.胞外蛋白酶基因（*UeVPR*） C.DNA错配修复蛋白基因（*UeMUTS*）
D.依赖ATP的DNA解旋酶基因（*UeMER3*） E.解旋酶基因（*UeSWR1*） F.孢子形成特异蛋白5基因（*UeSPR5*）
G.ABC转运子C家族成员3基因（*UeABC3*） H.虫漆酶1基因（*UeLAC1*） I.聚酮合酶基因（*UePKS*）
注：选择*UeACTIN2*作为内参基因。图中的数据以平均值 ± 标准差的形式表示。

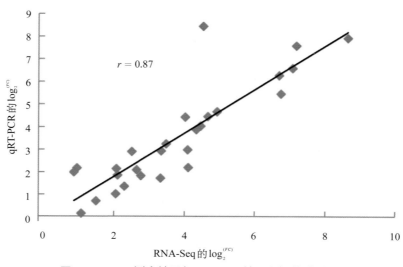

图9-11 RNA测序结果与qRT-PCR结果之间的关系

9.9 胁迫处理对茭白黑粉菌*UePKS*、*UeSPR5*和*UeLAC1*基因表达的影响

为了进一步确认虫漆酶和聚酮合酶是否参与了茭白黑粉菌黑色素合成过程，以及孢子形成特异蛋白是否在冬孢子形成过程中发挥作用，利用胁迫会诱导真菌合成黑色素和促进冬孢子形成的特性，检测基因*UePKS*、*UeSPR5*和*UeLAC1*在高/低温胁迫和渗透压胁迫下不同菌株中的表达情况。在YEPS培养基上培养72h后，茭白黑粉菌M-T型菌株和T型菌株的OD_{600}值均为2~3，说明真菌的生长处于对数中期阶段，且两者之间无明显差异（表9-4），可以用于后续的诱导色素沉淀试验。色素沉淀试验结果显示，相比于最适温度（28℃），在高/低温胁迫下T型黑粉菌菌株的菌液颜色明显加深，而M-T型黑粉菌菌株在3种温度下的菌液颜色差异不大。与之相似的，在高渗透压胁迫下，T型黑粉菌菌株的菌液颜色明显比正常情况下的更深，且随着PEG浓度的上升，颜色加深。而M-T型黑粉菌菌株的菌液在3种渗透压下颜色差异不大（图9-12）。

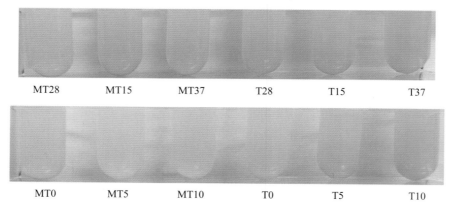

图9-12 高/低温胁迫（上图）、渗透压胁迫（下图）下的茭白黑粉菌M-T型和T型菌株
注：MT28、MT15和MT37分别代表28℃、15℃和37℃下培养的M-T型黑粉菌菌株；T28、T15和T37分别代表28℃、15℃和37℃下培养的T型黑粉菌菌株；MT0、MT5和MT10分别代表0%、5%和10%的PEG 6000处理下的M-T型黑粉菌菌株；T0、T5和T10分别代表0%、5%和10%的PEG 6000处理下的T型黑粉菌菌株。

表9-4　茭白黑粉菌在YEPS培养基中培养72h后的OD_{600}值

菌株	OD_{600}值
UeMT09 + UeMT42	2.39 ± 0.035
UeT21 + UeT22	2.30 ± 0.055

　　基因表达检测结果显示（图9-13），在M-T型黑粉菌菌株中，*UeSPR5*、*UePKS*和*UeLAC1*基因在高温（37℃）和低温（15℃）胁迫下的相对表达量均高于最适温度（28℃）。而在T型黑粉菌菌株中，*UeSPR5*基因在高温和低温胁迫下的相对表达量均高于最适温度，*UePKS*基因在不同温度下的相对表

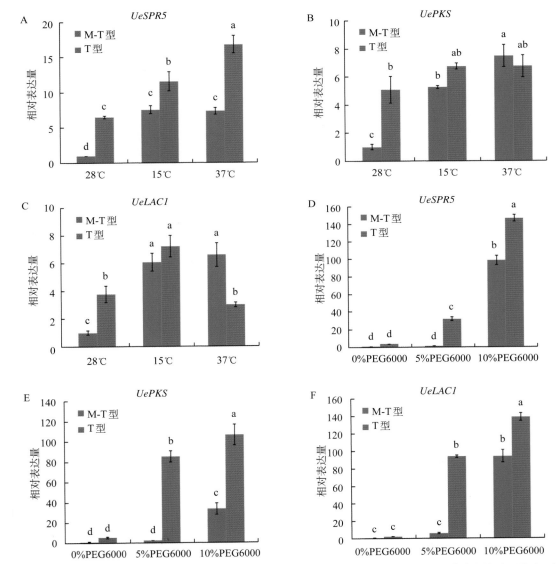

图9-13　T型黑粉菌菌株和M-T型黑粉菌菌株中的*UeSPR5*、*UePKS*和*UeLAC1*基因在高/低温胁迫和渗透压胁迫下的表达量
　　A～C.高温（37℃）、低温（15℃）和适宜温度（28℃）下T型黑粉菌菌株和M-T型黑粉菌菌株中的*UeSPR5*、*UePKS*和*UeLAC1*基因的相对表达量　D～F. 0%、5%和10%的PEG 6000处理下T型黑粉菌菌株和M-T型黑粉菌菌株中的*UeSPR5*、*UePKS*和*UeLAC1*基因的相对表达量
　　注：选择*UeACTIN2*作为内参基因。图中的数据以平均值±标准差的形式表示。利用Tukey's test方法分析处理与对照的表达量，并且$p < 0.05$时认为样本之间存在显著差异。

达量无显著差异，*UeLAC1* 基因在低温胁迫下的相对表达量均高于最适温度。在高温和低温胁迫下，*UePKS* 基因的表达量在两种菌株之间无显著差异，但在最适温度下，*UePKS* 基因在 T 型黑粉菌菌株中的相对表达量显著高于 M-T 型黑粉菌菌株中的；在高温胁迫下，*UeLAC1* 基因在 T 型黑粉菌菌株中的表达量低于 M-T 型黑粉菌菌株中的；在高温和低温胁迫下，*UeSPR5* 基因在 T 型黑粉菌菌株中的表达量均显著高于 M-T 型黑粉菌菌株中的。在渗透压胁迫下，*UeSPR5*、*UePKS* 和 *UeLAC1* 基因的表达量在两种菌株中均有所上升，且在 T 型黑粉菌菌株中的相对表达量均显著高于 M-T 型黑粉菌菌株中的。

在上述结果中，两种菌株的 *UeSPR5* 基因在胁迫下相对表达量均有所上升，且在 T 型黑粉菌菌株中上升幅度高于 M-T 型黑粉菌菌株，这说明温度和渗透压胁迫确实可以促进茭白黑粉菌形成冬孢子，而且 T 型黑粉菌菌株响应胁迫并形成冬孢子的能力强于 M-T 型黑粉菌菌株。另外，在胁迫处理下，两种菌株中 *UePKS* 和 *UeLAC1* 基因的表达量均有所上升，而且在渗透压胁迫下 T 型黑粉菌菌株中上升幅度高于在 M-T 型黑粉菌菌株中的，这与之前发现的结果一致，环境胁迫会促进冬孢子形成和黑色素合成以增强抗逆性（Schultzhaus et al., 2019）。该结果表明 *UePKS* 和 *UeLAC1* 基因很可能参与了茭白黑粉菌黑色素合成的过程，并且解释了为什么在辐射处理下灰茭的出现率会上升以及为什么 T 型黑粉菌菌株的抗逆性强于 M-T 型黑粉菌菌株。T 型黑粉菌菌株和 M-T 型黑粉菌菌株在抗逆性上的差异可能是茭白膨大茎表型差异的原因。

基于以上所有结果，构建了一个模型以阐释茭白膨大茎表型差异的原因（图 9-14）。茭白黑粉菌 T 型菌株和 M-T 型菌株之间的毒力、代谢能力、冬孢子形成能力、黑色素合成和抗逆性的差异也许是茭白膨大茎表现差异的原因。

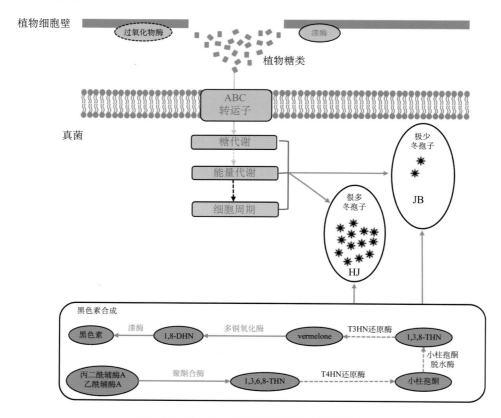

图 9-14　茭白膨大茎表型差异形成原因模式

注：1,8-DHN 为 1,8-二羟基萘，1,3,8-THN 为 1,3,8-三羟基萘，1,3,6,8-THN 为 1,3,6,8-四羟基萘。红色字体表示在 T 型黑粉菌株中表达量上升的基因或者某一类中大多数基因是表达量上升的。红色箭头表示这些基因的表达量上升导致灰茭膨大茎的形成，绿色箭头表示这些基因的表达量下降导致正常茭白膨大茎的形成。

9.10 结论

本章利用RNA测序技术对孕茭前7d、孕茭后1d和10d的正常茭白和灰茭茎样本进行转录组学分析。共检测到707个基因仅在灰茭植物组织中表达，280个基因仅在T型黑粉菌中表达。对孕茭前7d、孕茭后1d和10d的正常茭白和灰茭茎样本测序结果进行分析，在茭白植株中分别鉴定到2 187个、1 347个和2 020个DEG，在茭白黑粉菌中分别鉴定到2 188个、2 367个和2 137个DEG。对茭白黑粉菌中鉴定到的DEG进一步分析，鉴定到14个效应子相关基因，126个参与冬孢子形成的基因以及7个参与黑色素合成的基因。茭白黑粉菌的体外试验发现高温/低温、渗透压胁迫可显著诱导T型黑粉菌菌株参与冬孢子形成的UeSPR5基因和参与黑色素合成的UeLAC1和UePKS基因的表达量上升。这些结果说明茭白黑粉菌T型菌株和M-T型菌株之间存在毒力、代谢、冬孢子形成、黑色素合成以及抗逆性的差异，这可能是茭白膨大茎表型差异的原因。

参 考 文 献

郭得平, 李曙轩, 曹小芝, 1991. 茭白黑粉菌 (Ustilago esculenta)某些生物学特性的研究[J]. 浙江农业大学学报, 17(1): 80-84.

闫宁, 王晓清, 王志丹, 等, 2013a.食用黑粉菌侵染对茭白植株抗氧化系统和叶绿素荧光的影响[J]. 生态学报, 33(5): 1584-1593.

闫宁, 薛惠民, 石林豫, 等, 2013b.茭白"雄茭"和"灰茭"的形成及遗传特性[J]. 中国蔬菜(16): 35-42.

Anders S, Huber W, 2010. Differential expression analysis for sequence count data[J]. Genome Biology, 11(10): R106.

Arezi B, Xing W, Sorge J A, et al., 2003. Amplification efficiency of thermostable DNA polymerases[J]. Analytical Biochemistry, 321(2): 226-235.

Banuett F, Herskowitz I, 1996. Discrete developmental stages during teliospore formation in the corn smut fungus, Ustilago maydis[J]. Development, 122(10): 2965-2976.

Bell A A, Wheeler M H, 1986. Biosynthesis and functions of fungal melanins[J]. Annual Review of Phytopathology, 24(1): 411-451.

Brefort T, Doehlemann G, Mendoza-Mendoza A, et al., 2009. Ustilago maydis as a pathogen[J]. Annual Review of Phytopathology, 47(1): 423-445.

Busch S, Braus G H, 2007. How to build a fungal fruit body: from uniform cells to specialized tissue[J]. Molecular Microbiology, 64(4): 873-876.

Cabrera-Ponce J L, Leon-Ramirez C G, Verver-Vargas A, et al., 2012. Metamorphosis of the basidiomycota Ustilago maydis: transformation of yeast-like cells into basidiocarps[J]. Fungal Genetics and Biology, 49(10): 765-771.

Camejo D, Guzman-Cedeno A, Moreno A, 2016. Reactive oxygen species, essential molecules, during plant-pathogen interactions[J]. Plant Physiology and Biochemistry, 103: 10-23.

Chan Y S, Thrower L B, 1980. The host-parasite relationship between Zizania-caduciflora Turcz and Ustilago-esculenta P Henn.I. Structure and development of the host-parasite combination[J]. New Phytologist, 85(2): 201-207.

Chung D K, Tzeng D D, 2004. Nutritional requirements of the edible gall-producing fungus Ustilago esculenta[J]. Journal of Biological Sciences, 4(2): 246-252.

Conesa A, Gotz S, Garcia-Gomez J M, et al., 2005. BLAST2GO: a universal tool for annotation, visualization and analysis in functional genomics research[J]. Bioinformatics, 21(18): 3674-3676.

Doyle C E, Kitty Cheung H Y, Spence K L, et al., 2016. Unh1, an *Ustilago maydis* Ndt80-like protein, controls completion of tumor maturation, teliospore development, and meiosis[J]. Fungal Genetics and Biology, 94: 54-68.

Gessler N N, Egorova A S, Belozerskaya T A, 2014. Melanin pigments of fungi under extreme environmental conditions (review) [J]. Applied Biochemistry and Microbiology, 50(2): 105-113.

Guo L, Qiu J, Han Z, et al., 2015. A host plant genome (*Zizania latifolia*) after a century-long endophyte infection[J]. The Plant Journal, 83(4): 600-609.

Heimel K, Scherer M, Vranes M, et al., 2010. The transcription factor Rbf1 is the master regulator for b-mating type controlled pathogenic development in *Ustilago maydis*[J]. PLoS Pathogens, 6(8): e1001035.

Hemetsberger C, Herrberger C, Zechmann B, et al., 2012. The *Ustilago maydis* effector Pep1 suppresses plant immunity by inhibition of host peroxidase activity[J]. PLoS Pathogens, 8(5): e1002684.

Islamovic E, Garcia-Pedrajas M D, Chacko N, et al., 2015. Transcriptome analysis of a *Ustilago maydis* *ust1* deletion mutant uncovers involvement of laccase and polyketide synthase genes in spore development[J]. Molecular Plant-Microbe Interactions, 28(1): 42-54.

Kuang J, Liu J, Mei J, et al., 2017. A class II small heat shock protein OsHsp18.0 plays positive roles in both biotic and abiotic defense responses in rice[J]. Scientific Reports, 7(1): 11333.

Langfelder K, Streibel M, Jahn B, et al., 2003. Biosynthesis of fungal melanins and their importance for human pathogenic fungi[J]. Fungal Genetics and Biology, 38(2): 143-158.

Langmead B, Salzberg S L, 2012. Fast gapped-read alignment with Bowtie 2[J]. Nature Methods, 9(4): 357.

Lanver D, Berndt P, Tollot M, et al., 2014. Plant surface cues prime *Ustilago maydis* for biotrophic development[J]. PLoS Pathogens, 10(7): e1004272.

Lanver D, Tollot M, Schweizer G, et al., 2017. *Ustilago maydis* effectors and their impact on virulence[J]. Nature Reviews Microbiology, 15(7): 409-421.

Lanver D, Muller A N, Happel P, et al., 2018. The biotrophic development of *Ustilago maydis* studied by RNA-Seq analysis[J]. The Plant Cell, 30(2): 300-323.

Li G, Li J, Hao R, et al., 2017. Activation of catalase activity by a peroxisome-localized small heat shock protein Hsp17.6C II [J]. Journal of Genetics and Genomics, 44(8): 395-404.

Livak K J, Schmittgen T D, 2001. Analysis of relative gene expression data using real-time quantitative PCR and the $2^{-\Delta\Delta CT}$ method[J]. Methods, 25(4): 402-408.

Marita J M, Vermerris W, Ralph J, et al., 2003. Variations in the cell wall composition of maize brown midrib mutants[J]. Journal of Agricultural and Food Chemistry, 51(5): 1313-1321.

Minibayeva F, Kolesnikov O, Chasov A, et al., 2009. Wound-induced apoplastic peroxidase activities: their roles in the production and detoxification of reactive oxygen species[J]. Plant, Cell & Environment, 32(5): 497-508.

Oh Y, Donofrio N, Pan H, et al., 2008. Transcriptome analysis reveals new insight into appressorium formation and function in the rice blast fungus *Magnaporthe oryzae*[J]. Genome Biology, 9(5): R85.

Reichmann M, Jamnischek A, Weinzierl G, et al., 2002. The histone deacetylase Hda1 from *Ustilago maydis* is essential for teliospore development[J]. Molecular Microbiology, 46(4): 1169-1182.

Schneider E, Hunke S., 1998. ATP binding cassette (ABC) transport systems functional and structural aspects of the ATP hydrolyzing subunits domains[J]. FEMS Microbiology Reviews, 22(1): 1-20.

Schultzhaus Z, Chen A, Kim S, et al., 2019. Transcriptomic analysis reveals the relationship of melanization to growth and resistance to gamma radiation in *Cryptococcus neoformans*[J]. Environmental Microbiology, 21(8): 2613-2628.

Seo J W, Ohnishi Y, Hirata A, et al., 2002. ATP-binding cassette transport system involved in regulation of morphological differentiation in response to glucose in *Streptomyces griseus*[J]. Journal of Bacteriology, 184(1): 91-103.

Snetselaar K M, Mims C W, 1994. Light and electron microscopy of *Ustilago maydis* hyphae in maize[J]. Mycological Research, 98(3): 347-355.

Tang C R, Qi J Y, Li H P, et al., 2007. A convenient and efficient protocol for isolating high-quality RNA from latex of *Hevea brasiliensis* (para rubber tree)[J]. Journal of Biochemical and Biophysical Methods, 70(5): 749-754.

Teertstra W R, Deelstra H J, Vranes M, et al., 2006. Repellents have functionally replaced hydrophobins in mediating attachment to a hydrophobic surface and in formation of hydrophobic aerial hyphae in *Ustilago maydis*[J]. Microbiology, 152(Pt12): 3607-3612.

Tollot M, Assmann D, Becker C, et al., 2016. The WOPR protein Ros1 is a master regulator of sporogenesis and late effector gene expression in the maize pathogen *Ustilago maydis*[J]. PLoS Pathogens, 12(6): e1005697.

Vijayakrishnapillai L M K, Desmarais J S, Groeschen M N, et al., 2018. Deletion of ptn1, a PTEN/TEP1 orthologue, in *Ustilago maydis* reduces pathogenicity and teliospore development[J]. Journal of Fungi, 5(1): 1.

Wahl R, Zahiri A, Kämper J, 2010. The *Ustilago maydis* b mating type locus controls hyphal proliferation and expression of secreted virulence factors in planta[J]. Molecular Microbiology, 75(1): 208-220.

Wang Y, Hu X, Fang Y, et al., 2018. Transcription factor VdCmr1 is required for pigment production, protection from UV irradiation, and regulates expression of melanin biosynthetic genes in *Verticillium dahliae*[J]. Microbiology, 164(4): 685-696.

Wang Z D, Yan N, Wang Z H, et al., 2017. RNA-Seq analysis provides insight into reprogramming of culm development in *Zizania latifolia* induced by *Ustilago esculenta*[J]. Plant Molecular Biology, 95(6): 533-547.

Wang Z H, Yan N, Luo X, et al., 2020. Gene expression in the smut fungus *Ustilago esculenta* governs swollen gall metamorphosis in *Zizania latifolia*[J]. Microbial Pathogenesis, 143: 104107.

Woo P C Y, Tam E W T, Chong K T K, et al., 2010. High diversity of polyketide synthase genes and the melanin biosynthesis gene cluster in *Penicillium marneffei*[J]. FEBS Journal, 277(18): 3750-3758.

Wosten H A B, Bohlmann R, Eckerskom C, et al., 1996. A novel class of small amphipathic peptides affect aerial hyphal growth and surface hydrophobicity in *Ustilago maydis*[J]. EMBO Jornal, 15(16): 4274-4281.

Xu F, Yang L, Zhang J, et al., 2012. Effect of temperature on conidial germination, mycelial growth and aggressiveness of the defoliating and nondefoliating pathotypes of *Verticillium dahliae* from cotton in China[J]. Phytoparasitica, 40(4): 319-327.

Xu X W, Ke W D, Yu X P, et al., 2008. A preliminary study on population genetic structure and phylogeography of the wild and cultivated *Zizania latifolia* (Poaceae) based on Adh1a sequences[J]. Theoretical and Applied Genetics, 116(6): 835-843.

Yan N, Wang X Q, Xu X F, et al., 2013. Plant growth and photosynthetic performance of *Zizania latifolia* are altered by endophytic *Ustilago esculenta* infection[J]. Physiological and Molecular Plant Pathology, 83: 75-83.

Yang H C, Leu L S, 1978. Formation and histopathology of galls induced by *Ustilago esculenta* in *Zizania latifolia*[J]. Cytology and Histology, 68(11): 1572-1576.

Yang Y, Fan F, Zhuo R, et al., 2012. Expression of the laccase gene from a white rot fungus in *Pichia pastoris* can enhance the resistance of this yeast to H_2O_2-mediated oxidative stress by stimulating the glutathione-based antioxidative system[J]. Applied and Environmental Microbiology, 78(16): 5845-5854.

Ye J, Fang L, Zheng H, et al., 2006. WEGO: a web tool for plotting GO annotations[J]. Nucleic Acids Research, 34(Web Server issue): W293-297.

Ye Z H, Pan Y, Zhang Y F, et al., 2017. Comparative whole-genome analysis reveals artificial selection effects on *Ustilago esculenta* genome[J]. DNA Research, 24(6): 635-648.

Zhang J Z, Chu F Q, Guo D P, et al., 2012. Cytology and ultrastructure of interactions between *Ustilago esculenta* and *Zizania latifolia*[J]. Mycological Progress, 11(2): 499-508.

Zhang J Z, Chu F Q, Guo D P, et al., 2014. The vacuoles containing multivesicular bodies: a new observation in interaction between *Ustilago esculenta* and *Zizania latifolia*[J]. European Journal of Plant Pathology, 138(1): 79-91.

Zhang Y F, Cao Q C, Hu P, et al, 2017. Investigation on the differentiation of two *Ustilago esculenta* strains - implications of a relationship with the host phenotypes appearing in the fields[J]. BMC Microbiology, 17(1): 228.

Zheng Y, Kief J, Auffarth K, et al., 2008. The *Ustilago maydis* Cys2His2-type zinc finger transcription factor Mzr1 regulates fungal gene expression during the biotrophic growth stage[J]. Molecular Microbiology, 68(6): 1450-1470.

Zhou Y H, Qu Y, Zhu M Q, et al., 2016. Genetic diversity and virulence variation of *Sporisorium destruens* isolates and evaluation of broomcorn millet for resistance to head smut[J]. Euphytica, 211(1): 59-70.

第10章 lncRNA在依赖于温度的茭白茎膨大过程中的作用

王征鸿[1,2]　闫宁[3]　罗西[1]　郭得平[1]

（1.浙江大学农业与生物技术学院；2.浙江省种子管理总站；3.中国农业科学院烟草研究所）

◎本章提要

温度影响植物的生理过程以及宿主和内生菌的共生关系，然而在温度影响宿主－病原菌互作中，长链非编码RNA（long non-coding RNA，lncRNA）的调控机制目前仍不清楚。为了探究lncRNA在茭白黑粉菌诱导的茭白膨大茎形成过程中的作用，本章利用RNA测序技术鉴定了不同温度处理下茭白植物组织和茭白黑粉菌中的lncRNA及其潜在的 cis- 靶标。在茭白植物组织和茭白黑粉菌中，分别鉴定到3 194个和173个lncRNA以及126个和4个差异表达lncRNA。进一步功能分析和表达分析发现lncRNA ZlMSTRG.11348参与调节茭白植物组织的氨基酸代谢，lncRNA UeMSTRG.02678参与调节茭白黑粉菌的氨基酸转运。lncRNA也参与了植物防御响应，并且植物防御响应在25℃处理下的茭白黑粉菌侵染的茭白植物组织中被抑制，这可能与茭白黑粉菌中效应子基因的表达有关。同时，不同温度处理下茭白黑粉菌侵染的茭白植物组织中植物激素相关基因的表达量存在差异。本章研究结果证明lncRNA是植物、微生物和环境互作调控网络中的重要组件，并可能在茭白膨大茎形成过程中发挥作用。

10.1 前言

茭白黑粉菌侵染其宿主植物茭白并在茭白茎基部诱导形成膨大茎。除了这一因茭白黑粉菌侵染导致的茎膨大症状之外，受茭白黑粉菌侵染的茭白植株几乎没有其他变化。玉米黑粉菌侵染玉米后会马上诱导形成肿瘤，而茭白黑粉菌诱导茭白形成膨大茎的过程却依赖环境温度。在大田生产中，一般适合于茭白茎膨大的温度为21～28℃。当环境温度超过30℃或低于15℃时，即使茭白黑粉菌侵染茭白植株也不会形成膨大茎。目前，这一现象的机制仍不清楚。

作为一种内生真菌，茭白黑粉菌在其宿主茭白植株体内完成其生活史，并诱导茭白茎膨大。根据植物"病害三角形"理论，病害的发生需要在合适的外界环境下，通过病原菌定植和增殖来完成。在影响这一过程的外界环境因素中，温度会影响宿主植物和微生物的生理、生态和生长过程，适宜的温度能有效促进病害暴发。

研究表明，温度显著影响植物与微生物之间的互作。例如，低温可以刺激拟南芥水杨酸免疫的去抑制化，并因此在植物体内积累水杨酸和病原相关蛋白，而这一过程在适合拟南芥生长的温度下会被抑制（Huot et al., 2017；Kim et al., 2017）。温度变化导致的植物免疫反应的差异会改变病症甚至微生物的表型。另外，在植物-微生物-环境互作中，温度变化导致微生物表型的差异可能是因为病原真菌的二态转变，进而导致毒力蛋白稳定性下降和毒力下降（Zhu et al., 2017）。目前有关温度变化引起的植物-微生物互作的表型变化的机制仍不大清楚，有待深入研究。

氨基酸是蛋白质的组成部分，在病原菌的侵染过程中，氨基酸作为活体营养病原菌必不可少的氮源以及植物细胞的防御化合物，在植物和微生物互作中起着重要作用。例如，甲硫氨酸是稻瘟病菌形成附着胞所必需的（Saint-Macary et al., 2015）。另外，大量的研究显示，在微生物诱导植物肿瘤的形成过程中，氨基酸合成是必需的，尤其在根瘤菌和豆科作物的共生关系中。编码谷氨酸合酶和谷草转氨酶的基因对根瘤的形成是必不可少的（Dunn, 2014）。同时，苏氨酸、异亮氨酸和甲硫氨酸参与真菌响应热激反应。然而，学界对这其中的机制知之甚少，氨基酸在植物、微生物和环境互作中发挥的作用有待进一步研究。

lncRNA是一类长度大于200bp且无编码潜能的RNA。lncRNA可以通过与RNA的序列互补或序列同源，形成大分子结构来调节基因的表达。lncRNA在植物的各种生物学过程中均发挥着重要作用。毛白杨（*Populus tomentosa*）中的1 994个lncRNA可能参与调控毛白杨的次生生长，其中8个lncRNA可能与调控苯基丙酸类合成途径的基因表达有关（Zhou et al., 2017）。lncRNA LNC通过诱导基因*SPL9*及转录因子*MYB*的表达影响沙棘果实的花青素合成。lncRNA MAF4可以调控拟南芥春化作用过程中的基因表达来调节其开花。另外，lncRNA在植物抗逆方面也起着重要作用（Bhatia et al., 2020；Jin et al., 2020）。lncRNA ALEX1在水稻中的转录能够诱导内源茉莉酸（JA）的生物合成，并且激活JA信号通路，增强水稻对细菌性病原体的广谱抗性。lncRNA ELENA1直接与MED19a互作，促进MED19a在基因*PR1*启动子上的富集，调控拟南芥防御相关靶标基因的表达，因而参与调控拟南芥的先天免疫（Seo et al., 2017）。目前，有很多研究证明lncRNA在动物肿瘤形成过程中发挥重要的调控作用，包括口腔鳞状细胞癌和胃癌等，但是尚未见到关于lncRNA参与植物肿瘤形成的研究报道。

茭白黑粉菌诱导的茭白膨大茎形成通常伴随着许多生理生化的变化，例如过氧化氢酶和超氧化物歧化酶活性的下降、光合作用的增强、糖代谢的改变、细胞分裂素和生长素的合成（闫宁等，2013；Wang et al., 2017）。与之类似的，玉米黑粉菌诱导的肿瘤形成会促进细胞分裂素的合成以及氮转运。虽然已经有研究报道了玉米黑粉菌和玉米之间的互作以及肿瘤形成的分子机制，但是温度影响植物肿瘤形成的分子机制仍然未知。因此，本章分析了不同温度处理下茭白和茭白黑粉菌的转录组，并鉴定了与膨大茎形成相关的lncRNA和基因，以期为阐明温度调节茎膨大的机制提供新证据。

10.2　茭白茎形态

茭白茎外观及形态学指标见图10-1。生长在25℃条件下受茭白黑粉菌侵染的正常茭白（JB25），茎能够膨大，而25℃条件下未受茭白黑粉菌侵染的茭白对照植株（CK25），虽然生长在同样温度条件下，但是茎不能膨大。这表明茭白黑粉菌能诱导茭白膨大茎的形成。生长于35℃高温条件下的正常茭白（JB35）和茭白对照植株（CK35）茎都不能膨大，且二者的外部形态无明显差异。同时，JB25茎的长度、重量、茎周长和体积均显著高于其他处理。该结果表明茭白茎膨大发生在25℃温度条件下的正常茭白植株中，而35℃高温条件会完全抑制茭白膨大茎的形成，可见茭白黑粉菌诱导的茭白膨大茎的形成依赖环境温度。

10.3　茭白植物组织和茭白黑粉菌中的lncRNA鉴定及特征

lncRNA在植物细胞生长过程中调控基因表达，并且在植物和微生物互作中发挥重要作用。因此，温度可能影响了lncRNA的表达进而调控参与植物生物学过程基因的表达。例如，热激能改变芥菜的lncRNA的表达并以此调控下游基因的表达来响应胁迫。在本研究中，利用RNA测序技术对生长在25℃和35℃条件下的茭白和茭白对照植株进行了转录组测序。分别在茭白植物组织和茭白黑粉菌中鉴定到3 194个和173个lncRNA。之后比较茭白植物组织和茭白黑粉菌的lncRNA和mRNA的转录本长度、外显子数量和表达水平（图10-2）。在茭白植物组织和茭白黑粉菌中，lncRNA的转录本长度（平均长度876 bp）短于mRNA的（平均长度1 524 bp），外显子数量（平均每个转录本1.95个外显子）少于mRNA的（平均每个转录本5.44个外显子）。利用FPKM评估了茭白植物组织和茭白黑粉菌的lncRNA和mRNA的表达水平，发现mRNA的整体表达水平明显高于lncRNA。

10.4　茭白植物组织和茭白黑粉菌中lncRNA及mRNA的表达特性

分析了上述RNA测序结果的lncRNA和mRNA的表达特性（图10-3），并分别在茭白植物组织和茭白黑粉菌中鉴定到3 194个和173个lncRNA。其中，茭白植物组织中鉴定的lncRNA中有144个仅在JB25中表达；茭白黑粉菌中鉴定的lncRNA中有106个仅在JB25中表达。以$p < 0.05$和$|\log_2^{(FC)}| \geqslant 1.0$为筛选条件，鉴定了JB25和JB35，CK25和CK35之间的差异表达lncRNA。在茭白植物组织中，JB25和JB35之间共鉴定293个差异表达lncRNA（90个lncRNA在JB25中表达量上升），CK25和CK35之间共鉴定149个差异表达lncRNA（134个lncRNA在CK25中表达量上升）。在茭白黑粉菌中，JB25和JB35之间仅鉴定到10个差异表达lncRNA，其中5个在JB25中表达量上升。

另外，分别在茭白植物组织和茭白黑粉菌中鉴定到21 832个植物基因和5 567个真菌基因。以$p < 0.05$和$|\log_2^{(FC)}| \geqslant 1.0$为筛选条件，鉴定了JB25和JB35以及CK25和CK35之间的差异表达基因。在茭白植物组织中，分别在JB25和JB35以及CK25和CK35之间鉴定7 036个和6 549个差异表达基因。在茭白黑粉菌中，JB25和JB35之间鉴定到301个差异表达基因，其中包括编码效应子蛋白和转运子蛋白的基因，以及参与蛋白质合成和氨基酸合成的基因。

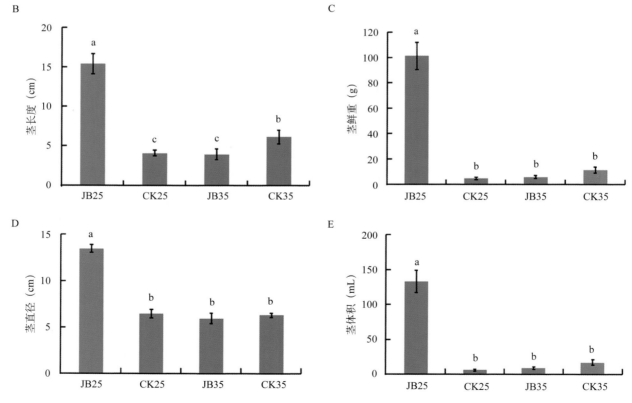

图10-1　茭白茎形态

A.茭白茎形态　B.茎长度　C.茎鲜重　D.茎直径　E.茎体积

注：A标尺长度5 cm；JB25和JB35分别代表生长在25℃和35℃下受茭白黑粉菌侵染的茭白植株，CK25与CK35分别代表生长在25℃和35℃下未受茭白黑粉菌侵染的茭白对照植株。

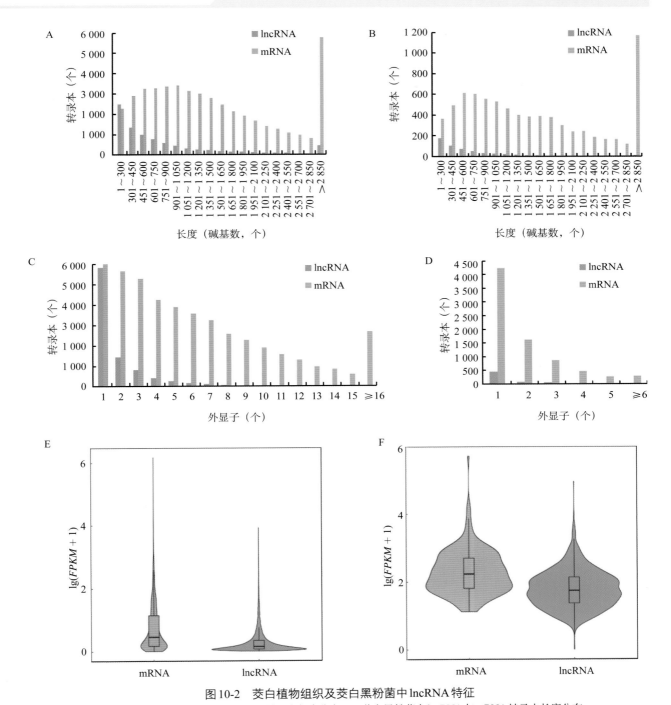

图 10-2 茭白植物组织及茭白黑粉菌中 lncRNA 特征

A. 茭白植物组织中 lncRNA 与 mRNA 转录本长度分布 B. 茭白黑粉菌中 lncRNA 与 mRNA 转录本长度分布
C. 茭白植物组织中 lncRNA 与 mRNA 外显子数量分布 D. 茭白黑粉菌中 lncRNA 与 mRNA 外显子数量分布
E. 茭白植物组织中 lncRNA 与 mRNA 表达量分布 F. 茭白黑粉菌中 lncRNA 与 mRNA 表达量分布

10.5　lncRNA 的功能分析

为了分析 lncRNA 的功能，预测了 lncRNA 的潜在 cis- 靶标基因。对于在茭白植物组织中的差异表达 lncRNA，鉴定到 126 个潜在 cis- 靶标基因，对于仅在 JB25 中表达的 lncRNA，鉴定到 91 个潜在 cis- 靶标基因。而对于在茭白黑粉菌中差异表达的 lncRNA，只鉴定到 4 个潜在 cis- 靶标基因（表 10-1 和图 10-4）。

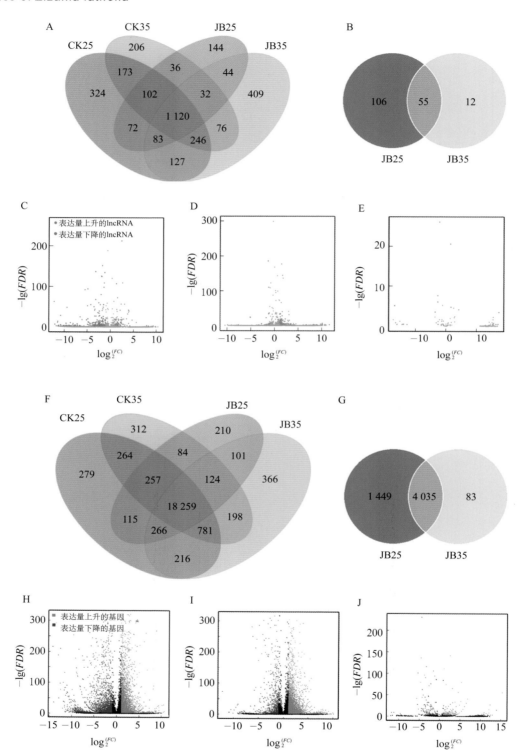

图 10-3　lncRNA 与 mRNA 在茭白植物组织及茭白黑粉菌中的表达

　　A. lncRNA 在茭白植物组织中表达的韦恩图　B. lncRNA 在茭白黑粉菌中表达的韦恩图　C. JB25 与 JB35 之间茭白植物组织中差异表达 lncRNA 火山图　D. CK25 与 CK35 之间茭白植物组织中差异表达 lncRNA 火山图　E. JB25 与 JB35 之间茭白黑粉菌中差异表达 lncRNA 火山图　F. 茭白植物组织中基因表达韦恩图　G. 茭白黑粉菌中基因表达韦恩图　H. JB25 与 JB35 之间茭白植物组织中差异表达基因火山图　I. CK25 与 CK35 之间茭白植物组织中差异表达基因火山图　J. JB25 与 JB35 之间茭白黑粉菌中差异表达基因火山图

　　注：JB25 和 JB35 分别代表生长在 25℃和 35℃下受茭白黑粉菌侵染的茭白植株，CK25 与 CK35 分别代表生长在 25℃和 35℃下未受茭白黑粉菌侵染的茭白对照植株。本章同。

表10-1　JB25与JB35之间茭白黑粉菌中差异表达lncRNA及其潜在cis-靶标基因

lncRNA ID	$\log_2^{(FC)}$ (lncRNA)	cis-靶标基因ID	$\log_2^{(FC)}$ (cis-靶标基因)	注释
UeMSTRG.02678	17.4493582	Ue.05653	11.4020527	主要促进因子超家族转运体
UeMSTRG.00837	4.25544694	Ue.00835	2.53016548	非特征蛋白质 SPSC_00409
UeMSTRG.03069	2.58185612	Ue.06235	1.60894613	假定蛋白 PSEUBRA_SCAF8g02247
UeMSTRG.00868	1.52100201	Ue.00907	1.21173240	依赖于谷胱甘肽的甲醛脱氢酶

注：JB25和JB35分别代表生长在25℃和35℃下受茭白黑粉菌侵染的茭白植株。FC的值为黑粉菌基因在JB25中的表达量与在JB35中的表达量的比值。

为了更好地分析茭白植物组织中差异表达lncRNA在温度影响茭白膨大茎形成过程中所起的作用，根据lncRNA在两种温度下的表达模式，将在茭白植物组织中鉴定的126个差异表达lncRNA以及其潜在cis-靶标基因分为3组（G1至G3）（图10-4）。G1组中有76个差异表达lncRNA及其潜在cis-靶标基

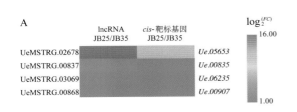

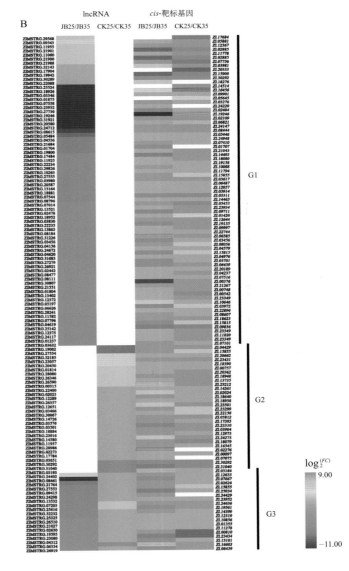

图10-4　差异表达lncRNA及其潜在cis-靶标基因表达热图
A.茭白植物组织　B.茭白黑粉菌

因，这些lncRNA仅在JB25和JB35之间存在差异表达，这些差异表达lncRNA和其潜在*cis*-靶标基因可能参与了温度调节茭白茎的膨大过程。在G2组中，有31个差异表达lncRNA及其潜在的*cis*-靶标基因，这些lncRNA仅在CK25和CK35之间存在差异表达，这些差异表达lncRNA和其潜在*cis*-靶标基因可能参与了茭白植物响应高温的过程。在G3组中，有19个差异表达lncRNA及其潜在*cis*-靶标基因，这些lncRNA在JB25和JB35之间与CK25和CK35之间均存在差异表达。其中部分lncRNA及其潜在*cis*-靶标基因可能参与了温度影响茭白茎的膨大过程。

10.6　植物防御反应及其相关lncRNA

在茭白植物组织中没能找到与细胞分裂和细胞生长相关的lncRNA，但是鉴定到参与植物防御反应的lncRNA。在G1和G3组差异表达lncRNA中，lncRNA ZlMSTRG.30807可能调控编码抗病蛋白RPM1的基因（*Zl.00376*）表达。根据碱基互补配对原则，预测了ZlMSTRG.30807和*ZlRPM1*可能的结合模式（图10-5）。与JB35相比，ZlMSTRG.30807在JB25中的表达量明显下降；与CK35相比，ZlMSTRG.30807在CK25中的表达量呈现略微上升。与之类似的，编码RPM1的基因（*ZlRPM1*）在JB35中的表达量也明显低于在JB25中的，且下降幅度甚至超过了99%；而该基因在CK25和CK35中的表达量则无明显差异。这说明ZlMSTRG.30807很可能促进*ZlRPM1*的表达。

同时，在JB25与JB35以及CK25与CK35之间鉴定到229个参与植物防御反应ETI（effector-triggered immunity）和PTI（pattern-triggered immunity）的DEG。其中，与JB35相比，大多数DEG（138个）在JB25中的表达量下降，包括编码钙依赖蛋白激酶的基因（*Zl.22932*、*Zl.16176*和*Zl.11318*）、编码WRKY转录因子29的基因（*Zl.00792*、*Zl.20037*和*Zl.16091*）、编码衰老诱导的受体蛋白激酶FRK1的基因（*Zl.02687*）、编码抗病蛋白RPM的基因（*Zl.00376*和*Zl.06039*）、编码热激蛋白的基因（*Zl.22886*）和编码抗病蛋白RPS的基因（*Zl.06296*）。在CK25与CK35之间仅鉴定到74个DEG，其中64个在CK25中的表达量上升。

为了进一步确认lncRNA ZlMSTRG.30807和*ZlRPM1*之间的关系，利用qRT-PCR技术验证了其表达量。另外，也检测了茭白植物组织PTI过程的marker基因*ZlWRK29*和*ZlFRK1*以及茭白黑粉菌中编码效应子蛋白pep1的基因*UePEP1*的表达量（图10-5）。qRT-PCR结果与RNA测序结果一致（图10-6）。*ZlWRK29*和*ZlFRK1*在JB25中的表达量均低于JB35中的，在CK25和CK35中的表达量几乎没有区别。与JB35相比，*UePEP1*在JB25中的表达量上升。ETI关键基因*ZlRPM1*及PTI marker基因在JB25中的表达量下降，表明在25℃下，JB植物组织的ETI和PTI过程被抑制，而且程序性细胞死亡、超敏反应、ROS爆发以及植物胁迫激素调控网络的激活也都被抑制。这可能是因为25℃下茭白黑粉菌效应子基因的表达量上升。

然而，茭白植物组织中*ZlRPM1*的表达模式与拟南芥中的不一样，因此，对*ZlRPM1*进行了序列比对和遗传进化分析（图10-7）。遗传进化分析结果显示，*ZlRPM1*与短花药野生稻（*Oryza brachyantha*）、栽培稻（*Oryza sativa*）和高粱（*Sorghum bicolor*）等作物编码RPM的基因同源。氨基酸序列比对结果显示，与其他物种编码RPM的基因相比，部分*ZlRPM1*序列有缺失。这部分序列的缺失可能是长期与茭白黑粉菌共生以及人工选择导致的，且这可能可以解释为什么茭白植物组织中*ZlRPM1*的表达模式与拟南芥中的存在差异。

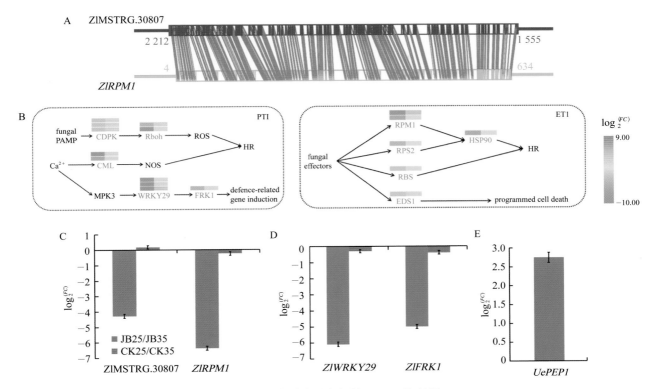

图10-5 植物防御反应相关lncRNA和基因

A. lncRNA ZlMSTRG.30807和ZlRPM1（抗病蛋白RPM1）互作关系 B. 参与茭白植物防御反应的基因通路图（图中橙色和绿色分别代表基因在JB25或CK25中表达量上升和下降，其中色块左侧为JB25/JB35，右侧为CK25/CK35） C. lncRNA ZlMSTRG.30807和ZlRPM1在茭白植物组织中的表达量 D. ZlWRKY29（WRKY转录因子29）和ZlFRK1（衰老诱导的受体蛋白激酶FRK1）在茭白植物组织中的表达量 E. UePEP1（效应子pep1）在茭白黑粉菌中的表达量

注：fungal PAMP为真菌病原体相关分子模式；CDPK为钙依赖蛋白激酶；Rboh为呼吸爆发氧化酶；ROS为活性氧簇；HR为超敏反应；NOS为一氧化氮合酶；CML为钙调蛋白；MPK3为MAP蛋白激酶3；WRKY29为WRKY转录因子29；FRK1为衰老诱导的受体蛋白激酶1；defence-related gene induction为防御相关基因活化；PTI为模式触发免疫；fungal effectors为真菌效应子；RPM1为抗病蛋白M1；RPS2为抗病蛋白S2；PBS为丝氨酸/苏氨酸蛋白激酶；EDS1为增强疾病敏感性蛋白1；HSP90为热激蛋白90ku；programmed cell death为细胞程序性死亡；ETI为效应子触发免疫。

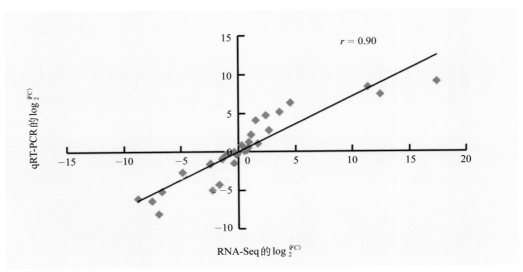

图10-6 RNA测序结果与qRT-PCR结果之间的关系

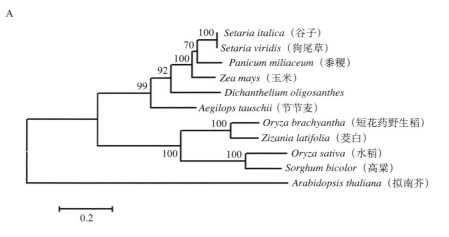

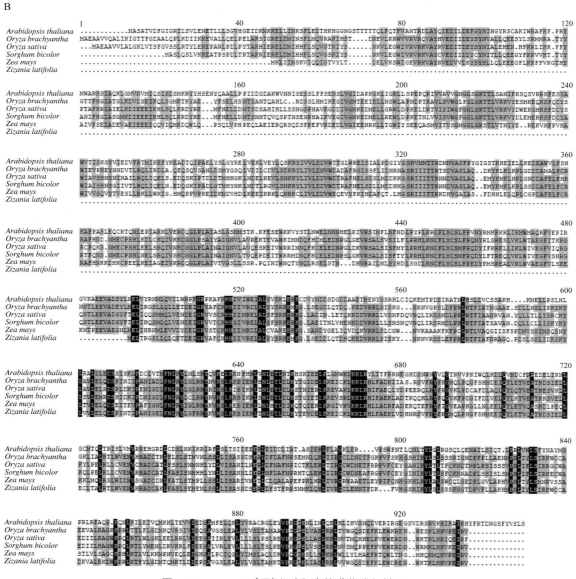

图 10-7　*ZlRPM1* 序列比对和遗传进化分析结果

A. *ZlRPM1* 进化树分析　B. *ZlRPM1* 序列比对结果

10.7 植物激素相关lncRNA

在G1和G3组中，鉴定到lncRNA ZlMSTRG.09543、ZlMSTRG.05484和ZlMSTRG.09415，它们的潜在*cis-*靶标基因编码的蛋白都与乙烯信号转导相关。其中lncRNA ZlMSTRG.09543也许调控乙烯响应转录因子1基因（*ZlETF1*）的表达（图10-8）。与JB35相比，ZlMSTRG.09543在JB25中的表达量明显上升，在CK25和CK35之间的表达量无明显差异。与JB35相比，*ZlETF1*在JB25中的表达量明显上升。与CK35相比，*ZlETF1*在CK25中的表达量明显下降。lncRNA ZlMSTRG.09415在JB25中的表达量均低于在JB35中的。与JB35相比，ZlMSTRG.09415的潜在*cis-*靶标基因AP2类似乙烯响应转录因子AIL5基因（*ZlAIL5*）在JB25中的表达量明显上升，在CK25和CK35之间，表达量无明显差异。根据碱基互补配对原则，预测了ZlMSTRG.09543和*ZlETF1*以及ZlMSTRG.09415和*ZlAIL5*之间可能的结合模式。此外，在茭白植物组织的DEG中鉴定到6个与乙烯合成相关的基因（表10-2）。其中，编码乙烯合成的酶1-氨基环丙烷-1-羧酸氧化酶的基因（*ZlACO*）（*Zl.07467*和*Zl.09320*）在JB25中的表达量低于JB35中的，而在CK25与CK35之间仅有细微差异。

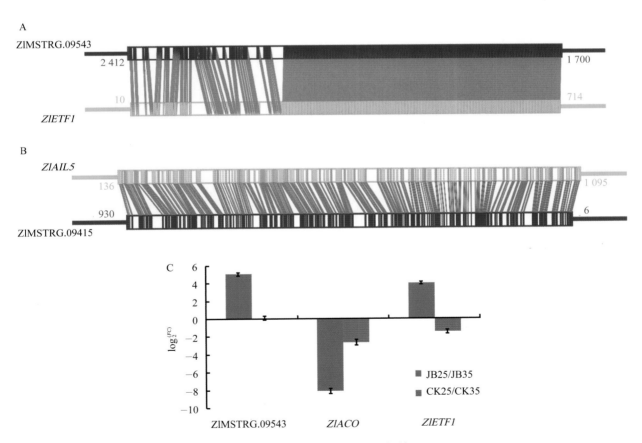

图10-8 植物激素相关lncRNA与基因

A. lncRNA ZlMSTRG.09543和*ZlETF1*（乙烯响应转录因子1）互作关系　B. lncRNA ZlMSTRG.09415和*ZlAIL5*（乙烯响应转录因子AIL5）互作关系　C. lncRNA ZlMSTRG.09543和*ZlETF1*以及*ZlACO*（1-氨基环丙烷-1-羧酸氧化酶）在茭白植物组织中的表达量

为了进一步研究乙烯在温度影响茭白膨大茎形成过程中的作用，检验了lncRNA ZlMSTRG.09543、*ZlETF1*和*ZlACO*在各个样本中的表达量（图10-8）。qRT-PCR结果与RNA测序结果一致。以上结果表明在25℃下，JB植物组织中乙烯合成被抑制，下游乙烯调控的防御相关基因的表达被抑制。这与植物防御反应部分的结果一致，即在25℃下茭白黑粉菌效应子基因的表达量上升导致JB植物组织的植物防御反应被抑制。

在茭白植物组织的DEG中还鉴定到参与细胞分裂素代谢的基因（表10-2）。3个编码细胞分裂素合成关键酶异戊烯基转移酶的基因中有2个（*Zl.15021*和*Zl.20687*）在JB25中的表达量高于JB35中的。与JB35相比，3个编码参与细胞分裂素降解的细胞分裂素脱氢酶的基因中有2个（*Zl.05044*和*Zl.12768*）在JB25中的表达量下降。然而，这些参与细胞分裂素代谢的基因在CK25中的表达量与CK35中的仅有细微差异。这些结果表明膨大茎的形成需要植物细胞分裂。

表10-2　茭白植物组织中参与乙烯合成和细胞分裂素代谢的差异表达基因

	基因ID	$\log_2^{(FC)}$ (JB25/JB35)	$\log_2^{(FC)}$ (CK25/CK35)	注释
乙烯生物合成	*Zl.12708*	NA	3.080 401 507	1-氨基环丙烷-1-羧酸氧化酶1亚型X1
	Zl.09313	NA	−1.126 827 996	1-氨基环丙烷-1-羧酸氧化酶
	Zl.07467	−6.974 635 202	−4.772 315 741	1-氨基环丙烷-1-羧酸氧化酶
	Zl.10315	−4.669 026 766	−1.083 063 024	1-氨基环丙烷-1-羧酸合酶
	Zl.09320	−2.994 981 925	−1.715 749 108	1-氨基环丙烷-1-羧酸氧化酶（ACC氧化酶）
	Zl.04853	−1.801 681 538	NA	S-腺苷甲硫氨酸合成酶
细胞分裂素代谢	*Zl.15021*	7.055 282 436	NA	腺苷酸异戊烯基转移酶
	Zl.03496	4.120 206 262	NA	顺式玉米素-O-葡萄糖基转移酶（可能）
	Zl.19719	4.101 538 026	NA	细胞分裂素脱氢酶8（可能）
	Zl.20687	2.633 461 018	NA	异戊烯基转移酶8
	Zl.22357	1.429 568 818	2.365 983 275	真核细胞tRNA异戊烯基转移酶
	Zl.09144	NA	3.546 894 46	细胞分裂素脱氢酶9
	Zl.19009	NA	2.130 198 723	蛋白质G1
	Zl.04106	NA	1.230 663 683	腺苷酸异戊烯基转移酶
	Zl.05044	−4.667 587 558	1.315 840 765	细胞分裂素脱氢酶
	Zl.12768	−4.113 062 664	1.169 019 07	细胞分裂素脱氢酶
	Zl.02021	−3.741 466 986	NA	顺式玉米素-O-葡萄糖基转移酶
	Zl.14070	−1.299 365 94	NA	腺苷酸异戊烯基转移酶

注：NA：无相应结果。*FC*的值为基因在JB25（CK25）中的表达量与在JB35（CK35）中的表达量的比值。

基于上述植物防御反应及植物激素的研究结果，认为高温可以影响lncRNA的表达，进而改变植物基因的表达、激活植物防御反应，这可能抑制了真菌细胞增殖和植物细胞分裂。而在25℃下，lncRNA ZlMSTRG.30807正调控ZlRPM1基因表达量下降，乙烯合成被抑制，植物防御反应被抑制，这不仅为植物组织内的茭白黑粉菌细胞的增殖提供了机会，也促进了植物细胞的分裂。这些结果表明温度变化引起的lncRNA的差异表达也许能调控茭白的植物防御反应。然而，仍然需要对lncRNA ZlMSTRG.30807进行功能分析以明确其在调控植物防御反应中的作用及相应的调控机制。

10.8　氨基酸代谢及其相关lncRNA

大量的研究发现氨基酸参与了肿瘤的形成。例如，丝氨酸和甘氨酸的供给受到限制会导致有毒的鞘脂类物质在肿瘤内累积，抑制肿瘤细胞的生长。组氨酸缺乏也会抑制肿瘤细胞的生长（Froldi et al., 2019）。为探究氨基酸代谢是否参与了茭白黑粉菌与茭白的互作，鉴定了参与氨基酸代谢的lncRNA和基因。其中，lncRNA ZlMSTRG.11348仅在JB25植物组织中表达，该lncRNA的潜在cis-靶标基因为树皮储藏蛋白基因ZlBSP（图10-9）。ZlBSP在JB25中的表达量明显低于在JB35中的表达量，在CK25和CK35中的表达量无明显差异。另外，在茭白植物组织中鉴定到194个参与氨基酸代谢的差异表达基因，其中分别有18个、11个和4个差异表达基因参与谷氨酸、甘氨酸和组氨酸的代谢。利用qRT-PCR检测了编码肌氨酸氧化酶的基因（ZlPSO）、编码组氨醇脱氢酶的基因（ZlHID）、编码谷氨酸合酶的基因（ZlGLS）、编码谷氨酰胺合成酶的基因（ZlGNS）和编码乙醛脱氢酶的基因（ZlADG）在茭白植物组织中的表达量。qRT-PCR的结果与RNA测序结果一致。ZlPSO、ZlHID和ZlGLS在JB25中的表达量高于JB35中的。ZlGNS和ZlADG在JB35中的表达量高于JB25中的。ZlPSO、ZlHID、ZlGLS、ZlGNS和ZlADG在CK25中的表达量与CK35中的仅有细微差异。这说明环境温度的变化对未受茭白黑粉菌侵染的茭白植株的氨基酸代谢几乎没有影响，而相对低温（25℃）可以促进氨基酸（包括甘氨酸、组氨酸和谷氨酸）在受茭白黑粉菌侵染的茭白植物组织内合成。这些合成的氨基酸可以为相对低温（25℃）下茭白膨大茎形成过程中的植物细胞分裂提供氮源。

作为真菌喜欢的氮源之一，真菌在植物体内生长时会吸收大量氨基酸。例如，谷氨酸、甘氨酸和组氨酸对于建立并维持微生物与宿主之间的互作是必不可少的。同时，在玉米黑粉菌诱导的肿瘤中也检测到高含量的谷氨酸和甘氨酸。因此，猜测在25℃下，氨基酸可能为茭白黑粉菌的增殖提供了氮源。在茭白黑粉菌中，鉴定到差异表达lncRNA UeMSTRG.02678，它也许调控major facilitator超大家族转运子基因UeMFS的表达。UeMSTRG.02678和UeMFS在JB25中的表达量均远高于在JB35中的（图10-9）。利用qRT-PCR检测了lncRNA UeMSTRG.02678、UeMFS、编码甘氨酸脱羧酶的基因（UeGYD）、编码谷氨酸脱羧酶的基因（UeGUD）和编码核糖体40S亚基的基因（UeR40）在茭白黑粉菌中的表达量（图10-9）。qRT-PCR的结果与RNA测序结果一致。UeR40在JB25中的表达量高于JB35中的。UeGYD和UeGUD在JB35中的表达量高于JB25中的。

为进一步探究氨基酸在温度影响茭白黑粉菌生长中的作用，进行了茭白黑粉菌的体外培养试验。结果表明，在35℃条件下，外源添加组氨酸和甘氨酸的BM培养液中菌丝浓度始终与对照无显著差异。但从培养12h起至72h，添加谷氨酸的BM培养液中的菌丝浓度一直显著低于对照。在培养72h时，阳性对照PDB培养液中菌丝浓度显著高于对照。25℃下，培养24～72h，添加组氨酸的BM培养液和阳性对照PDB培养液中菌丝浓度均显著高于对照。培养48～72h，添加甘氨酸和谷氨酸的BM培养液中菌丝浓度显著高于对照（图10-9）。

茭白黑粉菌中氨基酸代谢相关基因的表达情况及体外培养试验说明，在25℃下，茭白黑粉菌需

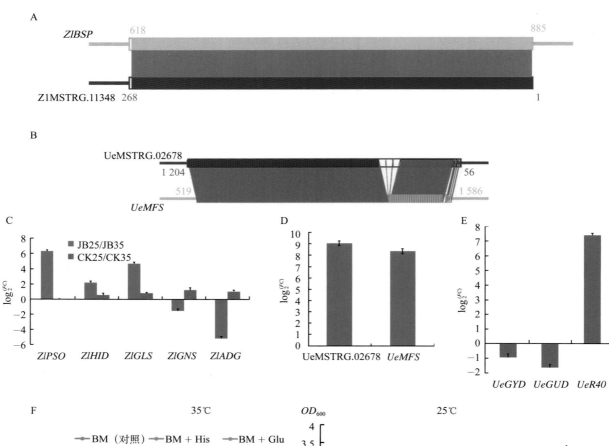

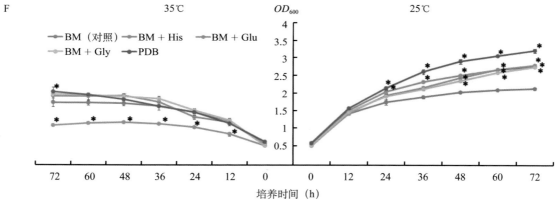

图 10-9　参与氨基酸代谢的 lncRNA 和基因

A. lncRNA ZlMSTRG.11348 和 *ZlBSP*（树皮储藏蛋白基因）互作关系　B. lncRNA UeMSTRG.02678 和 *UeMFS*（major facilitator 超大家族转运子基因）互作关系　C.编码肌氨酸氧化酶的基因（*ZlPSO*）、编码组氨醇脱氢酶的基因（*ZlHID*）、编码谷氨酸合酶的基因（*ZlGLS*）、编码谷氨酰胺合酶的基因（*ZlGNS*）和编码乙醛脱氢酶的基因（*ZlADG*）在茭白植物组织中的表达量　D. lncRNA UeMSTRG.02678 和 *UeMFS* 在茭白黑粉菌中的表达量　E.编码甘氨酸脱羧酶的基因（*UeGYD*）、编码谷氨酸脱羧酶的基因（*UeGUD*）和编码核糖体 40S 亚基的基因（*UeR40*）在茭白黑粉菌中的表达量　F.茭白黑粉菌不同温度和不同营养条件下体外培养试验（BM 为基本培养基；His 为组氨酸；Glu 为谷氨酸；Gly 为甘氨酸；PDB 为马铃薯培养基）

要更多的氨基酸以支持其细胞增殖。然而，对茭白黑粉菌的基因组分析结果显示，其部分参与氨基酸代谢的基因可能缺失了。根据 25℃下受茭白黑粉菌侵染的茭白植物组织合成了大量的氨基酸，猜测茭白黑粉菌会改变茭白植物组织的氨基酸代谢，并从植物组织中吸收氨基酸用于自身的细胞增殖。UeMSTRG.02678 和 *UeMFS* 的表达情况说明在 25℃下茭白黑粉菌的确摄取了一些氨基酸。并且在 JB25 与 JB35 之间的差异表达基因中也鉴定到一些参与氨基酸转运的茭白黑粉菌基因，这可能表示 25℃下茭白膨大茎形成过程中，茭白黑粉菌与茭白植物组织之间存在更加活跃的物质交换。

以前的研究发现真菌可以影响宿主植物的糖代谢和转运，并从宿主植物中吸收糖类用于促进真菌细胞的增殖。茭白黑粉菌的侵染能增强茭白植株的光合作用并诱导糖类的合成（Yan et al., 2013b）。在G1和G3组差异表达lncRNA的cis-靶标基因中，发现了部分参与糖代谢的基因，这表明温度的变化会影响JB植物组织的糖代谢。然而，高温却会抑制茭白植物的光合作用，这也许抑制对茭白黑粉菌的糖类供给，因而抑制其细胞增殖。

总之，本试验的结果表明高温会抑制茭白植物组织的糖类和氨基酸的合成，并进一步抑制茭白黑粉菌的细胞增殖。相对低温条件，高温会改变茭白黑粉菌lncRNA和基因的表达，进而调控茭白植物组织的糖类和氨基酸的合成，这为植物细胞的分裂和生长提供了营养。同时，茭白膨大茎作为"库"，大量营养被转运至此，因此改善了茭白植物组织内的生长环境，并允许茭白黑粉菌吸收利用这些营养来增殖。较低的温度利于植物细胞分裂和真菌细胞增殖，最终导致了茭白膨大茎的形成。

10.9 结论

在茭白植物组织中，在JB25与JB35之间鉴定到293个差异表达lncRNA，在CK25与CK35之间鉴定到149个差异表达lncRNA。在茭白黑粉菌中，在JB25与JB35之间仅鉴定到10个差异表达lncRNA。预测了lncRNA的潜在cis-靶标基因，并在这些潜在cis-靶标基因中发现了参与茭白植物组织的氨基酸代谢、植物防御反应和乙烯信号转导的基因以及参与茭白黑粉菌氨基酸转运的基因。另外，在RNA测序的结果中还鉴定到一些参与茭白植物组织的氨基酸代谢、植物防御反应、乙烯代谢和细胞分裂素代谢的基因以及参与茭白黑粉菌氨基酸代谢、效应子和蛋白质合成的基因。这些差异表达基因、lncRNA及其潜在cis-靶标基因也许在植物、微生物和环境互作及依赖温度的茭白膨大茎形成过程的调控网络中发挥了重要作用。基于以上结果，提出了一个模型以阐释依赖温度的茭白膨大茎形成的可能机制（图10-10）。

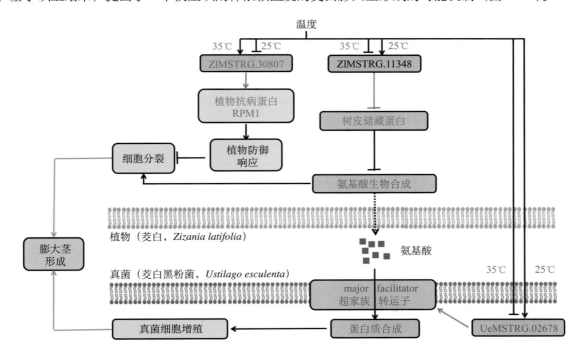

图10-10 lncRNA调控依赖温度的茭白膨大茎形成的机制模式

注：红色字体表示在25℃下受茭白黑粉菌侵染的茭白植株中表达量上升的基因或者某一类中大多数基因的表达量是上升的。红色箭头表示lncRNA调控其潜在cis-靶标基因的表达。

参 考 文 献

邓建平, 石敏, 黄建中, 等, 2013. 不同海拔高度对茭白生长及孕茭的影响 [J]. 中国蔬菜 (12): 88-93.

闫宁, 王晓清, 王志丹, 等, 2013. 食用黑粉菌侵染对茭白植株抗氧化系统和叶绿素荧光的影响[J]. 生态学报, 33(5): 1584-1593.

Arezi B, Xing W, Sorge J A, et al., 2003. Amplification efficiency of thermostable DNA polymerases[J]. Analytical Biochemistry, 321(2): 226-235.

Baron C, Domke N, Beinhofer M, et al., 2001. Elevated temperature differentially affects virulence, VirB protein accumulation, and T-pilus formation in different *Agrobacterium tumefaciens* and *Agrobacterium vitis* strains[J]. Journal of Bacteriology, 183(23): 6852-6861.

Bhatia G, Singh A, Verma D, et al., 2020. Genome-wide investigation of regulatory roles of lncRNAs in response to heat and drought stress in *Brassica juncea* (Indian mustard)[J]. Environmental and Experimental Botany, 171: 103922.

Chan Y S, Thrower L B, 1980. The host-parasite relationship between *Zizania-caduciflora* Turcz and *Ustilago-esculenta* P Henn. Ⅰ. Structure and development of the host-parasite combination[J]. New Phytologist, 85(2): 201-207.

Chekanova J A, 2015. Long non-coding RNAs and their functions in plants[J]. Current Opinion in Plant Biology, 27: 207-216.

Chen D L, Ju H Q, Lu Y X, et al., 2016. Long non-coding RNA XIST regulates gastric cancer progression by acting as a molecular sponge of miR-101 to modulate EZH2 expression[J]. Journal of Experimental & Clinical Cancer Research, 35(1): 142.

Cheng C, Gao X, Feng B, et al., 2013. Plant immune response to pathogens differs with changing temperatures[J]. Nature Communications, 4: 2530.

Deng F, Zhang X, Wang W, et al., 2018. Identification of *Gossypium hirsutum* long non-coding RNAs (lncRNAs) under salt stress[J]. BMC Plant Biology, 18(1): 23.

Di C, Yuan J, Wu Y, et al., 2014. Characterization of stress-responsive lncRNAs in *Arabidopsis thaliana* by integrating expression, epigenetic and structural features[J]. The Plant Journal, 80(5): 848-861.

Dunn M F, 2014. Key roles of microsymbiont amino acid metabolism in rhizobia-legume interactions[J]. Critical Reviews in Microbiology, 41(4): 411-451.

Froldi F, Pachnis P, Szuperak M, et al., 2019. Histidine is selectively required for the growth of Myc-dependent dedifferentiation tumours in the *Drosophila* CNS[J]. EMBO Jornal, 38: e99895.

Gao Z, Chung E H, Eitas T K, et al., 2011. Plant intracellular innate immune receptor resistance to *Pseudomonas syringae* pv. *maculicola 1* (RPM1) is activated at, and functions on, the plasma membrane[J]. Proceedings of the National Academy of Science of the United States of America, 108(18): 7619-7624.

Guo D P, Jiang Y T, Zeng G W, et al., 1994. Stem swelling of stem mustard, as affected by temperature and growth regulators[J]. Scientia Horticulturae, 60: 153-160.

Hasanuzzaman M, Nahar K, Alam M M, et al., 2013. Physiological, biochemical, and molecular mechanisms of heat stress tolerance in plants[J]. International Journal of Molecular Sciences, 14(5): 9643-9684.

Hemetsberger C, Herrberger C, Zechmann B, et al., 2012. The *Ustilago maydis* effector Pep1 suppresses plant immunity by inhibition of host peroxidase activity[J]. PLoS Pathogens, 8(5): e1002684.

Hou L H, Chen Y, Ma C J, et al., 2011. Effects of environmental factors on dimorphic transition of the jelly mushroom *Tremella fuciformis*[J]. Cryptogamie Mycologie, 32(4): 421-428.

Huot B, Castroverde C D M, Velasquez A C, et al., 2017. Dual impact of elevated temperature on plant defence and bacterial virulence in *Arabidopsis*[J]. Nature Communications, 8(1): 1808.

Jin S, Song Y N, Deng W Y, et al., 1993. The regulatory VirA protein of *Agrobacterium tumefaciens* does not function at elevated temperatures[J]. Journal of Bacteriology, 21(175): 6830-6835.

Jin Z X, Gao S W, Ma W Y, et al., 2020. Identification and functional prediction of salt stress-related long noncoding RNAs in grapevine roots[J]. Environmental and Experimental Botany, 179: 104215.

Kerppola T K, Kahn M L, 1988. Symbiotic phenotypes of auxotrophic mutants of *Rhizobium meliloti* 104A14[J]. Journal of General Microbiology, 134: 913-919.

Kim D, Langmead B, Salzberg S L, 2015. HISAT: a fast spliced aligner with low memory requirements[J]. Nature Methods, 12(4): 357-360.

Kim Y S, An C, Park S, et al., 2017. CAMTA-mediated regulation of salicylic acid immunity pathway genes in *Arabidopsis* exposed to low temperature and pathogen infection[J]. The Plant Cell, 29(10): 2465-2477.

Knott S R V, Wagenblast E, Khan S, et al., 2018. Asparagine bioavailability governs metastasis in a model of breast cancer[J]. Nature, 554(7692): 378-381.

Kong L, Zhang Y, Ye Z Q, et al., 2007. CPC: assess the protein-coding potential of transcripts using sequence features and support vector machine[J]. Nucleic Acids Research, 35: W345-W349.

Koyama Y, Yao I, Akimoto S I, 2004. Aphid galls accumulate high concentrations of amino acids a support for the nutrition hypothesis for gall formation[J]. Entomologia Experimentalis et Applicata, 113(1): 35-44.

Lancien M, Martin M, Hsieh M H, et al., 2002. Arabidopsis *glt1*-T mutant defines a role for NADH-GOGAT in the non-photorespiratory ammonium assimilatory pathway[J]. The Plant Journal, 29(3): 347-358.

Lanver D, Muller A N, Happel P, et al., 2018. The biotrophic development of *Ustilago maydis* studied by RNA-Seq analysis[J]. The Plant Cell, 30(2): 300-323.

Leone R D, Zhao L, Englert J M, et al., 2019. Glutamine blockade induces divergent metabolic programs to overcome tumor immune evasion[J]. Science, 366: 1013-1021.

Li N, Han X, Feng D, et al., 2019. Signaling crosstalk between salicylic acid and ethylene/jasmonate in plant defense: do we understand what they are whispering?[J]. International Journal of Molecular Sciences, 20(3): 671.

Li R, Yu C, Li Y, et al., 2009. SOAP2: an improved ultrafast tool for short read alignment[J]. Bioinformatics, 25(15): 1966-1967.

Livak K J, Schmittgen T D, 2001. Analysis of relative gene expression data using real-time quantitative PCR and the $2^{-\Delta\Delta CT}$ method[J]. Methods, 25(4): 402-408.

Lizarraga-Guerra R, Lopez M G, 1996. Content of free amino acids in huitlacoche (*Ustilago maydis*)[J]. Journal of Agricultural and Food Chemistry, 44(9): 2556-2559.

Love M I, Huber W, Anders S, 2014. Moderated estimation of fold change and dispersion for RNA-Seq data with DESeq2[J]. Genome Biology, 15(12): 550.

Lozano-Duran R, Zipfel C, 2015. Trade-off between growth and immunity: role of brassinosteroids[J]. Trends in Plant Science, 20(1): 12-19.

McCann M P, Snetselaar K M, 2008. A genome-based analysis of amino acid metabolism in the biotrophic plant pathogen *Ustilago maydis*[J]. Fungal Genetics and Biology, 45: S77-S87.

Menna A, Nguyen D, Guttman D S, et al., 2015. Elevated temperature differentially influences effector-triggered immunity outputs in *Arabidopsis*[J]. Frontiers in Plant Science, 6: 995.

Mistry J, Bateman A, Finn R D, 2007. Predicting active site residue annotations in the Pfam database[J]. BMC Bioinformatics, 8: 298.

Morrison E N, Emery R J, Saville B J, 2015. Phytohormone involvement in the *Ustilago maydis-Zea mays* pathosystem: relationships between abscisic acid and cytokinin levels and strain virulence in infected cob tissue[J]. PLoS ONE, 10(6): e0130945.

Mulley G, White J P, Karunakaran R, et al., 2011. Mutation of GOGAT prevents pea bacteroid formation and N₂ fixation by globally downregulating transport of organic nitrogen sources[J]. Molecular Microbiology, 80(1): 149-167.

Muthusamy T, Cordes T, Handzlik M K, et al., 2020. Serine restriction alters sphingolipid diversity to constrain tumour growth[J]. Nature, 586: 790-795.

Nadal M, Garcia-Pedrajas M D, Gold S E, 2008. Dimorphism in fungal plant pathogens[J]. FEMS Microbiology Letters, 284(2): 127-134.

Nunes J E, Ducati R G, Breda A, et al., 2011. Molecular, kinetic, thermodynamic, and structural analyses of *Mycobacterium tuberculosis his* D-encoded metal-dependent dimeric histidinol dehydrogenase (EC 1.1.1.23)[J]. Archives of Biochemistry and Biophysics, 512(2): 143-153.

Palmer D A, Bender C L, 1993. Effects of environmental and nutritional factors on production of the polyketide phytotoxin coronatine by *Pseudomonas syringae* pv. *glycinea*[J]. Appllied and Environmental Microbiology, 59(5): 1619-1626.

Pertea M, Pertea G M, Antonescu C M, et al., 2015. StringTie enables improved reconstruction of a transcriptome from RNA-Seq reads[J]. Nature Biotechnology, 33(3): 290-295.

Peter K, Ryan A, Maxim I, et al., 2018. Transcriptional read-through of the long noncoding RNA *SVALKA* governs plant cold acclimation[J]. Nature Communications, 9: 4561.

Possemato R, Marks K M, Shaul Y D, et al., 2011. Functional genomics reveal that the serine synthesis pathway is essential in breast cancer[J]. Nature, 476(7360): 346-350.

Pratelli R, Pilot G, 2014. Regulation of amino acid metabolic enzymes and transporters in plants[J]. Journal of Experimental Botany, 65(19): 5535-5556.

Pre M, Atallah M, Champion A, et al., 2008. The AP2/ERF domain transcription factor ORA59 integrates jasmonic acid and ethylene signals in plant defense[J]. Plant Physiology, 147(3): 1347-1357.

Resendis-Antonio O, Hernandez M, Salazar E, et al., 2011. Systems biology of bacterial nitrogen fixation: high-throughput technology and its integrative description with constraint-based modeling[J]. BMC Systems Biology, 5: 120.

Saint-Macary M E, Barbisan C, Gagey M J, et al., 2015. Methionine biosynthesis is essential for infection in the rice blast fungus *Magnaporthe oryzae*[J]. PLoS ONE, 10(4): e0111108.

Salmeron-Santiago K G, Pardo J P, Flores-Herrera O, et al., 2011. Response to osmotic stress and temperature of the fungus *Ustilago maydis*[J]. Archives of Microbiology, 193(10): 701-709.

Sanders H K, Becker G E, Nason A, 1972. Glycine-cytochrome c reductase from *Nitrobacter agilis*[J]. Journal of Biological Chemistry, 247(7): 2015-2025.

Sekito T, Fujiki Y, Ohsumi Y, et al., 2008. Novel families of vacuolar amino acid transporters[J]. IUBMB Life, 60(8): 519-525.

Seo J S, Sun H X, Park B S, et al., 2017. ELF18-INDUCED LONG-NONCODING RNA associates with mediator to enhance expression of innate immune response genes in *Arabidopsis*[J]. The Plant Cell, 29(5): 1024-1038.

Sun L, Luo H, Bu D, et al., 2013. Utilizing sequence intrinsic composition to classify protein-coding and long non-coding transcripts[J]. Nucleic Acids Research, 41(17): e166.

Tafer H, Hofacker I L, 2008. RNAplex: a fast tool for RNA-RNA interaction search[J]. Bioinformatics, 24(22): 2657-2663.

van Dijk K, Fouts D E, Rehm A H, et al., 1999. The Avr (effector) proteins HrmA (HopPsyA) and AvrPto are secreted in culture from *Pseudomonas syringae* pathovars via the Hrp (type Ⅲ) protein secretion system in a temperature- and pH-sensitive manner[J]. Journal of Bacteriology, 181(16): 4790-4797.

Velasquez A C, Castroverde C D M, He S Y, 2018. Plant-pathogen warfare under changing climate conditions[J]. Current Biology, 28(10): R619-R634.

Walerowski P, Gundel A, Yahaya N, et al., 2018. Clubroot disease stimulates early steps of phloem differentiation and recruits SWEET sucrose transporters within developing galls[J]. The Plant Cell, 30(12): 3058-3073.

Wang A, Hu J, Gao C, et al., 2019. Genome-wide analysis of long non-coding RNAs unveils the regulatory roles in the heat tolerance of Chinese cabbage (*Brassica rapa* ssp.*chinensis*)[J]. Scientific Reports, 9(1): 5002.

Wang Z D, Yan N, Wang Z H, et al., 2017. RNA-Seq analysis provides insight into reprogramming of culm development in *Zizania latifolia* induced by *Ustilago esculenta*[J]. Plant Molecular Biology, 95(6): 533-547.

Wang Z H, Yan N, Luo X, et al., 2020. Gene expression in the smut fungus *Ustilago esculenta* governs swollen gall metamorphosis in *Zizania latifolia*[J]. Microbial Pathogenesis, 143: 104107.

Weingart H, Stubner S, Schenk A, et al., 2004. Impact of temperature on in planta expression of genes involved in synthesis of the *Pseudomonas syringae* phytotoxin coronatine[J]. Molecular Plant-Microbe Interactions, 17(10): 1095-1102.

Wildhagen H, Durr J, Ehlting B, et al., 2010. Seasonal nitrogen cycling in the bark of field-grown grey poplar is correlated with meteorological factors and gene expression of bark storage proteins[J]. Tree Physiology, 30(9): 1096-1110.

Wu J, Zhao W, Wang Z, et al., 2019. Long non-coding RNA SNHG20 promotes the tumorigenesis of oral squamous cell carcinoma via targeting miR-197/LIN28 axis[J]. Journal of Cellular and Molecular Medicine, 23(1): 680-688.

Yan N, Xu X F, Wang Z D, et al., 2013a.Interactive effects of temperature and light intensity on photosynthesis and antioxidant enzyme activity in *Zizania latifolia* Turcz. plants[J]. Photosynthetica, 51(1): 127-138.

Yan N, Wang X Q, Xu X F, et al., 2013b.Plant growth and photosynthetic performance of *Zizania latifolia* are altered by endophytic *Ustilago esculenta* infection[J]. Physiological and Molecular Plant Pathology, 83: 75-83.

Ye Z H, Pan Y, Zhang Y F, et al., 2017. Comparative whole-genome analysis reveals artificial selection effects on *Ustilago esculenta* genome[J]. DNA Research, 24(6): 635-648.

Yu X, Feng B M, He P, et al., 2017. From chaos to harmony: responses and signaling upon microbial pattern recognition[J]. Annual Review of Phytopathology, 55: 109-137.

Zhang J Z, Chu F Q, Guo D P, et al., 2012. Cytology and ultrastructure of interactions between *Ustilago esculenta* and *Zizania latifolia*[J]. Mycological Progress, 11(2): 499-508.

Zhang Z H, Ren J S, Clifton I J, et al., 2004. Crystal structure and mechanistic implications of 1-aminocyclopropane-1-carboxylic acid oxidase-the ethylene-forming enzyme[J]. Chemistry & Biology, 11(10): 1383-1394.

Zhou D, Du Q, Chen J, et al., 2017. Identification and allelic dissection uncover roles of lncRNAs in secondary growth of *Populus tomentosa*[J]. DNA Research, 24(5): 473-486.

Zhu L B, Wang Y, Zhang Z B, et al., 2017. Influence of environmental and nutritional conditions on yeast-mycelial dimorphic transition in *Trichosporon cutaneum*[J]. Biotechnology & Biotechnological Equipment, 31(3): 516-526.

Zhu Q H, Stephen S, Taylor J, et al., 2014. Long noncoding RNAs responsive to *Fusarium oxysporum* infection in *Arabidopsis thaliana*[J]. New Phytologist, 201(2): 574-584.

第11章　转录组分析揭示茭白黑粉菌诱导茭白膨大茎形成的共生机制

李杰[1, 2]　朱世东[1]

（1.安徽农业大学园艺学院；2.浙江大学生命科学学院）

◎本章提要

茭白是一种多年生水生蔬菜，在自然条件下黑粉菌与茭白共生导致基部膨大形成肉质基。为阐明茭白黑粉菌诱导茭白膨大茎形成的共生机制，使用三唑酮（TDF）处理和转录组测序进行探究。首先调查了茭白的整个生长周期，以确定孕茭前后时间。显微结构观察显示，在膨大茎形成后观察到大量茭白黑粉菌的存在，然而使用TDF处理明显抑制了茭白黑粉菌生长，其茎部未膨大。通过转录组数据分析，共鉴定出17 541个差异表达基因。根据基因本体（GO）和京都基因与基因组百科全书（KEGG）结果分析表明，大部分差异表达基因富集于植物激素信号转导和细胞壁松弛因子，并将这些基因作为候选进一步研究。通过超高效液相色谱（UHPLC）分析结果显示，在黑粉菌侵染后茭白中吲哚-3-乙酸（IAA）、玉米素（ZT）、反式玉米素核糖苷（ZR）和赤霉素3（GA_3）的含量增加。通过以上结果，提出"植物激素和细胞壁松弛因子模式"假设解释茭白茎膨大的共生机制。总之，本研究为阐明茭白膨大茎形成机制提供了一个全新的视角，并为进一步增加茭白产量提供了理论依据。

11.1　前言

茭白又称茭瓜、蒿瓜和菰笋等，属禾本科稻族菰属，为喜温植物，根系发达，对水肥要求高。茭白起源于野生的中国菰，经过多年人工驯化而来。中国菰的颖果称为菰米，菰米在唐代即受到大家赞赏，《西京杂记》中有："菰之有米者，长安人谓之雕胡。"菰米曾是中国的"六谷"之一。诗人王维夸赞"郧国稻苗秀，楚人菰米肥"，杜甫也有"滑忆雕胡饭，香闻锦带羹"的美誉（林丽珍等，2014）。茭白主要生长在水塘、河沟和湿地中，种植已有近 2 000 年的历史（Guo et al., 2007）。茭白是由于黑粉菌的侵染导致茎部膨大而产生的可食用肉质茎。在早期，茭白的茎部和菰米都能被人们所食用，由于菰米产量较低因此逐渐被水稻替代，其作为谷物食用越来越少，现主要以其膨大茎作为可食部位而当作蔬菜食用。茭白只有在感染黑粉菌后，通过适宜条件刺激茎部膨大，呈现白色才称为"正常茭白"，而出现黑色孢子堆则称为"灰茭"，未孕茭的称为"雄茭"。茭白营养丰富，含有大量的蛋白质、脂肪、糖类、矿物质及一些人体所必需的苏氨酸和甲硫氨酸等（Yan et al.w, 2018）。

经过几个世纪的驯化，中国菰作为谷物食用虽然已经很少，但是黑粉菌侵染促使其茎膨大而成为人们饭桌上的美味佳肴。茭白膨大茎营养丰富，在中国南方地区最为常见。茭白膨大茎的形成与否取决于黑粉菌对茭白的侵染。茭白在全球的栽培导致了这种水生蔬菜品种的多样化。当真菌侵染寄主植物时，通过扩大寄主细胞的大小和数量，使得茎部不断扩大而形成膨大茎。Thrower 和 Chan（1980）认为是黑粉菌侵染抑制了茭白开花结籽。前人的研究结果表明，茭白与黑粉菌的共生不仅产生可食用的肉质茎，还略微提高了宿主叶片的光合作用，并刺激了分蘖发生（Yan et al., 2013）。通过对膨大茎部的显微观察发现，茭白内部含有大量的黑粉菌菌丝和孢子（Zhang et al., 2012, 2014）。黑粉菌侵染能够使茭白产生局部的防卫反应，导致大量基因表达的改变。

真菌侵染宿主植物导致的防卫反应是植物和真菌互作的重要事件。真菌与宿主植物可产生一系列的反应，比如病害的发生、特殊结构的形成以及宿主植物细胞形态的变化（Kamper et al., 2006）。大部分真菌侵染植物会导致宿主产生防卫反应，然而也有很多是互利共生的关系，比如大豆与根瘤菌互利共生（Dong et al., 2021）。很多真菌是从环境中获取营养，而植物真菌共生大多数是从宿主植物中获取，它们穿透宿主而不破坏宿主植物细胞，进而达到共生的互作关系（Hahn and Mendgen, 2001）。在植物与真菌的相互作用过程中，侵染的病原体刺激宿主植物细胞产生反应，这些反应促使植物激素迅速作出响应，调节植物的生长发育，导致宿主植物代谢产物和基因表达的改变（Denance et al., 2013）。

植物与真菌互作是一个复杂的信号调控网络，涉及很多复杂的变化，包括细胞扩张和一系列的生化过程，其反应可能因植物种类的不同而有很大的差异（Baker et al., 1997）。Wilkinso 等（2012）表示激素调控在植物应对真菌侵染中反应非常重要，激素水平能调控植物的多种生理生态过程，而快速作用的信号转导途径可以诱导植物发生显著的变化和扩张等。生长素和细胞分裂素都是重要的植物激素，它们在茭白膨大茎形成过程中的作用需要进一步探究。近年来研究发现，植物与真菌的互作会导致植物体内激素的改变，如真菌通过产生一些刺激物来刺激宿主植物激素含量的变化，而植物激素也能改变植物的生长周期和产量。茎部的膨大可能是由于生长素和细胞分裂素抑制细胞防卫反应的过程。这将是一个典型的相互作用过程，前期已经有很多学者认为是植物激素导致茭白茎部膨大。Hirsch 等（1997）研究表明植物与真菌共生，植物激素会导致根瘤的产生，并会进一步促进植物的生长。茭白与黑粉菌共生形成可食用的肉质茎可能是唯一经由真菌和植物互作而产生的蔬菜作物。近些年，尽管许多研究人员试图在植物激素和生理水平上研究茭白与茭白黑粉菌的相互作用，但与其他植物真菌互作体系相比，宿主对茭白黑粉菌的响应的变化尚未得到全面的研究。因此，导致茭白与茭白黑粉菌互作形成膨大的肉质茎的过程仍有待探究。

三唑酮是一种广谱性杀菌剂，可以有效控制真菌的数量，防止植物感染真菌。李帅（2016）观察到对8叶期茭白喷洒三唑酮可抑制茭白茎部的膨大，在一定范围内有明显的剂量效应，通过组织切片观察发现，三唑酮明显抑制茭白茎部的生长和形成，而黑粉菌在茭白肉质茎中的生长分布与茭白植株的生长发育状态密切相关。为了进一步探究黑粉菌如何侵染茭白形成膨大的肉质茎，本章通过外源喷施三唑酮观察其表型和相关转录组分析，探究调控茭白茎部膨大的关键基因。

目前，茭白的分子生物学研究还处于起步阶段。转录组学方法已经成功用于各种植物生长发育以及病原菌和宿主植物互作等方面的研究中。尽管Wang等（2017）试图解释茭白茎部形成相关信号通路，但许多问题尚未得到解决。本研究首先观察了茭白生长的整个时期，并在黑粉菌侵染前后通过超微结构、石蜡切片和扫描切片等观察黑粉菌的形态，采用转录组测序分析关键差异调控基因，为挖掘茭白茎膨大相关基因奠定基础。

11.2　植物材料及处理

研究选用的品种为单季茭大别山1号，其产自安徽省安庆市岳西县，移栽于安徽省合肥市庐江县安徽农业大学示范园区，如图11-1所示。分别对茭白移栽后的整个生长时期进行观察和记录，以准确记录生长发育时期，如图11-2所示。

图11-1　种植和孕茭的大别山1号茭白

茭白生长发育和孕茭阶段的确定对后续三唑酮处理至关重要。因此，从移栽后20d开始，每隔10d对茭白进行拍照观察。照片分为正视图、纵切面图和横切面图。待生长到150d后，孕茭期不断接近，改为每隔3d进行一次拍照，整个过程共拍摄了27组照片。通过观察形态将茭白分为不同时期：移栽后28d 3叶期、移栽后79d 5叶期、移栽后110d 7叶期、移栽后153d孕茭前期、移栽后156d孕茭后第一时期、移栽后159d孕茭后第二时期、移栽后162d孕茭后第三时期、移栽后165d孕茭后第四时期和移栽后168d孕茭后第五时期。整个茭白孕茭过程两周左右完成，如图11-2所示。

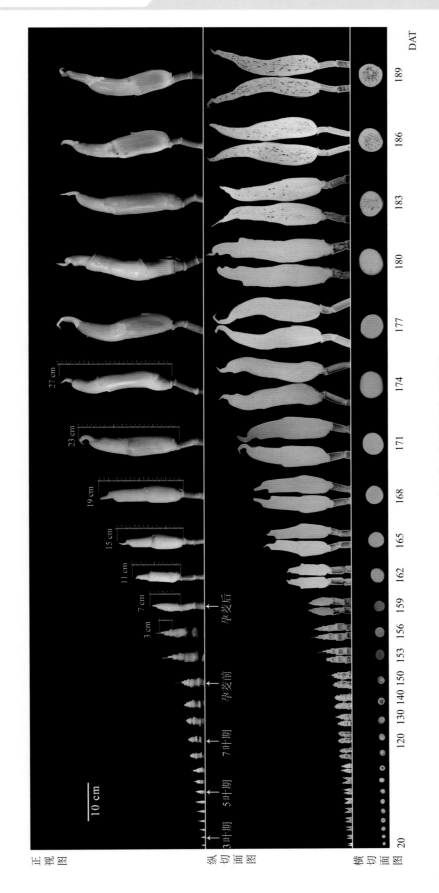

图11-2 菱白整个生长和发育时期观察

注：DAT为移栽后的天数。

为了检测和量化黑粉菌侵染对茭白茎部的影响，本研究使用了三唑酮（TDF）作为黑粉菌抑制剂，其可以抑制茭白中真菌的生长。针对预试验筛选出的浓度（80 mg/L）和时期，分别在茭白形成前后，每隔5d喷施一次，共喷施两次（移栽后148d和159d）。在随后的试验中，分别在茎部形成前（移栽后153d）和形成后（移栽后156d）采集茭白样品，取茎尖5 cm以上。在适当的时间点收集茭白样本，75%酒精消毒后用无菌水对样品表面进行快速清洗，吸干表面液体之后放入液氮速冻，然后立即置于−80℃冰箱中，每个取样保存3份，后期用于RNA提取和相关指标的测定。将采集的四组样品编号，分别为对照组（CK）JB-A（茭白孕茭前）和JB-B（茭白孕茭后），以及处理组（TDF）JB-C（TDF处理的茭白孕茭前）和JB-D（TDF处理的茭白孕茭后）。

11.3　茭白孕茭前后表型分析

在确定时期后，进行TDF处理和黑粉菌的观察。分别取孕茭前后的TDF处理和正常孕茭组，共4组样品进行试验。如图11-3A所示，茭白孕茭肉质茎的形成（GF）和幼苗茎的形成（YGF），表明黑粉菌在适当的条件下侵染茭白刺激茭白肉质茎形成。图11-3B是TDF处理后的简图，茭白未形成膨大的肉质茎。分别取剥壳后的茎尖样本进行切片，并分别用苯胺蓝染色的石蜡切片和普通切片进行对比观察（图11-3D、E），在JB-B中明显能看到真菌的存在，黑粉菌呈团状分布在细胞周围，菌丝不断向外扩展。在JB-D中未观察到黑粉菌，植株无法形成茭白。TDF处理后能够抑制或降低黑粉菌的含量，从而达到试验效果。

接着采用扫描电镜和透射电镜对茭白茎尖组织进行观察，发现在孕茭前期JB-A中未观察到黑粉菌的形态（图11-3F、G）。在JB-B中，能够清晰观察到黑粉菌的孢子体分布在细胞壁周围和细胞间隙中，并呈团状和菌丝状分布（图11-3F、G）。在JB-C和JB-D中没有观察到黑粉菌的存在，证明TDF处理后，有效地抑制了黑粉菌的生长，减少了黑粉菌与茭白植株之间的互作关系。通过表型能明显观察到TDF处理后茭白未形成膨大茎，切片观察到黑粉菌也被TDF处理抑制。在正常组中能观察到黑粉菌富集在细胞周围，黑粉菌在侵染前可能与植株体形成共生关系，似乎在与细胞进行着交流。猜测TDF处理导致茭白不孕茭，很大程度是杀死或抑制黑粉菌导致。

11.4　植物激素对茭白茎部膨大的响应

为了探究黑粉菌侵染期间茭白内源激素的变化，对相关激素的含量进行了测定。使用UHPLC测定了CK和TDF组在孕茭前后吲哚-3-乙酸（IAA）、脱落酸（ABA）、玉米素+反式玉米素核苷（ZT + ZR）和赤霉素（GA₃）的含量，如图11-4所示。JB-B的IAA含量显著高于其他组，猜测黑粉菌侵染会导致宿主激素含量升高。ZT和ZR都属于细胞分裂素（CTK），JB-B的ZT + ZR含量显著高于JB-A、JB-C和JB-D。进一步观察发现，JB-B与JB-D之间的IAA、GA₃和ZT + ZR含量均存在显著差异，其中IAA和CTK含量的升高，能够促进植物细胞的生长和分裂，而黑粉菌侵染促进了这些植物激素的合成，能够导致激素含量的提高，进而促使茭白膨大茎的形成。

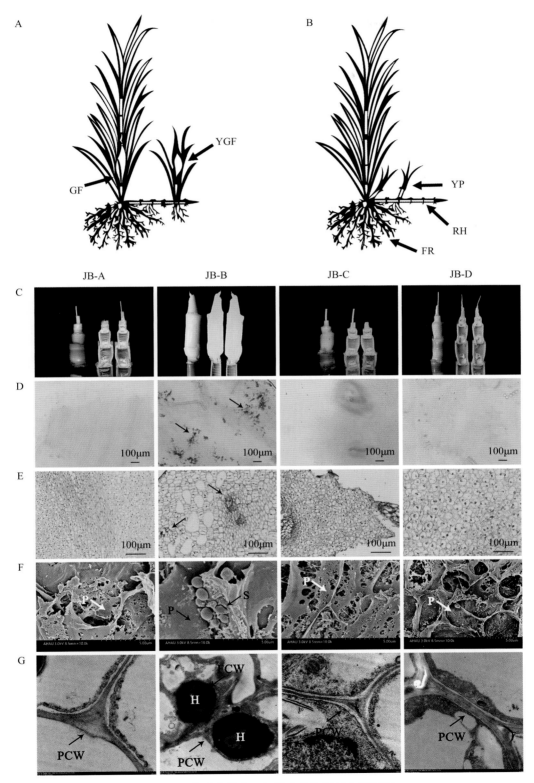

图11-3 苯胺蓝染色、扫描电镜和透射电镜观察

A.正常生长茭白的线稿图 B.TDF处理茭白的线稿图 C.处理组与对照组的茭白表型 D.通过苯胺蓝染色的普通切片
E.通过苯胺蓝染色的石蜡切片 F.扫描电镜观察 G.透射电镜观察

注：GF表示肉质茎形成；YGF表示幼茎形成；FR表示匍匐茎；RH表示根茎；YP表示幼苗；P表示植株；
PCW表示植物细胞壁；H表示真菌；FCW表示真菌细胞壁；S表示黑粉菌孢子体。

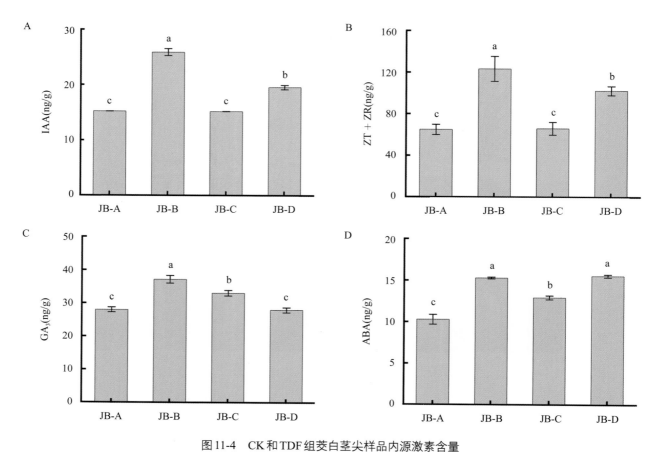

图 11-4　CK 和 TDF 组茭白茎尖样品内源激素含量

A. IAA（吲哚-3-乙酸，CAS：87-51-4）　　B. ZT（玉米素，CAS：13114-27-7）和 ZR（反式玉米素核苷，CAS：6025-53-2）

C. GA$_3$（赤霉素，CAS：77-06-5）　　D. ABA（脱落酸，CAS：21293-29-8）

注：所有数据采用 3 次生物学重复，结果以平均值 ± 标准差表示（$n = 3$）；图中不同小写字母表示差异显著（$p < 0.05$）。

11.5　转录组测序及差异表达基因分析

转录组不仅包含了关于基因表达的信息，还包含基因表达模式和功能的动态信息。为了研究黑粉菌侵染茭白刺激肉质茎形成前后的整体差异，对转录组进行测序，每组采用 3 次生物学重复，共 12 个样本（表 11-1 和表 11-2），删除低质量序列后，共生成 84.42 Gb 有效数据。Q30 ≥ 95.45%，（G + C）含量 52.16% ~ 53.52%。平均有 88.42% 的测序序列被映射到茭白参考基因组（http://ibi.zju.edu.cn/ ricerelativesgd）。以 JB-D vs JB-B 和 JB-B vs JB-A 为重点开展研究，对表达数据进行聚类（图 11-5）。

表 11-1　转录组数据质量评估

样品	干净测序（Mb）	干净碱基（Gb）	有效碱基（%）	Q30（%）	（G + C）（%）
JB-A1	48.05	7.02	95.46	95.80	52.92
JB-A2	48.13	7.03	95.54	96.03	52.61
JB-A3	47.97	6.99	95.03	95.45	52.86
JB-B1	48.00	7.00	95.33	95.70	52.80

（续）

样品	干净测序（Mb）	干净碱基（Gb）	有效碱基（%）	Q30（%）	(G + C)（%）
JB-B2	48.87	7.11	95.29	96.06	52.59
JB-B3	48.57	7.07	95.27	95.94	52.70
JB-C1	47.97	6.98	95.04	95.75	53.52
JB-C2	48.77	7.10	95.22	95.97	53.18
JB-C3	48.25	7.04	95.39	95.91	53.00
JB-D1	48.67	7.06	94.86	96.09	52.17
JB-D2	48.04	6.97	94.61	95.72	52.16
JB-D3	48.72	7.05	94.42	95.75	52.23

注：Q30为碱基质量值≥30的测序碱基数占总测序碱基数的百分比。

表11-2　转录组数据汇总、统计双端比对的测序质量评估

样品	总测序（Mb）	Total mapped reads（Mb）	Multiple mapped（Mb）	Uniquely mapped（Mb）	Reads mapped in proper pairs（Mb）
JB-A1	48.05	42.25 (87.93%)	1.01 (2.10%)	41.24 (85.83%)	39.70 (82.63%)
JB-A2	48.13	42.41 (88.12%)	1.02 (2.12%)	41.39 (86.00%)	39.89 (82.89%)
JB-A3	47.97	42.53 (88.65%)	1.02 (2.13%)	41.50 (86.52%)	40.00 (83.39%)
JB-B1	48.00	41.84 (87.17%)	1.03 (2.15%)	40.81 (85.03%)	39.33 (81.94%)
JB-B2	48.87	42.76 (87.51%)	1.04 (2.13%)	41.72 (85.37%)	40.19 (82.23%)
JB-B3	48.57	42.52 (87.54%)	1.03 (2.12%)	41.49 (85.42%)	39.94 (82.23%)
JB-C1	47.97	43.14 (89.94%)	1.12 (2.33%)	42.02 (87.61%)	40.48 (84.39%)
JB-C2	48.77	44.03 (90.28%)	1.14 (2.33%)	42.89 (87.95%)	41.36 (84.80%)
JB-C3	48.25	43.44 (90.03%)	1.10 (2.27%)	42.35 (87.76%)	40.85 (84.65%)
JB-D1	48.67	42.67 (87.68%)	1.02 (2.09%)	41.65 (85.59%)	40.17 (82.54%)
JB-D2	48.04	42.29 (88.03%)	1.00 (2.09%)	41.29 (85.95%)	39.82 (82.88%)
JB-D3	48.72	42.96 (88.17%)	1.00 (2.06%)	41.95 (86.11%)	40.44 (83.00%)

注：Total mapped reads：能定位到基因组上的测序序列数。Multiple mapped：在参考序列上有多个比对位置的测序序列数。Uniquely mapped：在参考序列上有唯一比对位置的测序序列数。Reads mapped in proper pairs：双端比对上的测序序列数。

11.6　差异表达基因分析

如图11-6所示，通过DESeq R包基于FPKM数据分别分析JB-B vs JB-A、JB-D vs JB-B、JB-D vs JB-C和JB-C vs JB-A比较组中的差异表达基因，每组中分别含有3 122个、2 672个、6 704个和5 043个差异表达基因，总共17 541个差异表达基因被鉴定。韦恩图和Upset plot图显示，共同表达的有477个差异表达基因，其中JB-B vs JB-A、JB-D vs JB-B、JB-D vs JB-C和JB-C vs JB-A分别有713个、537个、1 726个和566个各自特有的差异表达基因。

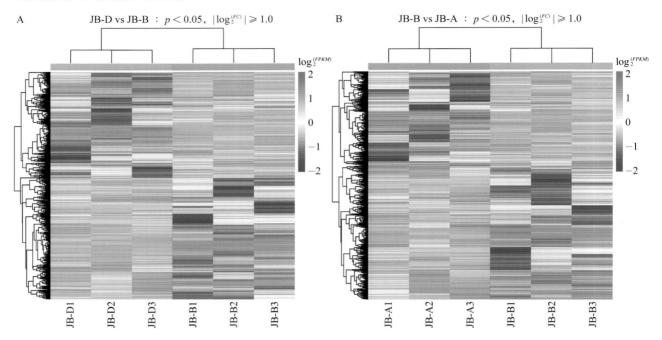

A JB-D vs JB-B：$p < 0.05$，$|\log_2^{(FC)}| \geqslant 1.0$

B JB-B vs JB-A：$p < 0.05$，$|\log_2^{(FC)}| \geqslant 1.0$

图 11-5　表达数据的聚类热图

A. 样本 JB-D vs JB-B 的比较组数据　　B. 样本 JB-B vs JB-A 的比较组数据

注：通过差异表达基因的表达量计算样本间的直接相关性，构建无监督层次聚类热图。

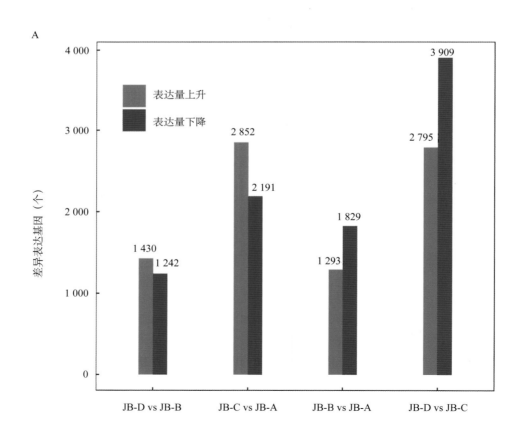

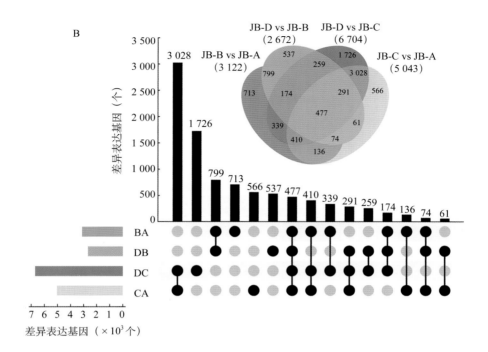

图 11-6　转录组数据差异表达基因韦恩图和 Upset plot 图
A.差异表达基因数，红色为表达量上升基因，蓝色为表达量下降基因
B.在不同比较组中的差异表达基因的韦恩图和 Upset plot 图
注：B图中BA表示JB-B vs JB-A，DB表示JB-D vs JB-B，DC表示JB-D vs JB-C，CA表示JB-C vs JB-A。

11.7　差异表达基因的GO和KEGG分析

　　为了确定孕茭前后（JB-B vs JB-A）及黑粉菌侵染和未浸染（JB-D vs JB-B）之间的异同，对所有差异表达基因进行GO注释和KEGG功能富集分析（图11-7）。GO注释可将差异分为3个大类：生物学过程（BP）、细胞组分（CC）和分子功能（MF）。从图11-7A、B中可以看出，KEGG通路中基因数量最多的是信号转导通路。如图11-7E所示，JB-B vs JB-A的差异表达基因（DEG），在BP类别中主要是细胞葡聚糖代谢过程、细胞对脂肪酸的反应和葡聚糖分解过程；在CC类别中主要是胞外区域、膜锚构件、质膜锚定成分、细胞表面和植物类型细胞壁；在MF类别中前3个GO是极长链脂肪酸－辅酶A连接酶活性、DNA结合转录因子活性和序列特异性DNA结合。如图11-7F所示，JB-D vs JB-B的DEG，BP类别中的气孔谱系过程、金属离子传输、锌离子跨膜转运等显著；CC类别中的胞外区域、膜锚构件和质膜锚定成分是显著的类别；MF类别中的硬脂酰转移酶活性、芥子葡萄糖-胆碱-*O*-芥子酰转移酶活性、DNA结合转录因子活性等显著。因此，这些GO对应的基因可能在黑粉菌侵染茭白中起着关键作用。

　　对KEGG富集的前20条通路绘制了气泡图（图11-7C、D）。在JB-B vs JB-A 和JB-D vs JB-B中，差异表达基因数量排名前3的均在植物激素信号转导（Ko04075）、苯丙烷生物合成（Ko00940）以及淀粉和蔗糖代谢（Ko00500）中。不同组之间与激素代谢相关的差异表达基因具有显著差异，表明植物激素在调节茭白应对黑粉菌侵染中发挥重要作用。涉及具体基因请参考Li等（2021）中的描述。为进一步分析这些差异表达基因的表达情况，后期需要对相关通路的生理指标进行测定。

A

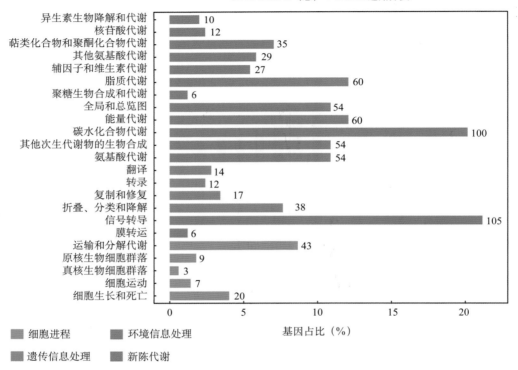

B

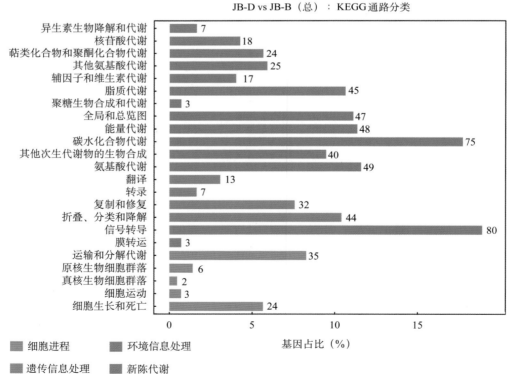

C

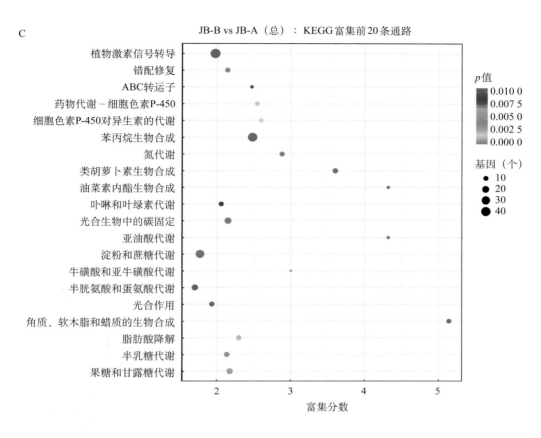

D

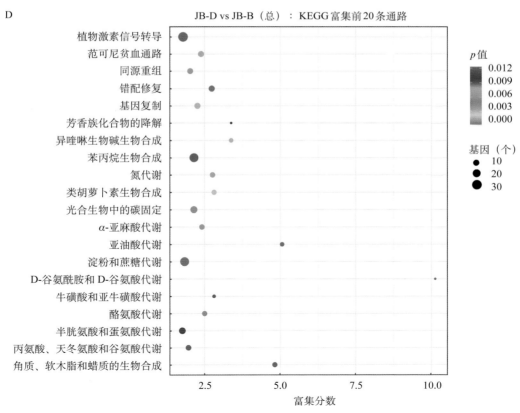

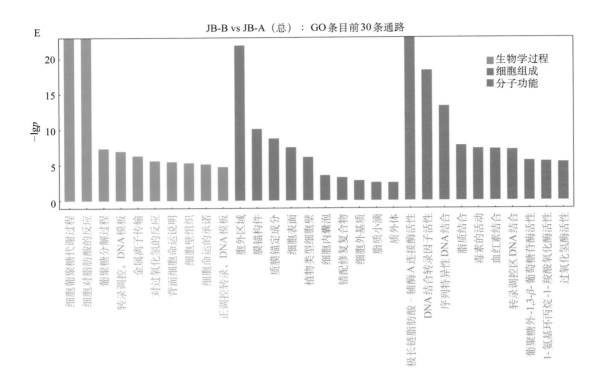

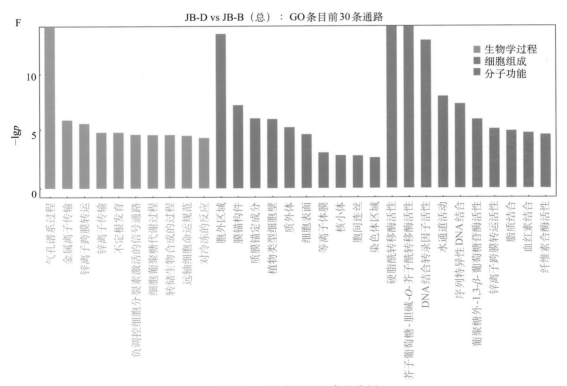

图11-7　GO和KEGG富集分析

A、B. JB-B vs JB-A和JB-D vs JB-B的KEGG通路分类图　C、D. JB-B vs JB-A和JB-D vs JB-B的KEGG通路富集分析（根据显著性取前20进行绘制），其中点的大小表示基因的数量，颜色表示*p*值　E、F. JB-B vs JB-A和JB-D vs JB-B的GO富集分析

11.8　差异表达基因的调控概述、非生物胁迫和转录因子分析

通过MapMan分析了差异表达基因的调控网络，对JB-D vs JB-B中的差异表达基因进行注释，绘制出差异表达基因调控概述、生物胁迫和转录因子通路图，如图11-8A所示。差异表达基因主要显示在转录因子、蛋白质修饰、蛋白质降解、植物激素、受体激酶和钙调节等中。从图11-8B中可以看出，当黑粉菌侵染茭白时会产生R基因的识别，导致丝裂原活化蛋白激酶（MAPK）发生反应，一些转录因子表达发生变化，导致防卫基因激活和病程相关蛋白响应。这一过程会产生一系列的反应，包括激素、细胞壁、蛋白质水解、氧化还原状态、信号转导和一些转录因子相关基因发生变化。进一步将所有的转录因子进行分类，如图11-8C所示，推测出308个基因分布在42个转录因子家族中，其中HB、bHLH和AP2-EREBP转录因子数量最多。B3转录因子家族是调节生长素应答的主要基因，在图中B3和HB转录因子家族具有明显的表达，其中*Zlat_10033978*和*Zlat_10028938*基因表达最显著。ARF是生长素响应因子，含有5个差异表达基因，能够对生长素起到调节作用。这些转录因子可能参与黑粉菌侵染后激素调节、细胞分化和增殖。

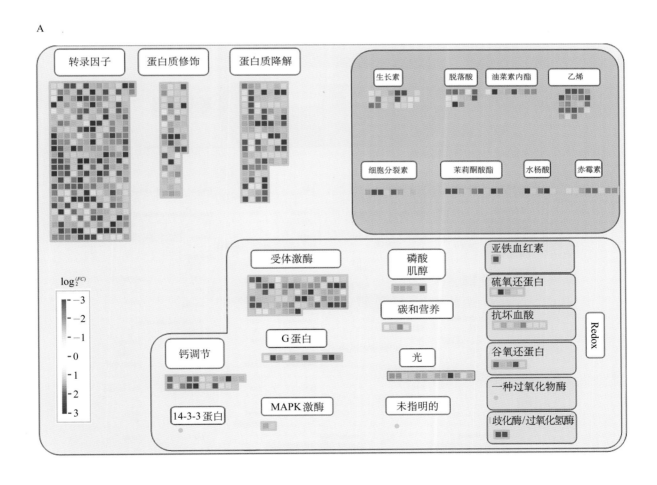

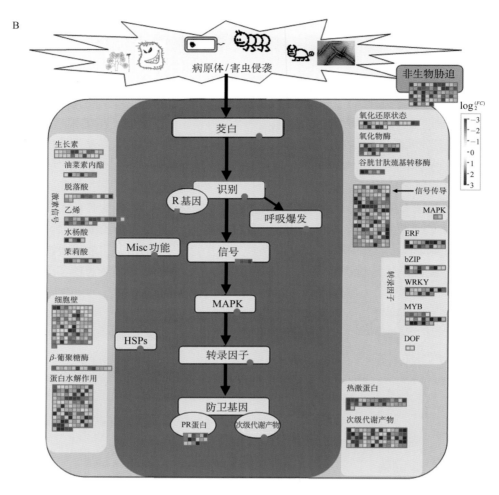

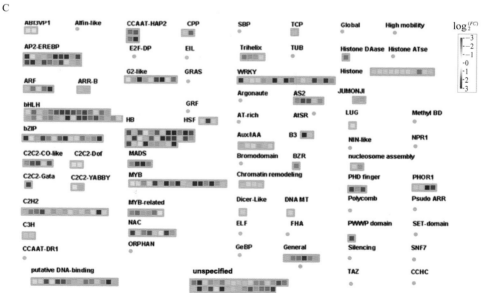

图11-8　JB-D vs JB-B中差异表达基因的调控概述、生物胁迫和转录因子
A.在茭白肉质茎形成后，差异表达基因的概述　B.差异表达基因之间的生物胁迫　C.差异表达基因之间的转录因子
注：红色表示表达量上升，蓝色表示表达量下降。

11.9　植物激素信号转导通路相关基因表达及富集分析

对每组数据中植物激素相关通路进行分析，如图11-9所示，各组中分别含有48个、53个、37个和76个差异表达基因，共同表达的有4个差异表达基因。分析了JB-D vs JB-B和JB-B vs JB-A中差异表达基因的表达情况，其中大部分差异表达基因表达量上升。在植物激素信号转导通路JB-B vs JB-A和JB-D vs JB-B中分别鉴定到48个和37个差异表达基因，其中22个差异表达基因在两个比较组中被共同表达，26个差异表达基因仅在孕茭前后（JB-B vs JB-A）表达（图11-9A）。相关差异表达基因在黑粉菌侵染茭白过程中具有动态变化，每个激素都起到一定的作用。差异表达基因主要与生长素（IAA）、细胞分裂素（CTK）、赤霉素（GA）、脱落酸（ABA）、乙烯（ETH）、油菜素内酯（Bra）、茉莉酸（JA）和水杨酸（SA）有关，如图11-9所示，发现37个基因具有差异变化。从图11-10中可以看出，生长素、脱落酸和水杨酸基因表达数量最多。生长素中含有13个差异表达基因，其中生长素响应因子（ARF）基因差异表达最显著，AUX/IAA相关差异表达基因在生长素信号转导中表达数量最多。脱落酸中含有10个差异表达基因，分别富集在PYR/PYL、PP2C、SnRK2和ABF中。

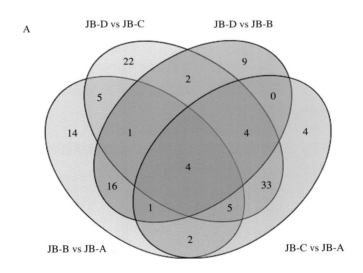

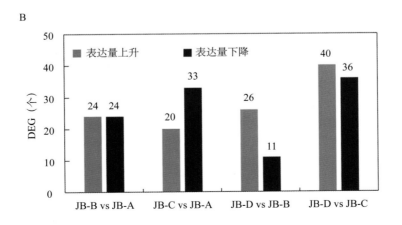

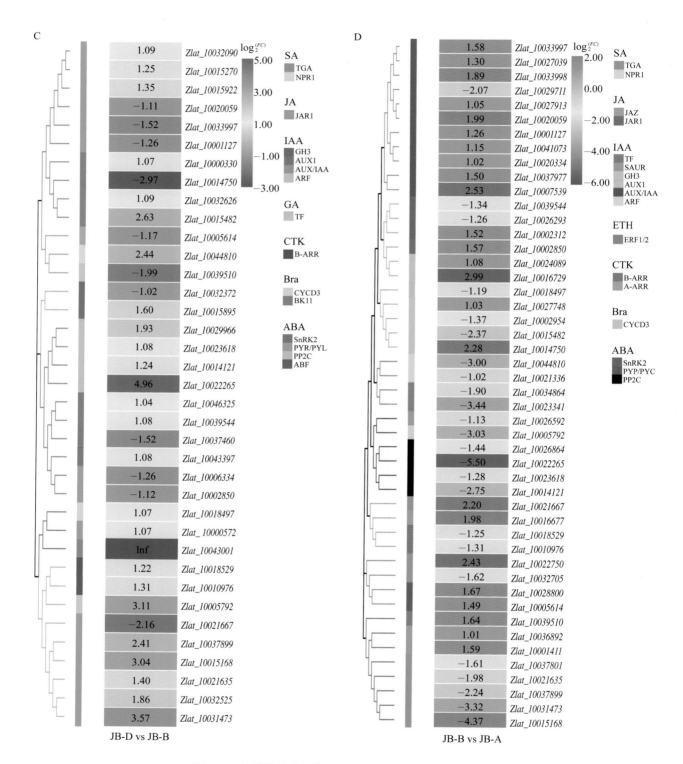

图11-9　植物激素信号转导途径中的差异表达基因分析

A.不同比较组中差异表达基因维恩图　B.植物激素信号转导途径中差异表达基因数　C. JB-D vs JB-B 中所有涉及植物激素信号转导
的差异表达基因热图（lnf表示表达量上升）　D. JB-B vs JB-A 的差异表达基因热图

参与生长素信号转导途径的13个差异表达基因中，9个基因表达量上升，包括4个生长素应答蛋白（AUX/IAA）基因、3个AUX1相关基因、1个生长素应答GH3相关基因和1个生长素响应因子（ARF）相关基因（*Zlat_1005792*）；4个基因表达量下降，分别是3个AUX/IAA相关基因（*Zlat_10001127*、*Zlat_10020059*和*Zlat_10033997*）和1个AUX1相关基因（*Zlat_10014750*），表达量分别下降41.73%、46.33%、34.82%和12.76%。结果显示，JB-B中基因表达水平显著高于JB-D，表明与生长素相关的基因受到了黑粉菌侵染的影响。在细胞分裂素信号转导途径中，发现2个差异表达基因（*Zlat_10010976*和*Zlat_10018529*）表达量上升，均响应调节ARR-B家族（B-ARR），表达量分别上升了2.48倍和2.33倍。在GA信号通路中，仅有1个色素转录基因（*Zlat_10039510*）在JB-D vs JB-B中表达量下降，可能是赤霉素信号受黑粉菌侵染的影响较小。10个差异表达基因与脱落酸信号转导途径相关，包括7个表达量上升基因，3个表达量下降基因（图11-10和表11-3）。脱落酸通路中参与PP2C的相关基因均表达量上升，其中*Zlat_10022265*表达量上升了31.08倍，该基因参与脱落酸信号转导的负调控。相反，黑粉菌侵染后相关基因表达量下降，脱落酸含量较低，茭白在短时间内细胞增殖和发育，需要脱落酸含量的降低，

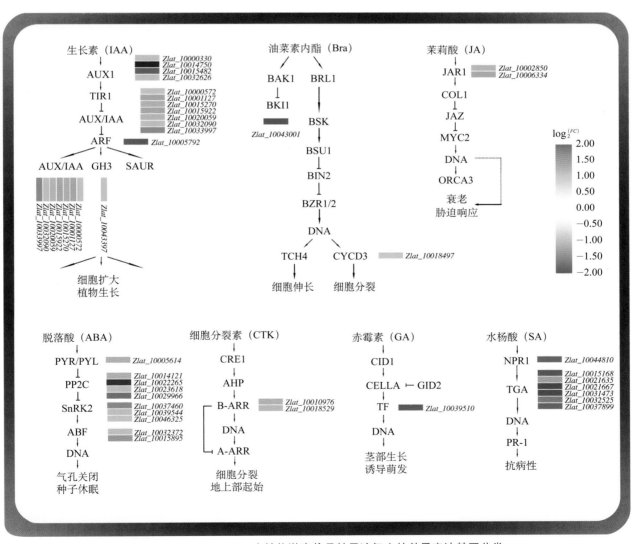

图11-10　JB-D vs JB-B中植物激素信号转导途径中的差异表达基因分类

可能对生长素和细胞分裂素的需求增加。由于黑粉菌侵染后，与宿主相互作用产生响应，进而导致茎部膨大。在JB-D vs JB-B中，参与JA信号转导的两个基因（JAR1）表达量下降。在7个SA相关差异表达基因中，6个与TGA途径相关，而1个与调节蛋白NPR1相关，多数差异表达基因表达量上升，其中变化最大的是ZlTGAL1（Zlat_10031473），表达量上升11.88倍。这些基因的表达很可能与茭白孕茭有关。

表11-3　JB-D vs JB-B中富集在植物激素信号转导途径的差异表达基因

基因ID	$\log_2^{(FC)}$	p值	表达量上升/表达量下降	基因符号	路径位置	描述
水杨酸（SA）						
Zlat_10015168	3.038	0.036601284	表达量上升	ZlTGAL5	TGA	Os05g0443900
Zlat_10021635	1.404	0.026299925	表达量上升	ZlTGAL3	TGA	HBP-1b(c38)样转录因子
Zlat_10021667	−2.160	1.98147×10^{-18}	表达量下降	ZlTGAL10	TGA	Os08g0176900
Zlat_10031473	3.569	3.70428×10^{-11}	表达量上升	ZlTGAL1-1	TGA	假定蛋白BRADI_2g52860v3
Zlat_10032525	1.860	2.10235×10^{-10}	表达量上升	ZlTGAL1-2	TGA	转录因子HBP-1b(c1)样亚型X2
Zlat_10037899	2.407	0.002668809	表达量上升	ZlTGAL4	TGA	转录因子TGA6
Zlat_10044810	2.444	2.12905×10^{-11}	表达量上升	ZlNH5.2	TF	假定蛋白PAHAL_8G025500
茉莉酸（JA）						
Zlat_10002850	−1.121	0.010941287	表达量下降	ZlGH3.5-1	SnRK2	茉莉酸-酰胺合成酶JAR2
Zlat_10006334	−1.258	2.99678×10^{-8}	表达量下降	ZlGH3.5-2	SnRK2	茉莉酸-酰胺合成酶JAR1
吲哚-3-乙酸（IAA）						
Zlat_10000330	1.072	7.92464×10^{-8}	表达量上升	—	SnRK2	生长素转运蛋白样蛋白
Zlat_10000572	1.070	0.035011956	表达量上升	ZlIAA27	PYR/PYL	预测蛋白
Zlat_10001127	−1.261	0.001443811	表达量下降	ZlIAA23	PP2C	生长素反应蛋白IAA23
Zlat_10005792	3.108	2.25714×10^{-9}	表达量上升	ZlARF11	PP2C	生长素响应因子11
Zlat_10014750	−2.970	2.88514×10^{-57}	表达量下降	—	PP2C	生长素转运蛋白样蛋白4
Zlat_10015270	1.248	0.002458758	表达量上升	ZlIAA6	PP2C	生长素反应蛋白IAA6
Zlat_10015482	2.632	7.39457×10^{-5}	表达量上升	ZlLAX2	NPR1	生长素转运蛋白样蛋白2
Zlat_10015922	1.354	0.009884568	表达量上升	ZlIAA7	JAR1	生长素响应蛋白IAA7
Zlat_10020059	−1.110	3.44535×10^{-14}	表达量下降	ZlIAA2	JAR1	假定蛋白OsI_00719
Zlat_10032090	1.085	1.12277×10^{-6}	表达量上升	ZlIAA6	GH3	生长素应答蛋白IAA6亚型X3
Zlat_10032626	1.090	2.93836×10^{-15}	表达量上升	—	CYCD3	LAX蛋白
Zlat_10033997	−1.522	5.01385×10^{-29}	表达量下降	ZlIAA30	BK11	AUX3蛋白
Zlat_10043397	1.079	1.8115×10^{-5}	表达量上升	ZlGH3.4	B-ARR	假定蛋白OsI_20501
赤霉素（GA）						
Zlat_10039510	−1.993	0.010678803	表达量下降	—	B-ARR	假定蛋白OsI_12756

（续）

基因ID	$\log_2^{(FC)}$	p值	表达量上升/表达量下降	基因符号	路径位置	描述
细胞分裂素（CTK）						
Zlat_10010976	1.309	0.002744161	表达量上升	ZlRR25	AUX1	双组分响应调节剂ORR25
Zlat_10018529	1.222	0.006836765	表达量上升	ZlRR22	AUX1	双组分响应调节剂ORR22
油菜素内酯（Bra）						
Zlat_10018497	1.073	0.000815632	表达量上升	ZlCYCD3-2	AUX1	细胞周期蛋白D3-2
Zlat_10043001	lnf	0.016310208	表达量上升	ZlBKI1	AUX1	BRI1激酶抑制剂1
脱落酸（ABA）						
Zlat_10005614	−1.173	6.27066×10^{-5}	表达量下降	ZlPYL4	AUX/IAA	脱落酸受体7
Zlat_10014121	1.239	1.83641×10^{-7}	表达量上升	—	AUX/IAA	蛋白磷酸酶2C 30
Zlat_10015895	1.596	7.49921×10^{-6}	表达量上升	ZlTRAB1	AUX/IAA	脱落酸不敏感5样蛋白5
Zlat_10022265	4.958	1.22449×10^{-5}	表达量上升	—	AUX/IAA	蛋白磷酸酶2C 37
Zlat_10023618	1.085	6.1928×10^{-10}	表达量上升	—	AUX/IAA	蛋白磷酸酶2C 50，部分
Zlat_10029966	1.930	0.000882927	表达量上升	—	AUX/IAA	蛋白磷酸酶2C 8
Zlat_10032372	−1.019	2.24929×10^{-5}	表达量下降	—	AUX/IAA	假定蛋白BRADI_2g24120v3
Zlat_10037460	−1.523	0.015159773	表达量下降	ZlSAPK4	ARF	水稻同源Os05g0433100
Zlat_10039544	1.077	8.18272×10^{-9}	表达量上升	ZlSAPK10	ABF	丝氨酸/苏氨酸蛋白激酶SAPK10亚型X2
Zlat_10046325	1.041	0.002060567	表达量上升	ZlSAPK7	ABF	丝氨酸/苏氨酸蛋白激酶SAPK7

注：lnf表示表达量上升。

11.10 植物激素合成基因的表达及qRT-PCR定量分析

植物激素在调节植物生长和发育过程中发挥重要作用，如IAA、CTK和GA等。植物生长素响应基因是植物生长素信号转导的核心组成部分。为阐明IAA和CTK如何参与和影响茭白膨大茎形成，鉴定了IAA和CTK信号转导相关差异表达基因。共筛选了25个差异表达基因（图11-11）进行定量分析，包括10个IAA相关基因（ZlIAA23、ZlIAA2、Os11g0169200、ZlSAUR39、ZlPLC2、ZlYUC11、ZlIAA9、ZlARF10、ZlARF21和ZlSAUR50）和4个CTK相关基因（ZlCKX8、ZlBPA1、ZlRR1和ZlRR4）等。研究发现ZlIAA23、ZlIAA2、ZlSAUR39、ZlPLC2、ZlYUC11、ZlARF10、ZlARF21和ZlSAUR50在黑粉菌侵染后表达量显著上升，如图11-11所示。同样CTK相关基因ZlCKX8、ZlBPA1和ZlRR1在黑粉菌侵染茭白后其表达量显著上升，表明黑粉菌与宿主共生后，生长素和细胞分裂素的相关基因表达量明显上升，可能对茎部膨大有促进作用。转录组数据与qRT-PCR结果验证了转录组数据的可靠性，具体如图11-12所示。

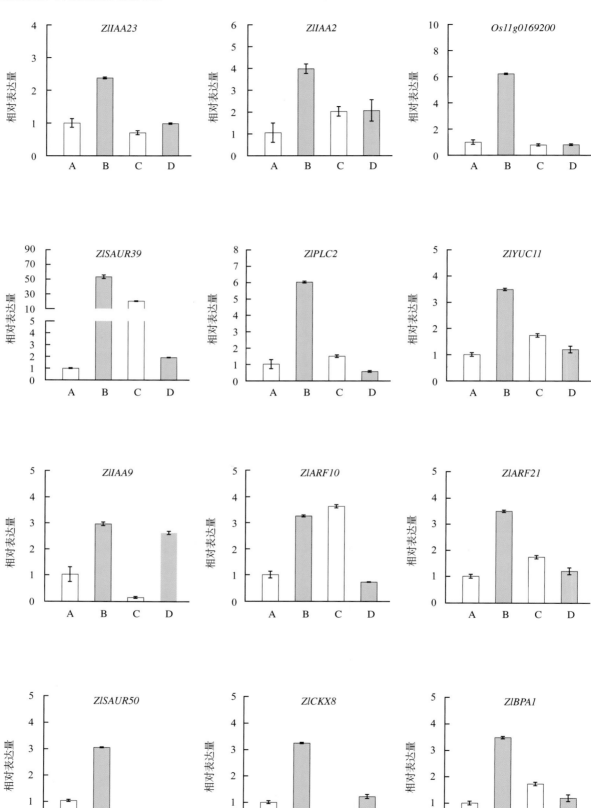

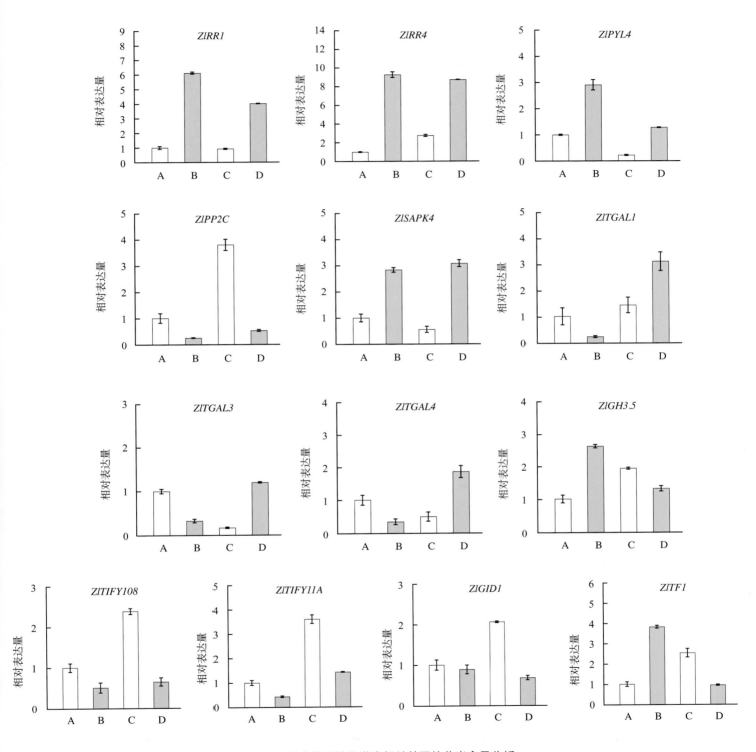

图11-11 孕菱前后植物激素相关基因的荧光定量分析

注：结果以平均值 ± 标准差表示（n = 3）。选择了10个生长素（IAA）基因、4个细胞分裂素（CTK）基因、3个脱落酸（ABA）基因、3个水杨酸（SA）基因、3个茉莉酸（JA）基因和2个赤霉素（GA）基因。所有图中横坐标上A表示JB-A、B表示JB-B、C表示JB-C、D表示JB-D。

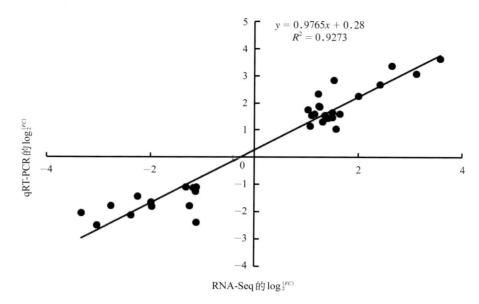

图 11-12　RNA-Seq 和 qRT-PCR 表达水平的相关性
注：将荧光定量数据（纵轴）与转录组数据（横轴）作图。

　　植物激素是植物生长发育和细胞膨大的重要调节因子。有研究表明，植物激素在植物受真菌侵染抗性中起关键作用。黑粉菌侵染可能改变了植物激素信号和代谢中涉及的差异表达基因。在 JB-D vs JB-B 中，参与生长素、细胞分裂素和赤霉素相关的差异表达基因大部分表达量下降，与脱落酸和水杨酸相关的一些差异表达基因表达量上升。推测黑粉菌侵染宿主后，导致宿主内植物激素相关基因表达发生改变。在 JB-B 中，与生长素代谢相关的差异表达基因表达量上升，这与黑粉菌侵染时茭白植株内生长素含量显著增加的结果是一致的。Waqas 等（2012）研究发现内生真菌产生的赤霉素和生长素，能够调节宿主植物抵抗胁迫的能力，从而促进宿主植物的生长。

　　定量结果显示，大多数参与生长素代谢和信号通路的基因，在 TDF 处理时表达量下降。其中 *ZlSAUR39* 和 *ZlPLC2* 基因表达量均下降（图 11-11）。此外，Kant 等（2009）认为 *SAUR39* 基因可以调节植物生长素应答，并且 *SAUR39* 被认为在植物被真菌侵染后，对生长素极性局部转运调节起重要作用。在 TDF 处理后，*ZlARF10* 和 *ZlARF21* 基因表达量均下降（图 11-11）。生长素响应因子（ARF）是植物生长素代谢和信号交换的重要组成部分。在 JB-B 中，生长素相关基因大量表达，其生长素含量也显著增加（图 11-4），表明黑粉菌侵染可能与生长素有着密切的关系。因此，*ZlSAUR39* 基因和生长素响应因子可能是响应茭白黑粉菌侵染的关键因子。

　　从 KEGG 富集通路中，发现植物激素信号转导通路（Ko04075）和苯丙烷生物合成通路（Ko00940）基因显著表达（图 11-7）。在真菌侵染的过程中，植物通常通过苯丙烷化合物合成黄酮和木质素以应对真菌侵染。AUX/IAA 和 ARF 是植物激素信号转导途径的关键因子。在其他植物中，受到真菌侵染后 IAA 信号转导相关基因表达量上升，如 *AUX/IAA* 和 *ARF*。黑粉菌侵染后大多数与 IAA 代谢和信号转导相关的基因表达量均下降，例如 *ZlARF10*、*ZlARF21*、*ZlSAUR39*、*ZlIAA2* 和 *ZlIAA23* 基因（图 11-11）。此外，被细菌侵染的拟南芥形成叶瘤，并检测出生长素的含量增加（Dolzblasz et al., 2018），而在正常的茭白中生长素含量也显著增加（图 11-4）。生长素响应基因是参与生长素信号转导途径的重要因子，调节生长素的合成与运输。在 JB-D vs JB-B 中，*ZlARF21* 基因（*Zlat_10012761*）表达量下降，这可能是黑粉菌侵染后生长素含量增加的原因之一。Mehmood等（2018）报道称生长素代谢途径调节着内生真菌与植物的共生。在茭白中，生长素可能调控植物的生长和发育，并维持着体内的共生环境。

脱落酸整合了多种应激信号以调节下游基因响应。研究发现，在JB-D vs JB-B中，与脱落酸信号转导途径中PP2C相关的差异表达基因的表达量上升。PP2C是脱落酸信号转导中重要的调控因子，在脱落酸响应基因表达中受转录调控。植物激素调节植物生长发育和应对环境信号的响应，在互作网络中发挥作用。同时，真菌侵染的宿主表现出调节激素代谢和信号转导的复杂机制，从而提高其克服植物防御机制的能力。某些激素在调节植物生长发育和应对非生物胁迫方面发挥作用，并在植物与真菌的相互作用中也发挥重要作用。在这项研究中，还观察到黑粉菌侵染会影响与生长素、细胞分裂素和赤霉素信号转导和代谢相关的基因表达。因此，黑粉菌侵染时，植物激素信号转导途径都在一个庞大而复杂的网络中相互连接，而黑粉菌侵染茭白后似乎会激活生长素、细胞分裂素、赤霉素和脱落酸等激素响应来应对内源共生。

11.11　转录组中关键基因挖掘和注释

如图11-13所示，发现转录组数据中大部分基因为植物激素信号转导和细胞壁松弛因子这一类。因此，重点挑选出与细胞壁松弛因子及植物激素相关基因，将这些基因进行GO和KEGG注释分析，发现大部分基因位于生长素激活信号通路、植物激素信号转导和细胞壁中。进一步通过GO分析发现大部分的基因富集在细胞核中，少部分位于细胞膜，大部分受细胞壁松弛因子相关基因调控。推测这些基因的改变使得黑粉菌能够迅速进入细胞间隙进而感染细胞，这为后续相关基因的功能验证找到了切入点。

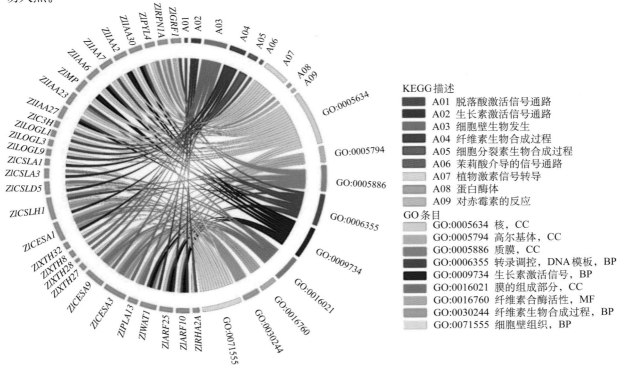

图11-13　关键差异表达基因进行KEGG和GO分析

11.12 植物激素和细胞壁松弛因子相关基因的挖掘

结果显示，在黑粉菌侵染茭白后，相关差异基因的表达存在显著差异，大量的细胞壁松弛因子相关基因发生表达。在JB-D vs JB-B中，如表11-4所示，α-膨胀素基因（*ZlEXPA8*）和β-膨胀素基因（*ZlEXPBs*）表达量下降，例如 *ZlEXPB3*、*ZlEXPB4*、*ZlEXPB7*、*ZlEXPB11* 和 *ZlEXPB16*；同时木葡聚糖内转糖苷酶/水解酶基因（*ZlXTHs*）表达量下降，例如 *ZlXTH32*、*ZlXTH31* 和 *ZlXTH8*；阿拉伯半乳聚糖蛋白（FLA）基因是细胞壁基因的重要组成部分，其中大量FLA有关基因（*ZlFLA1* 和 *ZlFLA2*）表达量下降。

表11-4　JB-D vs JB-B中细胞壁相关差异表达基因

基因ID	$\log_2^{(FC)}$	表达量上升/表达量下降	基因符号
Zlat_10032257	−3.251 265 066	表达量下降	*ZlEXPB11*
Zlat_10031399	−3.222 574 718	表达量下降	—
Zlat_10045239	−2.648 646 942	表达量下降	*ZlEXPB3*
Zlat_10021867	−2.527 169 843	表达量下降	
Zlat_10029881	−2.415 051 028	表达量下降	*ZlFLA1*
Zlat_10022058	−2.406 592 610	表达量下降	*ZlCSLH1*
Zlat_10006655	−2.370 453 572	表达量下降	
Zlat_10020571	−2.31 019 432	表达量下降	*ZlUXS4*
Zlat_10042092	−2.223 521 244	表达量下降	*ZlXTH32*
Zlat_10042466	−2.196 338 860	表达量下降	*ZlFLA2*
Zlat_10025418	−2.165 379 715	表达量下降	*ZlPME51-1*
Zlat_10025418	−2.165 379 715	表达量下降	*ZlPME51-2*
Zlat_10001699	−2.096 642 899	表达量下降	—
Zlat_10014566	−2.043 370 038	表达量下降	*ZlEXPA2*
Zlat_10004127	−2.020 997 866	表达量下降	*ZlEXPA6*
Zlat_10011151	−2.014 906 633	表达量下降	*ZlFLA9*
Zlat_10024998	−1.912 169 851	表达量下降	*ZlEXPA8*
Zlat_10022845	−1.911 085 667	表达量下降	*ZlFUT1-1*
Zlat_10022845	−1.911 085 667	表达量下降	*ZlFUT1-2*
Zlat_10004300	−1.844 445 042	表达量下降	—
Zlat_10047443	−1.780 735 123	表达量下降	*ZlFUT1-3*
Zlat_10047443	−1.780 735 123	表达量下降	*ZlFUT1-4*
Zlat_10003159	−1.747 671 537	表达量下降	*ZlCSLD5*
Zlat_10028300	−1.711 774 109	表达量下降	*ZlEXPB16-1*
Zlat_10030340	−1.702 601 472	表达量下降	*ZlXTH32*
Zlat_10004589	−1.661 437 004	表达量下降	—
Zlat_10012614	−1.631 652 933	表达量下降	*ZlXTH8*
Zlat_10025954	−1.558 631 050	表达量下降	*ZlFLA1*

（续）

基因ID	$\log_2^{(FC)}$	表达量上升/表达量下降	基因符号
Zlat_10012804	−1.538 903 799	表达量下降	—
Zlat_10011069	−1.513 716 228	表达量下降	—
Zlat_10013929	−1.5 059 832	表达量下降	—
Zlat_10011695	−1.503 294 372	表达量下降	*ZlGLU11*
Zlat_10047965	−1.492 844 235	表达量下降	*ZlCESA8-1*
Zlat_10025802	−1.470 917 759	表达量下降	*ZlEXPB16-2*
Zlat_10043295	−1.369 196 654	表达量下降	*ZlXTH31*
Zlat_10045034	−1.368 625 200	表达量下降	*ZlCESA8-2*
Zlat_10034461	−1.344 611 120	表达量下降	*ZlBXL4*
Zlat_10042523	−1.324 147 885	表达量下降	*ZlFLA13-1*
Zlat_10005030	−1.324 076 738	表达量下降	*ZlGAE1*
Zlat_10006234	−1.322 504 292	表达量下降	*ZlEXPA4-1*
Zlat_10008741	−1.304 980 306	表达量下降	—
Zlat_10027938	−1.293 774 107	表达量下降	*ZlFLA2-1*
Zlat_10026685	−1.279 497 054	表达量下降	*ZlEXPA2*
Zlat_10036619	−1.273 143 160	表达量下降	—
Zlat_10044495	−1.253 408 622	表达量下降	—
Zlat_10011152	−1.247 735 719	表达量下降	*ZlFLA13-2*
Zlat_10006542	−1.240 837 923	表达量下降	*ZlCESA3*
Zlat_10012406	−1.240 660 309	表达量下降	*ZlEXPB4*
Zlat_10041740	−1.234 050 957	表达量下降	*ZlFLA2-2*
Zlat_10000391	−1.232 612 933	表达量下降	*ZlPGIP2*
Zlat_10015527	−1.218 933 663	表达量下降	*ZlFLA11*
Zlat_10027348	−1.209 732 096	表达量下降	—
Zlat_10042181	−1.203 769 864	表达量下降	*ZlBp10*
Zlat_10025519	−1.153 282 934	表达量下降	*ZlBC1*
Zlat_10026934	−1.150 077 482	表达量下降	*ZlFLA2-3*
Zlat_10027009	−1.131 995 668	表达量下降	*ZlGLU2*
Zlat_10013160	−1.130 424 474	表达量下降	*ZlPAE7*
Zlat_10013612	−1.115 249 563	表达量下降	*ZlGLU2*
Zlat_10043496	−1.112 396 591	表达量下降	*ZlEXPA4-2*
Zlat_10025280	−1.111 285 177	表达量下降	*ZlEXPB7*
Zlat_10016346	−1.103 794 419	表达量下降	*ZlCSLA11-1*
Zlat_10016346	−1.103 794 419	表达量下降	*ZlCSLA11-2*
Zlat_10026891	−1.092 036 628	表达量下降	*ZlMAN1-1*
Zlat_10020341	−1.067 835 974	表达量下降	*ZlCESA1*
Zlat_10007789	−1.060 367 047	表达量下降	*ZlMAN1-2*

（续）

基因ID	log$_2^{(FC)}$	表达量上升/表达量下降	基因符号
Zlat_10004571	−1.034 232 323	表达量下降	—
Zlat_10021488	−1.012 414 955	表达量下降	*ZlXTH8-2*
Zlat_10021488	−1.012 414 955	表达量下降	*ZlXTH8-3*
Zlat_10028625	−1.002 877 593	表达量下降	*ZlGALT6*
Zlat_10022499	−1.000 907 795	表达量下降	*ZlCSLA1-1*
Zlat_10022499	−1.000 907 795	表达量下降	*ZlCSLA1-2*
Zlat_10043535	1.020 276 101	表达量上升	*ZlGALT5*
Zlat_10035615	1.033 849 658	表达量上升	*ZlBXL7*
Zlat_10032033	1.045 429 611	表达量上升	—
Zlat_10037185	1.106 940 519	表达量上升	*ZlFLA10-1*
Zlat_10002044	1.110 393 359	表达量上升	*ZlFLA10-2*
Zlat_10019939	1.134 518 568	表达量上升	*ZlGLU1*
Zlat_10002308	1.134 627 352	表达量上升	*ZlXTH27*
Zlat_10040924	1.174 895 241	表达量上升	*ZlRHM1*
Zlat_10004766	1.180 724 914	表达量上升	*ZlCESA9*
Zlat_10007997	1.223 818 797	表达量上升	*ZlCSLA3-1*
Zlat_10007997	1.223 818 797	表达量上升	*ZlCSLA3-2*
Zlat_10041600	1.279 043 075	表达量上升	*ZlXTH25-1*
Zlat_10041600	1.279 043 075	表达量上升	*ZlXTH25-2*
Zlat_10037716	1.285 676 284	表达量上升	*ZlBC1L6*
Zlat_10040064	1.414 807 747	表达量上升	*ZlCESA7*
Zlat_10028402	1.512 205 756	表达量上升	*ZlUGE-3*
Zlat_10015275	1.674 202 600	表达量上升	*ZlPME53*
Zlat_10013119	1.687 508 851	表达量上升	*ZlPAE5*
Zlat_10002307	1.737 835 384	表达量上升	*ZlXTH28*
Zlat_10017148	1.781 094 442	表达量上升	*ZlEXPA16-1*
Zlat_10007575	1.810 859 609	表达量上升	*ZlPME8*
Zlat_10048679	2.022 933 040	表达量上升	*ZlEXPA16-2*
Zlat_10025520	2.174 753 589	表达量上升	*ZlBC1L2*
Zlat_10029737	2.412 168 852	表达量上升	—
Zlat_10025980	2.643 570 655	表达量上升	*ZlBDG1*
Zlat_10000821	3.198 480 468	表达量上升	*ZlEXPA1*
Zlat_10036294	3.996 634 536	表达量上升	—
Zlat_10006241	3.999 080 828	表达量上升	*ZlBDG3*
Zlat_10002923	4.002 658 812	表达量上升	*ZlBC1L7*
Zlat_10048070	4.062 314 275	表达量上升	*ZlBXL7-2*

通过以上结果，推测黑粉菌进入细胞内与宿主共生刺激植物激素信号转导相关基因大量表达。在 JB-D vs JB-B 中，AUX/IAA 和 ARF 相关基因显著表达。其中，AUX/IAA 相关基因表达最显著，基因数量最多，因此推测生长素是控制黑粉菌入侵后共生的关键。因此，在黑粉菌侵染过程中，可以观察到 IAA 和 CTK、GA、ABA、JA 和 SA 之间的正向或负向相互作用，而 IAA 位于调控网络的中心，有着很强的关系网络，如图 11-14A 所示。在图 11-14B 中，植物激素 IAA、CTK 和 GA 的含量均在黑粉菌侵染

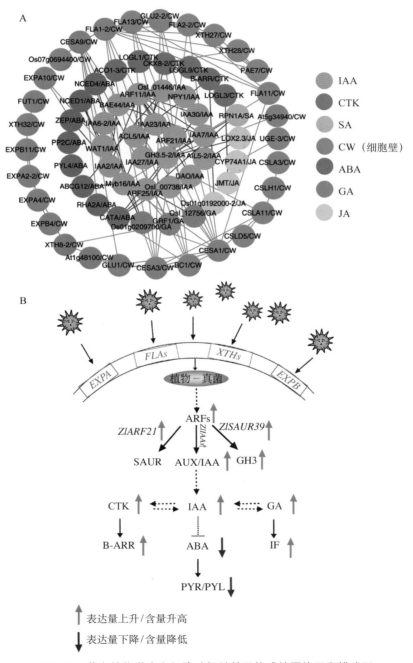

图 11-14　茭白植物激素和细胞壁相关基因构成的网络图和模式图

A. 使用 String（www.string-db.org）数据库构建相互作用网络图，所有基因是与激素和细胞壁相关的差异表达基因，将细胞壁松弛因子相关基因放在外圈，以生长素为中心，其他激素共同进行调节　B. 推测黑粉菌附着在细胞壁周围，导致细胞壁松弛因子相关基因表达，待黑粉菌进入细胞后与寄主共生产生植物激素，并刺激肉质茎的形成

后升高，相关基因表达量也上升，因此黑粉菌侵染后可能刺激宿主合成这些激素以应对各种变化。同时转录组结果显示，细胞壁相关基因在黑粉菌侵染后发生表达，尤其是细胞壁松弛因子相关基因被大量表达。通过以上分析推测，植物激素和细胞壁松弛因子在茭白孕茭中起着关键作用，这些基因可能作为黑粉菌侵染茭白的潜在候选基因而有着重要的研究价值。

通过以上分析提出以植物激素为向导的植物激素和细胞壁松弛因子模式（图11-14）。植物激素信号转导和细胞壁松弛因子相关基因发生改变，当黑粉侵染茭白时发现细胞壁松弛因子相关基因差异表达（图11-14）。在JB-D vs JB-B中，细胞壁有关基因（*ZlEXPA8*、*ZlEXPB3*、*ZlEXPB4*、*ZlEXPB7*、*ZlEXPB11*和*ZlEXPB16*等）表达量下降，其中*EXPB11*表达量下降最为显著；木葡聚糖内转糖苷酶/水解酶（XTH）相关基因（*ZlXTH32*、*ZlXTH31*和*ZlXTH8*等）表达量下降；阿拉伯半乳聚糖蛋白（FLA）基因是细胞壁基因的重要组成部分，本研究中的FLA有关基因（*ZlFLA1*和*ZlFLA2*等）表达量下降（图11-14、表11-4）。细胞壁松弛因子相关的大部分基因发生表达，猜测黑粉菌在宿主外会分泌一些物质使细胞壁松弛，促进黑粉菌与宿主共生。

黑粉菌侵染后生长素相关基因大量表达，这些基因在侵染后可能发挥着至关重要的作用。预测生长素可能是黑粉菌入侵茭白后促进茭白膨大的关键，同时在黑粉菌侵染期间，CTK作为一种能促进细胞增殖的激素，可充当IAA信号的第二信使，并促进茭白膨大，今后的研究将进一步验证这些猜想，以挖掘更多的分子信息。Muller和Leyser（2011）提出IAA和CTK能相互作用调节腋芽的活性进而影响分枝发育。在JB-D vs JB-B中，细胞分裂素的B-ARR基因大部分表达量上升，黑粉菌侵染可能促进了IAA和CTK的合成，使得相关激素水平上升。此外，IAA转运通过促进转录因子和上游DELLA来提高GA水平。猜测IAA在调节肉质茎膨大中起着重要作用。一方面，细胞壁松弛因子相关基因*ZlXTHs*、*ZlFLAs*、*ZlEXPAs*和*ZlEXPBs*在黑粉菌侵染后表达量均上升（图11-14和表11-4）。另一方面，黑粉菌侵染提高了IAA含量，并使AUX1、AUX/IAA和ARF等相关基因表达量上升，其他激素也伴随基因的表达而发生改变。通过以上结果推测，黑粉菌可能使茭白的细胞壁松弛，并乘机进入细胞间隙中分泌一些物质以进入宿主细胞，进入宿主后产生大量生长素和细胞分裂素，从而促进膨大茎的形成。

11.13 结论

本章以单季茭白品种大别山1号为试验材料，通过三唑酮（TDF）处理，抑制黑粉菌的产生，从而获得不孕茭的茭白材料。基于转录组分析黑粉菌在茭白孕茭过程中的关键调控因子，主要结论如下：

（1）通过三唑酮处理抑制了孕茭后茭白植株体内黑粉菌的产生，从而获得不孕茭的茭白材料。试验记录了茭白整个生长周期，确定了孕茭前后样本。通过扫描电镜和透射电镜观察发现，黑粉菌富集在细胞壁周围和细胞间隙中。

（2）基于转录组学方法探究了黑粉菌与茭白的互作关系，共鉴定出17 541个差异表达基因。通过KEGG通路分析，差异表达基因主要位于植物激素信号转导途径、苯丙烷生物合成以及淀粉和蔗糖等代谢途径，同时也发现细胞壁松弛因子相关基因大量表达（*ZlXTHs*、*ZlEXPAs*、*ZlEXPBs*和*ZlFLAs*等）。

（3）通过超高效液相色谱仪分析相关激素IAA、GA$_3$和ZT＋ZR含量，发现各激素含量均有所增加，通过qRT-PCR也发现激素相关的基因被表达。这些激素可能对茭白膨大有积极的调控作用。

（4）通过以上结果，为了探究黑粉菌与茭白的共生机制，整合了植物激素和细胞壁松弛因子之间的关系。其中细胞壁松弛因子相关基因大量表达，以生长素为中心，其他激素共同调节，以此来解释黑粉菌侵染宿主，导致膨大茎形成的动态过程。本研究为阐明黑粉菌侵染茭白的生理和分子机制提供了新的视角，为进一步了解茭白的肉质茎形成奠定了坚实的理论基础。

参 考 文 献

郭得平, 李曙轩, 曹小芝, 1991. 茭白黑粉菌 (*Ustilago esculenta*)某些生物学特性的研究[J]. 浙江农业大学学报, 17(1): 80-84.

闫宁, 王晓清, 王志丹, 等, 2013. 食用黑粉菌侵染对茭白植株抗氧化系统和叶绿素荧光的影响[J]. 生态学报, 33(5): 1584-1593.

闫宁, 薛惠民, 石林豫, 等, 2013. 茭白"雄茭"和"灰茭"的形成及遗传特性[J]. 中国蔬菜 (16): 35-42.

周美琪, 李帅, 叶子弘, 等, 2018. 菰*ZlWRKY72*转录因子克隆及其在茎部膨大发育中的表达分析[J]. 农业生物技术学报, 26(6): 14-24.

刘洪磊, 于金梦, 曹乾超, 等, 2019. *UeFuz7*在菰黑粉菌二型态转换中的作用[J]. 植物病理学报, 49(2): 62-70.

葛倩雯, 2018. 菰黑粉菌PKA途径中*UePkaC*基因对极性生长机制的研究[D]. 杭州: 中国计量大学.

李帅, 2016. 茭白抗病基因*Zl-RPM1*和*Zl-ADR*的克隆及表达分析[D]. 杭州: 中国计量大学.

董昕瑜, 周淑荣, 郭文场, 等, 2018. 中国茭白的品种简介[J]. 特种经济动植物, 21(5): 41-43.

孙振田, 2012. 《西京杂记》伪托刘歆作补论二则[J]. 图书馆杂志, 31(6): 88-91.

林丽珍, 余悦, 王振涛, 等, 2014. 菰的考证及应用[J]. 中国现代中药, 16(9): 776-779.

Baker B, Zambryski P, Staskawicz B, et al., 1997. Signaling in plant-microbe interactions[J]. Science, 276(5313): 726-733.

Bargmann B, Estelle M, 2014. Auxin perception: in the IAA of the beholder[J]. Physiologia Plantarum, 151(1): 52-61.

Bhargava S, Sawant K, 2013. Drought stress adaptation: metabolic adjustment and regulation of gene expression[J]. Plant Breeding, 132: 21-32.

Bridge L, Mirams G, Kieffer M, et al., 2012. Distinguishing possible mechanisms for auxin-mediated developmental control in *Arabidopsis*: models with two Aux/IAA and ARF proteins, and two target gene-sets[J]. Mathematical Biosciences, 235(1): 32-44.

Bruce S, Saville B, Neil Emery R, 2011. *Ustilago maydis* produces cytokinins and abscisic acid for potential regulation of tumor formation in *Maize*[J]. Journal of Plant Growth Regulation, 30(1): 51-63.

Chaves M, Maroco J, Pereira J, 2003. Understanding plant responses to drought - from genes to the whole plant[J]. Functional Plant Biology, 30(3): 239-264.

Chung K, Tzeng D, 2004. Biosynthesis of indole-3-acetic acid by the gall-inducing fungus *Ustilago esculenta*[J]. Journal of Biological Sciences, 4(6): 744-750.

David D, Yinong Y, Casiana Vera C, et al., 2010. Abscisic acid-induced resistance against the brown spot pathogen *Cochliobolus miyabeanus* in rice involves MAP kinase-mediated repression of ethylene signaling[J]. Plant Physiology, 152(4): 2036-2052.

Davies W, Kudoyarova G, Hartung W, 2005. Long-distance ABA signaling and its relation to other signaling pathways in the detection of soil drying and the mediation of the plant's response to drought[J]. Journal of Plant Growth Regulation, 24(4): 285-295.

Dean R, van Kan J, Pretorius Z, et al., 2012. The Top 10 fungal pathogens in molecular plant pathology[J]. Molecular Plant Pathology, 13(7): 414-430.

Denance N, Sanchez-Vallet A, Goffner D, et al., 2013. Disease resistance or growth: the role of plant hormones in balancing immune responses and fitness costs[J]. Frontiers in Plant Science, 4: 155.

Dixon R, Achnine L, Kota P, et al., 2002. The phenylpropanoid pathway and plant defence-a genomics perspective[J]. Molecular Plant Pathology, 3(5): 371-390.

Dodds P, Rathjen J, 2010. Plant immunity: towards an integrated view of plant-pathogen interactions[J]. Nature Reviews Genetics, 11(8): 539-548.

Dong W, Zhu Y, Chang H, et al., 2021. An SHR-SCR module specifies legume cortical cell fate to enable nodulation[J]. Nature, 589: 586-590.

Doehlemann G, Wahl R, Horst R, et al., 2008. Reprogramming a maize plant: transcriptional and metabolic changes induced by the fungal biotroph *Ustilago maydis*[J]. The Plant Journal, 56(2): 181-195.

Dolzblasz A, Banasiak A, Vereecke D, 2018. Neovascularization during leafy gall formation on *Arabidopsis thaliana* upon *Rhodococcus fascians* infection[J]. Planta, 247(1): 215-228.

Doonan J, Sablowski R, 2010. Walls around tumours - why plants do not develop cancer[J]. Nature Reviews Cancer, 10(11): 794-802.

Fu J, Wang S, 2011. Insights into auxin signaling in plant-pathogen interactions[J]. Frontiers in Plant Science, 2: 74.

Guo H, Li S, Peng J, et al., 2007. *Zizania latifolia* Turcz. cultivated in China[J]. Genetic Resources & Crop Evolution, 54(5): 1211-1217.

Guo L, Qiu J, Han Z, et al., 2015. A host plant genome (*Zizania latifolia*) after a century-long endophyte infection[J]. The Plant Journal, 83(4): 600-609.

Hahn M, Mendgen K, 2001. Signal and nutrient exchange at biotrophic plant-fungus interfaces[J]. Current Opinion in Plant Biology, 4(4): 322-327.

Han S, Zhang H, Qin L, et al., 2013. Effects of dietary carbohydrate replaced with wild rice (*Zizania latifolia* (Griseb.) Turcz) on insulin resistance in rats fed with a high-fat/cholesterol diet[J]. Nutrients, 5(2): 552-564.

Hauser F, Waadt R, Schroeder J, 2011. Evolution of abscisic acid synthesis and signaling mechanisms[J]. Current Biology, 21(9): R346-355.

Hirsch A, Fang Y, Asad S, et al., 1997. The role of phytohormones in plant-microbe symbioses[J]. Plant and Soil, 194: 171-184.

Horst R, Engelsdorf T, Sonnewald U, et al., 2008. Infection of maize leaves with *Ustilago maydis* prevents establishment of C_4 photosynthesis[J]. Journal of Plant Physiology, 165(1): 19-28.

Hossain M, Ishiga Y, Yamanaka N, et al., 2018. Soybean leaves transcriptomic data dissects the phenylpropanoid pathway genes as a defence response against *Phakopsora pachyrhizi*[J]. Plant Physiology and Biochemistry, 132: 424-433.

Jaillais Y, Chory J, 2010. Unraveling the paradoxes of plant hormone signaling integration[J]. Nature Structural & Molecular Biology, 17: 642-645.

Kamper J, Kahmann R, Bolker M, et al., 2006. Insights from the genome of the biotrophic fungal plant pathogen *Ustilago maydis*[J]. Nature, 444(7115): 97-101.

Kant S, Bi Y, Zhu T, et al., 2009. *SAUR39*, a small auxin-up RNA gene, acts as a negative regulator of auxin synthesis and transport in rice[J]. Plant Physiology, 151(2): 691-701.

Khan A, Shinwari Z, Kim Y, et al., 2012. Role of endophyte chaetomium globosum Lk4 in growth of *Capsicum annuum* by producion of gibberellins and indole acetic acid[J]. Pakistan Journal of Botany, 44(5): 1601-1607.

Kim T, 2012. Plant stress surveillance monitored by ABA and disease signaling interactions[J]. Molecules & Cells, 33(1): 1-7.

Li J, Guan Y, Yuan L, et al., 2019. Effects of exogenous IAA in regulating photosynthetic capacity, carbohydrate metabolism and yield of *Zizania latifolia*[J]. Scientia Horticulturae, 253: 276-285.

Li J, Lu Z, Yang Y, et al., 2021. Transcriptome analysis reveals the symbiotic mechanism of *Ustilago esculenta*-induced gall formation of *Zizania latifolia* [J]. Molecular Plant-Microbe Interactions, 34(2): 168-185.

Li Y, Beisson F, Koo A J, et al., 2007. Identification of acyltransferases required for cutin biosynthesis and production of cutin with suberin-like monomers[J]. Proceedings of the National Academy of Sciences of the United States of America 104(46): 18339-18344.

Mehmood A, Hussain A, Irshad M, et al., 2018. IAA and flavonoids modulates the association between maize roots and phytostimulant endophytic *Aspergillus fumigatus* greenish[J]. Journal of Plant Interactions, 13: 532-542.

Mizoi J, Shinozaki K, Yamaguchi-Shinozaki K, 2012. AP2/ERF family transcription factors in plant abiotic stress responses[J]. Biochimica et Biophysica Acta, 1819(2): 86-96.

Moghadasian M, Kaur R, Kostal K, et al., 2019. Anti-atherosclerotic properties of wild rice in low-density lipoprotein receptor knockout mice: the gut microbiome, cytokines, and metabolomics study[J]. Nutrients, 11(12): 2894.

Morrison E, Emery R, Saville B, 2015. Phytohormone involvement in the *Ustilago maydis- Zea mays* pathosystem: relationships between abscisic acid and cytokinin levels and strain virulence in infected cob tissue[J]. PLoS ONE, 10: e0130945.

Muller D, and Leyser O, 2011. Auxin, cytokinin and the control of shoot branching[J]. Annals of Botany, 107(7): 1203-1212.

Pieterse C, Leon-Reyes A, Van der Ent S, et al., 2009. Networking by small-molecule hormones in plant immunity[J]. Nature Chemical Biology, 5: 308-316.

Quan Z, Pan L, Ke W, et al., 2009. Sixteen polymorphic microsatellite markers from *Zizania latifolia* Turcz. (Poaceae) [J]. Molecular Ecology Resources, 9(3): 887-889.

Rabe F, Ajami-Rashidi Z, Doehlemann G, et al., 2013. Degradation of the plant defence hormone salicylic acid by the biotrophic fungus *Ustilago maydis*[J]. Molecular Microbiology, 89(1): 179-188.

Roberts A, Trapnell C, Donaghey J, et al., 2011. Improving RNA-Seq expression estimates by correcting for fragment bias[J]. Genome Biology, 12(3): R22.

Rubery P, Fosket D, 1969. Changes in phenylalanine ammonia-lyase activity during xylem differentiation in coleus and soybean[J]. Planta, 87:54-62.

Sanders I, 2011. Mycorrhizal symbioses: how to be seen as a good fungus[J]. Current Biology, 21(14): R550-552.

Singh K, Foley R, Onate-Sanchez L, 2002. Transcription factors in plant defense and stress responses[J]. Current Opinion in Plant Biology, 5(5): 430-436.

Song Y, You J, Xiong L, 2009. Characterization of *OsIAA1* gene, a member of rice Aux/IAA family involved in auxin and brassinosteroid hormone responses and plant morphogenesis[J]. Plant Molecular Biology, 70(3): 297-309.

Thrower L, Chan Y, 1980. Gau sun: a cultivated host-parasite combination from china[J]. Economic Botany, 34(1): 20-26.

Ton J, Flors V, Mauch-Mani B, 2009. The multifaceted role of ABA in disease resistance[J]. Trends in Plant Science, 14(6): 310-317.

Wang Z, Yan N, Wang Z, et al., 2017. RNA-Seq analysis provides insight into reprogramming of culm development in *Zizania latifolia* induced by *Ustilago esculenta*[J]. Plant Molecular Biology, 95(6): 533-547.

Waqas M, Khan A, Kamran M, et al., 2012. Endophytic fungi produce gibberellins and indoleacetic acid and promotes host-plant growth during stress[J]. Molecules, 17(9): 10754-10773.

Wilkinson S, Kudoyarova G, Veselov D, et al., 2012. Plant hormone interactions: innovative targets for crop breeding and management[J]. Journal of Experimental Botany, 63(9): 3499-3509.

Yan N, Wang X, Xu X, et al., 2013. Plant growth and photosynthetic performance of *Zizania latifolia* are altered by endophytic *Ustilago esculenta* infection[J]. Physiological and Molecular Plant Pathology, 83: 75-83.

Yan N, Du Y, Liu X, et al., 2018. Morphological characteristics, nutrients, and bioactive compounds of *Zizania latifolia*, and health benefits of its seeds[J]. Molecules, 23: 1561.

You W, Liu Q, Zou K, et al., 2011. Morphological and molecular differences in two strains of *Ustilago esculenta*[J]. Current Microbiology, 62(1): 44-54.

Zafari S, Niknam V, Musetti R, et al., 2012. Effect of phytoplasma infection on metabolite content and antioxidant enzyme activity in lime (*Citrus aurantifolia*)[J]. Acta Physiologiae Plantarum, 34(2): 561-568.

Zhang J, Chu F, Guo D, et al., 2012. Cytology and ultrastructure of interactions between *Ustilago esculenta* and *Zizania latifolia*[J]. Mycological Progress, 11(2): 499-508.

Zhang J, Chu F, Guo D, et al., 2014. The vacuoles containing multivesicular bodies: a new observation in interaction between *Ustilago esculenta* and *Zizania latifolia*[J]. European Journal of Plant Pathology, 138: 79-91.

第12章 促进茭白肉质茎起始膨大的生长素来源研究

张治平[1]　宋思晓[1]　刘彦承[1]　缪旻珉[1]

（1.扬州大学园艺与植物保护学院）

◎本章提要

茭白是一种多年生水生蔬菜，在我国南方广泛种植。它由茭白黑粉菌侵染中国菰植株诱导茎基部膨大形成。茭白黑粉菌与中国菰植株共生，但茭白肉质茎需要在一定条件下才能形成。因此，研究引发茭白肉质茎形成的机制对全面了解植物与病原菌的互作具有重要意义。前人研究表明，植物激素在促进茭白茎膨大中起着重要的作用，但由中国菰和黑粉菌分别合成的激素的作用尚不清楚。本章利用RNA-Seq技术对茭白肉质茎起始膨大时（黑粉菌菌丝大量繁殖并穿透宿主细胞时）中国菰与茭白黑粉菌互作基因的表达进行了研究。与茭白黑粉菌基因组的序列进行比对发现，在肉质茎起始膨大时，茭白黑粉菌参与苯丙氨酸、酪氨酸和色氨酸生物合成和生长素生物合成的基因表达量明显下降。同时，大量与宿主植物激素合成、代谢和信号转导相关的基因，特别是生长素生物合成相关基因的表达量在茭白茎组织中显著增加。同时，内源激素水平测定表明，吲哚-3-乙酸（IAA）含量显著升高，而细胞分裂素（CTK）和赤霉素（GA）含量呈相反的趋势。进一步对ZlYUCCA基因家族进行了鉴定和表达分析，结果表明诱导茭白肉质茎起始膨大的生长素可能主要由中国菰植株合成，且ZlYUCCA9基因在其中起关键作用。

12.1 前言

中国菰是一种多年生水生植物，作为古老的谷类作物在我国已有3 000多年的食用历史（Guo et al., 2017）。黑粉菌侵染中国菰后，中国菰逐步失去开花结籽能力，其茎上部的数节膨大形成肉质茎，成为在中国、印度、日本及东南亚地区很常见的一种水生蔬菜（Josea et al., 2019）。在自然界中，茭白黑粉菌是担子菌门黑粉菌目黑粉菌科黑粉菌属的一种真菌。大部分黑粉菌，如玉米黑粉菌、玉米丝轴黑粉菌、大麦坚黑粉菌、小麦秆黑粉菌和马铃薯黑粉菌等，通常会对宿主植物造成破坏，阻碍其生长，造成巨大经济损失（Brefort et al., 2009；Zuo et al., 2019）。但中国菰与黑粉菌在漫长的人工选择与协同进化过程中，植物的抗病机制和真菌的侵染机制之间达成了一种巧妙的平衡，被侵染的茎产生的不再是寻常所见的病瘤或充满黑色孢子，而是一种可食用的白色肉质组织，其味道鲜美、营养丰富，深受人们喜爱，在中国通常被称为茭白（Wang et al., 2018，2020）。茭白种植已成为浙江、江苏和安徽等地区的重要产业，具有较高的经济价值（Guo et al., 2007；Zhang et al., 2012）。

长期以来，人们一直在努力探索茭白肉质茎形成的独特机制。黑粉菌长期与中国菰共生，即使在冬季，黑粉菌仍然存在于宿主植物的老根和匍匐茎中。春季萌发后，在从幼苗生长到肉质茎膨大的过程中，黑粉菌菌丝沿着细胞间隙或通过细胞向上侵染，经历线状、分枝、聚集、分隔、细胞壁加厚和形成冬孢子等一系列形态变化（褚福强，2012；Zhang et al., 2012）。这一过程还伴随着一系列的生理变化，如植物激素增加、碳水化合物积累和叶片光合作用增强等（江解增等，2003，2004，2005；Chung and Tzeng, 2004）。在茭白不同发育阶段的转录组（Wang et al., 2017；Li et al., 2021）和蛋白质组（Josea et al., 2019）分析中，发现了大量涉及物质代谢、信号转导和植物－真菌互作等途径的差异表达基因。

生长素在植物的生长发育中起着多种作用。吲哚-3-乙酸（IAA）是一种最常见的生长素，不仅调节细胞分裂、伸长和分化，诱导根、茎、叶、花和果实的形成，还参与向地性和向光性等生理过程，并在应激反应与微生物的相互作用中发挥重要作用（Lambrecht et al., 2000；Sauer et al., 2013）。许多病原菌在与植物相互作用的过程中都产生生长素，因此生长素在植物病害发展过程中一直受到关注（Kazan and Manners, 2019）。长期以来，植物激素尤其是IAA在茭白茎膨大过程中的作用一直是研究者关注的问题。虽然中国菰和黑粉菌都有合成IAA的能力，但导致茭白肉质茎起始膨大的生长素究竟由谁合成尚不清楚（Chung and Tzeng, 2004；Li et al., 2021）。由于中国菰与黑粉菌合成的IAA在化学结构上完全相同，在共生条件下也无法通过标记等方法加以区分，这一问题长期以来未能被探明。对玉米黑粉菌及其他相关真菌的研究结果表明，真菌IAA主要通过IPyA（吲哚-3-丙酮酸）和IAM（吲哚-3-乙酰胺）途径合成。在真菌中，IPyA途径的关键酶包括色氨酸转氨酶（TAM，真菌）、吲哚-3-丙酮酸脱羧酶（IPDC）和吲哚-3-乙醛脱氢酶（IAD）；IAM途径包括色氨酸-2-单加氧酶（iaaM）和IAM水解酶（iaaH）（Puspendu et al., 2018）。而在拟南芥中，IAA主要由色氨酸经过色氨酸转氨酶（TAA，拟南芥）和黄素单加氧酶（YUCCA）两步催化生物合成（Gao et al., 2020）。黑粉菌和植物IAA生物合成途径的不同，为区分茭白IAA到底由谁合成提供了可能。此外，YUCCA是植物生长素合成途径中的限速酶，通过全基因组水平的鉴定和分析，*YUCCA*基因家族在拟南芥、玉米、马铃薯和水稻等许多植物中得到了广泛的研究。但与上述植物相比，对茭白*YUCCA*基因家族的了解仍然十分有限。

利用转录组测序技术研究受感染植物组织中宿主植物和病原菌的基因表达模式，对全面了解植物和病原菌互作具有重要的意义。该技术已广泛应用于研究多种宿主植物和病原菌的差异表达基因分析，如小麦与巴西固氮螺菌（Camilios-Neto et al., 2014）、水稻与稻瘟病菌（Kawahara et al., 2012）以及甘蓝型油菜和菌核病菌（Wu et al., 2016）等的相互作用。为了更好地了解茭白（中国菰）－黑粉菌互作以及植物激素在茭白形成过程中的作用，本章利用RNA-Seq技术分析肉质茎起始膨大期中国菰和黑粉菌互作中的差异表达基因，测定植物激素的含量，同时利用生物信息学方法对宿主植物中*YUCCA*基因家族成员进行全基因组水平分析，并调查该基因家族成员在肉质茎形成时的表达模式。

12.2　试验材料采集

供试的材料来自扬州大学园艺与植物保护学院水生蔬菜试验田（东经119°42′、北纬32°24′）。所有试验材料均进行盆栽，盆规格上口径×深度×下口径为53.5cm×37.5cm×30cm。研究根据植株、叶片形态和茎顶端分生组织的外部特征判断肉质茎发育的阶段从而进行样品采集。在茭白肉质茎形成前10d（−10d），3片新生长的叶（叶片1、叶片2和叶片3）的长度无明显差异，且叶鞘和叶片的连接处随着叶片的生长逐渐升高，层次分明（12-1A红色圆圈）；剥去外叶，发现茎尖生长点小而短，没有观察到明显的节（图12-1C）。在茭白肉质茎起始膨大期（0d），中心叶（叶片1）的高度低于外部叶（叶片2和叶片3），且叶片变宽，颜色变浅绿；叶片1～3的叶片和叶鞘的连接处逐渐接近形成一条线（12-1B红色圆圈），肉质茎可以清楚地观察到节和节间（图12-1D）。分别采集−10d和0d完整的生长锥，用于观察黑粉菌在茭白中的分布。同时采集肉质茎节（红色框），液氮速冻，−80℃冰箱保存，用于后续的转录组测序和激素含量测定。所有样品重复3次，每次重复采集15～20个不同植株。

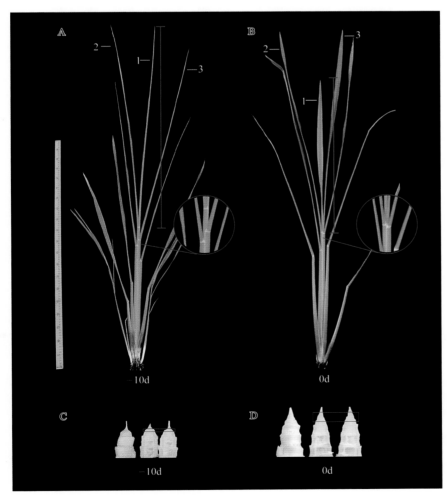

图12-1　茭白肉质茎起始膨大期植株生长特征

A、B.茭白肉质茎起始膨大前后植株和叶片的外部特征　C、D.−10d、0d茭白茎的顶端分生组织（红框所示）外部形态和纵切

注：−10d表示肉质茎形成前10d；0d表示肉质茎形成当天。1、2、3表示中间3片新生长的叶，叶片1、叶片2和叶片3。红线示新展开的叶片1从茭白眼至叶尖的高度。红圈示叶片和叶鞘连接处。

12.3 茭白肉质茎起始膨大期茭白黑粉菌分布观察

分别用石蜡切片法和扫描电镜法观察 -10d 和 0d 的茭白黑粉菌菌丝分布。在 -10d 黑粉菌菌丝很少见，集中在节部；大多数菌丝短杆状，少数菌丝伸长（图 12-2Aa、b）。在 0d，被分为茎顶端、第 1 节点、第 2 节点、节间和底部 5 个部分（图 12-2Ac）。菌丝在茎顶端的分布小而致密，量少（12-2Ad）。在生长锥下方，菌丝的数量开始显著增加，其中大部分聚集在茎的第 1 节（图 12-2Ae），第 2 节的菌丝群数量大且密集（图 12-1Af）。从第 2 节开始，茭白节间细胞开始生长，逐渐形成空腔，该区域的小菌丝团面积变大，菌丝穿过多个细胞延伸（图 12-2Ag）。在生长锥的底部，菌丝的数量减少，肉质茎空腔越来越大（图 12-2Ah）。在扫描电镜下，-10d 时少量的圆形或不规则孢子零星分布在未膨大的茭白组织中，而在 0d 时，黑粉菌菌丝密集呈丝网缠绕状，并有向宿主组织内部延伸的趋势（图 12-2B）。

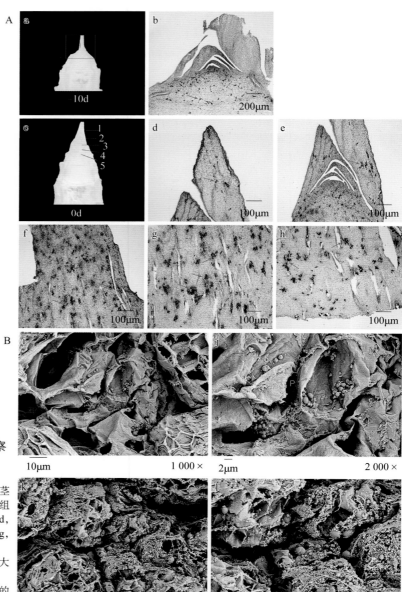

图 12-2　茭白组织中黑粉菌菌丝分布的观察
A.石蜡切片显示茭白组织中黑粉菌菌丝分布
B.茭白茎尖第 1 节黑粉菌菌丝的扫描电镜图
A：a，茎起始膨大前（-10d）纵向组织；b，茎起始膨大前菌丝分布；c，起始膨大期（0d）茎组织的 5 个部分；d ~ h，黑粉菌菌丝的分布。1、d，茎顶端；2、e，第 1 节点；3、f，第 2 节点；4、g，节间；5、h，底部
B：i、j，茎起始膨大（-10d）；k、l，起始膨大期间（0d）
注：红色和绿色箭头分别代表黑粉菌和茭白的组织。

冬季菱白地上部分枯萎，从春季发芽到茎开始膨大需要数个月；菱白肉质茎一旦形成，1～2周内迅速扩张，达到商品期的大小。因此，肉质茎的起始膨大期是了解菱白与黑粉菌之间相互作用机制的关键时期。同时，在病害发生早期，真菌菌丝侵入植物细胞对宿主和病原菌之间的相互作用也非常重要，如水稻与稻瘟病菌的互作（Kawahara et al., 2012）以及玉米与玉米黑粉菌的互作（Weber et al., 2009）均发现了类似的情况。但是此时病原菌表达的基因在混合转录组数据中的占比较小，难以检测，如何提高其占比是利用RNA-Seq研究植物和病原菌在两者互作期间基因表达模式的关键。前人研究表明，菱白黑粉菌菌丝在菱白内分布不均，节内菌丝较多，而节间较少。本研究发现，菱白形成时黑粉菌菌丝发生了显著变化；随着菌丝和分生孢子数量的增加，黑粉菌穿透宿主细胞，主要分布在菱白茎的第1和第2节。因此，选择该组织进行转录组测序，以增加菱白黑粉菌的占比。

12.4 菱白和菱白黑粉菌转录组的综合分析

以−10d和0d的生长点中间节为试验材料，进行转录组测序，每个样品平均产出了15.25Gb数据。分别以第1版本菱白（中国菰）基因组数据库（INSDC：ASSH00000000.1）和菱白黑粉菌基因组数据库（INSDC：JAAKGJ010000000）为参考序列对数据进行比对分析。样本与菱白（中国菰）和菱白黑粉菌的基因组和基因集的平均比对率分别为84.03%和4.76%以及66.82%和3.56%（表12-1）。在−10d和0d的样品中，所有匹配的序列中来源于菱白（中国菰）序列的分别有67.5%和66.1%，来源于菱白黑粉菌序列的分别有2.88%和4.24%，说明在菱白形成初期黑粉菌基因在混合转录组的占比有所增加（表12-2）。这与组织切片中观察到的黑粉菌菌丝和分生孢子数量在此时剧烈增加相一致。

表12-1 肉质茎起始膨大期菱白（中国菰）和菱白黑粉菌互作转录组的数据分析

统计项目	菱白黑粉菌（*U. esculenta*）	菱白（中国菰，*Z. latifolia*）
总数据量（Gb）	15.25	15.25
基因组平均比对率（%）	4.76	84.03
基因集的平均比对率（%）	3.56	66.82
共检测到表达的基因数（个）	6 330	40 856
已知的基因数（个）	6 319	37 622
预测的新基因数（个）	11	3 234
共检测出新转录本（个）	1 345	36 704
已知蛋白编码基因的新可变剪接亚型（个）	1 002	24 993
新蛋白编码基因转录本（个）	11	3 280
长链非编码RNA（个）	332	8 431

表12-2 转录组测序数据与菱白（中国菰）和菱白黑粉菌参考基因组的比对分析

物种	基因组平均比对率（%）			基因集的平均比对率（%）		
	−10d	0d	平均值	−10d	0d	平均值
菱白（中国菰，*Z. latifolia*）	84.9	83.1	84.03	67.5	66.1	66.82
菱白黑粉菌（*U. esculenta*）	3.87	5.64	4.76	2.88	4.24	3.56

在茭白（中国菰）和茭白黑粉菌互作转录组中，共检测到黑粉菌基因6 330个，其中已知基因6 319个，预测的新基因11个；共检测出1 345个新转录本，其中1 002个属于已知蛋白编码基因的新可变剪接亚型，11个属于新蛋白编码基因转录本，剩下的332个属于长链非编码RNA（表12-1）。−10d和0d共有基因6 171个，特有基因分别为41个和118个，与−10d样本相比，在0d表达量上升的基因有99个，表达量下降的基因有135个（图12-3A、C）。

以茭白（中国菰）基因组为参考，共检测到表达基因40 856个，其中已知基因37 622个，预测新基因3 234个；共检测出36 704个新转录本，其中24 993个属于已知蛋白编码基因的新可变剪接亚型，3 280个属于新蛋白编码基因转录本，剩下的8 431个属于长链非编码RNA（表12-1）。−10d和0d共有基因38 134个，特有基因分别为1 434个和1 288个，与−10d样本相比，0d样本中表达量上升的基因有2 164个，表达量下降的基因有2 772个（图12-3B、C）。

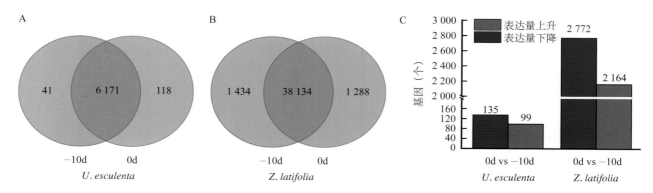

图12-3　茭白肉质茎起始膨大前后共同、特异表达和差异表达的基因数
A. −10d和0d茭白黑粉菌共同和特异表达的基因数　B. −10d和0d茭白共同和特异表达的基因数
C. −10d和0d茭白黑粉菌和茭白差异表达基因数

12.5　茭白肉质茎膨大起始期茭白黑粉菌差异表达基因分析

12.5.1　差异表达基因的GO功能富集和分类分析

根据GO功能注释结果，−10d和0d共有129个茭白黑粉菌差异表达基因参与了GO富集分析和功能分类。图12-4显示了q值最小的前20个GO条目，其中差异表达基因数超过10个的GO条目有6个，包括膜结构、膜部分、膜固有成分、膜整体组成、氧化还原酶活性和跨膜转运，分别包含49个、48个、48个、48个、23个和12个差异表达基因（图12-4A），且膜整体组成和膜固有成分显著富集（q < 0.05）。进一步将差异表达基因进行GO功能注释分类，分为生物学过程、细胞组分和分子功能三类。在生物学过程GO功能类别中，差异表达基因主要参与代谢进程、细胞进程和定位，分别有差异表达基因40个、34个和16个。细胞组分中富集的差异表达基因最多的4个GO条目分别是膜结构、膜部分、细胞和细胞器，分别有49个、48个、38个和26个，其次是细胞器部分、高分子复合物、细胞部分、膜关闭内腔和胞外区域等。GO注释统计还发现主要蛋白的分子功能为结合活性和催化活性，排在所有GO条目富集的基因数目的前2位。此外，茭白肉质茎形成时细胞组分和分子功能2个GO功能注释分类中的胞外区域、信号转导活性和分子转导活性等GO条目中富集的差异表达基因的表达量均高于肉质茎形成前。相比之下，参与解毒、信号、抗氧化活性和分子功能调节剂的差异表达基因在0d时的表达水平均低于−10d（图12-5A）。

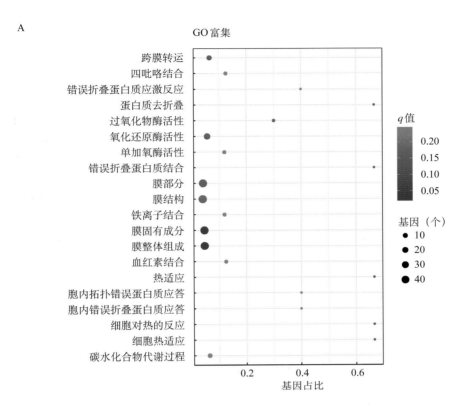

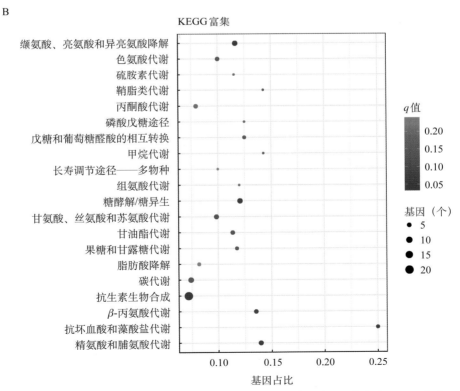

图12-4　茭白肉质茎起始膨大前后茭白黑粉菌差异表达基因的 GO 富集和 KEGG 富集

A.差异表达基因的GO富集　B.差异表达基因的KEGG富集

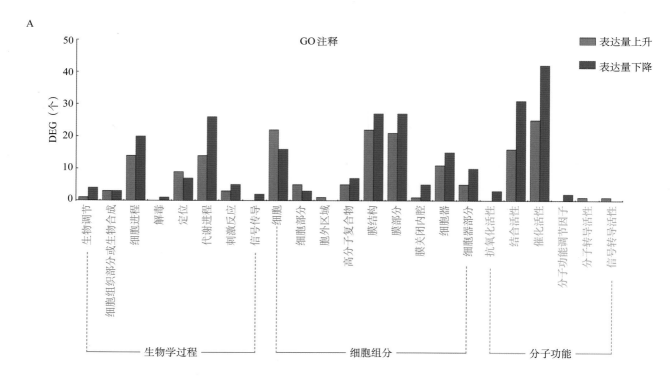

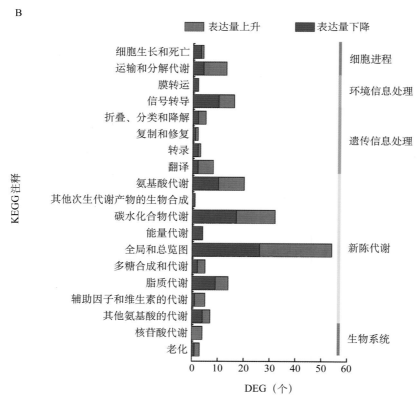

图12-5　茭白肉质茎起始膨大前后黑粉菌差异表达基因的GO分类和KEGG分类
A.差异表达基因的GO分类　B.差异表达基因的KEGG分类

12.5.2 差异表达基因的KEGG功能富集和分类分析

根据KEGG 注释结果以及官方分类，将−10d 和0d茭白黑粉菌差异表达基因进行KEGG功能富集和分类，茭白黑粉菌中有100个差异表达基因能够被KEGG 数据库成功注释。采用 R 软件中的phyper函数对差异表达基因进行KEGG富集分析，图12-4B 显示了q值最小的前20个KEGG通路，其中参与抗生素生物合成，糖酵解/糖异生，抗坏血酸和藻酸盐代谢，缬氨酸、亮氨酸和异亮氨酸降解以及精氨酸和脯氨酸代谢等5个KEGG通路显著富集（$q < 0.05$），分别包含20个、7个、4个、7个、6个差异表达基因。茭白起始膨大前后的差异表达基因主要参与了5个大类中19个KEGG 通路，它们主要涉及总体代谢（全局和总览图）、碳水化合物代谢和氨基酸代谢，分别包含了54个、32个和20个差异表达基因（图12-5B）。进一步分析表明，GME2906_g 和GME5929_g（参与膜运输），GME6512_g（参与次生代谢产物生物合成）以及GME1592_g、GME5593_g、GME6081_g 和GME6343_g（参与能量代谢）等7个基因的表达量在茎形成初期显著下降。同时还发现，与维持细胞壁完整性有关的几丁质合酶基因GME6969_g 的表达量在茭白茎膨大过程中显著上升（表12-3）。研究还发现苯丙氨酸、酪氨酸和色氨酸生物合成途径中的GME3221_g 以及色氨酸代谢途径中的GME1810_g、GME621_g 和GME6394_g 在起始膨大期表达量均显著下降。GME3221_g 编码邻氨基苯甲酸合酶（TrpE），该酶是合成色氨酸、吲哚和吲哚生物碱的关键调节酶；而GME1810_g 编码色氨酸转氨酶（TAM），GME621_g 和GME6394_g 编码吲哚-3-乙醛脱氢酶（IAD），均是吲哚-3-乙酸（IAA）依赖色氨酸合成的IPyA途径关键基因，这些基因表达量显著下降，说明由黑粉菌合成的生长素在触发茭白肉质茎起始膨大中并不起主要作用（表12-3）。

表12-3 茭白肉质茎起始膨大前后茭白黑粉菌差异表达基因 KEGG分类

基因 ID	KEGG 路径	$\log_2^{(FC)}$	Nr库
BGI_novel_G000001	细胞进程	−1.41	新基因
GME2537_g	细胞进程	1.95	保守假定蛋白
GME3058_g	细胞进程	1.04	酵母氨酸脱氢酶
GME3535_g	细胞进程	−1.18	假定蛋白
GME4757_g	细胞进程	1.79	保守假定蛋白
GME5149_g	细胞进程	1.55	保守假定蛋白
GME6967_g	细胞进程	−1.10	假定蛋白
GME3196_g	细胞进程；环境信息处理	−1.15	与丝氨酸/苏氨酸蛋白激酶有关
GME230_g	细胞进程；环境信息处理	−1.72	假定蛋白
GME6291_g	细胞进程；新陈代谢	1.32	主要协同转运蛋白超家族的渗透酶
GME2005_g	细胞进程；新陈代谢	1.47	假定蛋白
GME2906_g	环境信息处理	−2.96	多向耐药性ABC转运蛋白
GME5929_g	环境信息处理	−1.04	假定蛋白
GME1189_g	环境信息处理	−1.34	假定蛋白
GME1190_g	环境信息处理	−1.43	保守假定蛋白，部分
GME1462_g	环境信息处理	1.26	假定蛋白
GME2542_g	环境信息处理	1.72	假定蛋白
GME4428_g	环境信息处理	−1.08	保守假定蛋白

（续）

基因ID	KEGG路径	$\log_2^{(FC)}$	Nr库
GME5311_g	环境信息处理	−1.32	假定蛋白
GME6509_g	环境信息处理	−1.28	保守假定蛋白
GME946_g	环境信息处理	−1.22	未知蛋白
GME985_g	环境信息处理	−1.53	假定蛋白
GME918_g	环境信息处理；细胞进程	1.48	未知蛋白
GME2366_g	环境信息处理；细胞进程	−1.12	假定蛋白
GME3283_g	环境信息处理；细胞进程	1.38	与中性氨基酸透性酶有关
GME5690_g	环境信息处理；细胞进程	1.42	假定蛋白
GME1595_g	遗传信息处理	−1.07	与甘露糖-6-磷酸异构酶有关
GME6097_g	遗传信息处理	1.17	分子伴侣结合蛋白
GME1328_g	遗传信息处理	−6.82	假定蛋白
GME2671_g	遗传信息处理	2.20	预测的转运蛋白
GME4836_g	遗传信息处理	−1.31	含RNA结合结构域的蛋白
GME6125_g	遗传信息处理	−1.04	与TAF9-TFIID和SAGA亚基有关
GME6808_g	遗传信息处理	5.43	与核matrix蛋白p84有关
GME1007_g	遗传信息处理	1.86	假定蛋白
GME1055_g	遗传信息处理	1.01	40S核糖体蛋白S7
GME2653_g	遗传信息处理	1.09	40S核糖体蛋白S10
GME2881_g	遗传信息处理	−2.14	C-5甾醇去饱和酶
GME374_g	遗传信息处理	1.44	核糖体60S亚基蛋白L13
GME6615_g	遗传信息处理；新陈代谢	−1.07	假定蛋白
GME5699_g	遗传信息处理；新陈代谢	1.47	核糖体60S亚基蛋白L39
GME1810_g	新陈代谢	−1.44	芳香族氨基酸转氨酶
GME3221_g	新陈代谢	−1.09	假定蛋白
GME441_g	新陈代谢	1.26	假定蛋白
GME952_g	新陈代谢	−1.76	精氨酸酶
GME5058_g	新陈代谢	1.05	鸟氨酸脱羧酶
GME7037_g	新陈代谢	1.43	ADE4-酰胺磷酸核糖转移酶
GME1239_g	新陈代谢	2.41	主要协同转运蛋白超家族的渗透酶
GME6512_g	新陈代谢	−1.25	假定蛋白
GME1171_g	新陈代谢	−1.12	3-氧酰基-（酰基载体蛋白）还原酶
GME229_g	新陈代谢	1.07	β-exo-葡萄糖苷酶蛋白
GME5930_g	新陈代谢	−1.55	NADP依赖的甘露醇脱氢酶
GME6969_g	新陈代谢	1.72	几丁质合成酶I类
GME79_g	新陈代谢	5.49	DEAD解旋酶超家族
GME1492_g	新陈代谢	1.51	与几丁质酶有关
GME1593_g	新陈代谢	−1.83	假定蛋白

（续）

基因ID	KEGG路径	$\log_2^{(FC)}$	Nr库
GME1594_g	新陈代谢	-2.84	假定蛋白
GME2030_g	新陈代谢	-1.55	保守假定蛋白
GME2298_g	新陈代谢	1.13	UDP葡萄糖6-脱氢酶
GME2386_g	新陈代谢	-1.25	与转醛醇酶有关
GME2816_g	新陈代谢	-1.09	与耐热葡萄糖酸激酶有关
GME6279_g	新陈代谢	5.79	未知蛋白
GME6410_g	新陈代谢	-1.01	麦芽糖酶
GME336_g	新陈代谢	-4.15	与ADH6-NADPH依赖的乙醇脱氢酶有关
GME6343_g	新陈代谢	-1.10	与2-硝基丙烷双加氧酶相关的双加氧酶
GME3706_g	新陈代谢	1.73	TYR1-预苯酸脱氢酶（NADP$^+$）
GME6843_g	新陈代谢	1.50	假定蛋白
GME2821_g	新陈代谢	1.90	假定蛋白
GME3388_g	新陈代谢	-1.10	糖苷水解酶家族9蛋白
GME4443_g	新陈代谢	-1.07	保守假定蛋白
GME5210_g	新陈代谢	1.55	假定蛋白PANT_7d00178
GME5476_g	新陈代谢	1.36	未知蛋白
GME2896_g	新陈代谢	1.14	乙醛脱氢酶
GME1592_g	新陈代谢	-1.53	转酮酶
GME5593_g	新陈代谢	-1.04	酯酶D
GME3729_g	新陈代谢	-1.15	假定蛋白
GME4861_g	新陈代谢	1.29	与α-1,6-甘露糖基转移酶有关
GME1740_g	新陈代谢	-1.55	假定蛋白
GME6204_g	新陈代谢	1.44	非特征蛋白UHOR05519
GME1736_g	新陈代谢	-1.21	与细胞色素P-450有关
GME3556_g	新陈代谢	1.06	硫胺生物合成蛋白nmt1
GME1569_g	新陈代谢	-1.10	假定蛋白
GME2261_g	新陈代谢	1.03	与对硝基苄基酯酶有关
GME5584_g	新陈代谢	-1.23	假定蛋白
GME6815_g	新陈代谢	-1.42	双加氧酶Ssp1
GME6673_g	新陈代谢	-1.33	与棕榈酰蛋白硫酯酶1有关
GME6746_g	新陈代谢	1.61	与α-N-乙酰半乳糖胺酶前体有关
GME3598_g	新陈代谢	1.50	与3-植酸酶A前体有关
GME4303_g	新陈代谢	-1.26	含黄素胺氧化酶
GME6081_g	新陈代谢	-1.32	假定蛋白
GME621_g	新陈代谢	-1.99	乙醛脱氢酶家族7成员A1
GME6394_g	新陈代谢	-1.43	吲哚-3-乙醛脱氢酶
GME5967_g	新陈代谢；细胞进程	-1.05	糖转运蛋白
GME6804_g	新陈代谢；细胞进程	-1.45	与MFS糖转运蛋白有关
GME2441_g	新陈代谢；细胞进程	3.11	羧酸酯酶2

（续）

基因ID	KEGG 路径	$\log_2^{(FC)}$	Nr库
GME1431_g	新陈代谢；环境信息处理；细胞进程	1.12	假定蛋白
GME614_g	新陈代谢；遗传信息处理	1.23	未知蛋白
GME1975_g	新陈代谢；遗传信息处理	1.40	糖苷水解酶家族47蛋白
GME1616_g	生物系统	−1.03	假定蛋白
GME1617_g	生物系统	1.15	热休克蛋白HSP104
GME1772_g	生物系统；新陈代谢；细胞进程	1.23	未知蛋白

注：*FC*（差异倍数，fold change）的值为黑粉菌基因在0d茭白茎尖中的表达量与在−10d茭白茎尖中的表达量的比值。

12.6 茭白肉质茎形成起始期茭白差异表达基因分析

12.6.1 差异表达基因的GO功能富集和分类分析

图12-6显示了茭白肉质茎起始膨大前后差异表达基因GO富集 *q* 值最小的20个GO 条目，富集最显著的10个GO条目分别是DNA模板的转录、RNA生物合成过程、核酸模板的转录、四吡咯结合、血红素结合、含核碱基化合物生物合成过程、氧化还原酶活性、有机环状化合物生物合成过程、激素水平调节和胞外区域（图12-6A）。进一步将GO注释中差异表达基因进行GO分类统计，共有2 774个差异表达基因参与了49个GO分类功能类别，差异表达基因数目排在前5位的GO功能类别是结合活性、细胞、催化活性、细胞进程、代谢进程，共有1 471个、1 422个、1 345个、1 266个和1 196个基因，其中表达量上升和下降的基因分别为695个和776个，879个和543个，591个和754个，631个和635个，575个和621个（图12-7A）。

12.6.2 差异表达基因的KEGG功能富集和分类分析

对KEGG通路中差异表达基因富集可靠性高的前20个通路的比较分析显示，差异表达基因数目富集超过100个的是RNA转运、mRNA监测通路、植物－病原菌互作、苯丙烷生物合成、植物激素信号转导、MAPK信号传导通路－植物、氨基糖和核苷酸糖代谢（图12-6B）。同时，KEGG差异富集（ *q* < 0.05）的6个通路是植物激素信号转导、苯丙烷生物合成、植物－病原菌互作、MAPK信号传导通路－植物、脂肪酸延伸以及角质、软木脂和蜡质生物合成（表12-4）。与茭白肉质茎形成有关的植物激素信号转导通路有185个差异表达基因，其中106个表达量上升，79个表达量下降。

表12-4 茭白肉质茎起始膨大前后差异表达基因显著富集的KEGG通路

编号	通路ID	通路注释	DEG（个）	*q* 值
1	ko04075	植物激素信号转导	185	2.01×10^{-9}
2	ko00940	苯丙烷生物合成	193	1.77×10^{-7}
3	ko04626	植物－病原菌互作	225	7.02×10^{-5}
4	ko04016	MAPK信号传导通路－植物	169	7.80×10^{-5}
5	ko00062	脂肪酸延伸	23	0.001
6	ko00073	角质、软木脂、蜡质生物合成	22	0.014

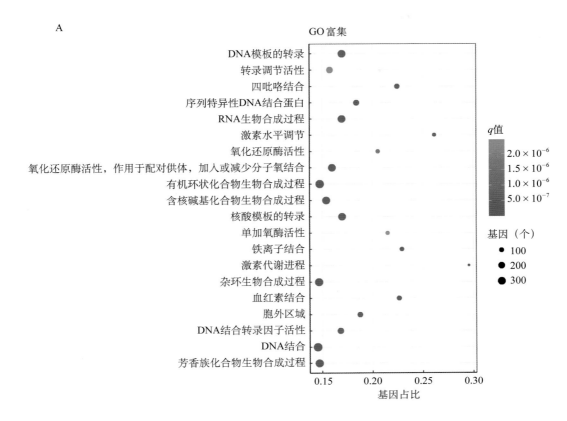

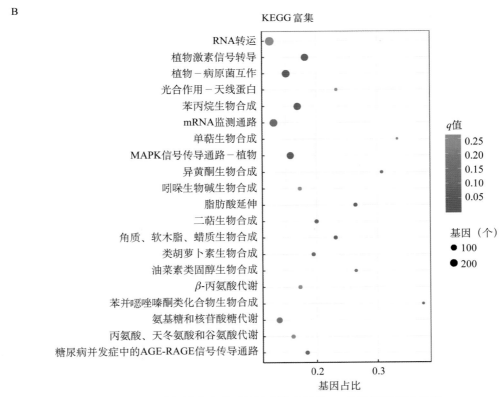

图12-6 茭白肉质茎起始膨大前后差异表达基因的GO富集和KEGG富集

A.差异表达基因的GO富集 B.差异表达基因的KEGG富集

A GO注释

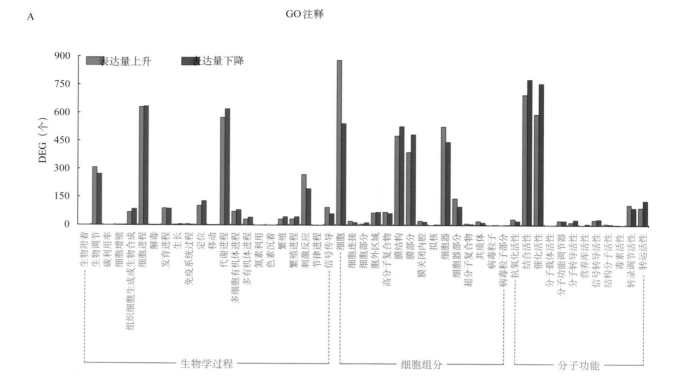

B

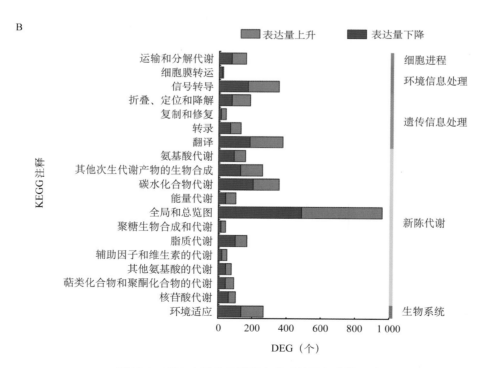

图12-7　茭白肉质茎起始膨大前后差异表达基因的GO分类和KEGG分类
A.差异表达基因的GO分类　B.差异表达基因的KEGG分类

　　此外，茭白基因组有2 074个差异表达基因参与细胞进程、环境信息处理、遗传信息处理、新陈代谢和生物系统等KEGG通路分类注释（图12-7）。其中，参与新陈代谢的差异表达基因最多，主要涉及总体代谢（全局和总览图，958个）、碳水化合物代谢（355个）、其他次生代谢产物的生物合成（258个）、脂质代谢（168个）和其他氨基酸的代谢（157个）。其次是遗传信息处理，包括翻译（376个）、转录（130个）、复制和修复（43个），以及折叠、定位和降解（184个）。细胞进程、环境信息处理和生物系统的数量相对较小，分别为159个、378个和267个差异表达基因，主要涉及信号转导（352个）、环境适应（267个）、运输和分解代谢（159个）。

12.6.3　茭白茎起始膨大前后茭白激素代谢和信号转导相关基因的表达分析

　　表12-5和图12-8列出了茭白肉质茎形成过程中所有参与激素代谢和信号转导的差异表达基因。结果显示，149个差异表达基因与生长素（IAA）、细胞分裂素（CTK）、赤霉素（GA）、脱落酸（ABA）、水杨酸（SA）和茉莉酸（JA）通路相关（表12-5，图12-8）。在6种激素中，生长素生物合成和信号传导通路的差异表达基因数量最多，42个差异表达基因中36个表达量上升，只有6个基因表达量下降。而在细胞分裂素生物合成和信号传导通路中，大多数差异表达基因表达量下降，占62.5%。其他差异表达基因与赤霉素、脱落酸、水杨酸、茉莉酸生物合成和信号传导途径有关，其中分别包括15个、11个、11个和7个表达量上升基因，以及12个、11个、8个和8个表达量下降基因。在149个差异表达基因中，表达量上升和下降最多的基因分别是*Zlat_10044672*（生长素诱导蛋白15A-like）和*Zlat_10015168*（水杨酸通路中的TGAL5-like转录因子）（表12-5）。值得注意的是，根据序列分析，在生长素生物合成通路注释的3个基因中，唯一表达量下降的基因（*Zlat_10023244*，细胞色素P-450 77A3）不属于*YUCCA*基因家族，而另一个典型的*YUCCA*基因*Zlat_100038559*的表达量显著上升（表12-5，图12-8）。这些结果进一步表明生长素对诱导茭白肉质茎起始膨大起着关键作用。

表12-5　茭白肉质茎起始膨大前后与激素代谢和信号传导相关的差异表达基因

植物激素	基因ID	$\log_2^{(FC)}$	注释	功能预测
生长素	*Zlat_10023244*	−1.58	细胞色素P-450 77A3	生物合成
	Zlat_10012438	1.52	Os02g0647900，部分	生物合成
	Zlat_10038559	2.17	吲哚-3-丙酮酸单加氧酶YUCCA	生物合成
	Zlat_10000330	1.01	生长素转运蛋白1	信号传导
	Zlat_10010249	1.16	生长素转运蛋白1	信号传导
	Zlat_10015482	−1.54	生长素转运蛋白2	信号传导
	Zlat_10032626	1.37	生长素转运蛋白3	信号传导
	Zlat_10000259	1.62	假定蛋白OsI_35571	信号传导
	Zlat_10000572	1.81	AUX/IAA家族蛋白，表达	信号传导
	Zlat_10000994	4.04	生长素响应蛋白IAA24	信号传导
	Zlat_10001127	1.31	假定蛋白OsI_23582	信号传导
	Zlat_10007539	1.31	生长素响应蛋白IAA4	信号传导
	Zlat_10009274	1.04	生长素响应蛋白IAA26	信号传导
	Zlat_10013000	1.00	生长素响应蛋白IAA30	信号传导

（续）

植物激素	基因ID	$\log_2^{(FC)}$	注释	功能预测
生长素	*Zlat_10015922*	−2.09	生长素响应蛋白IAA7/X2	信号传导
	Zlat_10019392	−1.91	假定蛋白OsI_06447	信号传导
	Zlat_10020334	1.07	生长素响应蛋白IAA15	信号传导
	Zlat_10023849	2.51	生长素响应蛋白IAA31-like	信号传导
	Zlat_10033997	1.23	AUX3蛋白	信号传导
	Zlat_10033998	3.22	生长素响应蛋白IAA12-like	信号传导
	Zlat_10037977	2.63	生长素响应蛋白IAA9	信号传导
	Zlat_10039520	3.82	生长素响应蛋白IAA12-like	信号传导
	Zlat_10039522	1.78	AUX3蛋白	信号传导
	Zlat_10045912	1.23	生长素响应蛋白IAA17-like	信号传导
	Zlat_10000945	1.02	生长素响应因子ARF10-like	信号传导
	Zlat_10020203	1.53	假定蛋白OsI_08153	信号传导
	Zlat_10033866	1.70	假定生长素响应因子ARF7a	信号传导
	Zlat_10042515	1.19	假定蛋白OsI_20981	信号传导
	Zlat_10046274	1.30	生长素响应因子ARF9/X1	信号传导
	Zlat_10002850	2.41	茉莉酸酰胺合成酶JAR2-like	信号传导
	Zlat_10002990	4.86	吲哚-3-乙酸氨基化合成酶GH3.1	信号传导
	Zlat_10006103	1.99	茉莉酸酰胺合成酶JAR2-like	信号传导
	Zlat_10037646	1.00	吲哚-3-乙酸氨基化合成酶GH3.8	信号传导
	Zlat_10037647	1.03	吲哚-3-乙酸氨基化合成酶GH3.8	信号传导
	Zlat_10007228	−1.34	生长素响应蛋白SAUR36	信号传导
	Zlat_10007434	2.94	生长素响应蛋白SAUR36-like	信号传导
	Zlat_10007435	1.21	生长素响应蛋白SAUR36-like	信号传导
	Zlat_10022750	1.31	预测蛋白	信号传导
	Zlat_10022816	−1.47	假定蛋白OsI_09085	信号传导
	Zlat_10030356	2.06	生长素响应蛋白SAUR68-like	信号传导
	Zlat_10031675	1.63	假定蛋白OsI_30174	信号传导
	Zlat_10044672	5.95	生长素诱导蛋白15A-like	信号传导
赤霉素	*Zlat_10026132*	−2.14	假定蛋白OsJ_04315	生物合成
	Zlat_10023359	−2.03	赤霉素20氧化酶1-like	生物合成
	Zlat_10037425	1.61	赤霉素20氧化酶2-like	生物合成
	BGI_novel_G002732	−2.86	NA	降解
	Zlat_10042494	−1.87	赤霉素2-β-双加氧酶-like	降解
	Zlat_10010477	−1.24	赤霉素2-β-双加氧酶-like	降解

（续）

植物激素	基因 ID	$\log_2^{(FC)}$	注释	功能预测
赤霉素	Zlat_10019739	−1.06	2-酮戊二酸依赖性双加氧酶 DAO-like	降解
	Zlat_10004998	4.03	2-酮戊二酸依赖性双加氧酶 DAO	降解
	Zlat_10002192	1.03	DELLA 蛋白 SLN1	信号传导
	Zlat_10019014	1.16	SCARECROW 蛋白	信号传导
	Zlat_10030772	4.05	scarecrow-like 蛋白 6	信号传导
	Zlat_10018604	−2.52	转录因子 PIF5/X3	信号传导
	Zlat_10004603	−1.95	转录因子 bHLH68	信号传导
	Zlat_10017456	−1.57	转录因子 bHLH85-like	信号传导
	Zlat_10039980	−1.34	转录因子 PIL1-like	信号传导
	Zlat_10011727	−1.09	Os03g0391700，部分	信号传导
	Zlat_10025947	−1.05	转录因子 BIM2/X2	信号传导
	Zlat_10022295	1.15	转录因子 bHLH113	信号传导
	Zlat_10039510	1.18	假定蛋白 OsI_12756	信号传导
	Zlat_10021702	1.39	转录因子 bHLH63-like	信号传导
	Zlat_10048248	1.53	转录因子 bHLH137-like/X1	信号传导
	Zlat_10016858	1.56	转录因子 bHLH128/X1	信号传导
	Zlat_10019334	1.62	未知蛋白 LOC102705754	信号传导
	Zlat_10035968	2.00	转录因子 bHLH137-like/X1	信号传导
	Zlat_10012462	2.08	转录因子 bHLH63-like	信号传导
	Zlat_10038146	2.50	转录因子 bHLH128-like，部分	信号传导
	Zlat_10000964	3.66	转录因子 PIF1-like	信号传导
细胞分裂素	Zlat_10004081	1.94	腺苷酸异戊烯基转移酶 -like	生物合成
	Zlat_10003321	−1.51	腺苷酸异戊烯基转移酶	生物合成
	Zlat_10017373	−2.89	细胞分裂素脱氢酶 3	生物合成
	Zlat_10022935	−1.26	细胞分裂素脱氢酶 8/X2	生物合成
	Zlat_10048028	2.72	假定蛋白 OsI_25480	生物合成
	Zlat_10048412	−1.36	细胞分裂素脱氢酶 11，部分	生物合成
	Zlat_10048413	−1.54	细胞分裂素脱氢酶 11	生物合成
	Zlat_10001454	−1.10	双组分响应调节系统蛋白 ORR-like	信号传导
	Zlat_10003241	−1.38	OO_Ba0005L10-OO_Ba0081K17.1	信号传导
	Zlat_10017478	−1.62	双组分响应调节系统蛋白 ORR2-like	信号传导
	Zlat_10013143	−1.40	MYB 家族转录因子 APL-like	信号传导
	Zlat_10016347	−1.31	Os08g0434700：部分	信号传导
	Zlat_10037136	−1.26	MYB 家族转录因子 At1g14600	信号传导

（续）

植物激素	基因ID	$\log_2^{(FC)}$	注释	功能预测
细胞分裂素	*Zlat_10024174*	−1.24	未知蛋白LOC107276067	信号传导
	Zlat_10018563	−1.20	双分量响应调节器ORR23	信号传导
	Zlat_10016259	−1.20	myb家族转录因子APL-like	信号传导
	Zlat_10018529	−1.17	双组分响应调节系统蛋白ORR22	信号传导
	Zlat_10010099	1.04	双组分响应调节系统蛋白ORR26	信号传导
	Zlat_10011689	1.28	假定蛋白PAHAL_B02696	信号传导
	Zlat_10033984	1.65	假定Os03g0624000	信号传导
	Zlat_10047854	1.67	未知蛋白LOC102719878	信号传导
	Zlat_10011105	1.69	假定蛋白	信号传导
	Zlat_10017228	1.72	WAS蛋白家族同源物1/X1	信号传导
	Zlat_10045524	3.51	假定蛋白	信号传导
脱落酸	*Zlat_10019086*	−1.79	番茄红素ε环化酶：叶绿体	生物合成
	Zlat_10008487	−1.50	类胡萝卜素裂解双加氧酶7：叶绿体	生物合成
	Zlat_10000448	−1.44	番茄红素ε环化酶：叶绿体	生物合成
	Zlat_10005737	−1.26	吲哚-3-乙醛氧化酶	生物合成
	Zlat_10011404	−1.11	脯霉素异构酶1：叶绿体	生物合成
	Zlat_10021719	1.03	推测的细胞色素P-450	生物合成
	Zlat_10013369	1.18	假定蛋白OsI_09800	生物合成
	Zlat_10002403	1.39	推测的细胞色素P-450	生物合成
	Zlat_10031613	1.56	植物烯合酶，叶绿体前体，推测，表达	生物合成
	Zlat_10013575	2.25	Os09g0555500：部分	生物合成
	Zlat_10032107	2.41	假定蛋白OsI_02472	生物合成
	Zlat_10043665	2.56	假定蛋白OsI_14195	生物合成
	Zlat_10012896	3.95	9-顺式环氧类胡萝卜素双加氧酶	生物合成
	Zlat_10040327	−1.52	脱落酸-8′-羟化酶2-like	降解
	Zlat_10022265	−1.71	可能蛋白磷酸酶2C 37	信号传导
	Zlat_10029966	−1.21	可能蛋白磷酸酶2C 8	信号传导
	Zlat_10040951	1.81	可能蛋白磷酸酶2C 51	信号传导
	Zlat_10017186	1.41	丝氨酸/苏氨酸蛋白激酶SAPK2	信号传导
	Zlat_10002312	1.42	丝氨酸/苏氨酸蛋白激酶SAPK4	信号传导
	Zlat_10017876	−3.24	FD-like基因	信号传导
	Zlat_10023200	−2.15	脱落酸不敏感5-like蛋白2	信号传导
	Zlat_10035357	−1.03	脱落酸不敏感5-like蛋白2，部分	信号传导
茉莉酸	*BGI_novel_G001531*	−1.62	NA	生物合成
	Zlat_10020498	3.96	S-腺苷-L-蛋氨酸：水杨酸甲基转移酶	生物合成

（续）

植物激素	基因ID	$\log_2^{(FC)}$	注释	功能预测
茉莉酸	Zlat_10025122	−1.91	假定蛋白OsI_22156	生物合成
	Zlat_10035600	1.91	4-香豆酸-CoA连接酶-like 7	生物合成
	Zlat_10041202	2.03	二烯氧合酶2	生物合成
	Zlat_10045636	−2.69	假定蛋白OsI_22156	生物合成
	Zlat_10046314	−2.92	未知蛋白LOC10727597/X2	生物合成
	Zlat_10034164	−1.03	TIFY 3-like蛋白/X2	信号传导
	Zlat_10046783	−1.59	转录因子bHLH93	信号传导
	Zlat_10041177	−1.20	转录因子bHLH18-like	信号传导
	Zlat_10011560	−1.07	转录因子bHLH61-like	信号传导
	Zlat_10019104	1.98	假定蛋白PAHAL_C00673	信号传导
	Zlat_10029184	2.24	未知蛋白LOC4349271	信号传导
	Zlat_10028435	2.25	转录因子MYC2	信号传导
	Zlat_10019100	2.33	假定蛋白OsI_30754	信号传导
水杨酸	BGI_novel_G000242	1.81	NA	生物合成
	BGI_novel_G002965	−1.13	NA	生物合成
	Zlat_10004996	1.09	OSIGBa0106G07.10	生物合成
	Zlat_10020215	−1.35	假定的逆转录因子	生物合成
	Zlat_10028349	1.08	苯丙氨酸解氨酶	生物合成
	Zlat_10029068	1.14	未知蛋白LOC102700648	生物合成
	Zlat_10030161	1.17	假定蛋白OsI_26556	生物合成
	Zlat_10030162	2.49	假定蛋白PAHAL_B04406	生物合成
	Zlat_10042846	−1.09	4-羟基苯丙酮酸双加氧酶	生物合成
	Zlat_10043815	1.13	调节蛋白NPR5	信号传导
	Zlat_10020446	1.22	调节蛋白NPR5	信号传导
	Zlat_10033292	1.38	假定蛋白OsI_35056	信号传导
	BGI_novel_G000692	1.38	NA	信号传导
	Zlat_10016668	1.50	假定蛋白OsI_35056	信号传导
	Zlat_10015168	−4.36	TGAL5-like转录因子	信号传导
	Zlat_10021635	−2.39	转录因子HBP-1b（C38）-like	信号传导
	Zlat_10010232	−2.01	转录因子HBP-1b（C38）/X2	信号传导
	Zlat_10031473	−1.99	转录因子bZIP1	信号传导
	Zlat_10037497	−1.39	转录因子HBP-1b（C38）/X6	信号传导

注：FC（差异倍数，fold change）的值为中国茭基因在0d茭白茎尖中的表达量与在−10d茭白茎尖中的表达量的比值。

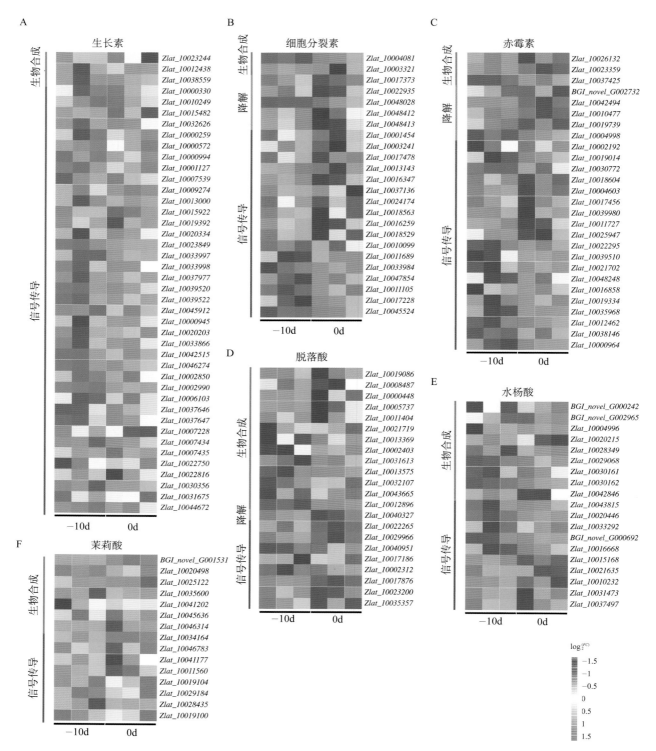

图12-8 茭白茎起始膨大前后激素代谢和信号传导相关基因的表达模式
A.生长素 B.细胞分裂素 C.赤霉素 D.脱落酸 E.水杨酸 F.茉莉酸
注：红色、绿色和蓝色的线分别代表生物合成、降解和信号传导中的差异表达基因。

12.7　茭白肉质茎起始膨大期茭白黑粉菌致病基因和茭白抗病相关基因分析

病原菌宿主互作数据库（Pathogen Host Interaction Database，PHI-base）收集了经实验验证的动植物病原真菌中的致病基因。茭白肉质茎起始膨大时黑粉菌差异基因通过PHI-base比对和DIAMOND v0.8.31注释（筛选参数/比对覆盖度×100%≥50%，一致性≥40%），共有71个差异表达基因显示出与病原真菌-植物互作的已知功能基因具有同源性，其中，44个差异表达基因被预测为茭白黑粉菌致病因子，其中与毒性增强、致病性丧失、毒性减弱和致病效应子的PHI基因具有同源性的差异表达基因分别有4个、7个、30个、2个。同时，发现3个与致死因子，1个与耐化学性的PHI基因具有同源性的差异表达基因。值得注意的是，与菌株存活必需相关的3个差异表达基因*GME3251_g*、*GME3196_g*和*GME1171_g*在0d的表达水平均显著低于−10d。此外，大多数毒性增强的差异表达基因，如*GME4426_g*、*GME6815_g*和*GME6967_g*也表现为相同的表达模式（图12-9）。

植物抗性基因在植物与病原菌互作中起着重要作用。在茭白起始膨大期有368个与植物抗病相关的差异表达基因，其中31个差异表达基因具有CNL结构域（卷曲螺旋结构域、核苷酸结合位点和富亮氨酸重复的组合，即CC-NB-LRR），104个差异表达基因具有NL结构域（核苷酸结合位点和富亮氨酸重复的组合，即NB-LRR），28个差异表达基因具有TNL结构域（与果蝇Toll蛋白和哺乳动物白细胞介素-1受体相似的结构域与NB-LRR结构域的组合，即TIR-NB-LRR），73个差异表达基因具有RLP结构域（类受体丝氨酸-苏氨酸激酶结构域和胞外富亮氨酸重复的组合，即Ser/Thr-LRR），22个差异表达基因具有RLK（激酶结构域和胞外富亮氨酸重复的组合，即Kin-LRR），这些代表了茭白肉质茎形成时宿主植物大部分差异表达基因的植物抗病基因（PRG）类型（图12-10）。

植物和病原菌的互作是两方面的，植物的抗病基因和病原菌的致病基因，一直以来都是植物抗病性研究的热点和重点。观察到368个植物抗病基因和71个真菌编码的PHI基因的表达量存在显著差异，表明这些候选基因在黑粉菌扩大侵染范围、茭白抑制真菌进入细胞，同时刺激肉质茎最初形成时起重要作用。几丁质是真菌细胞壁的重要组成成分，几丁质合酶在几丁质的合成过程中起关键作用，参与真菌的生长发育、侵染宿主、孢子形成等多个过程，在致病真菌中几丁质合酶不仅对维持细胞生长起重要作用，还与致病力有密切关系（Roncero et al., 2002）。在尖孢镰刀菌和玉米黑粉菌中发现缺失该基因的缺失菌株，菌丝的生长减少，致病力下降（Martin-Udiroz et al., 2004；Webe et al., 2006）。本章研究发现，在茭白肉质茎的最初形成期，茭白黑粉菌的几丁质合酶基因*GME6969_g*的表达量显著上升，促使其菌丝生长，致病力增强，因而可以侵入宿主细胞。同时，研究还发现与−10d相比，在茭白形成时茭白黑粉菌的强致病基因的表达量显著下降，而一些植物的抗病因子*Zlat_10008313*、*Zlat_10046008*和*Zlat_10012414*特异地在茭白肉质茎形成时表达，说明在茭白肉质茎膨大时，虽然一方面茭白黑粉菌的细胞数量增多，分布在宿主的体内，保持其具有一定致病力，促进茭白膨大，但同时植物防御真菌侵染的能力也有所增强，维持真菌与宿主长期的互作共生。

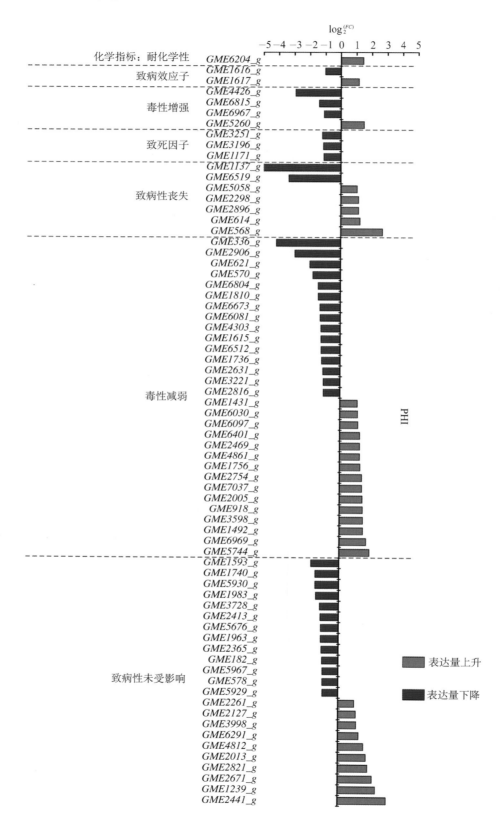

图12-9　基于病原菌宿主互作数据库（PHI-base）的茭白黑粉菌致病性相关基因的分析

注：*FC*（差异倍数，fold change）的值为黑粉菌基因在0d茭白茎尖中的表达量与在−10d茭白茎尖中的表达量的比值。

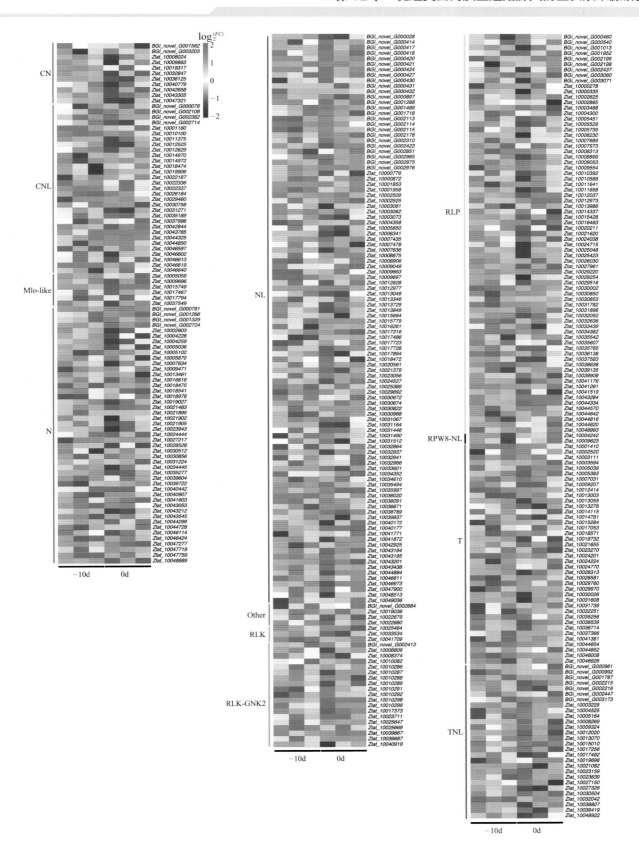

图12-10　茭白肉质茎起始膨大期植物抗病基因（PRG）分析

12.8 生长素调控茭白肉质茎形成

12.8.1 植物激素含量分析

茭白生长点植物激素含量测定表明，与 −10d 相比，在肉质茎起始膨大阶段（0d），IAA 含量显著增加，而其他6种植物激素玉米素（ZT）、GA_1、GA_3、ABA、JA 和 SA 的含量分别下降了31.5%、40.3%、29.6%、57.5%、64.1% 和 53.7%（图12-11）。这些结果进一步表明，IAA 在触发茭白肉质茎起始膨大中起着关键作用。

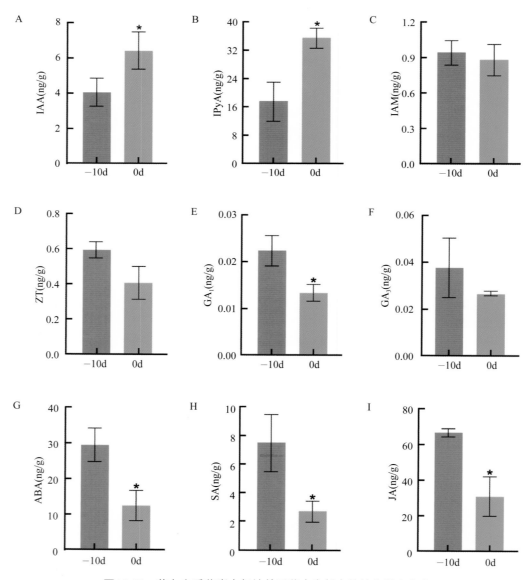

图12-11 茭白肉质茎膨大起始前后茎尖生长点的植物激素变化
A. 生长素（IAA） B. 吲哚-3-丙酮酸（IPyA） C. 吲哚-3-乙酰胺（IAM） D. 玉米素（ZT）
E、F. 赤霉素（GA_1、GA_3） G. 脱落酸（ABA） H. 水杨酸（SA） I. 茉莉酸（JA）
注：*表示经 t 检验差异显著（$p < 0.05$）。

12.8.2　IAA合成过程中相关酶的编码基因的鉴定

利用BLASTP，发现黑粉菌基因组中有2个*TAM*（*GME1810_g*和*GME6257_g*），1个*IPDC*（*GME2840_g*），4个*IAD*（*GME621_g*、*GME4730_g*、*GME6394_g*和*GME6395_g*），1个*IaaM*（*GME5774_g*），2个*iaaH*（*GME5840_g*和*GME6749_g*）和2个*Nitrilase*（*GME1046_g*和*GME2826_g*），茭白（中国菰）基因组中有4个*TAA*（*Zlat_10020352*、*Zlat_10036150*、*Zlat_10029220*和*Zlat_10033167*）和1个*IAMH*（*Zlat_10032813*）（表12-6）。YUCCA含有FMO（F×G×××H×××Y）、FAD（G×G×G）和NADPH-binding（G×G×G）的保守结构域。因此，为了鉴定茭白*YUCCA*基因家族，研究不仅使用了拟南芥和水稻YUCCA氨基酸序列基因的BLASTP搜索，还分析了其基本结构域。此外，由于拟南芥YUCCA1的FMO（F×G×××H×××Y）中的G变成了S，即FMO识别基序变为F×S×××H×××Y，因此在茭白（中国菰）基因组中也对此motifs进行了鉴定。最后，12个基因*Zlat_10027383*、*Zlat_10004518*、*Zlat_10004101*、*Zlat_10029766*、*Zlat_10013524*、*Zlat_10029560*、*Zlat_10017358*、*Zlat_10020875*、*Zlat_10038559*、*Zlat_10020360*、*Zlat_10002766*和*Zlat_10020876*被鉴定为茭白*YUCCA*基因，命名为*ZlYUCCA1*至*ZlYUCCA12*（表12-6）。

表12-6　茭白黑粉菌和茭白（中国菰）基因组中IAA合成相关基因

物种	路径	基因名称	基因ID	核苷酸（bp）	氨基酸（个）
茭白黑粉菌 （*U. esculenta*）	IPyA	*TAM*	*GME1810_g*	1 511	513
			GME6257_g	1 005	312
		IPDC	*GME2840_g*	1 760	597
		IAD	*GME621_g*	1 658	563
			GME4730_g	1 493	506
			GME6394_g	1 865	633
			GME6395_g	1 445	490
	IAM	*IaaM*	*GME5774_g*	1 698	565
		IaaH	*GME5840_g*	1 643	557
			GME6749_g	1 625	551
	IAN	*Nitrilase*	*GME1046_g*	1 122	373
			GME2826_g	1 083	360
茭白 （中国菰， *Z. latifolia*）	IPyA	*TAA*	*Zlat_10020352*	1 308	435
			Zlat_10036150	1 080	359
			Zlat_10029220	1 035	344
			Zlat_10033167	1 470	489
		YUCCA	*Zlat_10027383*	1 218	405
			Zlat_10004518	939	300
			Zlat_10004101	1 518	505
			Zlat_10029766	1 323	439
			Zlat_10013524	1 137	378
			Zlat_10029560	1 197	398
			Zlat_10017358	1 269	422

（续）

物种	路径	基因名称	基因ID	核苷酸（bp）	氨基酸（个）
茭白 （中国菰， *Z. latifolia*）	IPyA	*YUCCA*	Zlat_10020875	1 137	378
			Zlat_10038559	1 392	463
			Zlat_10020360	1 221	406
			Zlat_10002766	1 440	479
			Zlat_10020876	1 137	378
	IAM	*IAMH*	Zlat_10032813	1 209	402

12.8.3 ZIYUCCA家族的结构和功能特征分析

以拟南芥、水稻和马铃薯的11个、14个和8个YUCCA氨基酸序列为参考，与茭白（中国菰）12个YUCCA氨基酸序列构建系统进化树，结果表明，茭白YUCCA家族主要分为4个亚家族：ZIYUCCA1，ZIYUCCA2至ZIYUCCA4，ZIYUCCA6和ZIYUCCA7，ZIYUCCA5、ZIYUCCA8至ZIYUCCA12（图12-12）。茭白（中国菰）与水稻亲缘关系较近，与拟南芥和马铃薯亲缘关系较远（图12-12A）。同时，对茭白*YUCCA*基因结构进行分析，发现该基因家族外显子有2～8个，内含子有1～7个，基因结构复杂（图12-12B）。对茭白（中国菰）YUCCA家族蛋白的全序列进行比对，含有3个保守结构域FMO（F×G×××H×××Y）、FAD（G×G×G）和NADPH-binding（G×G×G）（图12-11C）。在12个YUCCA中，ZIYUCCA1（Zlat_10027383）包含非标准FMO基序，F×G×××H×××Y的G突变为S，与OSYUCCA1的氨基酸序列相似性为93.675%。

12.8.4 茭白起始膨大阶段IAA生物合成过程相关的酶的基因表达

为了阐明生长素生物合成的来源，进一步用RT-PCR验证了RNA-Seq数据中茭白肉质茎形成初期IAA生物合成相关基因的表达情况。与−10d相比，0d时黑粉菌IAA合成过程中有1个*TAM*（GME1810_g）和2个*IAD*（GME621_g和GME6394_g）的表达量显著降低，其他酶基因的表达水平无显著差异。在茭白IAA合成过程中，4个*TAA*基因的表达变化并不明显，但*YUCCA*基因家族中*ZIYUCCA9*（Zlat_10038559）在茎起始膨大期表达量显著上升。RT-PCR结果显示与上述一致的趋势，表明RNA-Seq获得的差异表达基因是可靠的（图12-13）。这些结果还表明，诱导茭白初始膨大的生长素主要是由宿主植物合成的，*ZlYUCCA9*在这一过程中起了关键作用。

茭白是由中国菰和黑粉菌相互作用产生的，前期研究表明，植物激素在茭白茎膨大过程中起着重要作用。细胞分裂素和生长素是广泛报道诱导茭白肉质茎形成的两种重要植物激素。Wang等（2017）和Li等（2021）发现几个涉及细胞分裂素和IAA生物合成的基因在肉质茎形成时表达量上升。本章研究发现IAA含量在茭白形成时显著增加，细胞分裂素和赤霉素含量下降，说明IAA在茭白茎开始膨大过程中起着关键作用。本章研究与上述两篇文献关于细胞分裂素的不同结果，可能是由于样品采集时期和部位的差异造成的。通过引物序列比对，发现本研究中IAA合成的关键基因（Zlat_10038559）与Wang等（2017）和Li等（2021）中的*YUCCA*是同一个基因，该基因的表达量在所有3个研究中均上升。这一结果进一步证实了IAA和Zlat_10038559在茭白肉质茎形成过程中的关键作用。

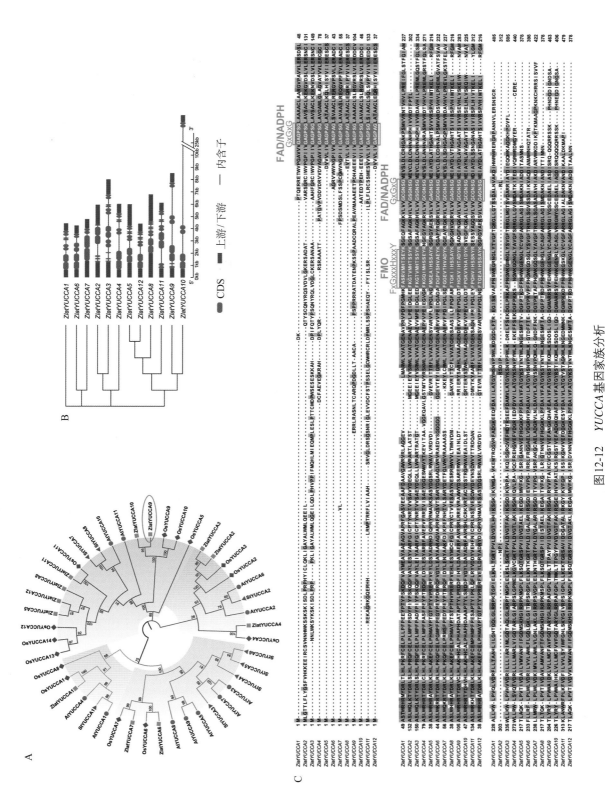

图12-12 *YUCCA*基因家族分析

A. 茭白（中国菰）、拟南芥、水稻和马铃薯 YUCCA 蛋白的系统进化分析 B. 茭白（中国菰）*YUCCA* 家族基因结构分析 C. 利用 Clustal W 对茭白（中国菰）YUCCA 家族蛋白完整蛋白质序列进行多重比对（YUCCA 结构域用红框标出）

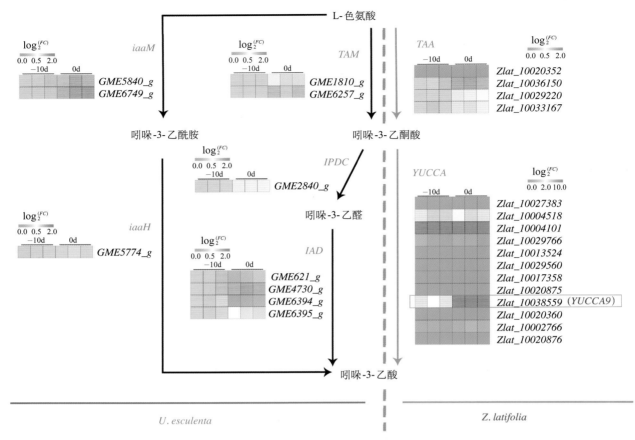

图 12-13　IAA 合成途径关键酶基因在茭白肉质茎形成前后的表达

注：黑色线条和蓝色字母表示黑粉菌 IAA 合成途径；红色线条和字母表示茭白 IAA 合成途径。

　　IAA 是最早被发现和鉴定的植物激素，也是最常见的天然生长素。然而，有趣的是，许多微生物（包括细菌和真菌）也证明了合成 IAA 的能力，因此 IAA 在植物－微生物互作中的作用受到了越来越多的关注（Fu and Wang，2011；Spaepen and Vanderleyden，2011）。微生物或植物合成的 IAA 在病原菌－宿主植物互作产生症状的初始阶段的作用有很大的不同。某些植物生长促进根瘤菌和真菌产生 IAA 进而诱导侧根形成和根毛发育，植物致病细菌如根癌农杆菌（*Agrobacterium tumefaciens*）和假单胞杆菌（*Pseudomonas syringae*）合成 IAA，作为毒力因素导致根瘤和瘿（Glickmann et al.，1998；Mole et al.，2007）。另一些研究，如在烟草和青枯病菌（*P. solanaceraum*）之间最初的关键相互作用中大部分 IAA 是由宿主植物贡献的（Kazan and Manners，2009）；Reineke 等（2008）还发现，接种玉米黑粉菌的生长素合酶基因缺失突变体不影响病瘤的形成，并认为真菌 IAA 的产生对感染组织的 IAA 水平作出了关键贡献；而对导致宿主病瘤的形成并不重要。为了明确 IAA 是由黑粉菌还是宿主植物产生的，研究分析了两个物种在 IAA 合成过程中关键酶编码基因的表达。发现在黑粉菌进入茭白的快速侵染阶段，黑粉菌 IAA 合成相关基因的表达水平没有显著差异，甚至表达量出现了下降。YUCCA 将吲哚 -3- 丙酮酸（IPA）转化为吲哚 -3- 乙酸（IAA），是生长素合成的关键酶，在植物生长发育中发挥重要作用。*YUCCA* 基因的表达水平与 IAA 的含量密切相关，*YUCCA* 基因的过表达导致拟南芥、水稻、马铃薯、黄瓜中生长素水平升高和生长素过剩的表型。此外，Lin 等（2013）发现，在马铃薯块茎形成过程中，*YUCCA* 基因的表达量显著上升。本章研究鉴定了 12 个 *YUCCA* 基因，进一步的系统发育分析和表达模式分析表明，在茭白肉质茎的初始形成过程中，*ZlYUCCA9*的表达和生长素含量的变化趋势是一致的。据此推测，导致茭白肉质茎形成的生长素主要是由宿主植物合成的，而不是由茭白黑粉菌合成的。

12.9　结论

综上所述，在茭白黑粉菌诱导茭白肉质茎形成的初始阶段，黑粉菌菌丝大量生长并侵染宿主植物细胞，且伴有大量的基因表达变化。混合转录组分析有助于阐明宿主植物防御和病原菌攻击之间的相互作用。生长素作为一种重要的内源性植物激素，对茭白茎膨大起着关键调控作用，并且它可能主要由中国菰植株合成，其中*ZlYUCCA9*起关键作用。

参 考 文 献

褚福强, 2012. 美味黑粉菌与菰草互作的细胞学研究[M]. 杭州: 浙江大学.

葛鑫涛, 翁丽青, 郑春龙, 等, 2020. 双季茭白中菰黑粉菌遗传分化研究[J]. 植物生理学报, 56(4): 126-135.

江解增, 曹碚生, 黄凯峰, 等, 2005. 茭白肉质茎膨大过程中的糖代谢与激素含量变化[J]. 园艺学报, 32(1): 134-137.

江解增, 曹碚生, 邱届娟, 等, 2003. 茭白碳水化合物积累与分配特性研究[J].园艺学报, 30(5): 535-539.

江解增, 邱届娟, 韩秀芹, 等, 2004. 茭白生育过程中地上各部位内源激素的含量变化[J]. 武汉植物学研究, 22(3): 245-250.

施国新, 徐祥生, 1991. 茭白黑粉菌在茭白植株内形态发育的初步研究[J].云南植物研究, 13(2): 167-172.

吴敏, 2019. 菰黑粉菌几丁质合成酶家族的功能研究[M]. 杭州: 中国计量大学.

邢阿宝, 崔海峰, 俞晓平, 等, 2017. 茭白茎部CTK及ABA含量动态变化分析[J]. 中国计量大学学报, 28(2): 261-268.

Brefort T, Doehlemann G, Mendoza, 2009. An *Ustilago maydis* as a pathogen[J]. Annual Review of Plant Biology, 47: 423-445.

Camilios-Neto D, Bonato P, Wassem R, et al., 2014. Dual RNA-Seq transcriptional analysis of wheat roots colonized by *Azospirillum brasilense* reveals up-regulation of nutrient acquisition and cell cycle genes[J]. BMC Genomics, 15: 378.

Chung K R, Tzeng D D, 2004. Biosynthesis of indole-3-acetic acid by the gall-inducing fungus *Ustilago esculenta*[J]. Journal of Biological Sciences, 4(6): 744-750.

Cock P, Fields C J, Goto N, et al., 2010. The Sanger FASTQ file format for sequences with quality scores, and the Solexa/Illumina FASTQ variants[J]. Nucleic Acids Research, 38(6): 1767-1771.

Doehlemann G, Wahl R, Horst R J, et al., 2008. Reprogramming a maize plant: transcriptional and metabolic changes induced by the fungal biotroph *Ustilago maydis*[J]. The Plant Journal, 56(2): 181-195.

Fu J, Wang S P, 2011. Insights into auxin signaling in plant-pathogen interactions. Front[J]. Frontiers in Plant Science, 2: 74.

Gao Y B, Dai X H, Aoi Y K, et al., 2020. Two homologous *Indole-3-acetamide (IAM) hydrolase* genes are required for the auxin effects of *IAM* in Arabidopsis. [J]. Journal of Genetics and Genomics, 47(3): 157-165.

Glickmann E, Gardan L, Jacquet S, et al., 1998. Auxin production is a commonfeature of most pathovars of *Pseudomonas syringae*[J]. Molecular Plant-Microbe Interactions, 11(2): 156.

Guo H B, Li S M, Peng J, et al., 2007. *Zizania latifolia* Turcz. cultivated in China[J]. Genetic Resources and Crop Evolution, 54(6): 1211-1217.

Jain M, Khurana J P, 2010. Transcript profiling reveals diverse roles of auxin- responsive genes during reproductive development and abiotic stress in rice[J]. The FEBS Journal, 276(11): 3148-3162.

Josea R C, Bengyellad L, Handiqueb P J, et al., 2019. Cellular and proteomic events associated with the localized formation of

smut-gall during *Zizania latifolia*-*Ustilago esculenta* interaction[J]. Microbial Pathogenesis, 126: 79-84.

Katoh K, Misawa K, Kuma K, et al., 2002. MAFFT: a novel method for rapid multiple sequence alignment based on fast Fourier transform[J]. Nucleic Acids Research, 30(14): 3059-3066.

Kawahara Y, Oono Y, Kanamori H, et al., 2012. Simultaneous RNA-Seq analysis of a mixed transcriptome of rice and blast fungus interaction[J]. PLoS ONE, 7(11): 49423.

Kazan K, Manners J M, 2009. Linking development to defense: auxin in plant-pathogen interactions[J]. Trends in Plant Science, 14(7): 373-382.

Kendrew S G, 2001. *YUCCA*: a flavin monooxygenase in auxin biosynthesis[J]. Trends in Biochemical Sciences, 26(4): 218.

Kim D, Langmead B, Salzberg S L, 2015. HISAT: a fast spliced aligner with low memory requirements[J]. Nature Methods, 12(4): 357-360.

Kim J L, Dongwon Baek D, Cheol Park, et al., 2013. Overexpression of *Arabidopsis YUCCA6* in potato tesults in high-auxin developmental phenotypes and enhanced resistance to water deficit[J]. Molecular Plant, 6(2): 337-349.

Kourelis J, Van der Hoorn R A L, 2018. Defended to the nines: 25 years of resistance gene cloning identifies nine mechanisms for R protein function[J]. The Plant Cell, 30(2): 285-299.

Lambrecht M, Okon Y, Broek A V, et al., 2000. Indole-3-acetic acid: a reciprocal signalling molecule in bacteria-plant interactions[J]. Trends in Microbiology, 8(7): 298-300.

Langmead B, Salzberg S L, 2012. Fast gapped-read alignment with Bow Tie 2[J]. Nature Methods, 9(4): 357-359.

Lee J I, Choi J H, Park B C, et al., 2004. Differential expression of the chitin synthase genes of *Aspergillus nidulans*, *chs A*, *chs B*, and *chs C*, in response to developmental status and environmental factors[J]. Fungal Genetics and Biology, 41(6): 635-646.

Letunic I, Bork P, 2019. Interactive Tree Of Life (iTOL) v4: recent updates and new developments[J]. Nucleic Acids Research, 47(W1): W256-W259.

Li B, Dewey C N, 2011. RSEM: accurate transcript quantification from RNA-Seq data with or without a reference genome[J]. BMC Bioinformatics, 12: 323.

Li J, Lu Z Y, Yang Y, et al., 2021. Transcriptome analysis reveals the symbiotic mechanism of *Ustilago esculenta* induced gall formation of *Zizania latifolia*[J]. Molecular Plant-Microbe Interactions, 34(2): 168-185.

Liang S W, Huang Y H, Chiu J Y, et al., 2019. The smut fungus *Ustilago esculenta* has a bipolar mating system with three idiomorphs larger than 500 kb[J]. Fungal Genetics and Biology, 126: 61-74.

Lin T, Sharma P, Gonzalez D H, et al., 2013. The impact of the long-distance transport of a *BEL1-like* messenger RNA on development[J]. Plant Physiology,161(2): 760-772.

Martin-Udiroz M, Madrid M P, Roncero M I, 2004. Role of chitin synthase genes in *Fusarium oxysporum*[J]. Microbiology, 150(10): 3175-3187.

Mole B M, Baltrus D A, Dangl J L, et al., 2007. Global virulence regulation networks in phytopathogenic bacteria[J]. Trends in Microbiology, 15(8): 363-371.

Nakajima M, Yamashita T, Takahashi M, 2012. Identification cloning and characterization of beta glucosidase from *Ustilago esculenta*[J]. Applied Microbiology and Biotechnology, 93(5): 1989-1998.

Nassar A H, El-Tarabily K A, Sivasithamparam K, 2005. Promotion of plant growth by an auxin- producing isolate of the yeast *Williopsis saturnus* endophytic in maize (*Zea mays* L.) roots[J]. Biology and Fertility of Soils, 42(2): 97-108.

Pan X, Welti R, Wang X, 2010. Quantitative analysis of major plant hormones in crude plant extracts by high-performance liquid chromatography-mass spectrometry[J]. Nature Protocols, 5(6): 986-992.

Price M N, Dehal P S, Arkin A P, 2009. Fast Tree: computing large minimum evolution trees with profiles instead of a distance matrix[J]. Molecular Biology and Evolution, 26(7): 1641-50.

Puspendu S, Frank K, Borkovich K A, 2018. Characterization of indole-3-pyruvic acid pathway-mediated biosynthesis of auxin in *Neurospora crassa*[J]. PLoS ONE, 13(2): 0192293.

Reineke G, Heinze B, Schirawski J, et al., 2008. Indole-3-acetic acid (IAA) biosynthesis in the smut fungus *Ustilago maydis* and its relevance for increased IAA levels in infected tissue and host tumour formation[J]. Molecular Plant Pathology, 9(4): 339-355.

Roncero C, 2002. The genetic complexity of chitin synthesis in fungi[J]. Current Genetics, 41(6): 367-378.

Sauer M, Robert S, Kleine-Vehn J, 2013. Auxin: simply complicated[J]. Journal of Experimental Botany, 64(9): 2565-2577.

Scofield S R, Tobias C M, Rathjen J P, et al., 1996. Molecular basis of gene-for-gene specificity in bacterial speck disease of tomato[J]. Science, 274(5295): 2063-2065.

Spaepen S, Vanderleyden J, 2011. Auxin and plant-microbe interactions[J]. Cold Spring Harbor Perspectives in Biology, 3(4): 1438.

Teixeira P J, Thomazella D P, Reis O, et al., 2014. High-resolution transcript profiling of the atypical biotrophic interaction between *Theobroma cacao* and the fungal pathogen *Moniliophthora perniciosa*[J]. The Plant Cell, 26(11): 4245-4269.

Tivendale N D, Ross J J, Cohen J D, 2014. The shifting paradigms of auxin biosynthesis[J]. Trends in Plant Science, 19(1): 44-51.

Tsavkelova E, Oeser B, Oren-Young L, et al., 2012. Identification and functionalcharacterization of indole-3-acetamide-mediated IAA biosynthesis in plant-associated *Fusarium* species[J]. Fungal Genetics and Biology, 49(1): 48-57.

Vanneste S, Friml J, 2009. Auxin: a trigger for change in plant development[J]. Cell, 136(6): 1005-1016.

Waikhom S D, Louis B, Roy P, et al., 2013. Scanning electron microscopy of pollen structure throws light in resolving Bambusa-Dendrocalamus complex: bamboo flowering evidence[J]. Plant Systematics and Evolution, 300(6): 1261-1268.

Wang L, Feng Z, Wang X, et al., 2010. DEGseq: an R package for identifying differentially expressed genes from RNA-Seq data[J]. Bioinformatics, 26(1): 136-138.

Wang M C, Zhao S W, Zhu P L, et al., 2018. Purification, characterization and immunomodulatory activity of water extractable polysaccharides from the swollen culms of *Zizania latifolia*[J]. International Journal of Biological Macromolecules, 107: 882-890.

Wang Z D, Yan N, Wang Z H, et al., 2017. RNA-Seq analysis provides insight into reprogramming of culm development in *Zizania latifolia* induced by *Ustilago esculenta*[J]. Plant Molecular Biology, 95(6): 533-547.

Wang Z H, Yan N, Luo X, et al., 2020. Gene expression in the smut fungus *Ustilago esculenta* governs swollen gall metamorphosis in *Zizania latifolia*[J]. Microbial Pathogenesis, 143: 104107.

Weber I, Assmann D, Thines E, et al., 2006. Polar localizing class V myosin chitin synthases are essential during early plant infection in the plant pathogenic fungus *Ustilago maydis*[J]. The Plant Cell, 18(1): 225-242.

Won C, Shen X L, Mashiguchi K, et al., 2011. Conversion of tryptophan to indole-3-acetic acid by tryptophan aminotransferase of *Arabidopsis* and *YUCCAs* in *Arabidopsis*[J]. Proceedings of the National Academy of Sciences of the United States of America, 108(45): 18518-18523.

Wu J, Zhao Q, Yang Q Y, et al., 2016. Comparative transcriptomic analysis uncovers the complex genetic network for resistance to *Sclerotinia sclerotiorum* in *Brassica napus*[J]. Scientific Reports, 6: 19007.

Yamada T, 1993. The role of auxin in plant-disease development[J]. Annual Review of Phytopathology, 31: 253-273.

Yamamoto Y, Kamiya N, Morinaka Y, et al., 2007. Auxin biosynthesis by the *YUCCA* genes in rice[J]. Plant Physiology, 143(3): 1362-1371.

Yan S S, Che G, Ding L, et al., 2016. Different cucumber *CsYUC* genes regulate response to abiotic stresses and flower development[J]. Scientific Reports, 6(1): 20760.

Yang H C, Leu L S, 1978. Formation and histopathology of galls induced by *Ustilago esculenta* in *Zizania latifolia*[J]. Phytopathology, 68(11): 1572-1576.

Zhang J Z, Chu F Q, Guo D P, et al., 2012. Cytology and ultrastructure of interactions between *Ustilago esculenta* and *Zizania latifolia*[J]. Mycological Progress, 11(2): 499-508.

Zhao Y, Christensen S K, Fankhauser C, et al., 2001. A role for flavin monooxygenase- like enzymes in auxin biosynthesis[J]. Science, 291(5502): 306-309.

Zuo W L, Okmen B, Depotter J R, et al., 2019. Molecular interactions between smut fungi and their host plants[J]. Annual Review of Phytopathology, 57: 411-430.

第13章　茭白细胞分裂素双元信号系统基因鉴定及其调控茭白茎膨大机制研究

何丽丽[1]　黎大[1]　黄渊博[1]　Walter Dewitte[2]　温波[1]
（1.安徽农业大学园艺学院；2.英国卡迪夫大学生物科学学院）

◎**本章提要**

茭白是我国一种特色水生蔬菜，其营养丰富、味道鲜美，为广大消费者喜爱。茭白肉质茎的形成主要是茭白与其共生的茭白黑粉菌互作的结果。本章研究发现外源施用反式玉米素（trans-zeatin，trans-ZT）能够有效刺激茭白茎膨大。双元信号系统（two-component system，TCS）作为植物感受外界环境并作出应答反应的系统，在细胞分裂素信号转导和传递过程中发挥着重要作用。本章通过生物信息学分析共鉴定出69个茭白TCS家族基因，其中25个编码组氨酸激酶受体蛋白（HKs），8个编码含组氨酸的磷酸转移蛋白（HPs），36个编码反应调节因子（RRs）。通过系统进化树分析发现茭白TCS基因与水稻TCS基因具有密切的遗传进化关系。基因复制事件分析发现在茭白TCS基因中共有19对重复基因对；非同义替换率与同义替换率的比值（Ka/Ks）分析表明，纯化选择作用于这些复制基因对，导致进化过程中基因突变率较低。最后，利用转录组及荧光定量PCR分析，鉴定出ZlCHK1、ZlRRA5、ZlRRA9、ZlRRA10、ZlPRR1和ZlPHYA这6个与茭白肉质茎的形成有密切关系的基因。其中，ZlRRA5、ZlRRA9和ZlPHYA可在外源细胞分裂素反式玉米素的诱导下快速表达，因此细胞分裂素可能通过调控这些基因的表达来调节茭白茎膨大过程。

13.1 前言

茭白起源于野生的中国菰，经过多年人工驯化而来。中国菰属禾本科稻族菰属，其籽粒"菰米"曾是我国古代重要的粮食。大约2 000年前，中国菰被黑粉菌侵染导致地上的茎膨大而形成鲜美多汁的菌瘿——茭白（Guo et al., 2015）。现今，茭白在中国、日本以及一些东南亚国家是广受消费者喜爱的蔬菜。在自然界中，植物冠瘿瘤可以由不同的病原体诱发，如细菌、病毒、真菌和原生生物等。虽然引起冠瘿瘤的致病机制不同，但大多数植物病原体都具有改变寄主植物体内激素水平的能力，特别是细胞分裂素水平。例如，可以在植物中引起冠瘿瘤的农杆菌携带有Ti质粒，它可以通过侵染植物把T-DNA整合到宿主的基因组中（Chilton et al., 1977）。T-DNA携带了多种基因，其中就包括编码细胞分裂素生物合成的关键限速酶异戊烯基转移酶（IPT）的基因。IPT能够促进宿主细胞中细胞分裂素的合成，导致不受控制的细胞增殖和冠瘿瘤的形成（Barry et al., 1984）。

Chan和Thrower（1980）从茭白黑粉菌培养液中分离出细胞分裂素，表明该真菌在与茭白共生过程中也可能产生细胞分裂素。另一项研究结果也表明，与不膨大的雄茭相比，膨大茭白茎中细胞分裂素的含量显著提高，这表明细胞分裂素在茭白茎膨大过程中具有重要的作用（Yuh-Ling and Chin-Ho, 1990）。细胞分裂素是一类重要的植物激素，它介导了植物生长发育的各个方面，如顶端优势、侧枝生成、种子萌发、花和果实发育、叶绿体分化、植物－病原菌互作、衰老以及芽和根系分化等（Edwards et al., 2018；Werner and Schmülling, 2009）。细胞分裂素信号转导是通过双元系统（TCS）来完成的，该系统由组氨酸激酶受体蛋白（HK）、含组氨酸的磷酸转移蛋白（HP）和反应调节因子（RR）组成。在模式植物拟南芥中，TCS系统的一些关键基因已经被鉴定并进行了功能验证。AHK2、AHK3和AHK4三种组氨酸激酶蛋白都被证明具有细胞分裂素受体活性（Schaller et al., 2008）。序列研究发现所有细胞分裂素受体在预测的胞质外区域共享一个结构域，称为环化酶/组氨酸激酶相关感觉胞外结构域（CHASE），它是细胞分裂素的结合位点（Hisami et al., 2001）。在受到外界信号刺激时，受体蛋白会发生自磷酸化。接着磷酸基团转移到拟南芥含组氨酸的磷酸转移蛋白（AHP）上，AHP能够进入细胞核并将磷酸基团转移到B型受体上，在细胞核中，磷酸化的B型受体可以在其他靶点中转录激活A型受体。A型受体作为主要细胞分裂素反应的抑制因子，提供负反馈调节（Susannah et al., 1997）。这种TCS介导的组氨酸－天冬氨酸信号已被证实能够控制多种生物过程，如细胞渗透压的调节、对环境刺激的反应以及细胞生长和增殖等（Lescot, 2002）。

近年来，随着植物基因组测序的进展，TCS基因已在许多植物物种中被鉴定出来，如水稻（Pareek et al., 2006）、玉米（Chu et al., 2011）、大豆（Keiichi et al., 2010）、大白菜（Liu et al., 2014）、番茄（He et al., 2016a）和黄瓜（He et al., 2016b）等。本章首先研究了外源反式玉米素在茭白茎尖膨大中的作用。与之前的报道一致，外源性细胞分裂素能刺激茭白孕茭与膨大。首先，作为了解茭白中细胞分裂素信号转导的第一步，本章对茭白TCS基因家族进行了全基因组鉴定与分析，包括TCS蛋白序列和功能域分析、系统发育关系预测、基因和蛋白质结构分析以及进化分析。其次，利用转录组研究TCS基因在茭白茎尖膨大过程中的表达。最后，应用实时荧光定量PCR（qRT-PCR）分析了TCS基因对外源细胞分裂素的响应。本章研究为进一步验证TCS基因在茭白孕茭与茎膨大过程的功能奠定了基础。

13.2 植物材料采集

本章所用到的象牙茭（单季茭）和野生型茭白（简称野茭）均采集于安徽省六安市桃溪镇舒城农业科

学研究所示范园。分别采集野茭（无黑粉菌侵染、茎尖不膨大）茎尖组织（0.5 cm大小）和象牙茭茎膨大阶段不同大小茎尖（包括未膨大及5cm、10cm和20cm大小），并立即冷冻在液氮中，然后保存在−80℃下备用。

在茭白膨大两周前进行试验，处理组喷施150mg/L反式玉米素（*trans*-ZT）于茭白植株上（以液滴覆盖全部展开的叶片且悬而不滴为准），对照组以相同浓度的酒精溶液进行喷施，喷施后每2d记录一次茭白分蘖和孕茭情况，共记录18d。待茭白达到最佳采收状态，进行采收并测量茭白鲜重和大小。另外分别在喷施后0h、2h、4h、8h、12h和24h采集茭白茎尖样品，保存在−80℃下备用。

13.3 外源喷施细胞分裂素对茭白孕茭和茎膨大的影响

如图13-1A所示，被黑粉菌侵染过的象牙茭肉质茎将会逐渐膨大，在两周内会膨大为长度20 cm的茭白，而未被黑粉菌侵染的野茭茎未见膨大。为分析细胞分裂素对茭白孕茭与茎膨大的影响，在茭白茎膨大前两周进行反式玉米素处理，喷施后每2d记录一次孕茭率，形态学观察和统计分析发现外源细胞分裂素处理使茭白孕茭率提高了约15%（图13-1B、C）。此外，外源细胞分裂素处理显著提高了茭白的鲜重和茎粗，这表明在膨大前喷施细胞分裂素可以有效提高茭白产量（图13-1D、E）。

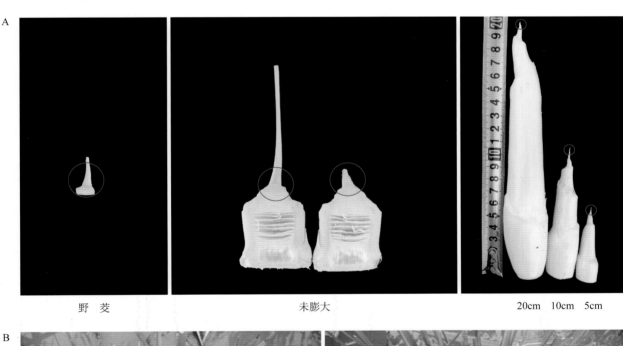

野茭　　　　　　　　　未膨大　　　　　　　　　20cm 10cm 5cm

对照　　　　　　　　　　*trans*-ZT

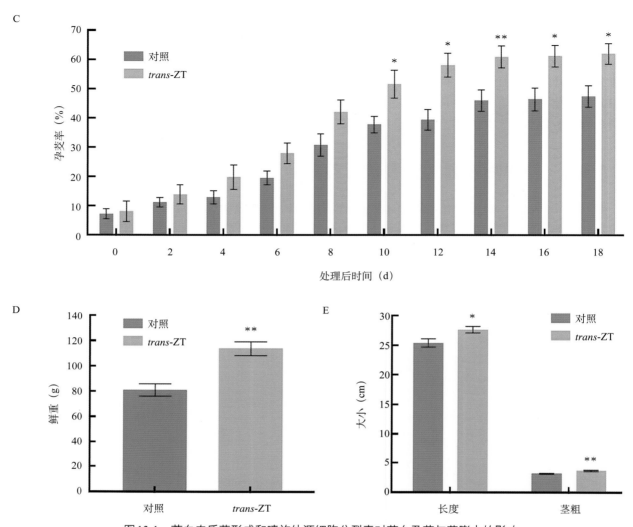

图13-1 茭白肉质茎形成和喷施外源细胞分裂素对茭白孕茭与茎膨大的影响
A.野茭（WT，左）和象牙茭（中、右） B.反式玉米素处理（右）和对照组（左）茭白茎膨大形态（膨大茭白用白色星标记）
C.150 mg/L 反式玉米素处理和对照组的茭白孕茭率（*n* = 12） D、E.处理组和对照组茭白鲜重和大小（*n* > 100）
注：* 表示差异显著（*p* < 0.05），** 表示差异极显著（*p* < 0.01）。

Chan和Thrower（1980）从茭白肉质茎组织中分离出3种玉米素类似物，进一步分析发现体外培养黑粉菌过程中也会产生玉米素。另外的研究发现，与未受黑粉菌侵染的雄茭茎尖相比，正常茭白茎尖中能够检测到更高水平的顺式玉米素核苷（Yuh-Ling and Chin-Ho，1990）。作为细胞分裂素合成过程中的重要限速酶，异戊烯基转移酶（IPT）在正常茭白茎尖组织中表达量比雄茭更高（Wang et al.，2017）。以上证据表明，茭白和黑粉菌产生的细胞分裂素可能在茭白肉质茎形成中起关键作用，而细胞分裂素可能通过促进细胞分裂和增大，从而促进茭白孕茭与茎膨大。本章研究表明外源细胞分裂素确实能够刺激和促进茭白茎膨大，因此在生产上，细胞分裂素可以作为一种植物生长调节剂用来提高茭白的产量。

13.4 茭白细胞分裂素双元信号系统家族基因的全基因组鉴定

本章以拟南芥（Schaller et al.，2008）、水稻（Pareek et al.，2006）、玉米（Chu et al.，2011）、大豆（Keiichi et al.，2010）、大白菜（Liu et al.，2014）和番茄（He et al.，2016a）的415条TCS蛋白序列为查

询对象，进行HMM搜索和BLASTP分析，初步鉴定出茭白TCS家族基因成员，然后通过NCBI CDD、Pfam和SMART三大数据库确认典型结构域，去除冗余序列，最终共得到69个茭白TCS序列，其中包括25个*HK(L)s*、8个*HPs*和36个*RRs*。根据拟南芥的同源基因对茭白所有TCS成员进行命名（番茄、黄瓜、西瓜均采用这种命名法）。如表13-1所示，TCS基因家族在模式植物拟南芥和一些重要作物中得到广泛分析研究。茭白TCS基因数量（69个）与番茄（65个）最相近，且均高于除大豆（98个）和大白菜（85个）外的其他已鉴定物种。此外，茭白TCS基因在3个亚家族的数量分布情况与水稻最为接近，尤其是反应调节因子RR的数量分布。茭白与稻米同属于禾本科稻族，其遗传关系也最为接近。

表13-1　不同物种TCS基因数量（个）

物种	HK(L)	HP(Pseudo-HP)	A-RR	B-RR	C-RR	Pseudo-RR	总数	参考文献
小立碗藓 (Physcomitrella patens)	18	3	7	5	2	4	39	Ishida et al.，2010
拟南芥 (Arabidopsis thaliana)	17 (9)	6 (1)	10	12	2	9	56	Schaller et al.，2008
日本百脉根 (Lotus japonicus)	14	7	7	11	1	5	40	Ishida et al.，2009
大豆 (Glycine max)	36 (15)	13	18	15	3	13	98	Mochida et al.，2010
大白菜 (Brassica rapa ssp. pekinensis)	20 (9)	8 (1)	21	17	4	15	85	Liu et al.，2014
番茄 (Solanum lycopersicum)	20 (11)	6 (2)	7	23	1	8	65	He et al.，2016a
黄瓜 (Cucumis sativus)	18 (8)	7 (2)	8	8	0	5	46	He et al.，2016b
西瓜 (Citrullus lanatus)	19 (9)	6 (2)	8	10	1	5	49	He et al.，2016b
小麦 (Triticum aestivum)	7	10	41	2	0	2	45	Gahlaut et al.，2014
玉米 (Zea mays)	11 (3)	5	16	9	3	11	59	Chu et al.，2011
水稻 (Oryza sativa)	11 (3)	5 (3)	13	13	2	8	52	Pareek et al.，2006
茭白 (Zizania latifolia)	25 (4)	8 (3)	14	14	2	6	69	本章研究

注：*L*（like）代表相似的基因；*Pseudo*代表伪基因。

13.4.1　茭白组氨酸激酶受体蛋白（HK）

对茭白全基因组进行鉴定分析，共发现了25个组氨酸激酶受体蛋白基因及相似基因，如表13-2所示，基于HK结构域是否保守，认定了21个组氨酸激酶受体蛋白基因（*ZlHKs*）和4个组氨酸激酶受体蛋白相似基因（*ZlHKLs*）。这些HKs蛋白可以进一步分为不同的亚家族，如25个HKs中有8个细胞分裂素受体（CHKs）、1个CKI-like蛋白、7个乙烯受体（ERSs和ETRs）、5个光敏色素受体（PHYs）和4个丙酮酸脱氢酶激酶（PDKs）。如图13-2A所示，典型的HK结构域（图13-3 motif 1和motif 7）有5

个保守的氨基酸位点（H、N、G1、F和G2），其中H是最关键的功能位点。通过多序列比对发现，除ZlCHK2和ZlCHK3外，其他茭白HKs和HKLs蛋白均具有保守组氨酸残基H。所有的蛋白质序列都含有完整的N基序，然而G1、F和G2基序只出现在ZlCHK3和ZlCHK4中，这表明部分HK/HKL蛋白可能不具有完整的组氨酸激酶功能，或者这些基序可能不是组氨酸激酶受体磷酸化所必需的。值得注意的是，只有ZlCHK4具有完整的HK结构域，这表明其在茭白中可能具有重要的功能。表13-2和图13-2A也显示除ZlCHK2和ZlCHK3外，这些细胞分裂素受体中都存在CHASE结构域（图13-3 motif 11）和1～4个跨膜结构域（transmembrane domain，TM）。CHASE和TM都被证明对细胞分裂素的膜相关识别和结合至关重要。此外，如图13-2A，除ZlCHK7外，所有ZlCHKs均具有天冬氨酸（Asp）残基的接收域（图13-3 motif 9和motif 13），且都是保守的。*ZlCHK1*和*ZlCHK2*与拟南芥*AHK2*同源，同源性分别为65%和46%，*ZlCHK3*和*ZlCHK4*与拟南芥*AHK3*同源，同源性分别为61%和63%。另外4个与*AHK4*同源的细胞分裂素受体基因（*ZlCHK5*、*ZlCHK6*、*ZlCHK7*和*ZlCHK8*），均与*CRE1/AHK4/WOL*高度同源（同源性达55%～72%）（表13-2）。有研究表明AHK2、AHK3和CRE1/AHK4/WOL都是细胞分裂素受体，可以调节拟南芥细胞分裂信号转导。一些控制细胞周期和分生组织的主要基因，如*CYCD3*和*STM1*会响应细胞分裂素反应，并在*CRE1/AHK4/WOL*下游发挥作用，以调节茎和根的发育。因此，这些鉴定出的茭白细胞分裂素受体可能与细胞分裂素调节茭白茎膨大有关。

如表13-2所示，7个乙烯受体ZlETR1至ZlETR4和ZlERS1至ZlERS3都具有HK、HATPase和磷酸腺苷酸环化酶FhlA（GAF）结构域。尽管具有活性的组氨酸激酶可以微妙地调节乙烯反应，但在乙烯信号转导中的作用尚未被证实。然而，含组氨酸激酶活性的乙烯受体可能会使乙烯信号转导与其他激素信号转导（如细胞分裂素TCS途径）之间发生交互作用。所有光敏色素亚家族成员（ZlPHY A、B、C、D和E）都具有光敏色素结合位点（PHY）、GAF和信号传感器（PAS）这三个结构域（表13-2）。它们在拟南芥等植物生长发育过程中，对红光和远红光信号响应和光形态建成至关重要（Rockwell et al.，2006）。在所有茭白ZlPDKs蛋白（ZlPDK1至ZlPDK4）中均发现了HATPase结构域。Yao和Offringa（1990）的研究揭示了拟南芥中的PDK1可以通过磷酸化AGC1激酶PAX来调节生长素运输和维管束发育。

表13-2　茭白组氨酸激酶受体蛋白（类似物）　[HK(L)]

蛋白质ID	基因名称	结构域[a]	基因家族	与拟南芥对应的基因	得分	同源性[b]（%）	氨基酸（个）	分子质量（ku）	等电点（p*I*）	TM数量（个）	亚细胞定位[c]
Zlat_10043954	*ZlCHK1*	HisKA, HATPase_c, CHASE, REC, TM	细胞分裂素受体	*AHK2*	532	65	609	67.56	7.26	4	内膜系统
Zlat_10043955	*ZlCHK2*	HisKA, HATPase_c, REC	细胞分裂素受体	*AHK2*	207	46	445	49.66	6.65	0	细胞核
Zlat_10033100	*ZlCHK3*	HisKA, HATPase_c, REC	细胞分裂素受体	*AHK3*	673	61	570	63.2	6.72	0	细胞核
Zlat_10033475	*ZlCHK4*	HisKA, HATPase_c, CHASE, REC, TM	细胞分裂素受体	*AHK3*	1 045	63	861	95.89	8.55	1	细胞核
Zlat_10002572	*ZlCHK5*	HisKA, HATPase_c, CHASE, REC, TM	细胞分裂素受体	*AHK4*	746	68	907	99.75	6.02	2	内膜系统
Zlat_10008874	*ZlCHK6*	HisKA, HATPase_c, CHASE, REC, TM	细胞分裂素受体	*AHK4*	202	72	430	48.69	5.58	1	内膜器膜
Zlat_10009428	*ZlCHK7*	HisKA, HATPase_c, CHASE, REC, TM	细胞分裂素受体	*AHK4*	620	69	618	69.42	5.27	1	细胞核

（续）

蛋白质ID	基因名称	结构域ᵃ	基因家族	与拟南芥对应的基因	得分	同源性ᵇ（%）	氨基酸（个）	分子质量（ku）	等电点（p*I*）	TM数量（个）	亚细胞定位ᶜ
Zlat_10007870	*ZlCHK8*	HisKA, HATPase_c, CHASE, REC, TM	细胞分裂素受体	*AHK4*	335	55	716	78.44	5.41	1	细胞核
Zlat_10005586	*ZlCKI1*	HisKA, HATPase_c, REC	CKI-like蛋白	*CKI1*	330	36	810	89.62	5.81	0	细胞核
Zlat_10007295	*ZlERS1*	HisKA, HATPase_c, GAF, TM	乙烯受体	*ETR1*	900	74	636	70.93	6.86	3	内膜系统
Zlat_10019946	*ZlERS2*	HisKA, HATPase_c, GAF	乙烯受体	*ETR1*	380	65	314	34.48	5.29	0	细胞核
Zlat_10028651	*ZlERS3*	HisKA, HATPase_c, GAF, TM	乙烯受体	*ETR1*	879	75	635	70.79	6.82	3	内膜系统
Zlat_10043320	*ZlETR1*	HisKA, HATPase_c, GAF, REC, TM	乙烯受体	*ETR2*	549	47	842	93.21	6.89	4	质膜
Zlat_10010084	*ZlETR2*	HisKA, HATPase_c, GAF, REC, TM	乙烯受体	*EIN4*	669	51	759	85.01	6.21	3	内膜系统
Zlat_10043113	*ZlETR3*	HisKA, HATPase_c, GAF, REC, TM	乙烯受体	*EIN4*	662	51	758	84.99	6.18	3	质膜
Zlat_10044950	*ZlETR4*	HisKA, HATPase_c, GAF, REC	乙烯受体	*EIN4*	302	39	507	54.79	7.52	0	细胞核
Zlat_10007862	*ZlPHYA*	HisKA, HATPase_c, GAF, PAS	光敏色素受体	*PHYA*	1 456	64	1 128	125.1	5.78	0	细胞核
Zlat_10002747	*ZlPHYB*	HisKA, HATPase_c, GAF, PAS	光敏色素受体	*PHYA*	1 439	63	1 129	125.24	5.83	0	细胞核
Zlat_10036932	*ZlPHYC*	HisKA, HATPase_c, GAF, PAS	光敏色素受体	*PHYB*	1 736	75	1 190	130.73	5.72	0	细胞器膜
Zlat_10005292	*ZlPHYD*	HisKA, HATPase_c, GAF, PAS	光敏色素受体	*PHYB*	1 710	75	1 178	123.76	5.69	0	细胞核
Zlat_10007618	*ZlPHYE*	HisKA, HATPase_c, GAF, PAS	光敏色素受体	*PHYC*	1 384	59	1 137	125.65	5.62	0	叶绿体
Zlat_10046362	*ZlPDK1*	HATPase_c	丙酮酸脱氢酶激酶	*PDK*	530	74	363	40.77	6.08	0	叶绿体
Zlat_10041425	*ZlPDK2*	HATPase_c	丙酮酸脱氢酶激酶	*PDK*	521	72	363	40.73	6.33	0	叶绿体
Zlat_10030552	*ZlPDK3*	HATPase_c	丙酮酸脱氢酶激酶	*PDK*	551	76	363	40.91	6.68	0	细胞核
Zlat_10018898	*ZlPDK4*	HATPase_c	丙酮酸脱氢酶激酶	*PDK*	555	73	405	44.76	6.84	0	叶绿体

a　代表保守的组氨酸激酶结构域（HK）、接收域（REC）、细胞分裂素结合相关结构域（CHASE）、光敏色素结构域（PHY）。

b　为茭白基因与拟南芥对应基因的同源性。

c　代表用BUSCA（Bologna unified subcellular component annotator）预测的亚细胞定位。

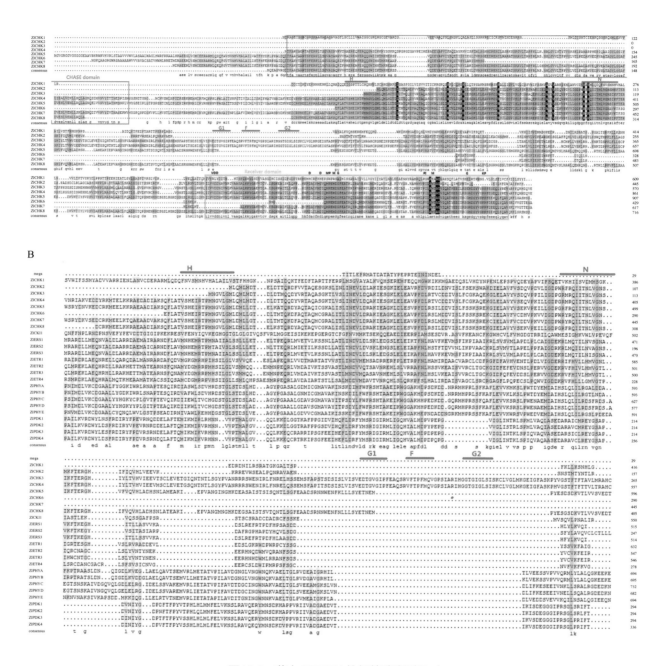

图 13-2　茭白 ZlHK(L) 的氨基酸序列比对

A. 组氨酸激酶受体蛋白（类似物）结构域　　B. 组氨酸激酶受体蛋白（类似物）CHASE 结构域

注：保守结构域已经标示出。

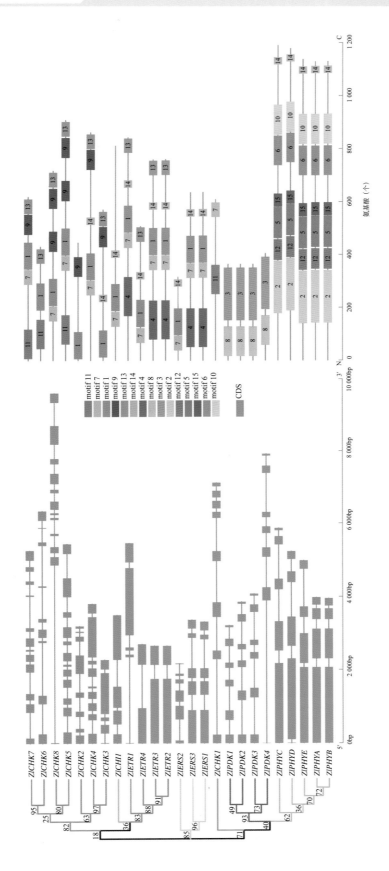

图13-3 茭白 ZlHK(L) 家族成员的系统发育关系、基因结构和保守结构域

注：绿色的方框表示外显子，线条表示内含子。不同颜色的方块代表不同的基序。

13.4.2 茭白含组氨酸的磷酸转移蛋白（HP）

如表13-3，茭白中共鉴定出8个*ZlHPs*基因，其中包括5个真*HPs*（*authentic HPs*）和3个伪*HPs*（*pseudo-HPs*）。所有的ZlHPs都是短序列蛋白，长度为146～276个氨基酸，而且都具有两个编码HPt保守结构域的基序（对应图13-4中的motif 1和motif 2）。5个真HPs（ZlHP1、ZlHP2、ZlHP4、ZlHP7和ZlHP8）都具有HP蛋白典型序列×HQ×KGSS×S，且在H位点高度保守，而其他3个伪HPs（ZlHP3、ZlHP5和ZlHP6）的组氨酸磷酸化位点（H）被谷氨酰胺残基（Q）所取代（图13-5）。从表13-3中可以看到，除ZlHP1和ZlHP3外，所有的茭白HPs都定位于细胞核，这可能是它们进行磷酸基团传递所必需的。已有的研究发现，在磷酸传递过程中，HP会从细胞质转移到细胞核。此外，所有的*ZlHPs*都包含5～7个内含子，具有非常相似的基因结构和motif组成。

进一步分析表明，*ZlHP1*和*ZlHP2*与拟南芥*AHP1*同源，其同源性分别为20%和50%（表13-3）。前人研究证明拟南芥中AHP1可以通过与CRE1/AHK4/WOL和B型ARR（如ARR1）互作来发挥磷酸转移中间体的作用。此外还发现茭白中有4个基因（*ZlHP3*、*ZlHP4*、*ZlHP5*和*ZlHP6*）与拟南芥*AHP4*同源，且同源性较高（59%～63%）。茭白中3个*pseudo-HPs*（*ZlHP3*、*ZlHP5*和*ZlHP6*）与拟南芥真*HP*（*AHP4*）的同源性明显高于拟南芥*pseudo-HP*（*APHP1*），而且在水稻和黄瓜中也发现了相同的现象。*ZlHP7*和*ZlHP8*与拟南芥*AHP5*的同源性均为46%，比对发现它们的序列高度相似，表明这两个基因之间可能存在功能冗余。

表13-3　茭白含组氨酸的磷酸转移蛋白（HP）

蛋白质ID	基因名称	结构域[a]	基因家族	与拟南芥对应的基因	得分	同源性[b] (%)	氨基酸 (个)	分子质量 (ku)	等电点 (p*I*)	亚细胞定位[c]
Zlat_10020936	*ZlHP1*	HPt	HPt	*AHP1*	117	20	210	23.93	8.57	细胞器膜
Zlat_10031305	*ZlHP2*	HPt	HPt	*AHP1*	115	50	146	16.63	5.28	细胞核
Zlat_10002667	*ZlHP3*	pseudo-HPt	pseudo-HPt	*AHP4*	162	61	276	30.89	7.11	细胞外间隙
Zlat_10013094	*ZlHP4*	HPt	HPt	*AHP4*	184	59	151	17.84	8.33	细胞核
Zlat_10015279	*ZlHP5*	pseudo-HPt	pseudo-HPt	*AHP4*	187	59	158	18.03	8.2	细胞核
Zlat_10032102	*ZlHP6*	pseudo-HPt	pseudo-HPt	*AHP4*	197	63	151	17.42	7.55	细胞核
Zlat_10034774	*ZlHP7*	HPt	HPt	*AHP5*	125	46	149	16.78	4.71	细胞核
Zlat_10034845	*ZlHP8*	HPt	HPt	*AHP5*	125	46	149	16.79	4.66	细胞核

a　代表该蛋白是具有保守的含组氨酸的磷酸转移结构域（HPt）或缺乏组氨酸磷酸化位点的伪HPt。
b　为茭白基因与拟南芥对应基因的同源性。
c　代表用BUSCA（Bologna unified subcellular component annotator）预测的亚细胞定位。

13.4.3 茭白反应调节因子（RR）

如表13-4所示，茭白中共鉴定出36个*ZlRRs*基因，包括14个*A-RRs*、14个*B-RRs*、2个*C-RRs*和6个*pseudo-RRs*。所有的A-RRs长度都较短（76～269个氨基酸），且都包含保守的接收域（图13-6 motif 1、motif 3和motif 4）以及短的N和C端延伸。此外，大多数A-RRs包含4个内含子。茭白中14个*ZlRRAs*与拟南芥同源基因高度同源（52%～81%）。所有茭白B-RRs（ZlRRB1至ZlRRB14）除了具有保守的接收域外，都包含长C端延伸，具有Myb-like DNA结合域（图13-6 motif 2），表明它们具有转录因子的功能。除ZlRRB6外，所有B-RRs都定位于细胞核内（表13-4），且大多数*B-RRs*都有4～5个内含子。

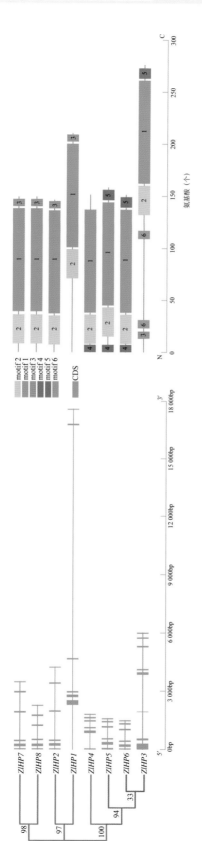

图 13-4　茭白 *ZlHP* 家族成员的系统发育关系、基因结构和保守结构域

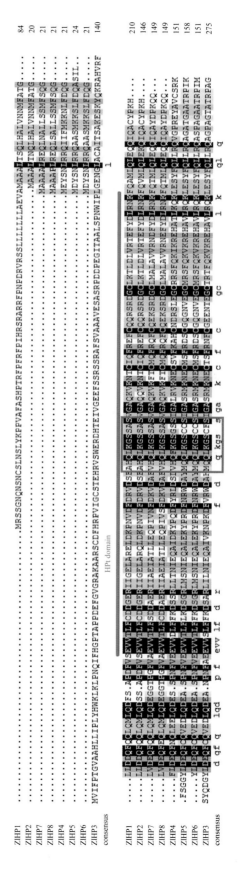

图 13-5　茭白 ZlHP 的氨基酸序列比对

注：HPt 保守结构域已用红线突出显示。保守的 ×HQ×KGSS×S 基序用红框标记。

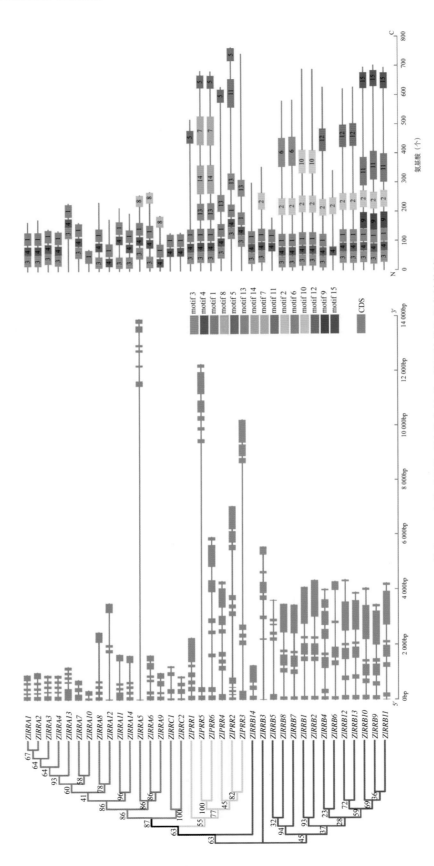

图13-6 茭白 *ZIRR* 家族成员的系统发育关系、基因结构和保守结构域

茭白*B-RRs*与拟南芥同源基因同源性为30%～66%。与A-RRs不同，两个茭白C-RRs（ZlRRC1和ZlRRC2）尽管都包含一个接收域（图13-6 motif 1和motif 4），但缺少长C端延伸。这两个*ZlRRCs*均含有3个内含子，与拟南芥同源基因*ARR24*的相似性分别为40%和41%。此外，6个被鉴定为pseudo-RRs（ZlPRR1至ZlPRR6）的蛋白都有一个保守的接收域（图13-6 motif 1和motif 4）和一个CCT结构域（图13-6 motif 5），其中CCT结构域被证明在调节植物昼夜节律中发挥重要作用。这些茭白*pseudo-RRs*与拟南芥同源基因同源性为39%～54%。除ZlPRR2外，所有的茭白C-RRs和pseudo-RRs均定位于细胞核内。此外，同一类别的*ZlRRs*基因通常具有非常相似的基因结构和motif组成，从而支持了茭白反应调节因子进化的保守性和系统发育分类的可靠性。

表13-4　茭白反应调节因子（RR）

蛋白质ID	基因名称	结构域[a]	基因家族	与拟南芥对应的基因	得分	同源性[b]（%）	氨基酸（个）	分子质量（ku）	等电点（p*I*）	亚细胞定位[c]
Zlat_10022933	*ZlRRA1*	REC	A型	*ARR3*	103	61	167	16.23	5.71	细胞核
Zlat_10026415	*ZlRRA2*	REC	A型	*ARR3*	110	65	175	16.16	6.84	叶绿体
Zlat_10028329	*ZlRRA3*	REC	A型	*ARR3*	129	64	143	15.11	9.46	细胞核
Zlat_10028974	*ZlRRA4*	REC	A型	*ARR3*	129	64	137	14.75	6.59	细胞核
Zlat_10030869	*ZlRRA5*	REC	A型	*ARR3*	124	54	258	28.13	5.99	细胞外间隙
Zlat_10032021	*ZlRRA6*	REC	A型	*ARR3*	121	52	269	29.31	7.6	质膜
Zlat_10033406	*ZlRRA7*	REC	A型	*ARR6*	152	64	165	17.89	9.1	叶绿体外膜
Zlat_10001454	*ZlRRA8*	REC	A型	*ARR8*	200	72	234	25.56	4.83	细胞核
Zlat_10017478	*ZlRRA9*	REC	A型	*ARR8*	99.4	59	187	21.08	6.81	细胞核
Zlat_10016677	*ZlRRA11*	REC	A型	*ARR9*	204	57	215	24.01	6.06	细胞核
Zlat_10020468	*ZlRRA12*	REC	A型	*ARR9*	137	81	176	19.42	6.74	细胞核
Zlat_10029578	*ZlRRA13*	REC	A型	*ARR9*	134	57	231	25.92	4.07	细胞外间隙
Zlat_10044807	*ZlRRA14*	REC	A型	*ARR9*	220	70	196	22.08	6.05	细胞核
Zlat_10024295	*ZlRRB1*	REC, Myb	B型	*ARR1*	352	57	689	73.95	5.99	细胞核
Zlat_10041210	*ZlRRB2*	REC, Myb	B型	*ARR1*	356	57	688	73.83	6.13	细胞核
Zlat_10019278	*ZlRRB3*	REC, Myb	B型	*ARR2*	186	39	353	40.14	7.07	细胞核
Zlat_10010976	*ZlRRB4*	REC, Myb	B型	*ARR10*	278	42	627	68.56	5.95	细胞核
Zlat_10006425	*ZlRRB5*	REC, Myb	B型	*ARR11*	128	62	179	20.47	4.81	细胞核
Zlat_10007685	*ZlRRB6*	REC, Myb	B型	*ARR11*	47.4	30	340	36.56	5.61	细胞质
Zlat_10010099	*ZlRRB7*	REC, Myb	B型	*ARR11*	328	50	583	65.13	5.04	细胞核
Zlat_10033001	*ZlRRB8*	REC, Myb	B型	*ARR11*	348	54	580	65.07	5.16	细胞核
Zlat_10007027	*ZlRRB9*	REC, Myb	B型	*ARR12*	321	49	707	76.01	6.25	细胞核
Zlat_10018529	*ZlRRB10*	REC, Myb	B型	*ARR12*	343	55	694	76.02	5.87	细胞核
Zlat_10018563	*ZlRRB11*	REC, Myb	B型	*ARR12*	322	66	693	75.34	6.2	细胞核
Zlat_10022449	*ZlRRB12*	REC, Myb	B型	*ARR12*	336	59	621	68.29	5.88	细胞核
Zlat_10028769	*ZlRRB13*	REC, Myb	B型	*ARR12*	348	60	626	68.84	5.8	细胞核

（续）

蛋白质ID	基因名称	结构域[a]	基因家族	与拟南芥对应的基因	得分	同源性[b] (%)	氨基酸 (个)	分子质量 (ku)	等电点 (pI)	亚细胞定位[c]
Zlat_10041971	*ZlRRB14*	REC, Myb	B型	*ARR14*	106	46	299	31.15	6.61	细胞核
Zlat_10027036	*ZlRRC1*	REC	C型	*ARR24*	66.6	40	128	13.85	5.69	细胞核
Zlat_10029496	*ZlRRC2*	REC	C型	*ARR24*	67.8	41	129	13.8	5.68	细胞核
Zlat_10006383	*ZlPRR1*	Pseudo-REC, CCT	Pseudo	*APRR1*	306	39	518	57.68	6.34	细胞核
Zlat_10008561	*ZlPRR2*	Pseudo-REC, CCT	Pseudo	*APRR7*	318	41	764	82.49	8.52	叶绿体外膜
Zlat_10024918	*ZlPRR3*	Pseudo-REC, CCT	Pseudo	*APRR7*	347	40	742	81.17	6.23	细胞核
Zlat_10017908	*ZlPRR4*	Pseudo-REC, CCT	Pseudo	*APRR5*	228	39	629	70.06	6.78	细胞核
Zlat_10023948	*ZlPRR5*	Pseudo-REC, CCT	Pseudo	*APRR5*	212	53	684	74.99	8.21	细胞核
Zlat_10035513	*ZlPRR6*	Pseudo-REC, CCT	Pseudo	*APRR5*	215	54	682	75.18	8.44	细胞核

a 代表接收域（REC）、缺乏保守位点D的伪接收域（pseudo-REC）、Myb样结构域（Myb）、植物特有生物钟蛋白调节域（CCT motif）。

b 为茭白基因与拟南芥对应基因的同源性。

c 代表用BUSCA（Bologna unified subcellular component annotator）预测的亚细胞定位。

13.5　茭白细胞分裂素双元信号系统家族系统进化树分析

本章采用最大似然法（maximum likelihood，ML），利用已知的拟南芥（*Arabidopsis thaliana*）、水稻（*Oryza sativa*）、玉米（*Zea mays*）、大豆（*Glycine max*）、大白菜（*Brassica rapa* ssp. *pekinensis*）、番茄（*Solanum lycopersicum*）和茭白（*Zizania latifolia*）的TCS家族蛋白质序列构建了3个系统进化树。从自举值和进化树结构来看，7个物种的所有HKs序列可以分为7个亚家族，分别是细胞分裂素受体（cytokinin receptor）、乙烯受体（ethylene receptor）、光敏色素（PHY-like）、CKI1-like、CKI2/AHK5-like、AHK1-like、PDK-like和丙酮酸脱氢酶激酶（图13-7），该结果与以往研究中的分型结果一致。与其他物种相比，茭白HKs成员与水稻、玉米具有更密切的亲缘关系，而这两个物种都是单子叶植物，说明HKs的基因扩增事件发生在单双子叶分化之后。此外，单子叶和双子叶植物的*HK(L)s*基因在各亚家族中呈交替分布，而在AHK1-like亚家族中未出现单子叶植物成员。

所有来自7个物种的HPs可以分为3个亚家族Clade Ⅰ、Ⅱ和Ⅲ（图13-8）。Clade Ⅱ只包含单子叶植物HPs，而Clade Ⅲ中的所有HPs都来自双子叶植物。这些结果表明，HP的基因扩增事件也发生在单子叶和双子叶分化之后。除ZlHP4外，其余4个ZlHPs均分布于Clade Ⅱ，而Clade Ⅰ主要包含单子叶和双子叶pseudo-HPs。如图13-8所示，所有茭白ZlHPs都与水稻OsHPs的系统发育关系最密切。

所有的RRs成员分成了4个亚家族，包括A-RRs、B-RRs、C-RRs和pseudo-RRs（图13-9）。在这些亚家族中，茭白ZlRR成员总是表现出与水稻OsRRs具有更亲密的进化关系。系统发育分析表明，所有*A-RRs*基因在单子叶和双子叶植物间具有密切的进化关系和交替分布，表明*A-RRs*基因可能在单子叶和双子叶植物分化之前就已经发生了扩增。进一步划分，B-RRs可以分为3个亚群（B-RRsⅠ、Ⅱ和Ⅲ），这与以往的研究结果一致。其中，B-RRsⅡ亚群仅包含拟南芥、大白菜和番茄这几个双子叶植物的RRs；单子叶植物的RRs可能在进化过程中消失了。除ZlRRB3和ZlRRB14外，茭白其余B-RRs均属于B-RRsⅠ亚群。在大豆和黄瓜中也出现了类似的情况。这7个物种所有pseudo-RRs聚到B-PRRs和Clock PRRs亚群中（图13-9）。

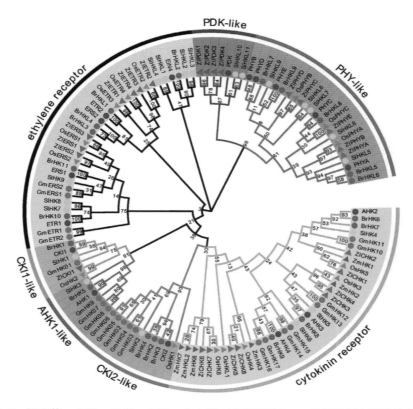

图13-7　拟南芥、水稻、玉米、大豆、大白菜、番茄和茭白HK及相关蛋白系统进化树

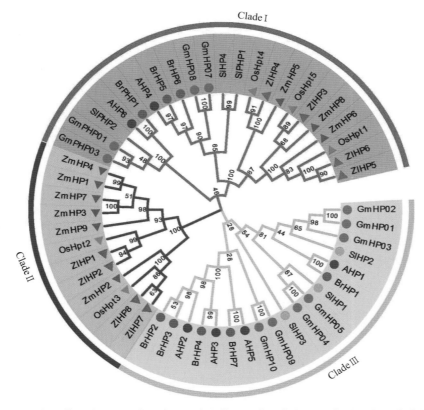

图13-8　拟南芥、水稻、玉米、大豆、大白菜、番茄和茭白HP及相关蛋白系统进化树

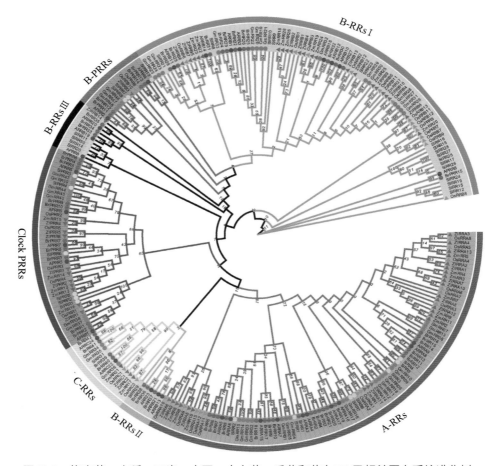

图13-9　拟南芥、水稻、玉米、大豆、大白菜、番茄和茭白RR及相关蛋白系统进化树

13.6　茭白细胞分裂素双元信号系统基因在进化中的选择压力分析

为进一步了解茭白TCS基因家族在漫长的进化过程中是如何扩增的，对其基因复制事件进行了研究。在茭白中共鉴定出19对复制基因对，包括10对*ZlHK*、3对*ZlHP*和6对*ZlRR*（表13-5）。此外，还通过计算基因对之间非同义替换率与同义替换率的比值（*Ka/Ks*）来研究TCS基因家族进化过程中的选择压力。结果表明，除*ZlPDK1/ZlPDK4*、*ZlPDK2/ZlPDK4*和*ZlPDK3/ZlPDK4*外，其他16对茭白TCS基因的*Ka/Ks*值均小于1（图13-10），这表明茭白TCS基因家族经历了较强的纯化选择，这些基因在进化过程中错义突变积累速度较慢。

表13-5　茭白TCS中复制基因对

基因1	基因2	算法	*Ka*	*Ks*	*Ka/Ks*	*p*值(Fisher)
ZlETR3	*ZlETR2*	MA	0.031	0.141	0.221	5.03744×10^{-18}
ZlPHYC	*ZlPHYD*	MA	0.028	0.153	0.180	2.69×10^{-31}
ZlETS3	*ZlETS1*	MA	0.024	0.182	0.132	1.07×10^{-25}
ZlPHYA	*ZlPHYB*	MA	0.030	0.169	0.178	5.58×10^{-35}

（续）

基因1	基因2	算法	Ka	Ks	Ka/Ks	p值(Fisher)
ZlPDK3	*ZlPDK4*	MA	1.025	0.923	1.111	0.0 173 384
ZlPDK2	*ZlPDK4*	MA	1.015	0.956	1.061	0.167 968
ZlPDK1	*ZlPDK4*	MA	1.014	0.956	1.060	0.18 315
ZlPDK2	*ZlPDK3*	MA	0.087	0.531	0.164	2.53×10^{-37}
ZlPDK1	*ZlPDK3*	MA	0.084	0.590	0.142	3.45×10^{-44}
ZlPDK1	*ZlPDK2*	MA	0.030	0.175	0.171	4.61×10^{-13}
ZlHP7	*ZlHP8*	MA	0.019	0.053	0.356	0.0 722 102
ZlHP7	*ZlHP2*	MA	0.176	0.822	0.215	2.47×10^{-18}
ZlHP6	*ZlHP5*	MA	0.016	0.164	0.095	1.09×10^{-7}
ZlRRB2	*ZlRRB1*	MA	0.034	0.148	0.228	3.91×10^{-16}
ZlPRR6	*ZlPRR5*	MA	0.078	0.085	0.914	0.557431
ZlRRB8	*ZlRRB7*	MA	0.034	0.180	0.187	2.30×10^{-19}
ZlRRC2	*ZlRRC1*	MA	0.058	0.400	0.146	1.55×10^{-8}
ZlRRB12	*ZlRRB13*	MA	0.042	0.187	0.224	1.21×10^{-17}
ZlRRA4	*ZlRRA3*	MA	0.041	0.221	0.185	2.89×10^{-6}

注：MA 为 model average（模型平均）。

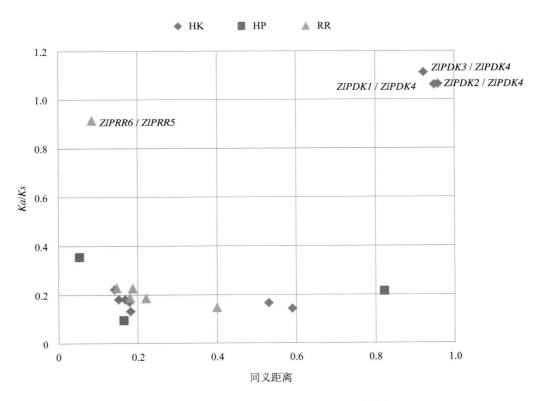

图13-10　茭白TCS基因重复事件的Ka/Ks值散点图

13.7 茭白茎不同膨大时期细胞分裂素双元信号系统基因的表达

为了进一步研究茭白TCS基因在细胞分裂素调控的肉质茎形成过程中的功能，利用转录组测序技术对茭白茎膨大过程中茎尖TCS基因的表达进行了研究。比较野茭茎尖（未感染黑粉菌的野生型茭白）、幼嫩但未膨大的茎尖（黑粉菌感染的8叶期象牙茭）以及正在膨大过程中的象牙茭样品的TCS基因表达水平，结果如图13-11所示。研究结果表明，*ZlCHK1*和*ZlETR2*两个基因的转录水平表现出瞬时动态变化，编码红光受体光敏色素A的基因（*ZlPHA*）转录物在茎形成过程中会短暂积累，而*ZlPDK2*在感染嫩茎中被激活（图13-11A）。磷酸化转移蛋白基因*ZlHP1*、*ZlHP2*和*ZlHP6*的表达量升高与感染肉质茎生长有关（图13-11B）。值得注意的是，*ZlHP2/ZlHP7*这个同源基因对表现出不同的表达模式，表明基因复制事件发生后它们的功能存在差异（图13-11B）。*ZlRRA5*和*ZlRRA9*编码的反应调节因子在茭白茎膨大前就被激活，推测这两个基因的表达可能对茭白孕茭有作用；而*ZlRRA7*和*ZlRRA10*编码的两个A-RRs和*ZlPRR1*在茭白茎膨大过程中被激活较晚，主要作用应该是促进茭白茎膨大。总的来看，在茭白茎膨大过程中B-RRs大部分转录水平都比较低，而*ZlRRB12*在茭白形成早期表现出瞬时高表达（图13-11C）。此外，为了验证转录组数据，对不同亚家族不同功能的5个基因（*ZlCHK1*、*ZlPHYA*、*ZlHP6*、*ZlHP7*和*ZlRRA5*）的表达水平进行了qRT-PCR验证，结果表明其表达趋势与测序数据基本一致，证明了转录组测序结果的可靠性（图13-12）。

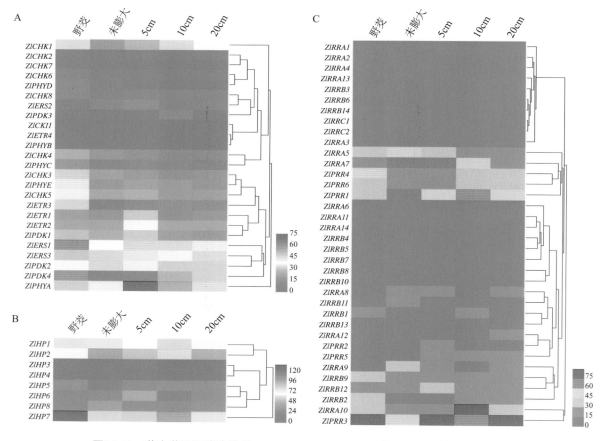

图13-11　茭白茎不同膨大阶段*ZlHK(L)s*(A)、*ZlHPs*(B)和*ZlRRs*(C)基因表达水平

注：基因表达水平用TPM (transcripts per kilobase million)来衡量。

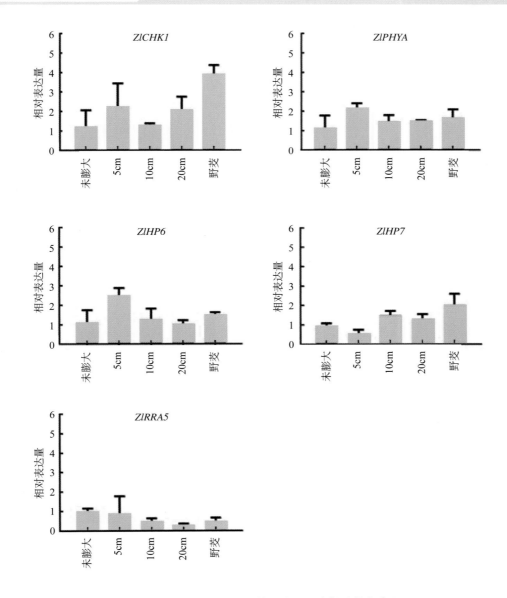

图13-12　部分茭白TCS基因在不同生长阶段表达量

本章研究发现喷施外源细胞分裂素能够提高茭白孕茭率促进茭白茎膨大。为了深入研究细胞分裂素信号转导过程中TCS基因对外源细胞分裂素的响应，根据转录组结果分析挑选了9个与茭白孕茭和茎膨大相关的基因（包括ZlCHK1、ZlRRA5、ZlRRA7、ZlRRA8、ZlRRA9、ZlRRA10、ZlPHYA、ZlRRB7和ZlPRR1），应用实时荧光定量PCR（qRT-PCR）检测其对外源反式玉米素的响应。结果表明这9个基因在未经处理的对照样品中的表达都显示出相似的表达趋势，即不同基因的表达水平在0～8h内都出现短暂下降而后上升的情况（图13-13）。ZlRRA5、ZlRRA9和ZlPHYA在反式玉米素处理后2～4h表达短暂升高，而后又开始下降。在细胞分裂素处理后，A-RRs中只有部分基因的表达会被快速激发，这表明细胞分裂素信号转导调控茭白形成过程具有复杂性。研究还发现，利用反式玉米素处理4h后，红光和远红光传感器基因ZlPHYA的表达迅速受到诱导。在拟南芥中，ZlPHYA相对应的基因PHYA在光调控植物发育过程中发挥着多种作用，如种子萌发、节间伸长和根毛生长等。ZlPHYA基因在细胞分裂素调节茭白茎膨大过程中的功能需要进一步深入研究。

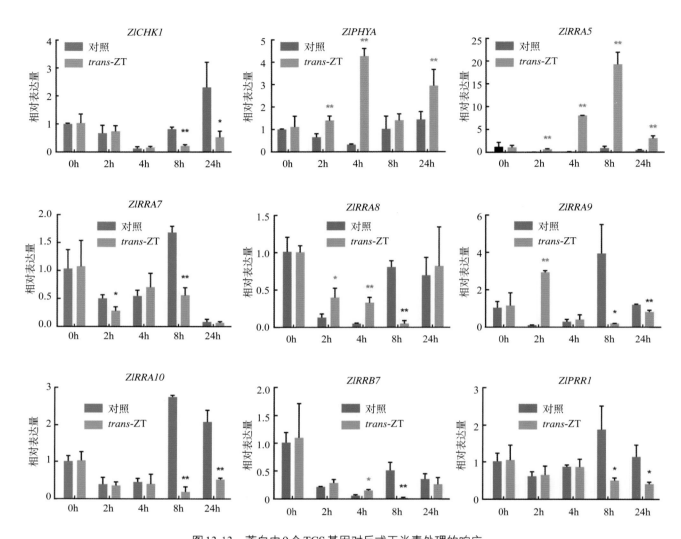

图 13-13 茭白中 9 个 TCS 基因对反式玉米素处理的响应

注：横坐标轴值为反式玉米素处理时间。* 表示差异显著（$p < 0.05$），** 表示差异极显著（$p < 0.01$）。

13.8 结论

综上所述，本章研究发现喷施外源反式玉米素能有效提高茭白的孕茭率，促进茭白肉质茎膨大，提高茭白产量。通过茭白全基因组分析，共分离与鉴定出了 69 个双元信号系统（TCS）家族基因，包括 3 个亚家族：25 个编码组氨酸激酶受体蛋白（HKs）的基因、8 个编码含组氨酸的磷酸转移蛋白（HPs）的基因以及 36 个编码反应调节因子（RRs）的基因。其中，RRs 包括 14 个 A-RRs、14 个 B-RRs、2 个 C-RRs 和 6 个伪反应调节因子（ZlPRRs）。系统进化树分析表明茭白 TCS 基因与水稻 TCS 基因具有最为密切的系统发育关系。分析发现，茭白 TCS 基因中共有 19 对复制基因对。非同义替换率与同义替换率的比值（Ka/Ks）分析表明，纯化选择在这些基因对进化过程中发挥了主导作用，导致这些基因对在进化过程中发生突变较少。最后，利用转录组学方法和 qRT-PCR 技术研究 TCS 基因在茎膨大过程中和细胞分裂素喷施后的表达情况，结果发现，细胞分裂素能够调控茭白孕茭与茎膨大，与 TCS 基因的表达具有密切关系。筛选出的 ZlCHK1、ZlRRA5、ZlRRA9、ZlRRA10、ZlPRR1 和 ZlPHYA 这6个目标基因，为今后深入研究细胞分裂素调控茭白茎膨大的分子机制奠定了基础。

参 考 文 献

韩秀芹, 2004. 茭白黑粉菌生物学特性的研究[D]. 扬州: 扬州大学.

江解增, 曹碚生, 黄凯丰, 等, 2005. 茭白肉质茎膨大过程中的糖代谢与激素含量变化[J]. 园艺学报, 32(1): 134-137.

江解增, 邱届娟, 韩秀芹, 等, 2004. 茭白生育过程中地上各部位内源激素的含量变化[J]. 武汉植物学研究, 22(3): 245-250.

王惠梅, 谢小燕, 苏晓娜, 等, 2018. 中国菰资源研究现状及应用前景[J]. 植物遗传资源学报, 19(2): 279-288.

邢阿宝, 崔海峰, 俞晓平, 等, 2017. 茭白茎部CTK及ABA含量动态变化分析[J]. 中国计量大学学报, 28(2): 261-268.

Artimo P, Jonnalagedda M, Arnold K, et al., 2012. ExPASy: SIB bioinformatics resource portal[J]. Nucleic Acids Res, 40(W1): W597-W603.

Bailey T L, Johnson J, Grant C E et al., 2015. The MEME Suite[J]. Nucleic Acids Research, 43(W1): W39-W49.

Barry G F, Rogers S G, Fraley R T, et al., 1984. Identification of a cloned cytokinin biosynthetic gene[J]. Proceedings of the National Academy of Sciences of the United States of America, 81(15): 4776-4780.

Bartrina I, Jensen H, Novak O, et al., 2017. Gain-of-function mutants of the cytokinin receptors AHK2 and AHK3 regulate plant organ size, flowering time and plant longevity[J]. Plant Physiology, 173(3): 1783-1797.

Binder B M, O'Malley R C, Wang W, et al., 2004. Arabidopsis seedling growth response and recovery to ethylene: a kinetic analysis[J]. Plant Physiology, 136(2): 2913-2920.

Chan Y S, Thrower L B, 1980. The host-parasite relationship between *Zizania caduciflora* Turcz. and *Ustilago esculenta* P. Henn. IV. Growth substances in the host-parasite combination[J]. New Phytologist, 85(2): 225-233.

Chilton M D L, Drummond M H, Merlo D J, et al., 1977. Stable incorporation of plasmid DNA into higher plant cells: the molecular basis of crown gall tumorigenesis[J]. Cell, 11(2): 263-271.

Chu Z X, Ma Q, Lin Y X, et al., 2011. Genome-wide identification, classification, and analysis of two-component signal system genes in maize[J]. Genetics and Molecular Research, 10(4): 3316-3330.

Danilova M N, Kudryakova N V, Doroshenko A S, et al., 2017. Opposite roles of the *Arabidopsis* cytokinin receptors AHK2 and AHK3 in the expression of plastid genes and genes for the plastid transcriptional machinery during senescence[J]. Genetics and Molecular Research, 93(4-5): 533-546.

Dautel R, Wu X N, Heunemann M, et al., 2016. The sensor histidine kinases AHK2 and AHK3 proceed into multiple serine/threonine/tyrosine phosphorylation pathways in *Arabidopsis thaliana*[J]. Molecular Plant, 9(1): 182-186.

Devlin P F, Patel S R, Whitelam G C, 1998. Phytochrome E influences internode elongation and flowering time in *Arabidopsis*[J]. The Plant Cell, 10(9): 1479-1487.

Edwards K D, Takata N, Johansson M, et al., 2018. Circadian clock components control daily growth activities by modulating cytokinin levels and cell division-associated gene expression in *Populus* trees[J]. Plant, Cell & Environment, 41(6): 1468-1482.

Fassler J S, West A H, 2013. Histidine phosphotransfer proteins in fungal two-component signal transduction pathways[J]. Eukaryotic Cell, 12(8): 1052-1060.

Finn R D, Coggill P, Eberhardt R Y, et al., 2016. The Pfam protein families database: towards a more sustainable future[J]. Nucleic Acids Research, 44(D1): D279-D285.

Franklin K A, Allen T, Whitelam G C, 2007. Phytochrome A is an irradiance-dependent red light sensor[J]. The Plant Journal,

50(1): 108-117.

Gahlaut V, Mathur S, Dhariwal R, et al., 2014. A multi-step phosphorelay two-component system impacts on tolerance against dehydration stress in common wheat[J]. Functional & Integrative Genomics, 14(4): 707-716.

Guo A, Zhu Q, Chen X, et al., 2007. GSDS: a gene structure display server[J]. Hereditas, 29(8): 1023-1026.

Guo L, Qiu J, Han Z, et al., 2015. A host plant genome (*Zizania latifolia*) after a century-long endophyte infection[J]. The Plant Journal, 83(4): 600-609.

He Y, Liu X, Ye L, et al., 2016a.Genome-wide identification and expression analysis of two-component system genes in tomato[J]. International Journal of Molecular Sciences, 17(8): 1024.

He Y, Liu X, Zou T, et al., 2016b.Genome-wide identification of two-component system genes in cucurbitaceae crops and expression profiling analyses in cucumber[J]. Frontiers in Plant Science, 7: 899.

He L, Zhang F, Wu X, et al., 2020. Genome-wide characterization and expression of two-component system genes in cytokinin-regulated gall formation in *Zizania latifolia*[J]. Plants, 9(11): 1409.

Heyl A, Brault M, Frugier F, et al., 2013. Nomenclature for members of the two-component signaling pathway of plants[J]. Plant Physiology, 161(3): 1063-1065.

Hisami Y, Tomomi S, Kazunori T, et al., 2001. The *Arabidopsis* AHK4 histidine kinase is a cytokinin-binding receptor that transduces cytokinin signals across the membrane[J]. Plant & Cell Physiology, 42(9): 1017-1023.

Hurst L D, 2002. The *Ka/Ks* ratio:diagnosing the form of sequence evolution[J]. Trends in Genetics, 18(9): 486-487.

Hwang I, 2002. Two-component signal transduction pathways in *Arabidopsis*[J]. Plant Physiology, 129(2): 500-515.

Inoue T, Higuchi M, Hashimoto Y, et al., 2001. Identification of CRE1 as a cytokinin receptor from *Arabidopsis*[J]. Nature, 409(6823): 1060-1063.

Ishida K, Niwa Y, Yamashino T, et al., 2009. A genome-wide compilation of the two-component systems in *Lotus japonicus*[J]. DNA Research, 16(4): 237-47.

Ishida K, Yamashino T, Nakanishi H, et al., 2010. Classification of the genes involved in the two-component system of the moss physcomitrella patens[J]. Bioscience, Biotechnology, and Biochemistry, 74(12): 2542-2545.

Kim D, Pertea G, Trapnell C, et al., 2013. TopHat2: accurate alignment of transcriptomes in the presence of insertions, deletions and gene fusions[J]. Genome Biology, 14: R36.

Kumar S, Stecher G, Tamura K, 2016. MEGA7: molecular evolutionary genetics analysis version 7.0 for bigger datasets[J]. Molecular Biology and Evolution, 33(7): 1870-1774.

Larkin M A, Blackshields G, Brown N P, et al., 2007. Clustal W and Clustal X version 2.0[J]. Bioinformatics, 23(21): 2947-2948.

Lescot M, 2002. PlantCARE, a database of plant cis-acting regulatory elements and a portal to tools for in silico analysis of promoter sequences[J]. Nucleic Acids Research 30(1): 325-327.

Letunic I, Doerks T, Bork P, 2012. SMART 7: recent updates to the protein domain annotation resource[J]. Nucleic Acids Research, 40: D302-D305.

Librado P, Rozas J, 2009. DnaSP v5: a software for comprehensive analysis of DNA polymorphism data[J]. Bioinformatics, 25(11): 1451-1452.

Lin Y L, Lin C H, 1990. Involvement of tRNA bound cytokinin on the gall formation in *Zizania*[J]. Journal of Experimental Botany, 41(3): 277-281.

Liu Z, Zhang M, Kong L, et al., 2014. Genome-wide identification, phylogeny, duplication, and expression analyses of two-component system genes in Chinese cabbage (*Brassica rapa* ssp. *pekinensis*) [J]. DNA Research, 21(4): 379-396.

Lomin S N, Krivosheev D M, Steklov M Y, et al., 2015. Plant membrane assays with cytokinin receptors underpin the unique role of free cytokinin bases as biologically active ligands[J]. Journal of Experimental Botany, 66(7): 1851-1863.

Marchler-Bauer A, Lu S, Anderson J B, et al., 2011. CDD: a conserved domain database for the functional annotation of proteins[J]. Nucleic Acids Res, 39(suppl_1): D225-D229.

Miyata S I, Urao T, Yamaguchi-Shinozaki K, et al., 1998. Characterization of genes for two-component phosphorelay mediators with a single HPt domain in *Arabidopsis thaliana*[J]. FEBS Letters, 437(1-2): 11-14.

Mochida K, Yoshida T, Sakurai T, et al., 2010. Genome-wide analysis of two-component systems and prediction of stress-responsive two-component system members in soybean[J]. DNA Research, 17(5): 303-324.

Monte E, Alonso J M, Ecker J R, et al., 2003. Isolation and characterization of *phyC* mutants in *Arabidopsis* reveals complex crosstalk between phytochrome signaling pathways[J]. The Plant Cell, 15(9): 1962-1980.

Niwa Y, Ito S, Nakamichi N, et al., 2007. Genetic linkages of the circadian clock-associated genes, *TOC1*, *CCA1* and *LHY*, in the photoperiodic control of flowering time in *Arabidopsis thaliana*[J]. Plant & Cell Physiology, 48(7): 925-937.

Pareek A, Singh A, Kumar M, et al., 2006. Whole-genome analysis of *Oryza sativa* reveals similar architecture of two-component signaling machinery with *Arabidopsis*[J]. Plant Physiology, 142(2): 380-397.

Punta M, Coggill P, Eberhardt R, et al., 2011. The Pfam protein families database[J]. Nucleic Acids Research, 40(suppl_1): D290-301.

Qu X, Schaller G E, 2004. Requirement of the histidine kinase domain for signal transduction by the ethylene receptor ETR1[J]. Plant Physiology, 136(2): 2961-2970.

Rashotte A M, Carson S D B, To J P C, et al., 2003. Expression profiling of cytokinin action in *Arabidopsis*[J]. Plant Physiology, 132(4): 1998-2011.

Reed J W, Nagpal P, Poole D S, et al., 1993. Mutations in the gene for the red/far-red light receptor phytochrome B alter cell elongation and physiological responses throughout *Arabidopsis* development[J]. The Plant Cell, 5(2): 147-157.

Rockwell N C, Su Y S, Lagarias J C, 2006. Phytochrome structure and signaling mechanisms[J]. Annual Review of Plant Biology, 57: 837-58.

Schaller G E, Kieber J J, Shiu S H, 2008. Two-component signaling elements and histidyl-aspartyl phosphorelays[J]. The *Arabidopsis* Book, 6: e0112.

Sinha S K, Deka A C, Bharalee R, 2016. Morphogenesis of edible gall in *Zizania latifolia* (Griseb.) Turcz. ex Stapf due to *Ustilago esculenta* Henn. infection in India[J]. African Journal of Microbiology Research, 10(31): 1215-1223.

Spíchal L, Rakova N Y, Riefler M, et al., 2004. Two cytokinin receptors of *Arabidopsis thaliana*, CRE1/AHK4 and AHK3, differ in their ligand specificity in a bacterial assay[J]. Plant & Cell Physiology, 45(9): 1299-1305.

Stolz A, Riefler M, Lomin S N, et al., 2011. The specificity of cytokinin signalling in *Arabidopsis thaliana* is mediated by differing ligand affinities and expression profiles of the receptors[J]. The Plant Journal, 67(1): 157-168.

Sun L, Zhang Q, Wu J, et al., 2014. Two rice authentic histidine phosphotransfer proteins, *OsAHP1* and *OsAHP2*, mediate cytokinin signaling and stress responses in rice[J]. Plant Physiology, 165(1): 335-345.

Susannah M, Wurgler-Murphy, Haruo Saito, 1997. Two-component signal transducers and MAPK cascades[J]. Trends in Biochemical Sciences, 22(5): 172-176.

Suzuki T, Imamura A, Ueguchi C, et al., 1999. Histidine-containing phosphotransfer (HPt) signal transducers implicated in his-to-asp phosphorelay in *Arabidopsis*[J]. Plant & Cell Physiology, 39(12): 1258-1268.

Suzuki T, Miwa K, Ishikawa K, et al., 2001a.The *Arabidopsis* sensor his-kinase, AHK4, can respond to cytokinins[J]. Plant & Cell Physiology, 42(2): 107-113.

Suzuki T, Sakurai K, Ueguchi C, et al., 2001b.Two types of putative nuclear factors that physically interactwith histidine-containing phosphotransfer (HPt) domains, signaling mediators in his-to-asp phosphorelay, in *Arabidopsis thaliana*[J]. Plant & Cell Physiology, 42(1): 37-45.

Ueguchi C, Sato S, Kato T, et al., 2001. The *AHK4* Gene involved in the cytokinin-signaling pathway as a direct receptor molecule in *Arabidopsis thaliana*[J]. Plant & Cell Physiology, 42(7): 751-755.

Urao T, Miyata S, Yamaguchi-Shinozaki K, et al., 2000. Possible His to Asp phosphorelay signaling in an *Arabidopsis* two-component system[J]. FEBS Letters, 478(3): 227-232.

Wang W, Hall A E, O'Malley R, et al., 2003. Canonical histidine kinase activity of the transmitter domain of the *ETR1* ethylene receptor from *Arabidopsis* is not required for signal transmission[J]. Proceedings of the National Academy of Sciences of the United States of America, 100(1): 352-357.

Wang Z D, Yan N, Wang Z H, et al., 2017. RNA-Seq analysis provides insight into reprogramming of culm development in *Zizania latifolia* induced by *Ustilago esculenta*[J]. Plant Molecular Biology, 95(6): 533-547.

Werner T, Schmülling T, 2009. Cytokinin action in plant development[J]. Current Opinion in Plant Biology, 12(5): 527-538.

Xiao Y, Offringa R, 2020. PDK1 regulates auxin transport and *Arabidopsis* vascular development through AGC1 kinase PAX[J]. Nature Plants, 6(5): 544-555.

Yamada H, Suzuki T, Terada K, et al., 2001. The *Arabidopsis* AHK4 histidine kinase is a cytokinin-binding receptor that transduces cytokinin signals across the membrane[J]. Plant & Cell Physiology, 42(9): 1017-1023.

Yuh-Ling L, Chin-Ho L, 1990. Involvement of tRNA bound cytokinin on the gall formation in *Zizania*[J]. Journal of Experimental Botany, 41(3): 277-281.

图书在版编目（CIP）数据

中国菰和茭白基因组学研究/闫宁等著.—北京：
中国农业出版社，2022.8
ISBN 978-7-109-29818-7

Ⅰ.①中…　Ⅱ.①闫…　Ⅲ.①茭白-基因组-研究
Ⅳ.①S645.203.2

中国版本图书馆CIP数据核字（2022）第141615号

中国菰和茭白基因组学研究
ZHONGGUOGU HE JIAOBAI JIYINZUXUE YANJIU

中国农业出版社出版
地址：北京市朝阳区麦子店街18号楼
邮编：100125
责任编辑：郭　科
版式设计：杜　然　　责任校对：吴丽婷　　责任印制：王　宏
印刷：北京中科印刷有限公司
版次：2022年8月第1版
印次：2022年8月北京第1次印刷
发行：新华书店北京发行所
开本：889mm×1194mm　1/16
印张：19.25
字数：660千字
定价：360.00元